世纪高职高专通信规划教材
21 SHIJI GAOZHIGAOZHUAN
TONGXIN GUIHUA JIAOCAI

TELECOMMUNICATIONS

计算机通信与网络基础

沈金龙　于大为　主编

人 民 邮 电 出 版 社
北 京

图书在版编目（CIP）数据

计算机通信与网络基础 / 沈金龙，于大为主编. --
北京 : 人民邮电出版社，2013.5（2022.8重印）
21世纪高职高专通信规划教材
ISBN 978-7-115-31290-7

Ⅰ. ①计… Ⅱ. ①沈… ②于… Ⅲ. ①计算机通信网
－高等职业教育－教材 Ⅳ. ①TN915

中国版本图书馆CIP数据核字(2013)第056738号

内容提要

本书全面地介绍了计算机通信与网络的基本概念和基础技能。全书共分为 8 章，在工作过程系统化的理念指导下进行内容重塑，突出以“机—线—网”的专业技能和职业素养为主线，遵循“识网”→“组网”→“护网”→“用网”的认知过程架构知识点。每个章节之后，以案例命题，任务驱动，强化操练，体验计算机通信的全程、全网运行环境。主要内容涵盖了计算机通信与网络的基础知识与技术；网络设备与网络体系结构；数据通信技术（数据传输、通信接口、数据交换、差错控制）；以太网技术（虚拟局域网）和无线局域网；因特网 TCP/IP 协议栈、移动 IP、融合网络技术；计算机网络服务和应用；网络接入技术；以及网络管理基础。

本书内容丰富新颖、简明扼要、深入浅出、图文并茂，力求展示计算机通信与网络的新技术、新进展，注重基础理论与实际操作相结合。每章给出小结，涵盖知识点、技术难点和学习要求，章末附有练习与思考，以利于教学与复习。本书可作为高职高专院校通信技术、计算机网络技术等专业的平台课程教材，也可作为各级专业技术人员、管理干部参考用书。

◆ 主　　编　沈金龙　于大为
责任编辑　滑　玉
◆ 人民邮电出版社出版发行　　北京市丰台区成寿寺路 11 号
邮编　100164　　电子邮件　315@ptpress.com.cn
网址　http://www.ptpress.com.cn
北京七彩京通数码快印有限公司印刷
◆ 开本：787×1092　1/16
印张：18　　2013 年 5 月第 1 版
字数：432 千字　　2022 年 8 月北京第 10 次印刷

ISBN 978-7-115-31290-7

定价：38.80 元

读者服务热线：(010)81055256　印装质量热线：(010)81055316
反盗版热线：(010)81055315
广告经营许可证：京东市监广登字20170147号

前言

在 21 世纪的信息社会背景下，本教材针对高等职业技术院校面向就业需求，在原有出版的“计算机网络基础”教材基础上进行改编而成，编著的思路是：面对职业岗位，立足基础技术，放眼发展方向，拓宽知识范围。

本教材在 2009 年 8 月获江苏省高等学校精品教材建设项目立项。教材内容以“就业为导向”，在工作过程系统化的理念指导下进行内容重塑，突出以“机—线—网”的专业技能和职业素养为主线，遵循“识网”→“组网”→“护网”→“用网”的认知过程，按照国际标准、国家通信与网络技术的规范，规划、设计中小企业网络（内嵌计算机局域网、WLAN，以及 VLAN），以及计算机通信服务与网络应用，实现企业网与公用网的互连、互通，并涵盖网络接入、网络管理与安全技术，全面构架计算机通信的全程、全网环境。

2012 年，苏州信息职业技术学院“信息通信技术”专业群获江苏省教育厅批准重点建设，内含通信技术专业、计算机网络技术、广播电视网络技术专业，建设任务之一拟定“计算机通信与网络基础”课程列为专业群的一门专业平台课。

教材共分 8 章，每章后附案例，设对应的实验实训。

第 1 章引论【识网】，阐述了计算机网络的发展进程，基本概念和发展动态。第 2 章～第 5 章理顺【组网】的架构。第 2 章网络结构和设备，解释了网络拓扑结构，引出“机-线-网”组成的网络物理结构。并以网络设备为节点为基础，概述网络体系结构的重要概念；重点阐述因特网 TCP/IP 协议栈和分层结构；介绍了标准化组织与机构。第 3 章讲述数据通信技术，包括数据传输基础、数据通信接口，数据交换技术和差错控制技术，简述了公用数据网（X.25 分组交换网、帧中继、ATM 技术）的基本概念。第 4 章讲述了构建局域网，包括参考模型和标准，突出以太网介质访问控制方法（CSMA/CD），以太交换（虚拟局域网），高速以太网（快速以太网、吉比特以太网）以及无线局域网。第 5 章着重因特网 TCP/IP 协议栈，包括因特网 IP 编址技术，因特网寻径技术，移动 IP 通信过程，融合网络。第 6 章～第 7 章重在【用网】，第 6 章阐述计算机网络服务和网络应用，含网络应用模式、网络基本服务（DNS、FTP、Telnet、SMTP）、Web 服务，以及实时网络通信技术。第 7 章讲述网络接入技术，从电信服务和用户两方面，介绍了接入网、用户驻地网的基本概念、用户接入方式（铜缆接入、基于光缆的接入、无线接入）以及电话拨号接入。第 8 章以【护网】的角度介绍了网络管理基础（逻辑结构、功能）、网络管理协议和网络安全技术。

每章后附实验实训案例，按理实一体化分为 4 个“单元”，即识网、组网、用网、护网。其章节、单元与案例的编排结构以及案例编号说明如下图所示。

章	单元	案例
第 1 章	单元 1 识网 -1	案例 1-1-1 认识通信网络世界
	单元 1 识网 -2	案例 1-1-2 因特网带宽测试
第 2 章	单元 2 组网 -1	案例 2-2-1 典型网络设备
第 3 章	单元 2 组网 -2	案例 3-2-2 典型传输介质
第 4 章	单元 2 组网 -3	案例 4-2-3 构建局域网
第 5 章	单元 2 组网 -4	案例 5-2-4 路由器基本配置
	单元 2 组网 -5	案例 5-2-5 静态路由和动态路由协议基本配置
第 6 章	单元 3 用网 -1	案例 6-3-1 计算机通信服务
	单元 3 用网 -2	案例 6-3-2 实时通信系统（IP 电话）
第 7 章	单元 3 用网 -3	案例 7-3-3 线缆接入网络方法
第 8 章	单元 4 护网 -1	案例 8-4-1 网络监视
	单元 4 护网 -1	案例 8-4-2 网络安全

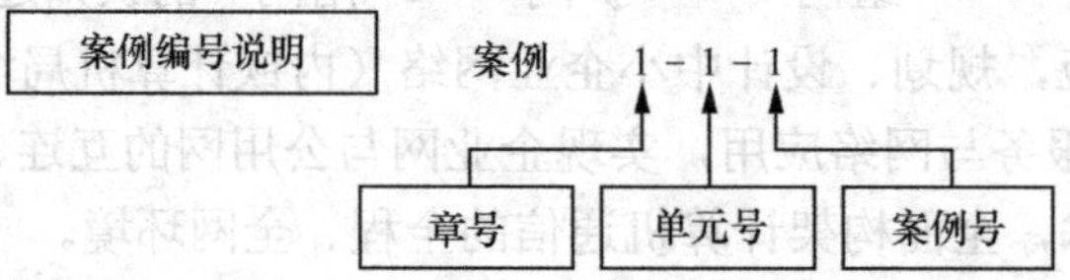

本书建议课程设为 56～64 学时，其中，32（或 40）学时为课堂教学（包括多媒体课件演示、讨论），24 学时为实验实训案例。

本书由沈金龙教授、于大为副教授主编。校企合作教学团队周卫国高级工程师、沈维、孙斌工程师参加了实验实训案例的编写。在编写与出版过程中，我们得到苏州信息职业技术学院教务处的大力支持，推荐本书列为江苏省教育厅精品教材建设项目，南京邮电大学计算机学院副院长章韵博士对本书进行了审阅，张美玲老师为本书原稿的整理、校对、制图做了大量的工作，对此深表感谢。

由于编者水平有限，若书中存在缺点和错误，恳请专家和广大读者指正。

编者

2012 年 11 月 26 日

目录

第1章 引论

计算机通信（Computer Communication）是计算机技术和通信技术相融合的一种现代通信方式。计算机网络，特别是因特网在信息社会中成为必不可少的一种信息基础设施，为计算机通信架构了一个网络平台，其目标是全程、全网实现“迅速、高效、可靠、安全”通信。如今上网已成为人们工作与生活的重要组成部分。随着网络技术融合和多网组合，如何构造虚拟综合网作为下一代网络（NGN）的发展方向，正在受到关注。

本章简要回顾计算机通信与网络的发展历史，从“识网”的角度阐明计算机通信与网络的含义、组成和分类，并展望计算机通信与网络的发展趋势。

1.1 计算机通信与网络的发展进程

自 1946 年第一台数字计算机（ENIAC）的问世到如今的 60 多年的时间里，计算机系统由仅包含硬件发展到包含硬件、软件和固件三类子系统。计算机系统的性能——价格比，平均每 10 年提高两个数量级。计算机种类也一再分化，发展成微型计算机、小型计算机、通用计算机（包括巨型、大型和中型计算机），以及各种专用机（如各种控制计算机、模拟—数字混合计算机），极大地支撑了各类计算机应用。

计算机应用离不开通信网络环境的支持；计算机系统应用的广泛普及，又促进了计算机网络新技术的不断更新。本节通过回顾计算机通信与网络的发展进程，引领读者认识计算机通信、计算机网络以及因特网。

1.1.1 面向终端的计算机联机系统

在 ENIAC 问世之后的 10 年里，计算机和远程通信并没有太多关系，用户必须到计算中心机房使用计算机。直到 1954 年人们设计了具有收发功能的终端设备（Terminal），可利用终端设备通过线路与远程的计算机链接，形成了面向终端的远程联机集中处理计算机系统，简称为面向终端的计算机联机系统，也有人称其为第 1 代计算机网络，如图 1-1-1 所示。

1. 主机

主机通常配置中央处理单元、存储单元、外围设备（如磁带机、硬磁盘以及打印机）等，集中安装在恒温、恒湿、接地良好的主机房内。此外，主机必须配有相应的操作系统、通信控制程序、业务处理程序等。主机具有很强的信息处理功能，包括数值计算、事务处理，且可向用户终端提供数据存储和资源（包括软件、硬件及数据）共享。

主机系统状态一般可分为联机系统和脱机系统。联机系统按信息处理方式又可分为实时处理联机系统、成批处理联机系统、分时处理联机系统。

2. 通信处理机

由图 1-1-1 可见，通信处理机处于主机与用户终端之间，主要用于完成全部通信控制任务。它的目的是减轻主机通信处理的负荷，以利于提高主机系统的处理效率。通信处理机又称前端处理机（Front-End Processor，FEP），简称为前端机。在配有成百上千台终端的巨型主机中，常选用小型计算机为通信处理机。

3. 链接方式

用户终端可通过通信设施与通信处理机链接到主机系统。链接方式可归纳如下。

（1）点—点链路方式

每个用户终端独立地占用通信处理机的一个端口（Port），参见图 1-1-1（a）。当用户终端与端口的距离很远时，直达链路的投资费用昂贵。具有较大通信量的用户终端往往选择向电信部门租用专线（Leased Line）。

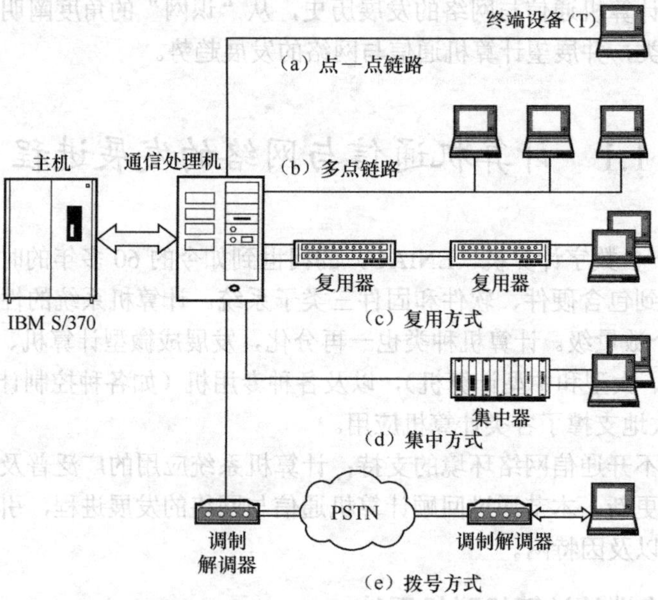

图 1-1-1　面向终端的计算机联机系统

（2）多点链路方式

对于某些定时的数据采集或数据文件收发之类的应用，一般用户终端不经常使用链路，因此链路利用率很低。图 1-1-1（b）采用了多点链路方式，即一条链路连接多个用户终端，共享通信处理机的一个端口。在这种点对多点的通信方式中，为便于通信处理机区分用户终端，通信过程中有必要另外加上用户的识别标志。这种技术措施会增加识别处理的开销，但以此为代价可提高链路的利用率和端口的可用性。值得注意的是这种基带方式每次仍然只允许一个用户终端和通信处理机进行交互通信。

（3）复用器/集中器方式

使用复用器或集中器可将多个用户终端通过共享同一链路接入通信处理机，如图 1-1-1（c）、

（d）所示。

复用器（Multiplexer）是一种实现数据复用和分路功能的设备。当采用同步时分复用技术（Synchronous Time Division Multiplex）时，复用器输出链路的传输总容量至少与输入各链路容量的总和相等，在通信处理机侧复用器所恢复的信道数通常等于另一个复用器所接入的用户终端数。在图 1-1-1（c）中，示例的复用器只接入 2 个用户终端，通信处理机侧信道端口一般也配接 2 个。

集中器（Concentrator）则是一台程序控制的设备，一般可由小型计算机或功能相当的高档处理机（如工业控制机）组成。通常将多个用户终端用低速链路接入集中器，并经高速同步数据链路接到通信处理机的一个端口，如图 1-1-1（d）所示。集中器采用了异步时分复用（Asynchronous Time Division Multiplex）技术，也称统计时分复用或动态时分复用器技术。此时通信处理机需附加一软件，分别能对收、发的数据进行识别与集中处理。

（4）拨号方式

这种方式是利用已建的公用电话交换网（PSTN）以接续服务方式为用户终端提供数据链路，可节省传输介质的投资，并能有效提高网内交换设备和链路的利用率。由于 PSTN 是为模拟系统中语音传输（带宽为 0.3～3.4kHz，常取为 4kHz）和接续而设计的，因而在电话网上传输数字数据信号必然会受到一定的约束。图 1-1-1（e）中采用了调制解调器，其功能是完成信号变换。将用户终端或通信处理机的数字数据信号变换成适宜话路带宽的信道上传输的模拟信号，称为调制过程；反之，将模拟信号变换为数字数据信号的过程，称为解调。

用户终端利用这种方式在数据通信前，每次先要按电话通信规定拨通对方端口，由 PSTN 完成电路的接续，然后调制解调器将电路切换到数据传输状态；同样，每当数据传输完毕，需拆线（或释放）已接续的交换链路。所支持的数据速率一般为 1200～9600 bit/s。当前应用先进的调制技术，数据速率不超过 64kbit/s。

由此可知，面向终端的远程联机集中处理计算机系统已经涉及到多种通信技术、数据传输设备等。当前，大型企业（如银行）、科研机构仍然在使用这种模式，但是计算机系统的发展重点将是高速并行处理、人工智能、模式识别、知识工程等方面的技术。

这一阶段的面向终端的远程联机集中处理计算机系统有两个基本特点：

① 以计算机（又称主机，Host）为中心，集中处理信息，而终端设备没有处理能力，常称为主—从系统；

② 远地的多个终端通过数据通信设备（如 FEP）与主机通信，可共享主机资源。

1.1.2 计算机系统互连成网

在 20 世纪 60 年代中期到 70 年代末，随着计算机技术和通信技术的发展，需要将多台面向终端的计算机联机系统互相连接起来，组成多处理机为中心的网络。

在 1969 年，美国国防部的高级研究计划局（Advanced Research Projects Agency，ARPA）首先实现了以资源共享为目的的异种计算机互连的网络，命名为 ARPANet，其初始架构如图 1-1-2 所示。ARPANet 将通信控制处理机（CCP）称为接口报文处理机（Interface Message Processor，IMP）。随后几年中，物理节点增到 50 多个，主机超过 100 台，区域范围由美国本土通过卫星、海底电缆扩展到欧洲、夏威夷。ARPANet 已成为世界公认的第 1 个实用计算机网，开辟了计算机技术与通信技术相结合的新方式，人们将其称为第 2 代计算机网络，其主要特点如下。

① 采用层次化网络结构。

② 从逻辑上分为通信子网和资源子网。

③ 分组交换方式，采用接口报文处理机。

④ 分布式控制。

⑤ 资源共享。

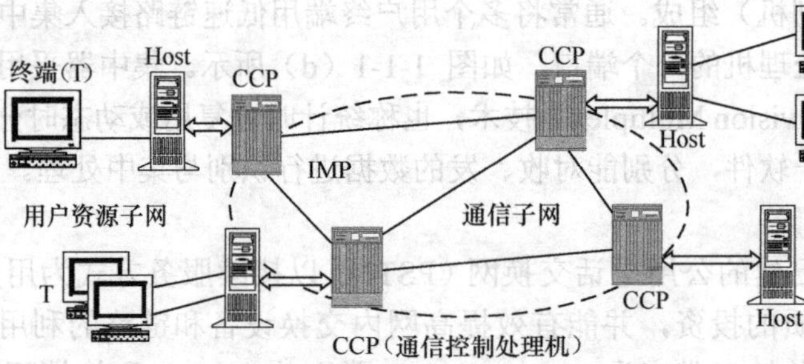

图 1-1-2　ARPANet 初始架构

ARPANet 的重要贡献是奠定了计算机网络技术的基础。它也是构筑当今 Internet 的先驱者。

1.1.3　计算机网络体系结构的标准化

在 ARPANet 的成功驱动下，各大计算机公司为了促进网络产品的开发，纷纷制定了各自的网络技术标准。例如，IBM 公司在 1974 年首先提出了计算机网络体系标准化的概念，宣布了系统网络体系结构（System Network Architecture，SNA）。随后 DEC 公司推出了数字网络体系结构（Digital Network Architecture，DNA）等。但这些网络技术规范只能在本公司同构型设备基础上互连，网络通信市场的各自为政的状况，使用户在组网时无所适从，投资得不到保护，也不利于多厂商间的公平竞争。

1976 年国际电报电话咨询委员会（CCITT），现改名为国际电信联盟电信标准化部门（ITU-T），正式公布了基于分组交换技术的公用数据网的建议——X.25 规程。其后又经过多次修改和补充，成为公用数据网分组交换技术发展过程中的一个里程碑。随后各国电信部门纷纷兴建公用数据网（PDN），为用户提供各类计算机系统的接入。我国 1989 年在分组交换实验网运行的基础上，于 1993 年建成了 X.25 分组交换公用数据网（PSPDN），称为 ChinaPAC，支持用户接入的数据速率一般不超过 64kbit/s。

在 20 世纪 70 年代末，随着微型计算机技术的不断发展，各种形式的局域计算机网纷纷推出。这种典型的网络计算是共享服务器模式，即以服务器为中心的网络计算模式。国际电子电气工程师协会（IEEE）随之推出了 IEEE 802 系列建议。各种局域网经历市场大浪淘沙，占有份额最多的局域网（LAN）首推总线式结构的以太网（Ethernet）。局域计算机网极大地促进了计算机技术和通信技术的有机结合，使网络应用进入了一个新阶段。

在网络技术不断发展的基础上，要求统一技术标准的呼声渐高。1977 年，国际标准化组织（ISO）设立了 TC97（计算机与信息处理标准化委员会）下属的 SC16（开放系统互联分技术委员会），吸取了 SNA、DNA 以及 APPANet 等网络体系结构的成功经验，参照了 X.25 开放互连结构特性，从用户系统信息处理的角度，提出了开放系统互连的参考模型（OSI-RM），即 ISO 7498，并于 1984 年 8 月批准其为国际标准。与此同时，ITU-T 从通信系统的角度，进一步研究了如何实现通信网络设备的兼容性要求，规定了 ITU-T 应用 OSI-RM、各层提供的服务以及开放系统中对等实体间通信所必须遵循的规程 X.200 系列建议。遵循网络体系结构标准建成的网络，也称为第 3 代计算机网络。标准化进一步推动了信息产业，新一代的网络技术、网络互连、网络管理、系统集成也相应而起。

1.1.4 因特网的由来

在 20 世纪 70 年代中期，ARPANet 已经有了好几十个计算机网络，但不同计算机网络之间仍然不能互通。为此，ARPA 又设立了新的研究项目，支持学术界和工业界进行有关的研究。研究的主要内容就是想用一种新的方法将不同的计算机局域网互连，形成“互联网”（民间习惯上的简称）。研究人员称为“Internetwork”，简称“Internet”（中文正式译名为“因特网”）。这个名词就一直沿用到现在。

在研究实现计算机网络互联的过程中，计算机软件起了主要的作用。1974 年，连接分组网络的一系列协议被提出，Internet 标准（草案）制定，草案文本命名为 RFC××××，其中 RFC（Request For Comments）意为“请求注释”。因特网采用的 TCP/IP 协议栈有一个非常重要的特点，就是开放性，即 TCP/IP 的规范和 Internet 的技术都是公开的，其目的就是使任何制造商生产的计算机都能相互通信，使 Internet 成为一个开放的系统。

ARPA 在 1982 年采用 TCP/IP 协议栈，并在 1983 年将 ARPANet 分成两部分：一部分供军用，称为 MILNet；另一部分仍称为 ARPANet，供民用。1986 年，美国国家科学基金组织（The National Science Foundation, NSF）将分布在美国各地的 5 个为科研教育服务的超级计算机中心互连，并支持地区网络，形成 NSFNet。1988 年，NSFNet 替代 ARPANet 成为 Internet 的主干网。NSFNet 主干网利用了在 ARPANet 中已证明有效的 TCP/IP 技术，准许各大学、政府或私人科研机构的网络加入。1989 年，ARPANet 解散，Internet 从军用正式转向民用。

Internet 的发展引起了商家的极大兴趣。1992 年，美国 IBM、MCI、MERIT 三家公司联合组建了一个高级网络服务公司（ANS），建立了一个新的网络，叫 ANSNet，成为 Internet 的另一个主干网。它与 NSFNet 不同，NSFNet 是由国家出资建立的，而 ANSNet 则是 ANS 公司所有，从而使 Internet 开始走向商业化。1995 年 4 月 30 日，NSFNet 正式宣布停止运作。而此时 Internet 的主干网已经覆盖了全球 91 个国家，主机已超过 400 万台。

我国 Internet 的研究与应用起步于上世纪 80 年代中期，其后随经济发展的需要而得到了高速的发展。目前，我国有经重组形成的三大公用计算机互联网运营商（中国电信、中国移动、中国联通），以及中国教育科研计算机网（CERNet）等。据中国网络信息中心（CNNIC）截至 2010 年 6 月统计，我国网民数量已达到 4.2 亿，大幅超越美国，居世界首位。

因特网异军突起。它采用的 TCP/IP 技术，不仅领衔稳坐支持数据业务的首选协议之席，而且实用化的 VoIP、IPTV 技术加速其向多种业务扩展的步伐。尽管 IP 网并不是完美的技术，但它无处不在已既成事实。

1.2 计算机通信与网络基本概念

1.2.1 计算机、通信与网络的含义

众所周知，计算机又称“电脑”。它不仅是一种计算工具，事实上已经渗透到人类工作和生活的方方面面。在通常用语中，计算机是一种能够按照指令对各种数据和信息进行程序加工和处理的电子设备。计算机系统是指按人的要求接收和存储信息，在程序控制之下快速而高效地进行数据处理和计算，并输出结果信息的复杂电子系统。

所说的“通信”，指的是传统意义上信息的被动连接和传递。在邮政系统，人们连接和传递信件；在电报系统，人们连接和传递报文（Message）；在电话系统，人们双向连接和传递语音。

计算机通信与传统的电话通信、电报通信不同。计算机通信是实现计算机与计算机（包括服务器），或人（通过终端、微机或计算机）与计算机之间的数据信息的生成、传送、交换、存储和处理，其实质是计算机进程之间的通信。这里的“通信”内涵，不再局限于被动传递信息的业务模式，而是转为面向信息化大市场，通过计算机通信（涵盖物与物）提供各种信息服务和信息应用。

在专业领域内，常见到“数据通信”一词。按国际电信联盟对数据通信的定义，它是依照一定的通信协议，利用数据传输技术在两个终端之间传递数据信息的一种通信方式和通信业务，它是实现计算机通信与网络的基础。数据通信基础技术包含传输系统利用率、通信接口、信号同步、差错检测和纠正、交换技术与管理、寻址和路由、信号恢复、报文格式、网络管理和网络安全等。

网络是为通信所提供架构的统称。不同网络的原始设计，依据服务对象各不相同，如电话网服务的对象是语音语务，因特网设计初衷是面对计算机数据业务信息的传送与处理。

在学术上或在不同的阶段，计算机网络和计算机通信网有着不同的含义。如前所述，第一代计算机网络是以计算机为中心的远程集中处理联机系统，实质上是一个分时的多用户计算机系统。在 ARPANet 出现后，计算机网络的定义：将各自具有独立处理能力的计算机系统相互连接成网，实现资源共享。特别强调独立处理能力的计算机系统，与第一代计算机网络所称的终端是有根本不同的。所谓资源是指硬件、软件和相关数据。但这一定义侧重于应用目的，而未指出物理结构。计算机通信网则泛指以计算机传输信息为目的而连接起来的计算机系统之集合[11]。

从宏观上来讲，计算机网络与计算机通信网没有本质上的差别。在研究和工程设计时，当侧重于用户在大信息的观念上如何共享和应用计算机资源时，一般引用术语”计算机网络”；而着重于计算机之间信息通信时，则引用术语“计算机通信网”。

多媒体计算机通信支持业务的多样化，对计算机网络提出了更新、更高的要求。在网络体系结构标准化的环境中，广义的第三代计算机网络或计算机通信网是指“地理上分散的各自独立运作的计算机，通过通信基础设施互连，在通信协议控制下实现信息的传输、交换、资源共享和协同工作（CSCW）等的系统”。

1.2.2　计算机通信与网络的组成

计算机通信与网络是由通信子网和用户资源子网所组成，如图 1-2-1 所示。用户资源子网包括各种类型的计算机、终端以及数据采集系统，有的请求共享资源，有的可提供资源共享；而通信子网则可以采用电信部门提供的各种网络，支持跨地远程用户资源子网的接入。

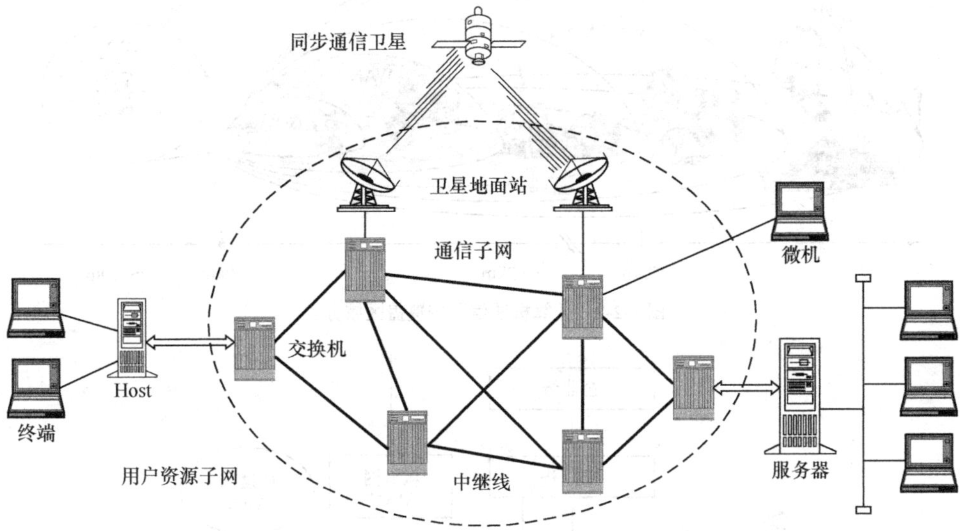

图 1-2-1　计算机通信与网络的组成

从图论角度来看，网络的组成单元有网络节点和通信链路。网络节点可分为端节点和转接节点。转接节点是指通信网络设备，如交换机、路由器（Router）、集中器、集线器（Hub）等；端节点是指用户主机或终端。

在计算机通信与网络中，除了物理上选择必要的互连之外，还需要执行网络通信控制的软件，包括网络操作系统、网络通信软件、网络协议和协议软件、网络管理及网络应用软件。

1.2.3　计算机通信与网络的分类

计算机通信与网络有多种分类方式。

1. 按服务性质来划分

根据服务性质，计算机通信与网络同样可分为：

① 公用网。又称公用网，如中国公用多媒体通信网 ChinaNET；

② 专用网，如中国银行计算机网络。

2. 按覆盖区域来划分

计算机通信与网络从覆盖区域来分（参见图 1-2-2），则有：

① 广域网（Wide Area Network，WAN）；

② 城域网（Metropolitan Area Network，MAN）；

③ 局域网（Local Area Network，LAN）。

LAN 数据率现可达 10Mbit/s、100Mbit/s、1000Mbit/s 以及 10Gbit/s。组网时往往是在 LAN 的基础上，按需要构成工作组、部门级直至企业级计算机网，如图 1-2-3 所示。随着移动通信的广泛应用，在以掌上型电脑、3G彩信手机以及传感器数据采集为主要对象组成的个人域网（Personal Area Network，PAN），其覆盖的区域一般在几米到几十米的范围。

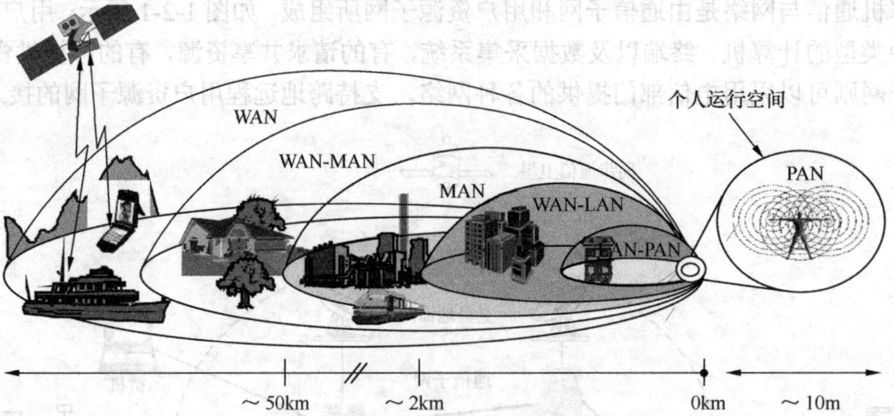

图 1-2-2　计算机通信网按覆盖区域分类

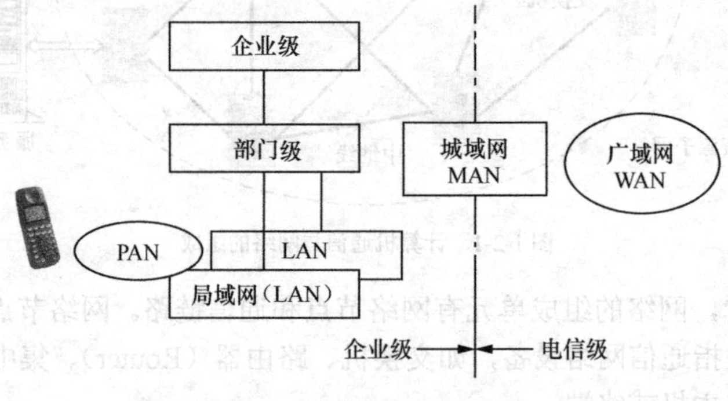

图 1-2-3　企业级和电信级网络

3. 按网络拓扑结构来划分

计算机网络按拓扑结构来划分，是一种与网络规划、设计以及网络性能有关的划分方法。拓扑（Topology）一词源自图论。从拓扑学的观点来看，将计算机通信网中所有节点（网络单元）抽象为"点"，通信链路抽象为"线"，形成点、线构成的几何图形。采用拓扑学方法将计算机网络抽象成的几何图形，称之为计算机网络的拓扑结构。

在局域网中的主要拓扑结构有：总线型结构、星型结构、环型结构、树型结构。在广域网中，拓扑结构比较复杂，一般为不规则结构，通常称之为网状网。为了便于管理，网络的拓扑结构又常选用层次结构，即把上述的树型与星型、环型结构组合起来。

1.2.4　现代通信网络架构

现代通信网络是一个复杂的大通信系统。现代通信网络架构包含了 3 个部分——终端子系统、交换子系统和传输子系统，如图 1-2-4 所示，其主要功能是面向公众提供全程、全网的信息数据传送、交换和处理服务。

现代通信网络处于不断变革之中，网络类型以及所提供的业务种类正在不断增加和更新，优胜劣汰。图 1-2-5 列出了庞大而又复杂的现代通信网络系统的框架。

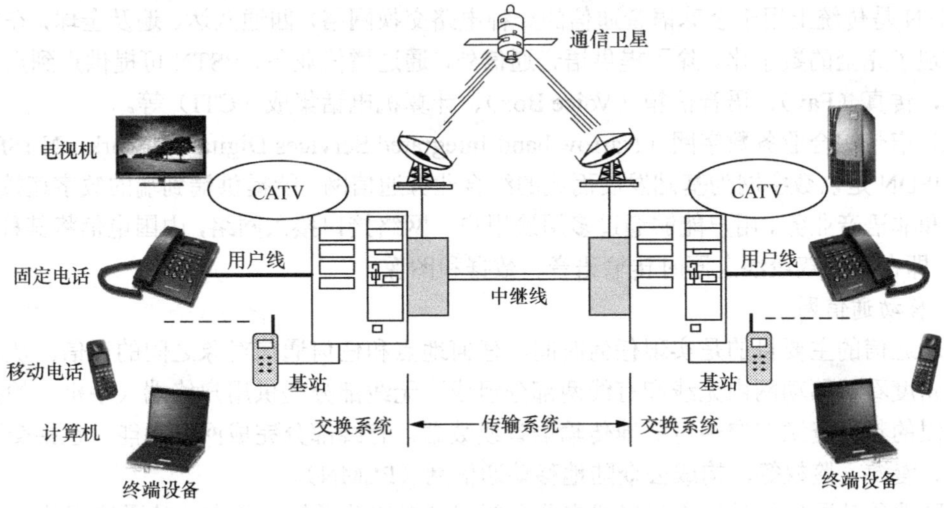

图 1-2-4 现代通信网络架构

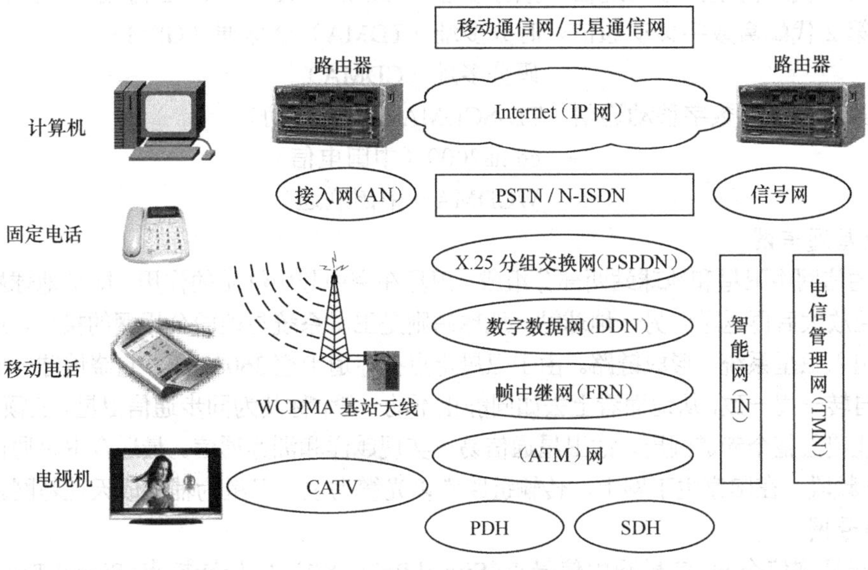

图 1-2-5 现代通信网络框架结构

在图 1-2-5 的左侧举例列出的通信网络的业务对象，包括常用的电话（固定电话、移动电话）、计算机、电视等终端设备。细看图 1-2-5 中的一个云状图，它就是国际计算机互联网，因特网，也常称为 IP 网。因特网是一个网络的网络（a network of network），它以 TCP/IP 网络协议将各种不同类型、不同规模、位于不同地理位置的物理网络连接成一个整体，构成网络平台。它也是一个国际性的通信网络集合体，融合了现代通信技术和现代计算机技术，能集各个部门、领域的各种信息资源于一体，从而构成网上用户共享的信息资源网。它的出现是世界由工业化走向信息化的必然和象征。计算机网络中的广域网，与下列现存的通信网络都有千丝万缕的链接。

1. 电话通信网

（1）公用电话交换网（Public Switched Telephone Network，PSTN）

PSTN是传统上用于全球语音通信的一种电路交换网络，四通八达、遍及全球，在技术上已经实现了完全的数字化。除了提供语音通信外，通过增值业务，PSTN可提供点到点的计算机通信，传真（Fax）、语音信箱（Voice Box）、计算机电话集成（CTI）等。

（2）窄带综合业务数字网（Narrow band-Integrated Services Digital Network，N-ISDN）

N-ISDN是以数字网为基础发展而成的综合业务通信网，能提供端到端的数字连接，可承载语音和非语音业务。用户能够通过多用途用户—网络接口接入网络，中国电信将其称为“一线通”，即在一对双绞线上同时传输语音、数据和图像。

2. 移动通信网

移动通信的主要目的是实现任何时间、任何地点和任何通信对象之间的通信。从移动通信网的角度看，移动网由无线和有线两部分组成。无线部分提供用户终端（手机）的接入，利用有限的频率资源在空中可靠地传输语音或数据；有线部分完成网络功能，包括交换、用户管理、漫游、鉴权等，构成公众陆地移动通信网（PLMN）。

从陆地移动通信的具体实现形式来分主要有模拟移动通信和数字移动通信两种。

（1）第1代蜂窝模拟移动通信	频分多址（FDMA）（2001年12月底，中国已撤网）
（2）第2代蜂窝数字移动通信	时分多址（TDMA）全球通（GSM）
	码分多址（CDMA）
（3）第3代蜂窝数字移动通信	TD-SCDMA（中国移动）
	cdma2000（中国电信）
	WCDMA（中国联通）

3. 卫星通信网

卫星通信网由卫星和地球站两部分组成。卫星在空中起中继站的作用，即把地球站发上来的电磁波，经放大后再返送回另一地球站。地球站则是卫星系统与地面公用网的接口，地面用户通过地球站出入卫星系统，形成链路。由于卫星定点在赤道上空36000km，它绕地球一周的时间恰好与地球自转一周一致，从地面看上去如同静止不动一般，称其为同步通信卫星。三颗相距120°的卫星就能覆盖整个赤道圆周，故卫星通信易于实现越洋和洲际通信。最适合卫星通信的频率是1～10GHz频段。在国家主干网上，传输链路常以光缆为主、卫星为辅形成天地基网。

4. 信号网

信号网又称信令网。信号网由信号点（Signal Point，SP）、信号转接点（Signal Transfer Point，STP）以及连接它们的信号链路组成。在信号网中，目前主要采用公共信道信号系统 CCSS No.7。在逻辑上，7号信号网独立于所服务的电话交换网。实质上，7号信号网是一个专用的分组交换数据网。7 号信令方式主要作为固定电话网和移动通信网中的局间信号，在公共信号链路上传送消息信号单元（Message Signal Unit，MSU），可控制一群话路的接续。

5. 接入网

接入网（Access Network，AN）是由ITU-T根据电信网的发展演变趋势而提出的。从整个电信网的角度讲，可以将全网划分为公用网和用户驻地网（CPN）两大块，其中CPN属用户所有，因而，通常意义上的电信网指的是公用电信网部分。公用电信网又可以划分为长途网、中继网和接入网3部分。长途网和中继网合并称为核心网。相对于核心网，接入网介于本地交换机和用户之间，主要完成使用户接入到核心网的任务。接入网由业务节点接口（SNI）和用户网络接口（UNI）之间的一系列传送设备组成。

6. 智能网

智能网（Intelligent Network，IN）的思想起源于美国。20世纪80年代初，AT&T公司就采用集中数据库方式提供800号（被叫付费）业务和电话记账卡业务，这是智能网的雏形。后来ITU-T在1992年正式命名了智能网一词。智能网是在现有交换与传输的基础网络结构上，为快速、方便、经济地提供电信新业务（或称增值业务）而设置的一种附加网络结构。智能网以计算机和数据库为核心，突出优点是可以做到快速、经济、方便地提供新业务。由于智能网技术有标准模型约束，系统的实现可以独立于将要生成的新业务，且有标准通信协议支持产品的互联，从而为快速提供新业务创造了基础条件。

7. 数据通信网

随着计算机通信技术发展，PSPDN、DDN、FRN、ATM先后被推出。

（1）X.25分组交换公用数据网（Packet Switched Public Data Network，PSPDN）

分组交换是为适应计算机通信而发展起来的一种先进技术，1976年CCITT（现改名为国际电信联盟电信标准化部门，ITU-T）正式公布了基于分组交换技术的公用数据网的建议——X.25接口规程，成为数据通信网技术发展过程中的一个里程碑。随后各国电信部门纷纷兴建公用数据网（PDN），为用户提供各类计算机系统的接入：可以满足不同速率、不同型号终端与终端、终端与计算机、计算机与计算机间以及局域网间的通信，实现数据库资源共享。

（2）数字数据网（Digital Data Network，DDN）

DDN是利用数字信道传输数据信号的数据传输网。它的主要业务是向用户提供永久性和半永久性连接的数字数据传输信道，既可用于计算机之间的通信，也可用于传输数字化传真、数字语音、数字图像信号或其他数字化信号。永久性连接的数字数据传输信道是指用户间建立固定连接，传输速率不变的独占带宽电路。半永久性连接的数字数据传输信道对用户来说是非交换性的。但用户可提出申请，由网络管理人员对其提出的传输速率、传输数据的目的地和传输路由进行修改。网络运营商向广大用户提供了灵活、方便的数字电路出租业务，供各行业构成自己的专用网。

（3）帧中继网（Frame Relay Network，FRN）

帧中继技术是一种高速分组交换技术，采用简化的方法传送和交换数据。由于分组交换网是在模拟通信环境下出现的，只能选用传输质量较差的模拟线路，为了保证信息的正确传送，在每个交换节点处要进行复杂的纠错和流量控制，因而使得分组网的吞吐量受到一定限制，接入数据率一般不超过64kbit/s。而帧中继网络继承了分组网的优点，在数字通信网的环境下，简化和去除了分组网中的部分功能，从而具有吞吐量高、网络时延低、可靠性高、适合突发性计算机通信业务的特性，且数据率可在64kbit/s～2.048Mbit/s范围内选择。

（4）ATM网[11]

ATM是为宽带综合业务数字网（B-ISDN）而设计的面向连接的异步传输模式（Asynchronous Transfer Mode，ATM）。它是以信元为基础的一种分组交换和复用技术，适用于计算机网络（局域网和广域网），具有高速数据传输率（155.520 Mbit/s、622.080 Mbit/s等）并支持多种业务类型，如声音、数据、传真、实时视频、CD质量音频和图像的通信。

8. 数字传输网

在数字通信系统中，传送的信号都是数字化的脉冲序列。这些数字信号流在数字交换设备之间传输时，其速率必须完全保持一致，才能保证信息传送的准确无误，称为“同步”。

在数字传输系统中，有两种数字传输系列，一种叫“准同步数字系列”（Plesiochronous Digital Hierarchy，PDH），另一种叫“同步数字系列”（Synchronous Digital Hierarchy，SDH）。

在早期的电信网中，大多使用 PDH 设备。PDH 存在两种标准，即 E 系列和 T 系列。它对传统的点到点通信有较好的适应性。而随着数字通信的迅速发展，大部分数字传输都要经过转接，而 PDH 系列便不能适合现代电信业务开发和现代化电信网管理的需要。

SDH 就是适应这种需要而出现的传输体系。最早提出 SDH 概念的是美国贝尔通信研究所，称为光同步网络（SONET）。1988 年，CCITT 接受了 SONET 的概念，重新命名为“同步数字系列（SDH）”，使它不仅适用于不同厂家的产品在光路上互通，从而提高网络的灵活性；也适用于微波和卫星传输的技术体制，并且使其网络管理功能大大增强。

9. 电信管理网

电信管理网（Telecommunication Management Network，TMN）是电信企业管理网络资源和业务运行、维护的的一个支撑网，它是电信网提供高质量、高可靠性、高效益的电信服务的重要保证。TMN 需要先进计算机硬、软件（如面向对象技术、数据仓库、数据挖掘）技术的支撑，实施现代化的网络管理。

10. 有线电视网

有线电视也叫电缆电视（CATV，Cable Television），它是相对于无线电视（开路电视）而言的一种新型广播电视传播方式，是从无线电视发展而来的。有线和无线电视有相同的目的和共同的电视频道，不同的是信号的传输和服务方式以及业务运行机制。

电视系统一般包括节目发送、传输和接收 3 个部分。有线电视把录制好的节目通过线缆（电缆或光缆）传输，将电视信号传送给用户，再用电视机重放出来。有线电视不向空中辐射电磁波，所以又叫闭路电视。

有线电视网在网络结构上，采用 HFC（混合光纤和同轴电缆）模式，附配机顶盒（Set Top Box，STB）或电缆调制解调器（Cable Modem），提供双向传输功能，可扩大有线电视的服务范围。

1.3 计算机通信与网络发展动态

当今世界，科学技术日新月异，以信息技术、生物技术为代表的高新技术及其产业迅猛发展，深刻影响着各国的政治、经济、军事、文化等方面。

21 世纪是一个信息化社会，面向新世纪的计算机通信与网络的基本目标是继续在各个国家乃至全球建立起一个完整、统一、先进的公用信息基础网络，人们常称之为国家信息基础设施（National Information Infrastructure，NII）和全球信息基础设施（Global Information Infrastructure，GII），实施数字地球计划。有人形容信息技术领域的发展一日千里，甚至变幻莫测，因而要对其未来作出精确的预测往往比较困难。从应用需求、市场竞争和生产成本等视角，本书汇总如下。

1.3.1 下一代网络

数字技术是 21 世纪这一时代的主要特征，NII 和 GII 是构筑在计算机、通信、信息内容

3 个方面技术融合的基础上的。信息时代的网络经济也体现在计算机、通信、信息内容 3 种关键经济成分构架的融合。与信息技术（Information Technology，IT）密切依存的三网，通常指的是电信网、计算机网（主要是因特网）及有线电视网。可见不远的将来，计算机、通信、电视网络将融为一体。

众所周知，在数字化的平台上，原先各有明确传输途径和传输内容的 3 个网——电信网、计算机网、有线电视网正在出现相互渗透，致使行业之间的界限趋向模糊。例如，在传统语音业务的电话网上提供了增值业务——数据、传真甚至视频信号传输；另一方面，在数据网上由纯粹的数据传输进展到 IP 语音、IPTV 等多媒体信息传送。同样，基于广播式单向传输视频图像的有线电视网，也在采用各种新技术实现双向传输，以支持多种业务的需求。

关键问题是网络融合的结合点是什么？电话网主要是为传输从模拟技术起步的语音业务而优化设计的，显然用来传输数据的能力存在一定的局限性。为此，20 世纪 80 年代国际上推出 N-ISDN 就是在传统的电话网上用程控电话交换机实现语音、数据和视频业务的综合化。但由于其性能、价格及互连性等方面的限制，只在部分地区得到应用。国际电信联盟在 20 世纪 90 年代推荐了 ATM 作为 B-ISDN 的基本传输模式，能确保服务质量（QoS），这几年陆续推出一系列相关建议，取得了较大的进展，但其进程发展缓慢，事实上并未达到综合所有业务的预期目标。

因特网的出现和飞速发展，给三网融合注入了崭新的生机。Internet 采用 TCP/IP 协议，在网络层平台上进行互连，基本解决了隶属于不同单位且分布在全球的不同类型的网络进行无缝的连接。尽管因特网存在各种缺点，它的无处不在已是既成事实，网上的数据量近年来仍平均以每半年翻一番的速率递增。

市场需要融合的网络，以可靠、无缝、有效地在企业和运营商这两个市场中支持固定电话、移动电话和数据的混合应用。从发展前景来看，ITU 和 ETSI（欧洲电信标准协会）正在致力构造将电话网与因特网两者优点相结合的下一代网络（Next Generation Network，NGN）。

什么是 NGN？2004 年 2 月，ITU-T 第 13 研究组给出了 NGN 的基本定义：NGN 是一个基于分组交换技术的网络，它能提供包括电信服务在内的各种服务，能够利用多种宽带且具有保证服务质量能力的传输技术。此网络应使各种与服务有关的功能的实现及各种与传输有关的技术使用相对独立。NGN 使用户可自由接入到不同的业务提供商；NGN 支持通用移动性，从而可向用户提供一致的和无处不在的服务。

从全球范围看，NGN 已经进入了部署阶段，运营商和设备商为此进行大量投资，逐渐开始配置基于 NGN 的网络的应用。NTT、BT、AT&T 等技术实力比较雄厚的网络运营商，早已经开始配置基于 NGN 的实际业务与服务。与此同时，ITU、ETSI、IETF、ISC、IEEE、ITU-R、3GPP、3GPP2 等国际标准化组织也加快了 NGN 的标准化进程。

未来的网络是在一个物理网络平台上，同时运行多个业务网。NGN 和 NGI（下一代因特网）最终将趋于统一。NGN 与 NGI 融合的趋势主要体现为：NGN 与 NGI 都基于 IP 承载网；移动互联网是两者都关注的重点。

软交换（Soft-Switching）的概念最早起源于美国企业网的应用。在企业网环境中，用户采用以太网进行电话通信，即 IP 电话，通过一套 PC 服务器的呼叫控制软件，实现用户交换机的功能（IP PBX），综合成本远低于传统的 PBX。

在软交换进入商用规模之时，第三代伙伴组织计划（Third Generation Partnership Projects，

3GPP）为移动网定义了 IP 多媒体子系统（IP Multimedia Subsystem，IMS）。IMS 是一种基于会话初始协议（Session Initiation Protocol，SIP）融合的网络体系结构，有利于各种业务的融合以及有效出台。目前，NGN 已明确核心网使用 IMS，是否依赖 SIP 信令是 NGN 与 NGI 的主要区别。

1.3.2 物联网和泛在网

以移动技术为代表的普适计算（Pervasive Computing）、泛在网络被称为继计算机技术、因特网技术之后信息技术的第三次革命。而物联网通过智能感知、识别技术与普适计算、泛在网络的融合应用，被称为继计算机、因特网之后世界信息产业发展的第三次浪潮。

物联网（The Internet of things，IOT）的概念是在 1999 年提出的，它的定义指在物理世界的实体中部署具有一定感知能力、计算能力或执行能力的各种信息传感设备（如传感器、RFID、二维码、短距离无线通信技术、移动通信模块等），通过网络设施实现信息传输、协同和处理，从而实现广域或大范围的人与物、物与物之间信息交换需求的互联。国际电信联盟 2005 年的一份报告曾描绘"物联网"时代的图景：当司机出现操作失误时汽车会自动报警；公文包会提醒主人忘带了什么东西；衣服会"告诉"洗衣机对颜色和水温的要求等。

但很多物体不一定非要连到网上。与其说物联网是网络，不如说物联网是业务和应用，物联网也被视为互联网的应用拓展。物联网的主要特征是每一个物件都可以寻址，每一个物件都可以控制，每一个物件都可以通信。

泛在网的概念首先是由美国 Mark Weiser 在 1991 年提出的。泛在网（Ubiquitous Network）是指基于个人和社会的需求，实现人与人、人与物、物与物之间按需进行的信息获取、传递、存储、认知、决策、使用等服务，网络具有超强的环境感知、内容感知及其智能性，为个人和社会提供泛在的、无所不含的信息服务和应用。

不论物联网还是泛在网，都是需要各种传感技术支撑。传感器网（Sensor Network）则是利用各种传感器（收集光、电、温度、湿度、压力等信息）加上中低速的近距离无线通信技术构成一个独立的网络，是由多个具有有线/无线通信与计算能力的低功耗、小体积的微小传感器节点构成的网络系统，它一般提供局域或小范围内物与物之间的信息交换。

泛在网、物联网、传感器网的关系：泛在网是 ICT 社会发展的最高目标，物联网是泛在网的初级和必然发展阶段，传感器网是物联网的延伸和应用的基础。

在泛在网概念基础上，日本提出 U-JAPAN，韩国提出 U-KOREA，欧盟提出 I-Europe，美国提出"智慧地球"等社会信息化的发展目标。

【单元 1】识网

案例 1-1-1 认识通信网络世界

1. 项目名称

认识通信网络世界

2. 工作目标

信息时代，无网不胜。因特网已是一个全球性的计算机互联网络，它可将不同地区而且规模不一的网络互相连接，构成信息通信的网络平台。

在以计算机技术、通信技术和网络技术的结合为基础的信息社会，基于因特网平台的网络应用无处不在，信息的获取与发布、电子邮件、电子商务、网络电话、网上事务处理、Blog（博客）、微博等，正在改变人们的生活、工作和学习方式。

本案例要求：

① 学会使用 Google Earth（谷歌地球）初级教程。

② 认识因特网与通信网络。

3. 工作任务

① 从网址 http：//www.google.com/intl/zh-CN/earth/index.html 下载 Google Earth 6。

Google Earth 6 可看到卫星图像、地图、地形、3D 建筑、海洋，甚至探索外太空的星系。

② 使用 Google Earth 6 搜索全球各地卫星视图，三维街景视图，查询行驶路线等。

③ 使用屏幕复制（PrtSc 键）功能，以及“画图”软件。

4. 学习情景

Google Earth 是 Google 公司开发的一款虚拟地球仪软件，它把卫星照片、航空照片和 GIS 布置在一个地球的三维模型上。Google Earth 于 2005 年向全球推出，被“PC 世界杂志”评为 2005 年全球 100 种最佳新产品之一。用户们可以通过一个下载到自己电脑上的客户端软件，免费浏览全球各地的高清晰度卫星图片。Google 地球分为免费版与专业版两种。

本单元引用 Google Earth 初级教程内容来练习全球性的查询，其功能有：

① 街景视图（Street View）：可以借助 Google Earth 6 中的新街景视图功能从外太空飞向街道，学会如何在街景视图中导航，以及如何切换到地平面视图。街景视图功能已经无缝集成到应用的 3D 环境中。

② 三维树林（3D Trees）：借助版本 6，可以探索世界各地多个位置的 3D 树木。了解如何查看 3D 树木，并查看一些可供浏览的地方示例。

③ 导航（Navigation）：借助 Google 地球，可以放大并探索地球上的任意位置。学会如何利用缩放滑块、太阳图标、“查看”操纵杆等工具，在这个三维的虚拟球体中导航。

④ 历史图像（Historical Imagery）：借助 Google Earth 中的历史图像功能穿梭时光，回到过去。当查看的地点提供有历史图像时，了解如何使用时间滑块，以及如何打开历史图像功能。

⑤ 搜索地方（Searching for Place）：Google Earth 是一个交互式虚拟球体，可查找和探索地球上的任意位置，甚至外太空。学会如何在搜索面板中查找企业和位置，并将位置保存在“我的位置”面板中。

⑥ 绘图和测量（Drawing and Measuring）：借助 Google Earth，可以围绕着地球上的任意位置进行跟踪和测量。学会如何使用标尺、多边形、路径、测量、高度配置文件等工具。

⑦ 地标和游览（Placemark and Tours）：借助 Google Earth，可以为任意位置创建标签，并利用地标生成游览。学会如何创建自定义地标、在“位置”面板中保存地标，整理地标，播放地标游览动画，以及在 Google 地球的图片库中查找游览。

⑧ 探索火星、月球和星空（Exploring Mars, Moon and Sky）：借助 Google Earth，可以飞

往地球上的每一个地方，甚至外太空。了解如何在 Google Earth 中探索其他行星。

5. 操作步骤

（1）任务：搜寻学院卫星视图

在 Google Earth 6 的“飞往”（Fly to）栏目中，键入“所在学院名称”，如“苏州信息职业技术学院”，点击“开始搜索”按钮，求得所寻找学院的“卫星视图”。

（2）任务：处理卫星视图

按“PrtSc”键，然后在系统“附件”中使用“画图”软件，剪辑学院的“卫星视图”，另存为 JPG 图片文件，文件名为“学号+姓名”。

（3）任务：观察行使路线

在 Google Earth 6 的“路线”栏目中，键入从“所在学院”，到“你的家乡地址”，再点击“开始搜索”按钮，观看所显示的行驶路线。

（4）任务：熟练使用地图

在 http：//www.google.com.hk 上使用“地图”工具，在栏目中键入“USS Arizona, Arizona Memorial Place, Honolulu, HI, United States”，则搜索前往美国夏威夷州的檀香山市的珍珠港。在那里可见设立的 Arizona 战列舰纪念馆。

（5）任务：观察街道俯视图

在“地图”工具栏目中，键入“Ohana Waikiki West 2330 Kuhio Avenue, Honolulu, HI US”，出现城市中楼群与街道俯视图。使用小黄人图标（Pegman icon）作为导航和悬停的标志，用户只需要通过鼠标控制它去往何处，就能在地图上看到沿途的街景和周围的一切。此外，用户还可以通过鼠标滚轴和方向键在街道上漫步。

案例 1-1-2 因特网带宽测试

1. 项目名称

因特网带宽测试

2. 工作目标

因特网已成为覆盖全球的通信网络平台，用户上网的访问速率是随网络环境在动态变化的。360 安全卫士中的测网速软件，能迅速测试宽带接入速率、长途网络速率以及网页打开速率等。

本案例要求如下。

① 学会使用 360 安全卫士中的测网速软件；

② 学会分析所测的数据。

3. 工作任务

① 下载 360 安全卫士软件。

② 使用测网速功能，测试宽带接入速率、长途网络速率以及网页打开速率数据。

③ 熟练使用 PrtSc 键，以及“画图”软件“选定”功能。

4. 学习情景

① 因特网自成为商业性网络后，逐步形成了一个多级结构的网络，如图 1-4-1 所示。全球若干主干 ISP（因特网服务提供者）构成网络核心，校园网（或企业网）、本地 ISP、地区 ISP 依次逐级通过网络接入点（NAP）汇接到主干 ISP。计算机 A 通过虚线多层链接到对端的计算机 B。

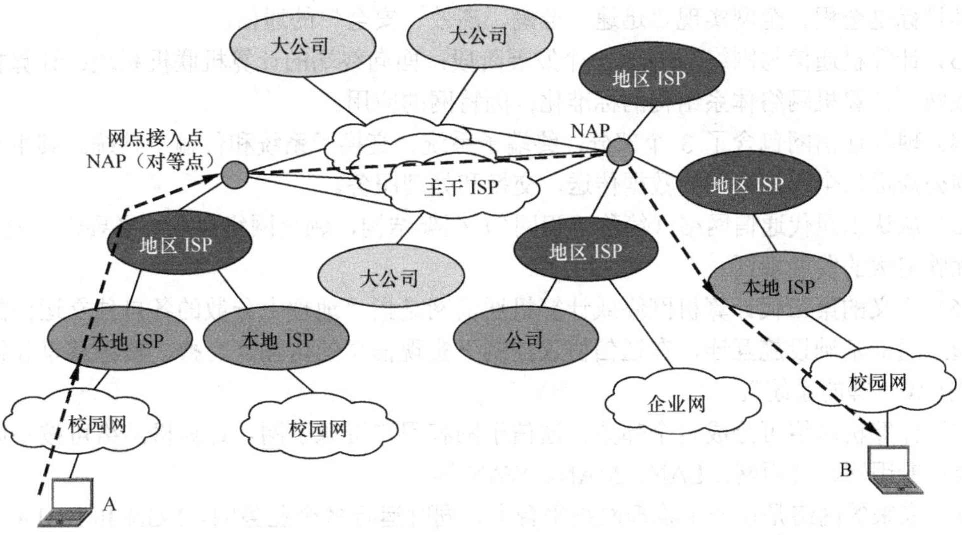

图 1-4-1　因特网的多级结构

② 长途网速是测试用户的宽带到国内各主干网（中国电信、中国联通、中国移动—铁通）的数据。如果是 1M 带宽，理想的下载速度应该在 100KB（800kbit/s）左右，2M 带宽在 200KB（1600kbit/s）左右。

③ 网速慢的原因及解决办法：

- 本机运行的程序占用了网络带宽，使网速变慢，如在线听歌、视频电影、下载（使用迅雷、BT）等。关闭程序即可恢复正常。
- 上网高峰时间，服务器响应过多，无法正常快速连接。如晚上速度相对于早上要慢，建议错开高峰时间上网。
- 升级宽带，如 1M 升到 2M，2M 升到 3M，ADSL 升级到光纤接入等。

5. 操作步骤

任务：网络接入速率测试

① 启用 360 安全卫士，单击按钮。

② 选择“宽带接入速率”，记录数据，并按 PrtSc 键，截取测试界面，例如图 1-4-2 所示。

③ 选择“长途网络速率”，按 PrtSc 键，截取测试结果图。

④ 选择“网页打开速率”，按 PrtSc 键，截取测试结果图。

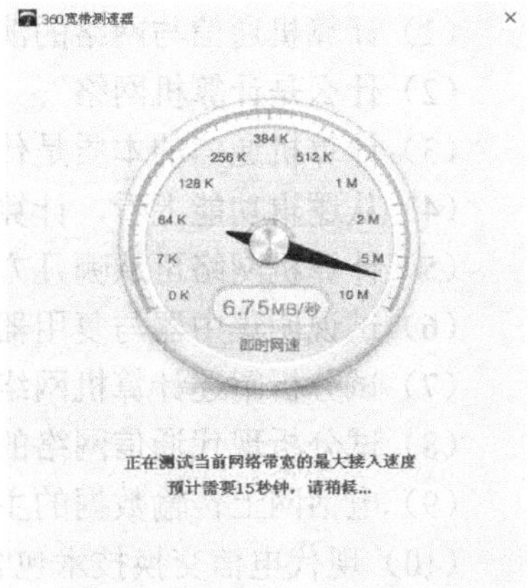

图 1-4-2　360 宽带测速器界面

本 章 小 结

（1）计算机通信（Computer Communication）是计算机技术和通信技术相融合的一种现代通信方式。

（2）计算机网络（包括因特网）是一种信息基础设施，为计算机通信架构了一个网络平台，其目标是全程、全网实现“迅速、准确、高效、安全”的通信。

（3）计算机通信与网络经历了 4 个发展阶段：面向终端的计算机联机系统；计算机系统互连成网；计算机网络体系结构的标准化；因特网的应用。

（4）现代通信网包含了 3 个部分：终端子系统、交换子系统和传输子系统。其主要功能是面向公众提供全程、全网的数据传送、交换和处理服务。

（5）从认识现代通信网络（简称“识网”）框架结构，领会网络存在的必要性、复杂性，理解优胜劣汰的发展规则。

（6）广义的第三代计算机网络或计算机通信网是指“地理上分散的各自独立运作的计算机，通过通信基础设施互连，在通信协议控制下实现信息的传输、交换、资源共享和协同工作（CSCW）等的系统”。

（7）计算机网络可分成两个部分：通信子网和用户资源子网。计算机网络可按不同的方法分类：专用网、公用网；LAN、MAN、WAN 等。

（8）未来的网络是在一个物理网络平台上，同时运行多个业务网。NGN 和 NGI（下一代因特网）最终将趋于统一。

（9）泛在网、物联网、传感器网的关系：泛在网是 ICT 社会发展的最高目标，物联网是泛在网的初级和必然发展阶段，传感器网是物联网的延伸和应用的基础。

练习与思考

（1）计算机通信与网络的演进历经了哪几个阶段，每个阶段各有何特点?

（2）什么是计算机网络?

（3）计算机通信的本质是什么?

（4）从逻辑功能上看，计算机网络由哪些部分组成，各自的内涵是什么?

（5）计算机网络可从哪几方面进行分类?

（6）试说明集中器与复用器的作用，以及分析两者之间的区别。

（7）试分析阐述计算机网络与分布式系统的异同。

（8）试分析现代通信网络的架构。

（9）电话网上传输数据的主要限制是什么?

（10）现代电信交换技术包含哪几种?

（11）什么是电信管理网（TMN）?

（12）第三代移动通信系统的技术特征是什么?

（13）下一代网络（NGN）的特征是什么? 什么是网络融合?

（14）什么是软交换（Soft-switching）技术?

（15）什么是物联网?

（16）什么是泛在网?

第 2 章　网络结构与设备

第 2 章到第 5 章主要介绍组网技术。组网（Networking）技术就是网络组建技术，也是网络工程所涉及的主题。本章首先阐述计算机通信与网络拓扑结构的类型与特征。选择合理的网络拓扑结构是组网的一个基本内容；概要介绍网络基本设备及工作原理；此后，阐述计算机网络的体系结构与网络协议，涵盖 ISO/OSI 参考模型与相关的重要概念；重点引出因特网 TCP/IP 协议栈和分层结构；最后列出计算机通信（数据通信）与网络的标准化组织与机构，供参考和引用。

2.1　网络拓扑结构

组网就是按网络规划与网络设计要求，将网络设备连接成网，在网络工程实施阶段完成。网络拓扑结构是其首要的选项。拓扑（Topology）一词源自图论，从拓扑学的观点来看，将计算机网络中所有设备（网络单元）抽象为“点”，通信链路抽象为“线”，形成点、线构成的几何图形示。采用拓扑学方法将计算机网络抽象成的几何图形，称为网络拓扑结构。

2.1.1　概述

在网络中，拓扑结构形象地描述了网络的安排和配置，包括各种节点和节点的相互关系。拓扑结构不关心事物的细节，也不在乎相互的比例关系，只将讨论范围内的事物之间的相互关系通过图表示出来。图 2-1-1（a）给出了网络拓扑结构的示例：两台 PC 连接到交换机（Cisco 2950-24），再通过路由器（Cisco 1841）连接到服务器，而简化的拓扑结构图如图 2-1-1（b）所示。

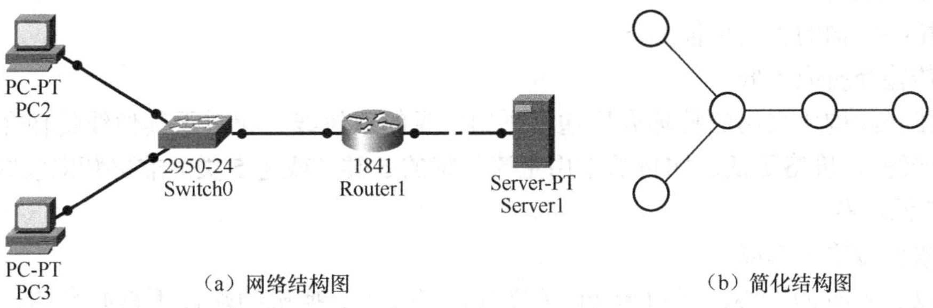

（a）网络结构图　　（b）简化结构图

图 2-1-1　网络拓扑结构图

网络按拓扑结构可分为星型、总线型、环型、树型、网状型、混合型等。计算机局域网覆盖的范围有限，通常选择简单的拓扑结构，如星型、总线型、环型，而城域网或广域网则多采用网状型和混合型。

2.1.2 网络拓扑结构与特征

1. 星型拓扑结构

星型拓扑结构是在计算机网络中最常用的一种结构，在电话网、移动网中也广泛使用。在这种网络结构中通常设有一个中心节点（集线器或交换机），其他节点（工作站、服务器）都与中心节点直接相连，如图 2-1-2 所示，有时也称“集中式拓扑结构”。

图 2-1-2 的示例选用了思科以太交换机（Cisco 2950-24），含有 24 个端口（Port），其面板如图 2-1-3 所示。每个端口有一个序号，编号为 1～24，对应于 Fast Ethernet 0/1～Fast Ethernet 0/24。其中，Fast Ethernet 意为快速以太网，数据速率为 100Mbit/s。例如，0/1 中的 0 代表交换机 slot（插槽）序号，也可以说是模块序号；1 则代表端口序号，是相对于某一插槽来说的。接口采用 RJ-45 标准，PC 到交换机间使用非屏蔽双绞线（UTP）。制作 UTP 网线主要遵循 ANSI/TIA/EIA-568A（简称 T568A）和 ANSI/TIA/EIA-568B（简称 T568B）标准。

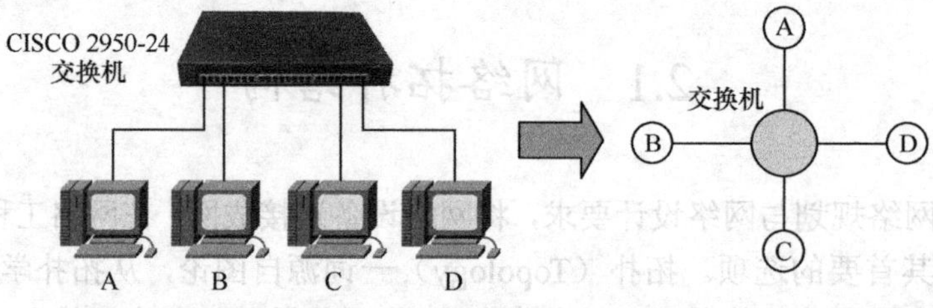

图 2-1-2 星型拓扑结构图

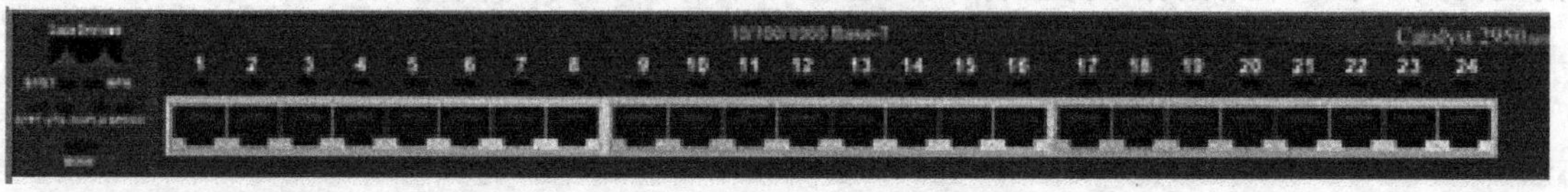

图 2-1-3 Cisco 2950-24 面板图

T568B 标准一般使用较多，在使用三类双绞线、五类双绞线、增强五类双绞线的网络工程中一般遵循 T568B 的接线标准，在使用五类双绞线时，其传输速率可达到 100Mbit/s，传输距离不超过 100m。

星型拓扑结构的主要特征如下。

（1）传输介质成本低

星型拓扑结构所采用的传输介质通常采用常见的双绞线，相对于其他线传输介质（如同轴电缆和光纤），价格更低。如目前常用主流品牌的 5 类（或超 5 类）非屏蔽双绞线（UTP），每米为 1.5 元左右。

（2）数据传输效率高

网络以交换机为中心，对每台 PC（节点）连接到交换机的端口不是共享的，数据传输效率高。如超 5 类都可以通过 4 对芯线实现 1000Mbit/s 速率，7 类屏蔽双绞线则可以实现 10Gbit/s 速率。

（3）维护容易

在星型网中，每个节点都是相对独立的。一个节点出现故障不会影响其他节点的连接，可任意拆走故障节点，同时也有利于施工。倘若交换机出现故障，则会导致整个网络的瘫痪，因此对交换机的性能和可靠性要求高。

（4）网络分段

在计算机局域网中使用以太交换机实现了网络分段，有效改进了总线结构以太网出现的网络冲突，但并不能抑制广播风暴（这部分内容在第5章中进一步分析）。

2. 总线型拓扑结构

总线型拓扑结构中所有设备通过连接器并行连接到一个传输电缆（通常称之为“中继线”、“总线”或“母线”）上，并在两端加装一个称为“终接器”的组件，如图2-1-4所示。

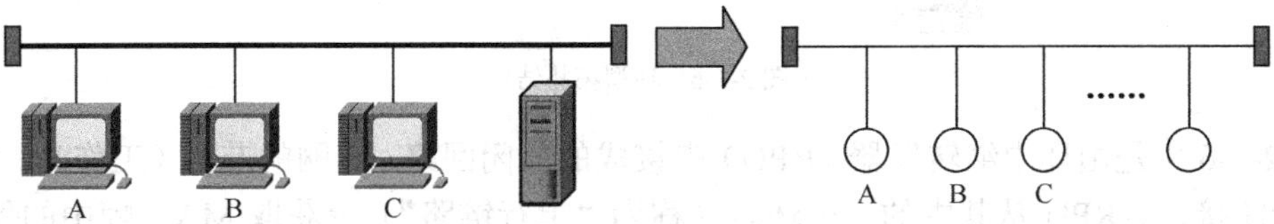

图2-1-4 总线型拓扑结构

从图2-1-4中看，这种结构是最简单的，所有连网的PC和服务器跨接在电缆上，就像日常生活中照明用电灯并接在220V电力线上一样。但连在网上的PC要通过总线进行收发时，必须要实施介质访问控制，设法使总线的利用率高，也就是允许数据速率高，又要避免发生冲突。总线可选用双绞线、同轴电缆。

同轴电缆有细缆和粗缆之分。细缆价格低，粗缆类似有线电视使用的线缆尺寸。总线上数据传输速率为10Mbit/s。计算机内需插上LAN网卡，网卡的网络接口为BNC（基本网络卡）接口，即同轴细缆接口。在同轴细缆需配上T-BNC连接器构成总线，如图2-1-5所示。

总线型拓扑结构的主要如下。

（1）网络结构简单

网络选用双绞线或同轴细缆构成总线结构，无需添加网络设备，网络投资成本低。

图2-1-5 T-BNC连接器

（2）传输距离长

同轴细缆的外导体起到屏蔽作用，单段细缆最大传输距离为185m，粗缆最大传输距离为500m。相对而言，UTP双绞线一般在100m以内。

（3）网络冲突

尽管总线型结构以太网上使用介质访问控制技术，但在负荷增大后，网络产生冲突仍不可避免，严重情况下会造成网络瘫痪。

（4）维护不易

总线型结构网络中的连接器与总线电缆串连，这给整个网络的维护带来了极大的不便，因为一个节点或连接器的故障会影响整个网络。目前，总线型结构网络在网络工程上的这个致命的不足，使其淡出了市场，取而代之的是星型结构的交换式以太网。

3. 环型拓扑结构

环型网络的一个典型代表是IBM公司推出的标记环网（Token Ring Network），采用同轴电缆作为传输介质，如图2-1-6所示。

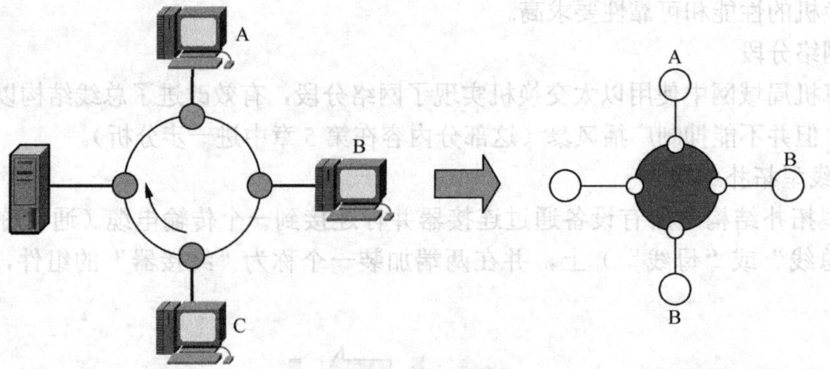

图2-1-6 环型拓扑结构

图2-1-6中是由环中继转发器（RPU）串接成的封闭回路。连网的节点（工作站、客户机）通过RPU接入。RPU从其中的一个环段（称为“上行链路”）上获取MAC帧中的每个位信号，经再生（整形）并转发到另一环段（称为“下行链路”）。

在标记环网中，“标记”是惟一的特殊帧在环中传送，就像一辆环城的公共汽车。只有拥有“标记”的节点才允许在网络中收/发数据。这样可以确保在某一时间内网络中只有一个节点可以传输信息，使网络不会出现冲突现象。

环路上的传输介质是各个节点公用的，一台计算机节点发送信息时必须经过环路的全部接口。在环型网络中信息流只能是单方向的（图2-1-6中为顺时针方向），每个收到MAC帧的节点都向它的下游环段转发该信息包。MAC帧在环型网络中传输一圈，最终由发送源站进行回收。当MAC帧经过目的站节点时，如果收到的MAC帧中目的地址与本节点地址一致，则复制MAC帧，随后转送给所附接的本RPU的节点，否则RPU转向下一环段。

如果某节点要求发送信息，必须等待，只有得到标记的节点才可以发送信息，当一个站发送完信息后，就把标记向下传送，以便下游的节点可以得到发送信息的机会。

环型网络的访问控制一般是分散式的管理。在物理上环型网络本身就是一个环，因此它适合采用标记环访问控制方法。有时也可采用集中式管理方式，这时就得有专门的设备负责访问控制管理。

环型网络中的各个计算机发送信息时都必须经过环路的全部环接口，如果一个环接口程序故障，整个网络就会瘫痪，所以对环接口的要求比较高。为了提高可靠性，可以采用双环结构。当一个接口出现故障时，通过环旁通（By-pass）技术来处理。

环型拓扑结构的主要特征如下。

（1）网络组建简单

在这种结构的网络中，信息在环型网中流动沿一个特定的方向。每两台计算机之间只有一个通路，简化了路径的选择，路径选择效率非常高，组网就相当简单。

（2）网络利用率高

在环型网络中各计算机连接在同一条传输电缆上，标记控制收发过程，网络利用率高，且不会出现冲突。

（3）数据传输速率有限

环型网络可以实现 4～16Mbit/s 的接入速率，但相对于速率最高可达到 10/100Mbit/s 的以太网来说，没有优势。

（4）扩展性能差

如果要在网中新添加或移动节点，就必须中断整个网络，在适当位置切断网线，并在两端做好 RPU 收发器才能连接。

（5）维护复杂

虽然在这种网络中只有一条传输电缆，看似结构非常简单，但它仍是一个闭环，节点都连接在同一条串行连接的环路上。所以一旦某个节点出现了故障，整个网络将出现瘫痪。并且在这样一个串行结构中，要找到具体的故障点还是非常困难的，必须一个个节点排除，非常不便。

4. 树型拓扑结构

上述 3 种拓扑结构是基本的网络结构单元。树型拓扑结构可以认为是多级基本网络结构单元扩展组成的。图 2-1-7 列出了一个典型的树型网络结构，由 3 台 Cisco 2950-24 以太交换机组成两级星型网络扩展而成。

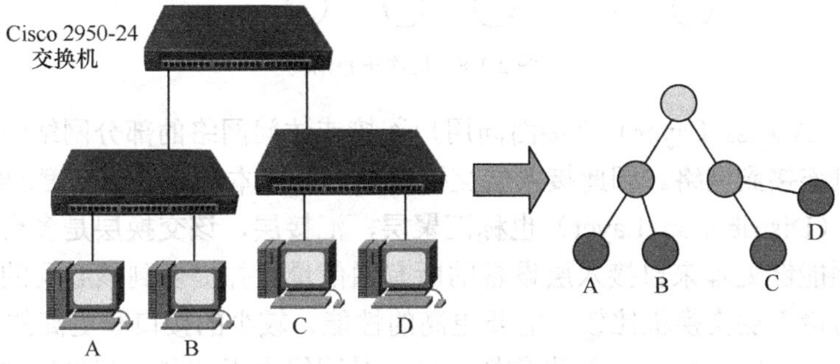

图 2-1-7　树型拓扑结构

大、中型网络通常采用树型拓扑结构，它的可折叠性非常适用于构建网络主干。由于树型拓扑具有非常好的可扩展性，并可通过更换网络设备使网络性能迅速得以升级，极大地保护了用户的布线投资，因此非常适宜作为网络布线系统的网络拓扑结构。

树型拓扑结构除了具有星型结构的所有特征外，自身还具有以下特征。

（1）扩展性能好

通过多级星型级联，就可以十分方便地扩展原有网络，实现网络的升级改造。只需简单地更换高速率的网络设备，即可平滑地从 10Mbit/s 升级至 100Mbit/s、1000Mbit/s 甚至 10Gbit/s，实现网络的升级。正是由于这个重要的特点，星型网络才会成为网络布线的当然之选。

（2）易于网络维护

网络设备居于网络或子网络的中心，这正是放置网络诊断设备的绝好位置。就实际应用来看，利用附加于网络设备中的网络诊断功能，可以使得故障的诊断和定位变得简单而有效。这种结构的缺点就是对根交换机的依赖性太大，如果根发生故障，将导致全网不能正常工作。同时，大量数据要经过多级传输，系统的响应时间较长。

5. 层次型网络拓扑结构

在广域网中，拓扑结构比较复杂，一般为不规则形拓扑（Abnormity Topology）结构，有时通常称之为网状网（Mesh Topology）。为了便于管理与控制，按功能分布角度划分的广域网中的拓扑结构如下。

- 集中式拓扑（Centralized Topology）结构；
- 分散式拓扑（Decentralized Topology）结构；
- 分布式拓扑（Distributed Topology）结构。

网络的拓扑结构又常选用层次结构，即把上述的树型与星型、环型结构组合而成，如图 2-1-8 所示。

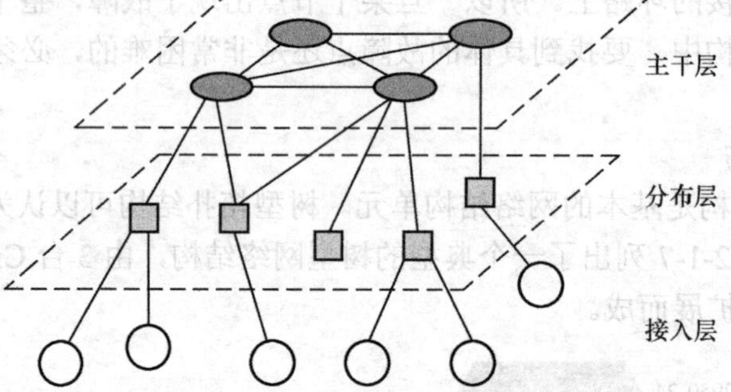

图 2-1-8 层次拓扑结构

① 接入层（Access Layer）直接面向用户连接或访问网络的部分网络设备，目的是允许终端用户计算机连接到网络。因此接入层交换机具有低成本和高端口密度的特性。

② 分布层（Distribution Layer）也称汇聚层，汇接层，该交换层是多台接入层交换机的汇接点，它必须能够处理来自接入层设备的所有通信量，并提供到核心层的上行链路。因此汇聚层交换机与接入层交换机比较，需要更高的性能、较少的接口和更高的交换速率。

③ 主干层（Backbone Layer）也称核心层，是网络主干部分，其目的主要在于通过高速转发通信，提供优化、可靠的主干传输结构，因此主干层路由交换机之间一一互连，形成全连通结构，拥有更高的可靠性、性能和吞吐量。

大型的企业网、校园网、政府网应按网络规划，根据发展需要，选用层次结构组网。当前流行的因特网是由 LAN、WAN、WAN 互连而成，实际的网络拓扑结构非常庞大。

2.2 网络设备

2.2.1 概述

在网络工程中，网络设备的选择成为组网的必然。网络设备是通称，泛指网络所用的不同制造商生产的各类品牌、各类规格的产品。计算机网络本身就是一个复杂的大系统，因而涉及的网络设备包罗万象，出现频度高的诸如交换机、路由器、网关、调制解调器、集中器、复用器、中继器等。

就交换机而言，每一种网络都会设计出适用于该网络的各类规格的设备。例如，公用数据网则有 X.25 分组交换机、帧中继（交换）机、ATM 交换机等，固话网中使用程控电话交换机，移动网中特设适用移动业务的交换机等，而计算机局域网中使用以太交换机。

当前，因特网普及全球，网间互连设备在校园网、企业网中广泛使用。网间互连设备主要有中继器、网桥、路由器和网关。表 2-2-1 列出了网间互连设备在计算机网络体系结构中对应的层次。

表 2-2-1　　网络互连设备的对应层次

网络互连设备	体系结构中对应的层次
中继器	物理层
网桥	数据链路层
路由器	网络层
网关	高层

2.2.2　网间互连设备

1. 中继器

中继器（Repeater）也叫再生器，主要是将信号整形后转发，不对比特流进行任何控制处理，一般含两个端口，连接两个网段的传输介质，用来延伸传输距离，如图 2-2-1 所示。中继功能在物理层上实现。

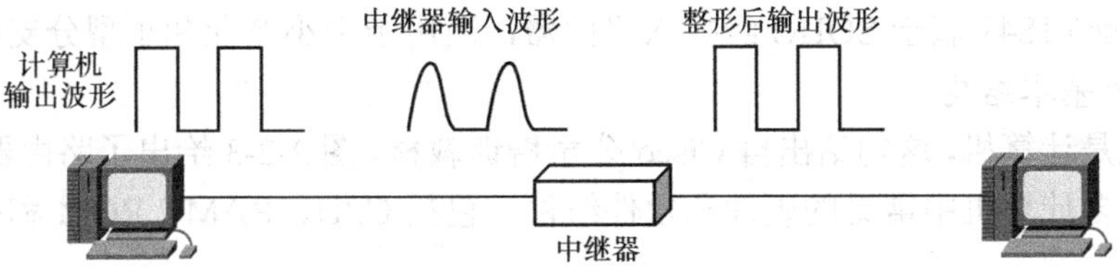

图 2-2-1　中继器

Hub（集线器）是内部具有总线结构的多端口中继器。图 2-2-2 给出了 TL-HP16MU TP-Link Hub，在前面板上设 16 端口（RJ-45），每个端口下方为状态指示灯。

图 2-2-2　TL-HP16MU TP-Link Hub

Hub 就是一种共享设备，本身不能识别目的地址。在以 Hub 为中心架构的一个局域网上，当 A 主机给 B 主机传输数据时，位流经过 Hub 以广播方式转发，连网的所有主机均能收到。因此，物理上呈现星型拓扑结构，而逻辑功能上仍为总线结构，只是将总线浓缩在 Hub 内，因而在网上传输数据时会产生冲突。

2. 网桥

网桥（Bridge）是在数据链路层实现同构型 LAN 的互连。网桥在网络互连中的功能是接收、转发数据帧、MAC 地址过滤。当一台计算机内插上两张网卡，并配上网桥软件，就可通过网卡连接两个 LAN，实现网桥的基本功能。目前，除了在无线局域网的互连上尚有应用，网桥基本上退出了市场。

在网桥的基础上，进而发展出支持多端口的以太交换机（见图 2-1-3）来实现数据链路层的 LAN 互联。

3. 路由器

路由器（Router）是当前因特网中必不可少的网间互连设备，在网络层实现多协议路由的转换。为此，下一小节结合思科公司的 Cisco 1841 路由器，阐述路由器的工作原理、基本组成和通信接口。

4. 网关

网关（Gateway）是网间协议转换设备，通常实现传输层以上的协议转换功能。但不少文献将中继器、网桥、路由器统称为网关，或网间连接器。

2.2.3 Cisco 1841 集成多业务路由器

Cisco 1841 集成多业务路由器能够以线速提供安全的数据访问应用，从而为中小企业和小型分支机构提供全套功能和灵活性，以便实现安全的互联网和内部网接入。它能借助多种先进的安全服务和管理功能，支持思科自防御网络，这其中包括硬件加密加速、IPSec VPN（AES、3DES、DES）、防火墙保护、内部入侵防御（IPS）、网络准入控制（NAC）、URL 过滤支持等。Cisco 1841 属于 SOHO 级接入路由器，适用于中小企业和小型分支机构。

1. 路由器基本结构

路由器就是计算机，这句话出自 Cisco 公司培训教材。图 2-2-3 给出了路由器的基本结构，可见它含有许多计算机中常见的硬件和软件组件，包括 CPU、RAM、ROM 和操作系统。

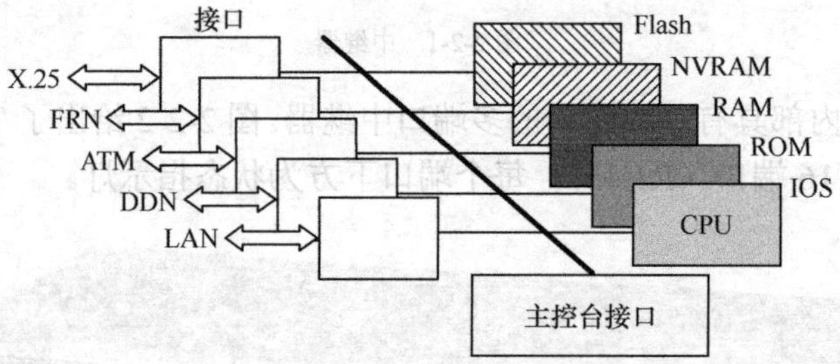

图 2-2-3 路由器的基本组成

① 只读存储器（ROM）：在 ROM 中存放着上电自检程序、Bootstrap 程序和网络操作系统软件等程序。

② 随机存储器（RAM）：在 RAM 中存放路由表，并充当地址查询协议高速缓存、快速交换缓存、报文缓冲、报文队列等。

③ 非易失性随机存储器（NVRAM）：NVRAM 用来存储路由器的配置文件，掉电后仍可保持其内容。

④ 可擦可编程只读存储器（Flash）：Flash 用来保存操作系统的镜像文件和微码，掉电后仍然保持内容。网络管理员可以通过替换其中操作系统镜像文件和微码来进行系统软件

的升级。

⑤ 主控台接口（Console）：网络管理员用来对新购路由器初次进行配置接口。

⑥ 接口（Interface）：它是数据报出、入路由器的网络连接端口，可集成在系统的主板上或独立的模块上。图 2-2-3 中给出各种的网络接口，包括公用数据网接口（X.25 分组网、帧中继网、DDN、ATM、LAN），应根据需要来选择。通常不同档次的路由器配置不同的网络接口，可查阅系列产品手册。例如，Cisco 1841 路由器仅提供 2 个快速以太网基本接口（10/100Base-T），如图 2-2-4 所示。

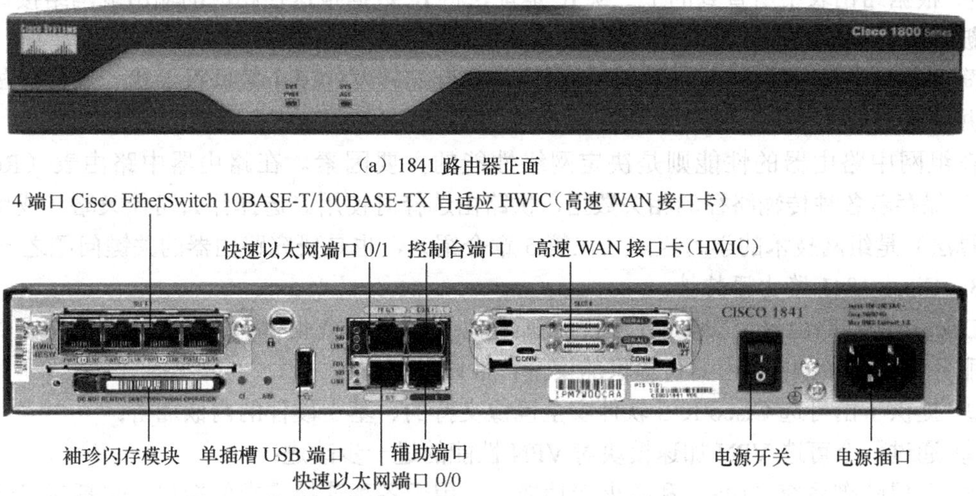

（a）1841 路由器正面

（b）1841 路由器后面板

图 2-2-4　Cisco 1841 集成多业务路由器

图 2-2-4（b）可选择插入：

（1）4 端口 Cisco EtherSwitch 10BASE-T/100BASE-TX 自适应 HWIC（高速 WAN 接口卡）；

（2）高速 WAN 接口卡（HWIC）。

路由器系统将按下列过程进行初始化：

① 由 ROM 中驻留程序执行上电自检程序，检测所有模板，并进行最基本的 CPU、内存和接口环路测试；

② 引导程序（Bootstrap）将操作系统镜像文件装入主存；

③ 如何引导系统由配置寄存器决定，Boot system 命令可以设定装载路径；

④ 操作系统从低端地址开始装入内存。一旦装载成功，系统将检测系统硬、软件元素，并在主控台上列出部件清单；

⑤ 存储在 NVRAM 中的配置文件被装人主存并逐行执行，配置文件启动路由进程，提供接口地址、设置用户、设置介质属性、设置访问控制表等。如果 NVRAM 中没有合法的配置文件，则操作系统将执行安装对话过程；

⑥ 在安装对话过程中，系统提示配置信息，提示网络管理员来进行路由器的配置（默认配置出现在问题后的方括号内）；

⑦ 在安装过程结束后，系统提示是否保存配置信息，按 YES 保存，NO 退出；

⑧ 系统立即装载配置信息到主存储存，进入正常运行。

2. 路由器工作原理

路由器是因特网的核心设备。当前使用 IPv4 所规定的 IP 数据报作为基本的传送单元，路由器主要工作是对 IP 数据报按无连接模式进行存储转发，具体处理过程如下。

① 当路由器从物理端口收到位流，按网络接口的数据链路功能模块，进行数据帧完整性验证，过后从帧中信息字段解封出 IP 数据报。

② 路由器分析 IP 数据报首部（Header）的目的 IP 地址，在路由表查找下一跳的 IP 地址，并将首部的生存期（Time To Live，TTL）值减 1，再对首部计算校验和（Checksum）。

③ 根据路由表中所查到的下一跳 IP 地址，将 IP 数据报送往相应的输出端网络接口链路层，被封装上相应的数据帧，然后经输出网络物理接口转发出去。

简言之，路由器的关键点就是为经过路由器存储转发的每个数据报寻找一条最佳传输路径，并将该数据报有效地传送到目的 IP 地址的站点。

在组网中路由器的性能则是决定网络性能的主要因素。在路由器中路由表（Routing Table）保存着各种传输路径的相关数据，供路由选择时使用。选择什么路径策略（或优化的路由算法）是组网技术的学习重点（在第 5 章介绍），也是研究路由器的关键问题之一。

3. Cisco 1841 路由器特性

Cisco 1841 路由器可安全、快速、高质量地为中小型企业和小型企业分支机构提供多种并发服务。Cisco 1841 路由器可提供的安全特性归纳如下：

① 提供了由可选 Cisco IOS 软件安全镜像支持的、基于硬件的内嵌加密；

② 通过一个可选 VPN 加速模块对 VPN 性能的进一步改进；

③ 入侵防御系统（IPS）和防火墙功能；适用于各种连接需求的接口，包括对可选集成交换端口的支持；

④ 充足的性能和插槽密度，可用于未来网络扩展和先进应用，以及集成的实时时钟。

2.3 计算机网络体系结构

2.3.1 通信协议与分层体系结构

在计算机网络中，每一台上网的计算机都是网络拓扑的一个节点，为了正确地传输、交换信息，必须要有一定的通信规则。例如打电话，必须先取机，然后听拨号音、拨号，等待接通被叫，接通后需问清对方是谁，或讲清要找谁，或说明自己是谁等。

计算机网络中为正确传输数据信息而设立的通信规则（或约定），称之为网络协议，也称通信协议。网络协议是指网络中应用进程之间相互通信所必须共同遵守的约定的集合。一个网络协议，应包含 3 个基本要素。[1] [9] [10]

① 语义（Semantics）：定义了用于协调通信双方和差错处理的控制信息，对构成协议的协议元素含义的解释，即“讲什么”。

② 语法（Syntax）：规定了通信所用的数据格式，编码与信号电平等；对所表达的内容的数据结构形式的一种规定，即“怎么讲”。

③ 定时规则（Timing）：明确实现通信的顺序、速率适配及排序。

计算机网络的协议包含的内容相当复杂。将复杂的问题分解为若干较简明且有利于处理的问题，实践表明，采用网络的分层结构最为有效。现以邮政系统用层次概念处理给远方朋友寄信的工作过程示例来加以说明，如图 2-3-1 所示。

第一层 A 地用户写信，封入标准信封，按格式要求写上收信人地址、姓名、邮政编码及贴上邮票，投入信箱。第二层 A 地邮政局汇集信件，进行分拣处理，打成邮包；第三层邮政局将邮包送转运处，通过运输部门传送邮包。在接收方 B 地，转运处将邮包送到邮政局，在局内进行分发，按地址、邮政编码投递到户，用户看信。

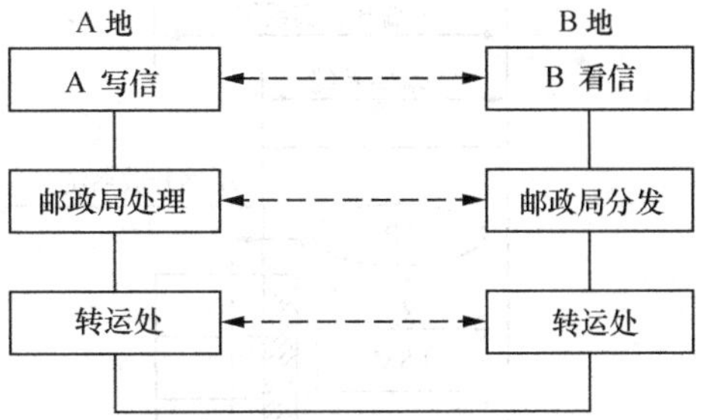

图 2-3-1　邮政系统处理信件的层次结构

通过上例可知，邮政系统要顺利完成处理信件，应制定通信双方能理解的格式、地址、邮政编码，邮政局内信件的处理/分发流程，以及转运处的运送邮包，都必须有规可依。整个信件处理过程，使人们可联想到计算机通信与网络分层的概念和必要性。但计算机之间的通信，显然比上述例子更为复杂。

计算机通信的网络体系结构实际上就是结构化功能分层和网络协议（规程）的集合，也就是从逻辑功能上构筑计算机进程之间相互通信的层次化结构、不同系统对等层之间通信协议以及同一系统相邻层间的接口服务的集合。

2.3.2　ISO/OSI 参考模型

ISO 7498 标准定义了描述网络体系结构的对象的类型、关系及约束，还定义了七层功能的开放系统互连（Open System Interconnection，OSI）参考模型（RM），用于不同类计算机应用进程间的通信，如图 2-3-2 所示。

图中计算机 A、B 分别称为 A 端实系统、B 端实系统，具有 OSI 七层功能的端实系统称开放实系统。所谓开放，就是指只要遵循 OSI-RM 标准的任何系统都能进行互连通信。OSI-RM 标准是抽取实系统中与互连有关的公共属性所构成的模型系统，在此基础上研究模型系统的互连标准，可以避免涉及具体的机型、技术细节，使用逻辑功能上等价的开放实系统来代替实系统开放性。

由图 2-3-2 可见，ISO 采用分而治之的方法将复杂的通信功能分为 7 个层次，由低到高分别为：（1）物理层（Physical Layer）、（2）数据链路层（Data Link Layer）、（3）网络层（Network Layer）、（4）传输层（Transport Layer）、（5）会话层（Session Layer）、（6）表示层（Presentation Layer）、（7）应用层（Application Layer）。

其分层原则是如下。

（1）设置合理的层数，确保各层的功能相对独立。使每一层的功能单一化，允许采用最佳技术来实现。

（2）确保灵活性。某一层的技术上变化，只要接口关系保持不变，不应影响其他层次。比如，上例用汽车还是飞机传送邮包，均不会影响邮件的收、发。

（3）有利促进标准化。分层结构使每一层功能及提供的服务可规范执行，其层间边界的信息流通量应尽可能少。

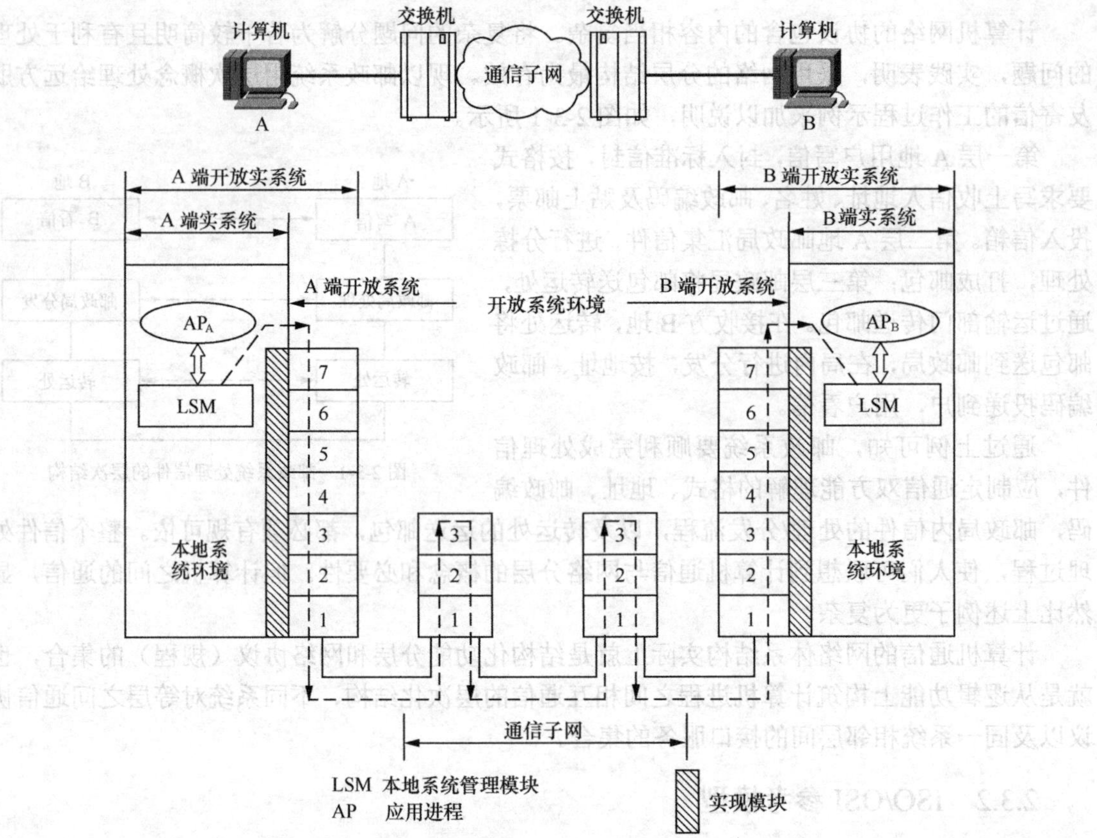

图 2-3-2 OSI 参考模型中的体系结构

（4）为了满足各种通信业务的需要，在一层内可形成若干子层，也可以合并或取消某层。

依据上述 OSI 参考模型的分层原则所采用的七层体系结构中，下三层统称为低层，构成了开放的网络通信平台，实现 OSI 参考模型面向通信（含传输和交换）的功能，包括物理层、数据链路层、网络层。OSI 参考模型的高层（或称为上三层）主要面向用户的应用进程，进行分布的信息处理，包括会话层、表示层、应用层。第 4 层命名为传输层（Transport Layer），它是计算机通信的关键层次，起到承上启下的作用。

不同节点的对等（Peer-to-Peer）层之间具有相同的功能，通过协议来完成通信。在同一节点内的相邻层之间通过接口（Interface）通信，定义了服务（Service）关系和通信原语。每一层可使用相邻下一层所提供的服务，并可向其上一层提供服务。

1. 数据传输流程和数据单元

图 2-3-2 表示了 A 端实系统的应用进程 AP_A，由本地系统管理模块（LSM）协调，从最高层的应用层逐层下递到物理层，通过物理的通信接口、传输介质，进入通信子网。通信子网内的交换设备仅包括下三层的功能。在 B 端开放实系统将收到的信息流，由物理层起，逐层处理并上交，直至 B 端的应用进程 AP_B。同理，也可解释开放系统环境中 AP_B 到 AP_A 的处理过程。

在 OSI 参考模型中，数据单元是通信双方信息传递的单位。在各个层次（除第一层外）都由通信双方协议来规定其格式。图 2-3-3 所示的数据单元可归纳为下列几种类型。

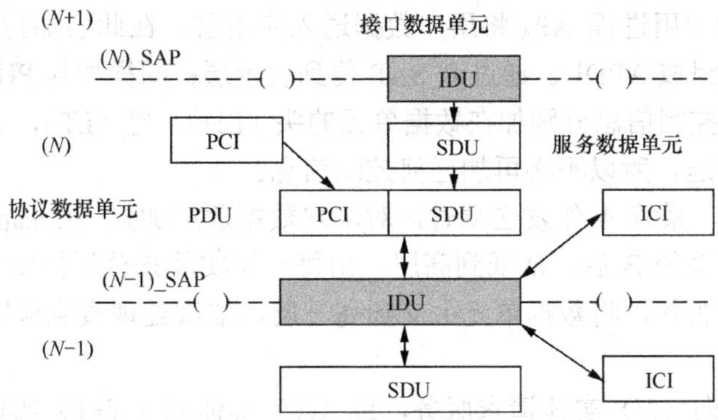

图 2-3-3　OSI 参考模型数据单元

（1）协议数据单元（DPU）

在不同的开放系统的对等实体间交换信息是在相关层的通信规程控制下完成的，这类信息传送单元称为协议数据单元（PDU）。它由下列两部分组成：

- 上一层的服务数据单元（SDU）
- 本层的协议控制信息（PCI）

PCI 一般作为首部（又称标题、报头），加在 SDU 之前，用于指示一个实体执行一种服务控制功能。但在数据链路层常有 PCI 首部置于 SDU 之前，而 PCI 尾部则放在 SDU 之后。

（2）接口数据单元（IPU）

在同一开放系统的相邻层间实体的一次交互中，通过服务访问点（Service Access Point，SAP）的信息传递单元，称为接口数据单元（IDU）。另外，PDU 在通过层间接口时，还需加上一定的控制信息，如说明通过的 PDU 长度，或说明有无加速传送等。这些控制信息称为接口控制信息（ICI）。这些 ICI 仅当 PDU 通过接口时才用，对下一层的 PDU 并无影响。因此，接口数据单元 IDU 是一个 PDU 加上适当的 ICI。经过 SAP 后，可将原先加上的 ICI 去掉。

（3）服务数据单元（SDU）

为实现第 N+1 层实体所请求的功能，第 N 层[记作（N）]实体服务所需设置的数据单元，称为服务数据单元（SDU）。实际上，SDU 是一个供接口调用的数据，只需要在（N）连接的两端保持其大小一致，与传送过程中所产生的变化无关。

OSI 环境中对等实体间通信数据封装与解封的传送流程如图 2-3-4 所示。

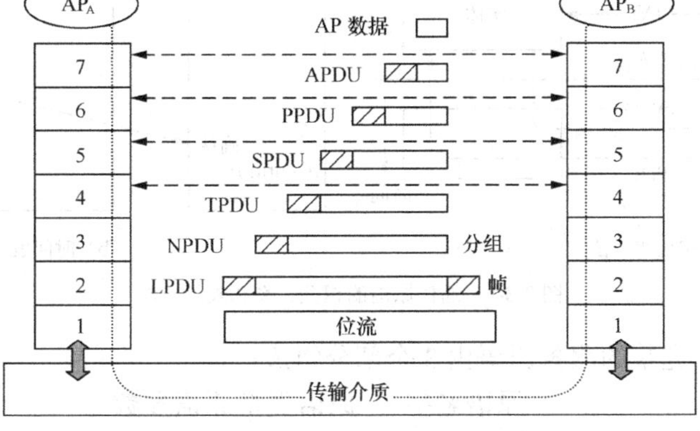

图 2-3-4　对等实体间通信数据封装与解封的传送流程

在源端，系统的应用进程 AP_A 将用户数据送入应用层，在此层加封 AH（应用层协议的首部）作控制作用，组成 APDU。通过 P_SAP 传到表示层；同样加封 PH，组成 PPDU。依此类推，直到第二层，控制信息分别加在数据单元的头（LH）、尾（LT），又成 LPDU，又称帧。第一层只是位流的传送，所以不必再加任何控制信息。

由图 2-3-4 可见，系统 A 作发送端时，对用户数据逐层加封（Encapsulation），当一连串位流经传输媒体送到系统 B 后，从低到高层，由每一层实体来分析控制信息首部的内容并作必要的操作，然后再去封，将数据单元上交到高一层，依次处理直到应用进程 AP_B。

2. 通信原语

当（*N*+1）实体向（*N*）实体请求服务，或（*N*）实体向（*N*+1）实体提供服务时，服务用户与服务提供者之间进行的交互操作采用通信原语。

OSI 规定了每一层可使用的下列 4 个通信原语：

- 请求（Request，或简写为 Req）
- 指示（Indication，或简写为 Ind）
- 响应（Response，或简写为 Resp）
- 确认（Confirm，或简写为 Conf）

图 2-3-5 给出了表示这 4 种通信原语的相互关系。图 2-3-5（a）所示为空间表示法，纵向代表层次，带圆的数字表示原语的使用顺序；图 2-3-5（b）所示为时间表示法，纵向代表时间。

现假定图中系统 A 的用户要求与系统 B 的用户进行通信，其工作过程如下：

系统 A 的用户发出（1）请求原语，调用服务提供者（*N*）实体的某个进程，（*N*）实体则向对方发出一个 PDU。当系统 B 的（*N*）实体从网络收到该 PDU 后，就向其服务用户发出指示原语。系统 B 的（*N*）服务用户调用了一个适当的协议过程，或由（*N*）实体已调用了一个必要的过程。过后，服务用户 B 发出（3）响应原语，用以完成“指示”原语所调用的过程，这时（*N*）协议产生 PDU，通过网络到达系统 A 的（*N*）层，系统 A 的（*N*）服务实体发出（4）确认原语，表示已完成了先前系统 A 的服务用户的请求原语调用的过程。

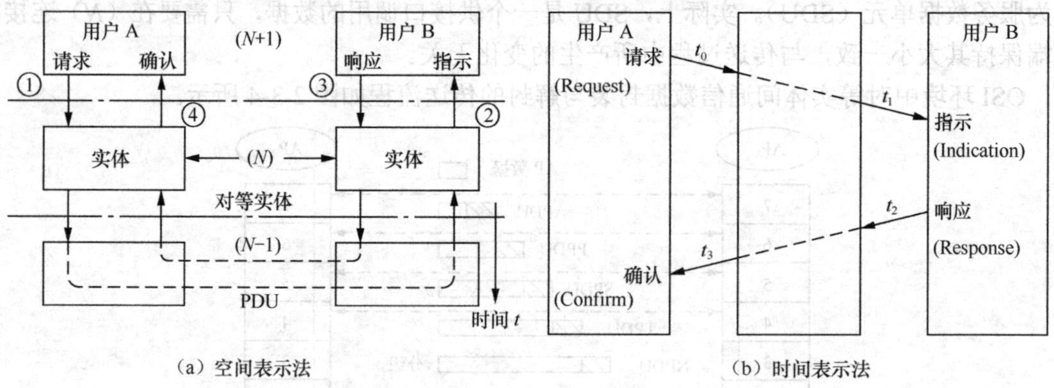

图 2-3-5　通信原语的相互关系和表示方法

应当指出，一个完整的服务原语由 3 个部分组成：

原语名字　原语类型原语参数

例如，请求建立传输连接的服务原语是指传输用户（即会话实体）要利用传输层提供的服务建立传输连接（Connect）的请求原语，可表示为：

T_CONNECT.request（被叫地址、主叫地址、优先级别、服务质量、用户数据）

服务原语也是 OSI-RM 中的一个抽象概念，在编程实现的过程中，要使用中断、函数调用、系统调用或操作系统内核所提供的进程控制机制。

① 从使用角度，服务原语类型可分为：

- 确认（或证实）型，使用 4 种原语；
- 非确认型，仅使用请求原语、指示原语。

② 从通信的角度看，服务方式可分：

- 面向连接（Connection Oriented）服务，如 X.25 分组网、帧中继、ATM 网；
- 无连接（Connectionless）服务，如 Internet、LAN。

3. OSI 参考模型功能

ISO/OSI 参考模型的每一层都是一种类型功能的集合，即由许多基本功能模块组成。每一个基本功能模块执行规程所确定的相应功能，它具有相对独立性，常称之为实体（Entity）。OSI 参考模型的七层功能描述如下。

（1）物理层

物理层（PH，Physical Layer）是 OSI 七层模型的最低层，是设备之间的物理接口，主要功能是为计算机等开放系统之间建立、保持和断开数据电路的物理连接，并确保在通信信道上传输可识别的透明位流信号和时钟信号。

（2）数据链路层

数据链路层（DL，Data Link Layer）是 OSI 参考模型的第二层。其目的是：屏蔽物理层的特征，面向网络层提供几乎无差错、高可靠传输的数据链路，确保数据通信的正确性。数据链路层主要解决以下两个问题：数据传输管理、流量控制。

数据链路层的主要功能是：数据链路的建立和释放，数据链路服务单元的定界、同步、定址、差错控制和数据链路层管理。

（3）网络层

网络层（NT，Network Layer）是管理和控制通信子网的重要层次，其主要功能是：路由选择和中继，激活和终止网络连接，数据的分段与合段，差错的检测和恢复，排序，流量控制，拥塞控制，一条数据链路上复用多条网络链接，以及网络层管理。

网络层的主要协议有：公用分组交换网的 P-DTE 入网接口，ITU-T X.25 分组级；网间互通的控制信令有 ITU-T X.75 建议。此外，还有广泛流行的因特网互联子层 IP 协议、Novell 网的 IPX 协议等。

网络服务可分为下列 3 种类型：

- A 型网络服务：具有小的残留差错率和小的可通告差错率；
- B 型网络服务：具有小的残留差错率和大的可通告差错率；
- C 型网络服务：具有大的残留差错率。

值得强调的是，从原理上来说，数据链路层提供了相对无差错的数据链路，并在网络层设有一定的检错和纠错能力，但在网络连接上仍有可能出现意外的差错。为此，通常用残留差错率和可通告的故障率来衡量差错。前者表示在网络连接上传输出错的网络服务数据单元与所有传输的网络服务数据单元总数的比例；后者则表示不可恢复的差错数在可检测出的差错中所占的比例。

（4）传输层

传输层是计算机网络体系结构的最关键的一层。它汇集下三层功能，向高层提供完整的、无差错的、透明的、可按名寻址的、高效低费用的端到端的通信服务，起到承上启下的作用。

传输层的主要功能：传输连接的建立和释放，分段与合段，拼接与分割，传输协议数据站单元（TPDU）的传输，连接的拒绝，数据 TPDU 的编号，加速数据传输及重同步等。

传输层协议按照传输实体是否提供分流、合流、复用/分解、差错检测、恢复等要求，可分为 5 类，见表 2-3-1。允许用户按不同的网络连接的服务类型来选用，一个传输连接上的同等传输实体必须协商选用同一类型或兼容类的协议操作。

表 2-3-1　　OSI 传输协议的类别

类别	符号	网络连接类型	基本功能
0	TP0	A	简单类
1	TP1	B	基本差错恢复
2	TP2	A	复用
3	TP3	B	差错恢复与复用
4	TP4	C	差错检测与恢复、复用

（5）会话层

会话是指两个用户按已协商的规程，为面向应用进程的信息处理而建立的临时联系。会话的目标是为会话服务用户（表示实体）之间的对话和活动提供组织、协商与交互所必需的措施，并对信息传输进行控制与管理。

会话层（S，Session Layer）提供交互会话的管理功能，有 3 种数据流方向的控制模式：单路交互、两路交替、两路同时会话模式。

（6）表示层

表示层（P，Presentation Layer）主要解决不同开放实体系统互连时的信息表示问题，并描述对等实体共享的数据。在 OSI 环境中，信息的表示约定称为语法。应用实体可根据具体的应用，选用不同的语法（称为局部语法）。在应用实体之间传输的信息具有公共的信息表示方法（称为公共语法）。表示层的功能就是实现其语法转换。

表示层中定义的两种语法概念：抽象语法、传送语法。ISO 推荐的标准抽象语法是“抽象语法记法.1”（ASN.1）。表示层的主要功能还包括：给应用实体提供执行会话服务的方式，提供一种确定复杂数据结构的方法，管理当前的请求数据结构组，传送语法的选择和转送，抽象语法与传送语法间的转换。

此外，数据的加密/解密、压缩/解压也是表示层的任务，可看作一种特殊的编码。

（7）应用层

应用层（A，Application Layer）是 OSI 参考模型中的最高层，也是开放体系中直接向应用进程或用户提供服务的唯一层次。应用层的作用：在实现多个系统中应用进程间相互通信的同时，完成一系列业务处理所需的功能。

应用层负责用户信息的语义表示，并对应用进程间的通信进行语义适配。它通过应用实体、应用协议和表示服务进行信息交换，并给应用进程访问 OSI 提供唯一的窗口。应用实体包括各种支持应用进程的服务元素如下：公共应用服务元素（CASE），其中包括联系控制服务单元（ACSE），托付、并发和恢复（CCR）；特殊应用服务元素（SASE）、其中包括文件传送、访问及管理（FATM）虚拟终端（VT）、作业传送与操作（JTM）、电子邮件（E-mail）等。此外，一部分与用户有关的用户元素 UE，用作应用进程和开放系统互连，起到数据源和数据宿的作用。

2.3.3 因特网 TCP/IP 协议栈

因特网的分层协议体系结构为全球信息联网奠定了基础。实际上，因特网是一个虚拟网，就像在图 1-2-5 中用一朵云来表示那样。所谓虚拟网是指：因特网由许许多多的网互连而成，如图 2-3-6 所示。它执行 TCP/ IP 协议栈（TCP/IP Stacks，又译为协议集或协议簇），并定义任何可以传输分组的通信系统均可看作网络。因此，因特网具有网络对等性，即不论是复杂的网络，还是简单的网络，甚至两台链接的计算机也算一个网络。它依托在物理网络上运行，但与网络的物理特性无关。

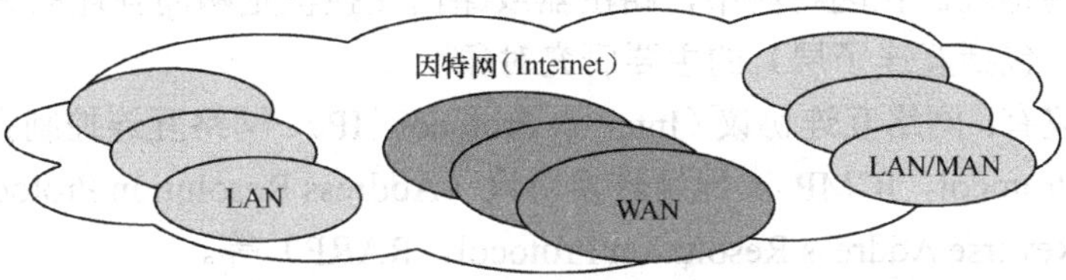

图 2-3-6 因特网—虚拟网

1. TCP/IP 分层体系结构

基于硬件层次上执行 TCP/IP 协议栈的因特网，如同 OSI 参考模型那样，由 4 个概念性层次组成，自上而下为应用层、传输层、网间互连子层（IP 子层）、网络接口层，如图 2-3-7 所示。图中也列出了 OSI-RM 的 7 个层次，以便对照。

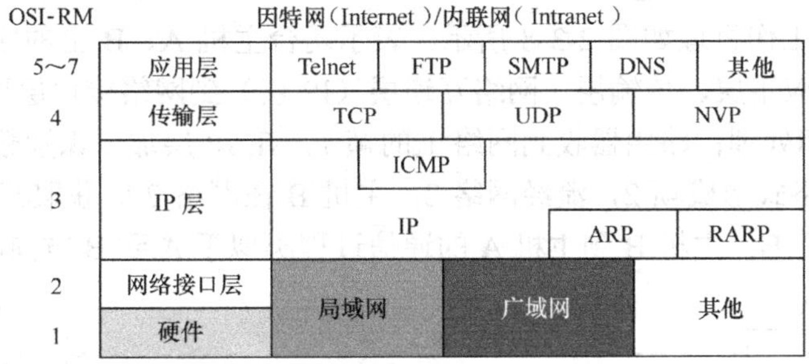

图 2-3-7 因特网 TCP/IP 分层体系结构

（1）应用层

应用层（Application Layer）对应于 OSI-RM 的上 3 层（应用层、表示层、会话层），用户通过 API（应用进程接口）调用应用程序来运用 TCP/IP 因特网提供的多种服务。应用程序负责收、发数据，并选择传输层提供的服务类型，如连续的字节流，独立的报文序列，然后按传输层要求的格式递交。

常用的基本服务程序有：远程登录（Telnet）、文件传输协议（File Transfer Protocol，FTP）、简化邮件传送协议（Simple Mail Transfer Protocol，SMTP）、域名系统（Domain Name System，DNS）。此外，还有普通文件传输协议（Trivial File Transfer Protocol，TFTP）、网络文件系统（Network File System，NFS）、网络信息系统（Network Information System，NIS）、简单网络

管理协议（Simple Network Management Protocol，SNMP）等。

随着网络应用的不断发展，应用层新服务正在不断涌现。

（2）传输层

传输层（Transport Layer）提供端到端应用进程之间的通信，常称为端到端（End-to-End）通信。该层的网络协议有：传输控制协议（Transport Control Protocol，TCP）、用户数据报协议（User Datagram Protocol，UDP）、IP 电话所用的数字语音协议（Numerical Voice Protocol，NVP）。

传输控制协议（TCP）提供可靠的信息流传输服务，确保无差错地按序到达对端。而 UDP 提供无连接的用户数据报服务。

（3）网间互连层

网间互连层（Interconnection Layer），常称为 IP 层，负责异构网或同构网的计算机进程之间的通信。它将传输层的分组封装为数据报（Datagram）格式进行传输，每个数据报必须包含目的地址、源地址。在因特网中，路由器或路由交换机是网间互连的关键设备，路由选择算法是网络层（包括互连子层）的主要研究对象。

这层主要协议有：网络互连协议（Internet Protocol，IP）、网络互连控制报文协议（Internet Control Message Protocol，ICMP）、地址转换协议（Address Resolution Protocol，ARP）、反向地址转换协议（Reverse Address Resolution Protocol，RARP）等。

（4）网络接口层

网络接口层（Network Interface Layer）是 TCP/IP 协议栈的最下层，主要负责与物理网络的连接，实际上算不上一个独立的层次。网络接口包含各种设备驱动程序，也可以是一个具有下三层协议的通信子网。支持现有网络的各种接入标准，如广域网的数据通信子网，包括 X.25 分组交换网、DDN、FRN、ATM 网等；局域网和城域网如以太网、PPPoE 等。

2. TCP/IP 模型的工作机理

TCP/IP 模型的工作机理如图 2-3-8 所示，表示两台主机 A、B 上的应用程序之间的通信过程。主机 A 通过应用层、传输层、网络互连层（IP 层）到网络接口层进入网络 1，按网络 1 的帧 1 格式传输和处理；路由器收到网络 1 的帧 1，在 IP 层加以识别数据报头，选择转发路径，按网络 2 的格式形成帧 2，流经网络 2，主机 B 在网络 2 中获取帧 2，经 IP 层、传输层、应用层到达主机 B；主机 B 到主机 A 的通信过程类似于 A 到 B 方向的通信过程。

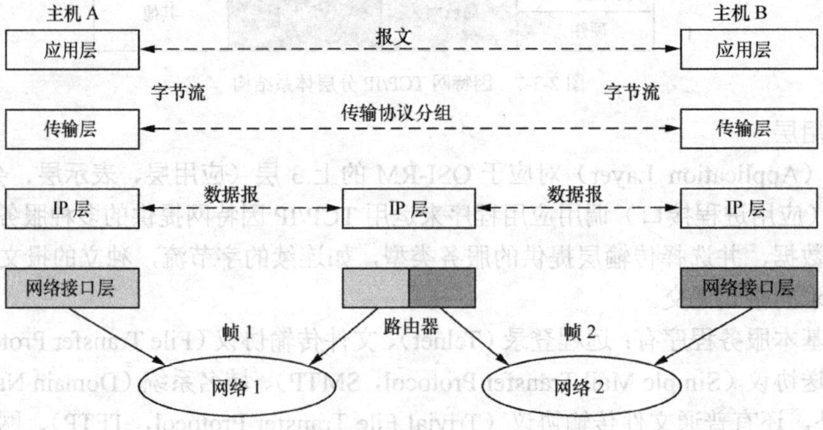

图 2-3-8　因特网上 TCP/IP 模型的工作机理

在实现 TCP/IP 分层模型的工作机理时，还需理解层间的界限，如图 2-3-9 所示。由图可见，存在两个界限：应用程序与操作系统（OS）之间的界限、协议地址的界限。

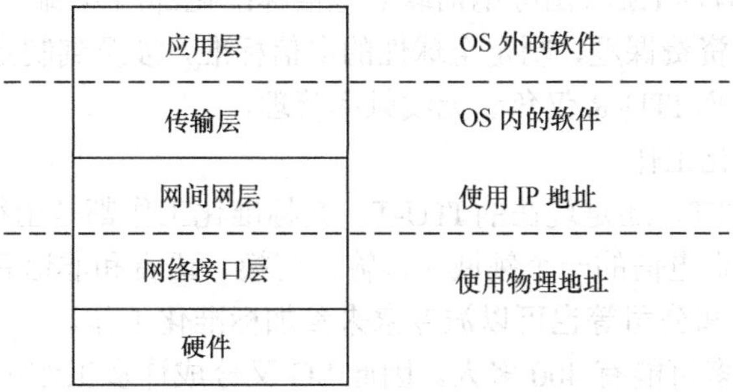

图 2-3-9　TCP/IP 分层模型的界限

一般，在因特网中，软件分为操作系统软件和非操作系统软件。应用层程序是非操作系统软件，操作系统软件集成了通信协议软件，目的是减少在协议软件的低层间进行数据传输的开销。

在 IP 层之上的所有协议软件只使用 IP 地址，在网络接口层使用具体网络的物理地址。

2.4　计算机通信与网络标准化机构

计算机通信与网络涉及通信的双方或多方，其中包括点与点、点与多点、端与端的信息交互。为确保网络环境下实现互连、互通，标准化有利于系统的异构组成，也给用户提供了选择使用的灵活性。标准化的程度是衡量计算机通信与网络系统的重要质量指标之一。一般说来，标准的制定有利于技术的发展，将激励大批量生产，降低成本；但有时各方意见不一的争执，会给新技术的推广应用产生牵制作用。

本节主要介绍一些制定标准的组织与机构。

1. 国际电信联盟

（1）ITU 的组织机构和职能

国际电信联盟简称（International Telecommunication Union，ITU），成立于 1865 年。1947 年联合国成立时，国际电信联盟是联合国下设的电信专门机构，是一个政府间的组织。

1956 年，原先国际电报咨询委员会（CCIT）和国际电话咨询委员会（CCIF）合并成为国际电报电话咨询委员会（Consulative Committee International Telegraph and Telephone，CCITT），主要涉及电报和电话两项基本业务。随后通信业务种类不断增加，CCITT 仍一直沿用这个词语。实际上，CCITT 制定了所有的电信通信的建议标准，而 CCIR 负责无线电通信标准与频率划分。1993 年 2 月 28 日，ITU 的重组设立了 3 个部门：

- ITU-T：电信标准化；
- ITU-R：无线电通信规范；
- ITU-D：电信发展。

ITU 的总部设在日内瓦，其内部结构采用“联邦制”。ITU 最高职位是“秘书长”。每个部分的常设职能部门是“局”，其中包括电信标准局（TSB）、无线电通信局（RB）和电信发展局（TDB）。不同的活动由3个部门分担，这3个部门在很大程度上负责所有的ITU活动。以前的CCITT更名为ITU-TSS（国际电信联盟电信标准化部门），缩写为ITU-T，它的主要职能是研究技术、操作和资费课题，制定全球性的电信标准，涉及到制定无线电通信（原CCIR的工作范围）的标准。而ITU-R仅负责无线频率管理。

（2）ITU-T的标准化工作

无论是以前的CCITT，还是现在的ITU-T，其标准化工作都是由很多研究小组（SG）来完成的。每个SG都负责电信的一个领域（传输、交换、语音和非语音网等）。除此之外，其他国际组织、科技协会和公司等也可以派专家来参加标准化工作。

每个SG的成员最多可能有400多人。因此SG又分成许多工作组（WP），WP可以再细分成专家组，甚至可以分得更细。

各个SG制定自己领域内的标准。在1988年以前，这些标准的草案必须提交给4年1次的代表大会，获一致通过才能正式成为标准。在1993年3月的ITU会议上，决定采用“加速程序批准新建议和修改建议”的方案。按照这种新的方法，标准的草案只要在SG会议上被通过，便可用信函的方法征求其他代表的意见，如果80%的回函是赞成的，则这项标准就算获得最后通过，而且不再发行成套的建议书。1998年起，ITU-T加强了与ISO、IETF的合作与沟通，并使TSB原来每4年审批一次建议的周期缩短到2个月，提高了效率。

ITU-T制定的标准被称为“建议书”，意思是非强制性的、自愿的协议。现已生效的ITU-T建议书有2700份。

2. 国际标准化组织

国际标准化组织（International Standard Organization，ISO）是一个综合性的非官方机构，具有相当的权威性，它由各参与国的国家标准化组织所选派的代表组成。ISO下设各技术委员会（TC），其中TC97从事信息处理技术的研究，TC97中的SC6负责数据通信的标准，SC16负责有关开放系统互连参考模型OSI-RM。由于ISO的TC97所研究的问题与另一个重要的国际标准化组织——国际电工委员会（International Electro technical Commissions，IEC）的TC83有密切的联系，ISO和IEC于1987年决定成立一个新的联合机构——联合技术委员会（Joint Technical Commissions，JTC）来负责制定有关信息处理的标准。也就是说，由ISO/IEC JTC1替代原来的ISO TC97，JTC后面的数字编号是考虑到今后发展的余地而设立的。ISO/IEC JTC1下属的各分委员会SC的名称仍使用原来TC97中的各分委员会的序号。ISO的网站地址：www.iso.org。

3. 美国电子工业协会

美国电子工业协会（Electronic Industries Association，EIA）是美国电子工业界的协会，它主要从事与OSI模型中物理层有关的标准制定。它颁布的最出名的标准是RS-232C，这是一个应用于DTE和DCE之间的串行接口标准。与此相对应的TIA是电信行业协会，现常与EIA共同颁布标准。

4. 美国国家标准学会

美国国家标准学会（American National Standard Institute，ANSI）是美国全国性的技术情报交换中心，协调在美国实现标准化的工作。它还是国际标准化组织ISO中美国指定的代表成员。

著名的电气与电子工程师学会（Institute of Electrical and Electronic Engineering，IEEE）也是ANSI的成员之一，主要从事 OSI 模型中物理层和数据链路层协议的制定工作，制定了 LAN 和 MAN 的 IEEE 802 系列标准。ISO 接纳该系列标准，定为 ISO 8802。IEEE 的网站地址：www.ieee.org。

5. 欧洲计算机制造商协会

欧洲计算机制造商协会（European Computer Manufacturers Association，ECMA）是一个由在欧洲销售计算机的厂商（包括在欧洲的一些美国公司）所组成的标准化和技术评议机构，致力于计算机和通信技术标准的协调和开发。ECMA 的一些分委员会积极地参与了 ISO 和原 CCITT 的工作。

6. 欧洲电信标准机构

欧洲电信标准机构（European Telecommunication Standard Institute，ETSI）是由从事电信的厂家和研究所所参加的一个从事从研究开发到标准制定的机构，得到欧洲各国政府的资助。

7. 因特网体系结构委员会

1983 年，由美国国防部创建的信息委员会更名而设立因特网体系结构委员会（Internet Architecture Board，IAB）。随着因特网的规模日益庞大，1989 年，IAB 又一次重组，设立因特网工程任务组（Internet Engineering Task Force，IETF）和因特网研究任务组（Internet Research Task Force，IRTF）。IETF 负责现有因特网上所待解决的课题，而 IRTF 则侧重于因特网长远的研究规划。通过颁布技术报告 RFC（Request For Comments）请求评述，至今已有 3000 余份，可在网上查询，网址：www.ietf.org。

8. 中国国家标准局

中国国家标准局制定并颁布我国的国家标准，其标准代号均为 GB ****.**，每个*表示一位十进制数字，前 4 位是标准号，后两位是表示颁布的年份。如 GB 2312—80 是我国国家标准局在 1980 年颁布的信息交换用汉字编码字符集的基本集（中文简体标准），每个汉字由两个字节来表示。中国国家标准局网址：http：//www.chinagb.org/。

【单元 2】组网-1

案例 2-2-1　典型网络设备（Cisco 1841 集成多业务路由器）

1. 项目名称

学会使用 Cisco 1841 集成多业务路由器。

2. 工作目标

从典型网络设备学起，逐步认识不同公司的系列产品，拓宽自己的专业知识，从“学会技能”转向“会学技能”。

本案例要求：

① 学会使用思科（Cisco）1841 集成多业务路由器；

② 学会使用 Packet Tracer 5.3 软件的基本操作。

3. 工作任务

① 从网址 http：//www.cisco.com/web/CN/index.html 查询 Cisco 路由器产品系列。

无边界网络（Borderless network）栏目中含路由、交换、无线、安全、物理安全和建筑物系统、光网络、网络管理、Cisco IOS 和 NX-OS 软件和板卡与模块等。

② 上网查询 Cisco 1841C 路由器的产品规格，并对照实物将结果填入下表。

Cisco 1800 系列	Cisco 1841C
目标应用	
机箱	
机型	
机箱	
墙壁安装	
机架安装	
尺寸（长×宽）	
重量	
架构	
DRAM	
DRAM 容量	
闪存	
闪存容量	
模块化插槽-总计	
用于广域网接入的模块化插槽数	
用于 HWIC 的模块化插槽数	
用于语音支持的模块化插槽数	
模拟和数字语音支持	
VoIP 支持	
板载以太网端口	
板载 USB 端口	
控制台端口	
辅助端口	
板载 AIM 插槽	
主板上的集成硬件加密	
软硬件中的加密支持	
电源规范	
内部电源	
冗余电源	
交流输入电压	
频率	

续表

Cisco 1800 系列	Cisco 1841C
交流输入电流	
输出功率	
系统功率损耗	
软件支持	
第一个 Cisco IOS 软件版本	
环境规范	
工作温度	
工作湿度	
非工作温度	
工作高度	
噪音级别	
法规遵从	
安全	
EMI	
抗干扰性	

③ 安装 Packet Tracer 5.3 并运行，学用 Cisco CCNA 官方提供培训的模拟器。利用 Packet Tracer 5.3 可以虚拟组网。本节要求利用软件，观察 Cisco 1841C 路由器的后面板上用于广域网接入的模块化插槽数、用于 HWIC 的模块化插槽数、板载以太网端口、板载 USB 端口、控制台端口、辅助端口以及板载 AIM 插槽。

4. 学习情景

（1）Packet Tracer 5.3 使用方法

Packet Tracer 5.3 的初始界面如图 2-5-1 所示。在图中可分 10 个区。

① 菜单栏（Menu Bar）

② 主工具栏（Main Tool Bar）

③ 工具栏（Common Tools Bar）

④ 逻辑或者物理工作空间和导航栏（Logical/Physical Workspace and Navigation Bar）

⑤ 工作区窗口（Workspace）

⑥ 实时/模拟栏（Realtime/Simulation Bar）

⑦ 网络组件箱（Network Component Box）

⑧ 设备类型可选框（Device-Type Selection Box）

⑨ 特定设备可选框（Device-Specific Selection Box）

⑩ 用户创建的数据包窗口（User Created Packet Window）

在界面的左下角网络组件箱设备类型框中，有多种类型的可选硬件设备，从左到右、从上到下依次为路由器、交换机、集线器、无线设备、设备之间的连线（Connections）、终端设备、仿真广域网、自定义设备（Custom Made Devices）以及多用户连接。

单击“Router”按钮之后，在右侧的特定设备框内，可看到各类路由器，如 1841、2620、

2811、Generic 等。

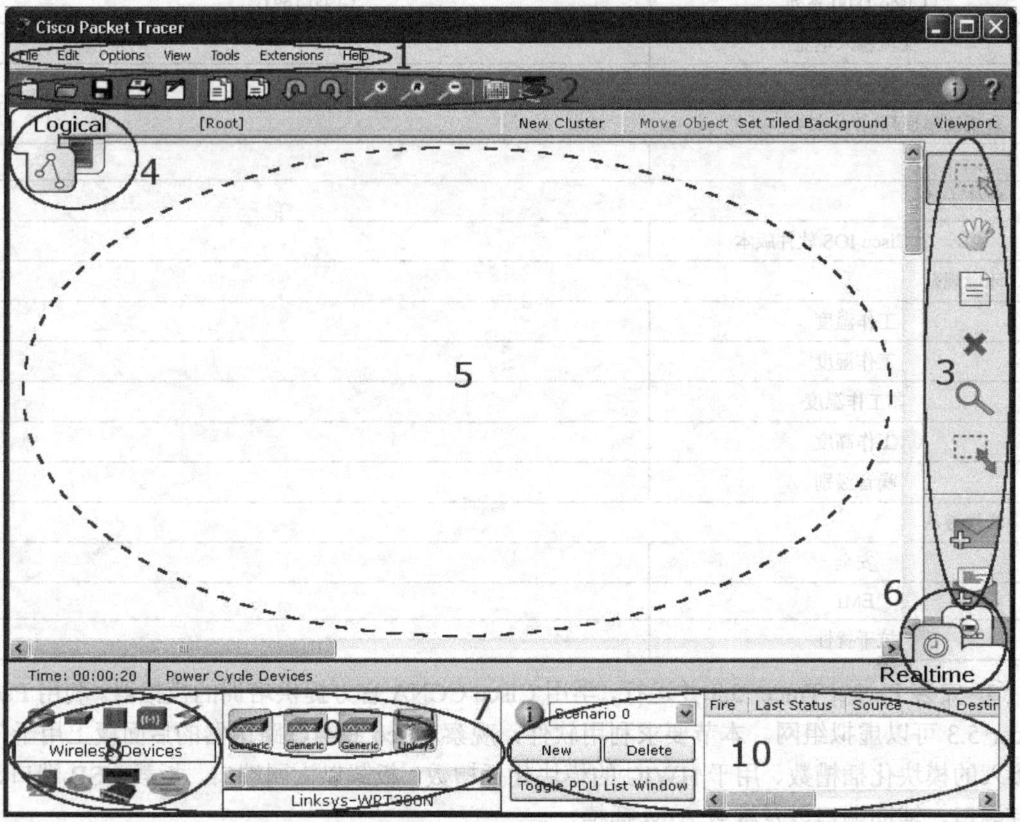

图 2-5-1　Packet Tracer 5.3 的初始界面

若单击“Connections”按钮之后，在右侧的特定设备框内可看到各种类型的线，依次为Automatically Choose Connection Type（自动选线）、控制线、直通线、交叉线、光纤、电话线、同轴电缆、DCE、DTE。其中，DCE 和 DTE 分别可用于路由器之间的串口连线。实际上，若选了 DCE 这一根线，则和这根线先连的路由器为 DCE，配置该路由器时需配置时钟，则另一端的设备必须设置为 DTE。

（2）学用 Cisco 1841 集成多业务路由器

Cisco 1841 集成多业务路由器。能够以线速提供安全的数据访问应用，属于 SOHO 级接入路由器，适用于中小企业和小型分支机构，方便实现安全的互联网和内部网接入。

在初始界面上选择 Cisco 1841 ISR，可以观察其后面板视图（与实物等同），如图 2-5-2 所示。

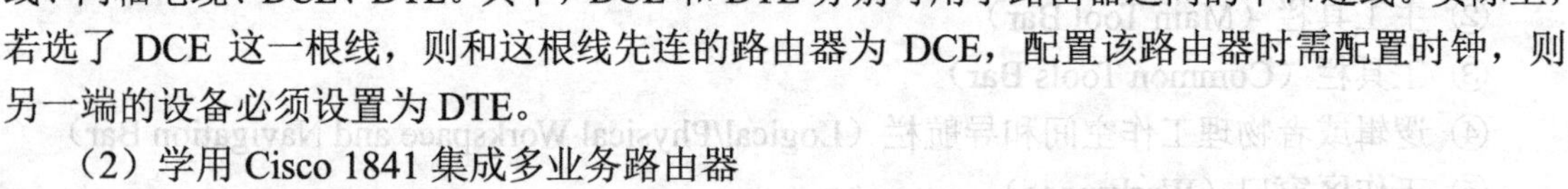

图 2-5-2　Cisco 1841 ISR 后面板视图

图 2-5-3 给出 Cisco 1841 ISR 的内部视图，主板上有 CPU、非易失存储器（NVRAM，用于存储 ROMMON 引导代码和 NVRAM 数据）、同步动态存储器（SDRAM，用于存储运行时配置和路由，支持数据包缓冲）、高级集成模块（AIM，分担主 CPU 的密集处理功能）以及两个 WIC 或 WHICI 接口盒（支持 WAN 或高速 WIC 外接插卡）。一般而言，除非要升级存储器，否则不必打开路由器。（资料来源：CISCO Networking Academy）

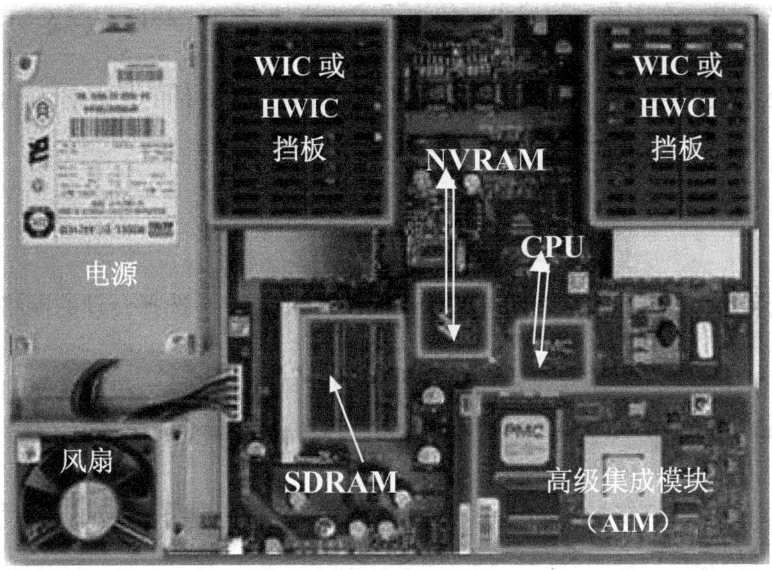

图 2-5-3　Cisco 1841 ISR 的内部视图

Cisco 1841 ISR 提供 2 个 10/100Mbit/s 以太网接口、1 个控制台端口（console）和 1 个辅助端口（AUX）。此外，可按需选配插卡。

- HWIC-4ESW：4 个交换式以太接口。
- WIC-1AM：2 个 RJ-11 接口。
- WIC-1ENET：1 个 10 Mbit/s 以太接口。
- WIC-1T：1 个串行接口，用来连接 SDLC 集中器，或告警系统，或 PoS 设备。
- WIC-2AM：2 个 Modem 端口连接数据通信网。
- WIC-2T：2 个异步/同步串行网络接口模块。

5. 操作步骤

① 打开 PacketTracer 5.3 软件，使用鼠标选择路由器 1841，并移入工作区窗口。

② 使用鼠标单击路由器 1841（Router 0），弹出一个名为 Router 0 的窗框，有 Physical、config、CLI 三个项目。在 Physical 中 MODULES（模块）下列出多个上述模块。当选中一个 WIC-2T 模块后，在最下面的左边框内显示出对该模块的文字描述，最下面的右边是该模块的图，在模块的右边是该 1841 ISR 路由器的后面板视图。在 1841 图的矩形框中，可看到上面有许多现成的接口，予以核实属于什么接口。

③ 1841 ISR 路由器的后面板上有 2 个空槽可用来添加模块。现要求添加 WIC-2T 模块，只要用鼠标左键按住该模块不放，并拖动到想放的插槽中即可添加。

④ 如果没有成功，是因为还没有关闭路由器的电源。查看电源位置，可见电源开关有一个绿点。绿色表示开，路由器默认情况下电源是开着的。当用鼠标点击绿点，绿点消失，表示电源关闭，即可添加模块。

⑤ 添加另一个 HWIC-4ESW 模块。

⑥ 添加模块后，重新打开电源，路由器重新启动。

⑦ 在工作区窗口内，将鼠标移到 1841 ISR 路由器的图标处（不要点击），出现一个列表。

⑧ 同样的方法，在工作区窗口内，依次成一线添加 1620、2811 以及 Generic，再重复上述过程，熟练添加各种模块。

⑨ 完成后将其另存为文件，文件名为“学号+姓名”，文件的扩展名为 PKT 或 PKZ。

本 章 小 结

（1）知识点从“识网”转向“组网”。从网络设计的角度，选择合理的网络拓扑结构是组网的基本内容。

（2）网络拓扑结构的典型类型：星型、总线型、环型和树型。在广域网中，一般为不规则形拓扑（Abnormity Topology）结构，通常称之为网状网（Mesh Topology），常采用层次型网络拓扑结构：主干层、分布层和接入层。

（3）网络设备泛指网络所用的不同制造商生产的各类品牌、各类规格的产品。在因特网中称之为网间互连设备，主要有交换机、路由器、网关等。

（4）路由器是因特网的核心设备，功能是以 IP 数据报为单元实现多协议路由的存储—转发。Cisco 1841 集成多业务路由器，属 SOHO 级接入路由器，适用于中小企业和小型分支机构。

（5）计算机通信的网络体系结构实际上就是结构化功能分层和网络协议（规程）的集合。也就是从逻辑功能上构筑计算机进程之间相互通信的层次化结构、不同系统对等层之间通信协议以及同一系统相邻层间的接口服务的集合。

（6）ISO 7498 标准定义七层功能的 OSI-RM，用于异种计算机应用进程间的通信，描述了网络体系结构的对象类型、关系及约束。因特网给出了 TCP/IP 协议栈的四层结构，自上而下分别为：应用层、传输层、网络互连层以及网络接口层。

（7）网络协议是指描述计算机通信系统对等实体之间进行数据交换而建立的规则、约定和步骤的集合，也称为通信协议，或通信规程（Protocol）。一个网络协议应包含 3 个基本要素：语义（Semantics）、语法（Syntax）和定时规则（Timing）。

（8）一个系统中的相邻上下层次间的信息传递是通过 SAP 实现的，下一层为相邻的上一层提供服务，其服务由本层实体执行，细节对上一层屏蔽；上层对下一层提出服务的要求。

（9）国际电信联盟（ITU）是联合国的一个专门机构，制订电信标准；国际标准化组织（ISO）是一个全球性的非政府组织，是国际标准化领域中一个十分重要的组织。IETF 和 IRTF 是因特网 IAB 属下的任务组，有关协议文档以 RFC<编号>命名，至今已出 RFC 6082（2010-11）。

练习与思考

（1）计算机网络的拓扑结构种类有哪些，各自的特点是什么？
（2）下载 Cisco 公司的软件 Packet Tracer 5.3，在计算机上安装。安装完成后，使用该软件绘制图 2-1-1 所示网络拓扑结构图。
（3）什么是网络体系结构？为什么要定义网络的体系结构？
（4）什么是网络协议，由哪几个基本要素组成？
（5）OSI 参考模型的层次划分原则是什么？画出 OSI-RM 模型的结构图，并说明各层次的功能。
（6）实系统、开放实系统和开放系统三者有何区别?
（7）试述 OSI 服务与协议之间的关系及区别。
（8）试述 OSI-RM 中 3 种类型数据单元之间的关系。
（9）在 OSI 参考模型中各层的协议数据单元（PDU）是什么？
（10）试述 OSI-RM 中网络层的服务类型。什么是残留差错率？什么是可通告的故障率？
（11）试述 OSI-RM 中传输协议的类型。传输服务向传输服务用户提供哪些功能?
（12）传输服务质量用什么来描述，有哪些参数?
（13）什么是“会话”？它与“对话”有什么区别?
（14）为什么要设立表示层？试举例说明其必要性。
（15）什么是应用实体？它们由哪些元素组成？这些元素的作用各是什么？
（16）什么是证实型服务与非证实型服务？面向连接服务属于哪一种类型的服务?
（17）设有一个系统具有 n 层协议，其中应用进程生成长度为 m 字节的数据，在每层都加上长度为 h 字节的报头，试计算传输报头所占用的网络带宽百分比。
（18）试比较 OSI-RM 与 TCP/IP 模型的异同。
（19）在 OSI 模型中，各层都有差错控制过程。试指出：以下每种差错发生在 OSI 的哪些层中？
① 噪声使传输链路上出错，即一个 0 变成 1 或一个 1 变成 0。
② 一个分组被传送到不正确的目的站。
③ 收到一个序号有错的帧。
④ 分组交换网交付给一个终端的分组序号是不正确的。
⑤ 一台打印机正在打印，突然收到一个错误的指令要打印头回到本行的开始位置。
⑥ 在一个半双工的会话中，正在发送数据的用户突然开始接收对方用户发来的数据。
（20）试用 Packet Tracer 5.3 软件查看 Cisco 1841 集成多业务路由器后面板，思考如何更换网络接口插件。

第 3 章　数据通信技术

相对于计算机技术而言，通信技术的发展已有一百多年历史。早在 19 世纪 30 年代，莫尔斯实现了有线电报通信，奠定了数据通信的基础。进而在 19 世纪 70 年代才开始形成了有线电话通信。19 世纪末，人类利用电磁波辐射原理发明了无线电报，从此开辟了无线通信发展的道路。从名称上，计算机通信是数据通信的延续，数据通信是实现计算机通信与网络的基础。本章的主要内容涵盖数据通信的基础技术，包括传输介质类型与特性、传输代码、传输方式、通信模式、通信接口、差错控制、交换方式等。

3.1　数据通信系统

典型的数据通信系统主要由数据电路和两侧的数据终端设备所组成，如图 3-1-1 所示。在 ITU 的系列建议中，数据终端设备（DTE）是泛指智能终端（各类计算机系统、服务器）或简单终端设备（如打印机），内含数据通信（或传输）控制单元。数据电路包含传输介质及两端的数据电路终接设备（Data Circuit Terminating Equipment，DCE）。

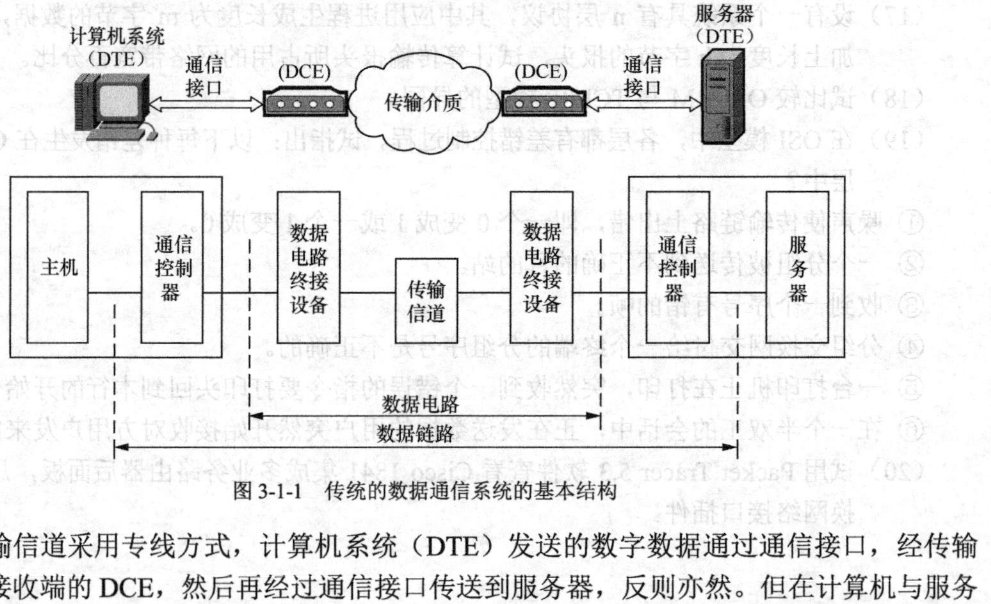

图 3-1-1　传统的数据通信系统的基本结构

若传输信道采用专线方式，计算机系统（DTE）发送的数字数据通过通信接口，经传输信道到达接收端的 DCE，然后再经过通信接口传送到服务器，反则亦然。但在计算机与服务器（即广义的 DTE-DTE）间通信的过程中，仍然需要考虑如下问题：传输代码的确定；通信模式的选择（异步通信，同步通信）；通信接口的规范性；数据链路的建立与拆除；通信双方的协调（收、发数据缓冲，速率适配和串并转换等）；差错控制（检测与恢复在通信与传输过程中出现差错的数据）等。

若采用拨号呼叫方式，传输信道部分可由通信子网替代，则要考虑计算机如何寻找到所需的服务器问题：数据电路的建立，寻址和路由选择。

数据电路位于 DTE-DTE 之间，为数据通信提供数字传输信道。DTE 产生的数据信号可能有不同的形式，但都表现为数字脉冲信号。DCE 是 DTE 与传输信道（或通信子网）之间的接口设备，其主要作用是信号变换。当传输信道为模拟信道时，DCE 为调制解调器（Modem），发送方 DCE 将 DTE 送来的数字信号进行调制，变成模拟信号送往信道，或进行相反的变换。当传输信道是数字信道时，DCE 实际是数字接口适配器，其中包含数据服务单元（Data Service Unit，DSU）与信道服务单元（Channel Service Unit，CSU），前者执行码型和电平转换、定时、信号再生和同步等功能；后者则实现信道均衡、信号整形和环路检测等功能。

如前所述，计算机通信在不同的发展阶段有其不同的应用对象，为了说明数据链路控制的作用，在此再强调一下两个术语，即“数据电路”和“数据链路”。实际上，数据电路和数据链路的概念是有差别的。所谓数据电路是一条通信双方的物理电路（可以是含线传输介质，也可以是软传输介质）段，中间不包括任何交换节点。在进行数据通信时，两台计算机之间的通路往往是由许多物理电路的链接而成的，所以，物理电路在网络中仅是一个基本单元。有时，也可称之为物理链路，或简称链路。但数据链路（Data Link）却是另一个概念。它具备逻辑上控制关系，在 OSI-RM 的数据链路层上常用虚线来表示通信双方的连接。这是因为需要在一条线路上传送数据时，除了必须具有一条物理电路外，还必须有一些必要的协议、规程来控制这些数据的传输。把实现这些规程的硬件和软件加到物理链路上，就构成了数据链路（参见图 3-1-1）。因此，数据链路就像一个数字通道，可以在数据链路上进行数据通信。当采用复用技术时，一条物理电路从逻辑上可以形成多条数据链路。

3.1.1　传输代码

由数据终端设备发出的数据信息一般都是字母、数字或符号的组合。为了传递这些信息，首先需将这些字母、数字或符号用二进制“0”或“1”的组合，即二进制代码来表示（在 OSI 参考模型上位于表示层）。目前常用的传输代码有国际 5 号码、国际电报 2 号码、EBCDIC 码和信息交换用汉字代码。

1. 国际 5 号码

国际 5 号码是一种 7 单位代码，以 7 位二进制码来表示一个字母、数字或符号。最早是美国国家标准化协会在 1963 年提出的，称为美国信息交换用标准代码（American Standard Code for Information Interchange，ASCII），后被 ISO 和 ITU-T 采纳并发展成为国际通用的信息交换用标准代码。表 3-1-1 列出了国际 5 号码编码表。7 位二进制共有 128 个代码，可表示 128 个不同的字母、符号和数字。其中，32 个作为控制字符使用，它只产生控制功能，不可被显示或打印；其余均为显示或打印用的图形字符，包括大、小写英文字母各 26 个，数字 10 个，以及其他图形符号 33 个。

代码在顺序传输过程中一般以 D1 位作为第一位，D7 位为最后一位。为了提高可靠性，常在 D7 之后附加一位 D8 作奇偶校验用。

国际 5 号码是当前在数据通信中使用最普遍的一种代码，我国在 1980 年颁布的国家标准 GB 1988—80《信息处理交换用的七位编码字符集》也是根据国际 5 号码来制定的，它与国际

5 号码的差别只在于 2/4 位置上，将国际通用货币符号“＄”改为“￥”，在国内通用。

表 3-1-1　　国际 5 号码（ASCII）编码表

				D_7	0	0	0	0	1	1	1	1
				D_6	0	0	1	1	0	0	1	1
				D_5	0	1	0	1	0	1	0	1
D_4	D_3	D_2	D_1		0	1	2	3	4	5	6	7
0	0	0	0	0	NUL	DLB	SP	0	@	P	`	p
0	0	0	1	1	SOH	DC1	!	1	A	Q	a	q
0	0	1	0	2	STX	DC2	"	2	B	R	b	r
0	0	1	1	3	ETX	DC3	#	3	C	S	c	s
0	1	0	0	4	EOT	DC4	$	4	D	T	d	t
0	1	0	1	5	ENQ	NAK	%	5	E	U	e	u
0	1	1	0	6	ACK	SYN	&	6	F	V	f	v
0	1	1	1	7	BEL	ETB	'	7	G	W	g	w
1	0	0	0	8	BS	CAN	(	8	H	X	h	x
1	0	0	1	9	HT	EM	)	9	I	Y	i	y
1	0	1	0	10	LF	SUB	*	:	J	Z	j	z
1	0	1	1	11	VT	ESC	+	;	K	[	k	{
1	1	0	0	12	FF	FS	,	<	L	\	l	|
1	1	0	1	13	CR	GS	-	=	M	]	m	}
1	1	1	0	14	SO	RS	.	>	N	^	n	~
1	1	1	1	15	SI	US	/	?	O	_	o	DEL

注：

SOH（Start of Heading）	标题开始	STX（Start of Text）	正文开始
ETX（End of Text）	正文结束	EOT（End of Transmission）	传输结束
ENQ（Enquiry）	询问	ACK（Acknowledge）	确认
DLE（Data Link Escape）	数据链转义	NAK（Negative Acknowledge）	否认
SYN（synchronous）	同步	ETB（End of transmission Block）	组传输结束
BS（Backspace）	退格	HT（Horizontal Tabulation）	横向制表
LF（Line Feed）	换行	VT（Vertical Tabulation）	纵向制表
FF（Form Feed）	换页	CR（Carriage Return）	回车
DC1（Device Control 1）	设备控制 1	DC2（Device Control 2）	设备控制 2
DC3（Device Control 3）	设备控制 3	DC4（Device Control 4）	设备控制 4
US（Unit Separator）	单元分隔	RS（Record Separator）	记录分隔
GS（Group Separator）	组分隔	FS（File Separator）	文件分隔
NUL（Null）	空白	BEL（Bell）	告警
SO（Shift-Out）	移出	SI（Shift-In）	移入
CAN（Cancel）	取消	EM（End of Medium）	介质终止
SUB（Substitution）	取代	ESC（Escape）	转义
DEL（Delete）	删除	SP（Space）	空格

2. 国际电报2号码

国际电报2号码（ITA2），是一种5单位代码，又称为博多（Baudot）码，是起止式电传电报通信中的标准代码，目前仍在采用普通电传机为终端的低速数据通信系统中使用。5单位码共有32种组合，另外还有2个转移控制码“字母（Letter）”和“数字（Figure）”使其随后的代码改变意义，用于区分数字和字母，因此可有64种表示，实际只用58个传输码字，包括字母、数字、符号和控制符。

3. EBCDIC码

EBCDIC码是扩充的二～十进制码的简称，是由IBM公司提出的一种8单位代码，由于第8位用于扩充功能，不能作奇偶校验。故这种码一般作为计算机的内部码使用。

4. 信息交换用汉字代码

信息交换用汉字代码是汉字信息交换用的标准代码，它适用于一般的汉字处理、汉字通信等系统之间的信息交换。汉字用两个字节表示，每个字节均采用国家标准GB 1988—80《信息处理交换用的七位编码字符集》的7单位代码。

3.1.2　通信传输方式

数据通信的传输是有方向性的。从通信双方的信息交互方式和数据电路的传输能力来看，有以下3种基本方式（见图3-1-2）。

① 单工通信：即单方向通信,如电视广播，无线广播等，如图3-1-2（a）所示。

② 半双工通信：即双向交替通信，双方不能同时通信，一方发送信息时，另一方为接收信息，反则亦然，如图3-1-2（b）所示。

③ 全双工通信：即双向同时通信，双方能同时收发信息，如图3-1-2（c）所示。

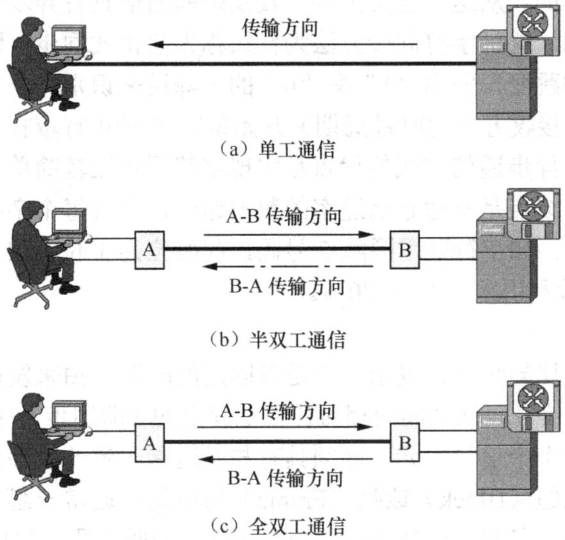

（a）单工通信

（b）半双工通信

（c）全双工通信

图3-1-2　3种基本通信传输方式

全双工通信可以是四线或二线传输：四线传输时有两条物理上独立的信道，一条发送一条接收；二线传输可以把两个方向的信号采用频分复用或时分复用等方法，将信道的带宽一分为二，或采用回波抵消技术，使两个方向的数据共享信道带宽。

3.1.3 异步通信和同步通信

在串行传输中，如何解决收、发端间字符传输的同步协调，目前主要存在两种方式：异步通信和同步通信。

1. 异步通信

异步通信，也称起止式同步通信，以字符为传输单位。不论字符所采用的代码为多少位，在发送每一个字符代码时，都要在前面加上一个起始位，长度为一个码元长度，极性为“0”，表示一个字符的开始；后面加上一个终止位，长度可选为1、1.5或2个码元长度，极性为“1”，表示一个字符的结束，如图3-1-3所示。

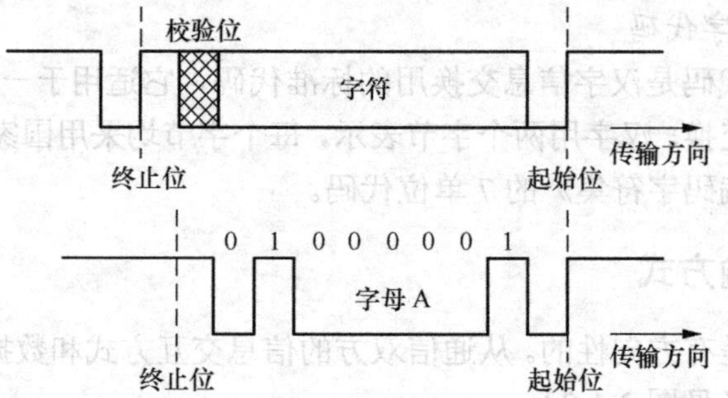

图3-1-3 异步串行通信

如今在拨号上网时，异步通信大多采用数据位为8，终止位为1，无校验位。例如，英文字母A，二进制数据位01000001，见图3-1-3特别说明，通常先传输最低位。

字符可以连续发送，也可以单独发送；当不发送字符时，保持“1”状态。因此每个字符的起始时刻可以是任意的。从这一意义上讲，收发端的通信具有异步性，但在同一字符内部各码元长度应是相同的。这种字符同步方法为什么称为起止式同步？因为接收方可以根据字符之间从终止到起始的跳变，即由“1”变“0”的下降沿来识别一个字符的开始，然后从下降沿之后T/2秒（T为接收方本地时钟周期）开始每隔T秒进行取样，直到取完整个字符，再来判断一个个字符。异步通信方式的优点是实现字符同步比较简单，收发双方的时钟信号不需要严格同步。它的缺点是不适宜高速率的数据通信，且对每个字符都需加入起始位和终止位，因而传输效率低。如字符采用国际5号码，起始位为1位，终止位为1位，并采用1位奇/偶校验位，则传输利用率U仅为70%。

2. 同步通信

同步通信的传输要比异步通信复杂，它是以固定的时钟节拍来发送数据信号的，因此在一个串行数据流中，各信号码元之间的相对位置是固定的（即同步）。接收端为了从接收到的数据流中正确地区分一个个信号码元，必须具有与发送端一致的时钟信号。在同步通信方式中，发送的数据一般以组（Block）或帧（Frame）为单位，通常一组（或帧）数据包含多个字符（或多个位）代码，在前、后分别加上控制字段和校验字段，如图3-1-4所示。

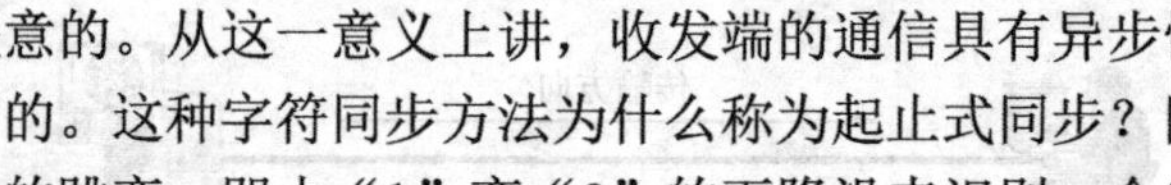

图3-1-4 同步串行通信

同步方式有位同步、字符同步和帧同步。与异步通信方式相比，由于它发送每一字符时不需要单独加起始位和终止位，具有较高的传输效率，故现代数据通信，特别是高速环境下，主要采用同步通信。

3.2　数据传输基础

3.2.1　传输介质及其特性

传输介质是计算机通信与网络的基本组成部分，特别是在远程传输工程的投资中占有很大的比例。因此，如何提高传输介质的利用率是网络技术和应用的一个基本问题[8][9]。传输介质可以分为线传输介质（有线线路）和软传输介质（无线信道）两类。前者包括双绞线、同轴电缆、光缆等，后者主要包括地面微波、卫星微波、无线电波、红外传输技术等。

传输介质的特性会影响数据的传输质量，不同的传输介质具有不同的传输特性，可从物理结构、连通性、抗干扰性、可允许直连的距离、价格等方面来衡量。从传输系统的设计目标来看，首先关注的是数据传输速率和传输距离。一般来说，数据传输速率愈高，且所允许的传输距离愈远，而价格合理为优选。

1. 线传输介质

（1）双绞线

双绞线(Twisted Pair，TP)是综合布线工程中最常用的一种传输介质。双绞线是由一对外敷绝缘塑料的软铜线扭绞而成，芯线一般线径为 0.4～1.4 mm 不等，其结构如图 3-2-1 所示。扭绞的目的是防止线对间的串扰，以及抵御一部分外界电磁波干扰。

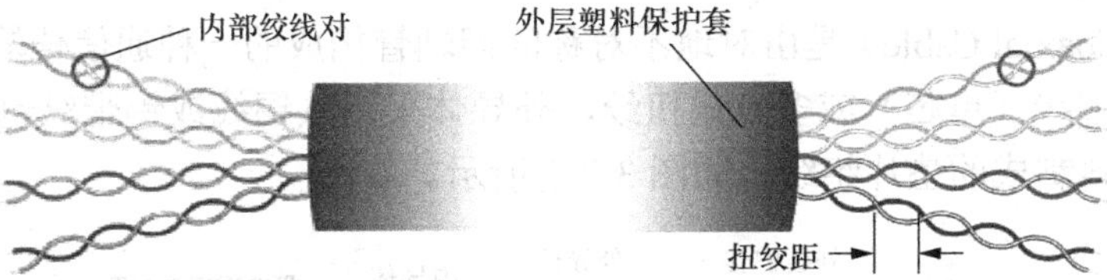

图 3-2-1　双绞线

多对双绞线封装后构成对称电缆。由于价格相对便宜，应用十分广泛，在传统的市内电话用户线、部分中继线以及部分长途载波线路仍然在使用双绞线或对称电缆。电话通信对称电缆中双绞线对数可选范围：2～1800 对，市话用户线采用双绞线的传输距离可达 1～5km。

目前，双绞线可分为非屏蔽双绞线（Unshilded Twisted Pair，UTP）和屏蔽双绞线（Shilded Twisted Pair，STP）。屏蔽双绞线电缆的外层由铝铂包裹，增加防御外界干扰的能力。STP 价格相对较高，安装要求比较高。

双绞线既可用来传输模拟信号，也可用于传输数字信号。当双绞线用来传输数字信号时，其传输距离与双绞线的线径有关。导线加粗，其传输距离相对可较远，但导线的成本价也越高。

美国电子工业协会/电信工业协会（EIA/TIA）为双绞线电缆定义了多种型号如下。

① 1# UTP（CAT1）：一类线主要用于传输语音（主要用于早期的电话线缆），不用于数据传输。

② 2# UTP（CAT2）：二类线传输频率为 1MHz，用于语音传输和最高传输速率为 4Mbit/s 的数据传输，常见于使用 4Mbit/s 的早期标记（或称令牌）传输环网。

③ 3# UTP（CAT3）：三类线指目前在 ANSI 和 EIA/TIA568 标准中指定的电缆，该电缆的传输频率为 16MHz，用于语音传输及传输速率为 10Mbit/s 以太网（10BASE-T）的数据传输（在新网络中将停止使用）。

④ 4# UTP（CAT4）：四类线电缆的传输频率为 20MHz，用于语音传输、传输速率为 16Mbit/s 的标记环网和 10BASE-T/100BASE-T（市场上现已少见）。

⑤ 5# UTP（CAT5）：五类线缆增加了线绕密度，外套一种高质量的阻燃绝缘材料，传输频率为 100MHz，用于语音传输和传输速率最高为 100Mbit/s 的数据传输，主要用于 10BASE-T 和 100BASE-T 网络。这是最常用的以太网电缆。

⑥ 5# UTP（CAT5E）：超五类线衰减小，串扰低，并且具有更高的衰减串扰比（Attenuation Crosstalk Ratio，ACR）和结构回波损耗（Structural Return Loss）、更小的时延误差，性能得到很大提高。超 5 类线可用于千兆位以太网（1000Mbit/s）。

⑦ 6# UTP（CAT6）：六类线电缆的传输频率为 1～250MHz，六类布线系统在 200MHz 时综合衰减串扰比（PS-ACR）应该有较大的余量，它提供 2 倍于超五类的带宽。六类布线的传输性能远远高于超五类标准，适用于传输速率为 1Gbit/s 的应用。

⑧ CAT7：七类线具有更高的传输带宽，至少为 600MHz。西蒙公司开发的 TERA7 类连接件的传输带宽高达 1.2GHz，并推出非 RJ 紧凑性设计及 1、2、4 对的模块化多种连接插头，一个单独的七类信道（4 对线）可以同时支持语音、数据、宽带视频多媒体等混合应用，传输速率高于 10Gbit/s。

（2）同轴电缆

同轴电缆（Coaxial Cable）是由对地不对称的同轴管构成的一种通信传输介质。同轴管的内导体采用半硬铜线（单芯）或多股线扭绞，外导体采用软铜线或铝带纵包而成，内外导体间采用聚乙烯塑料制成的垫片绝缘，如图 3-2-2 所示。

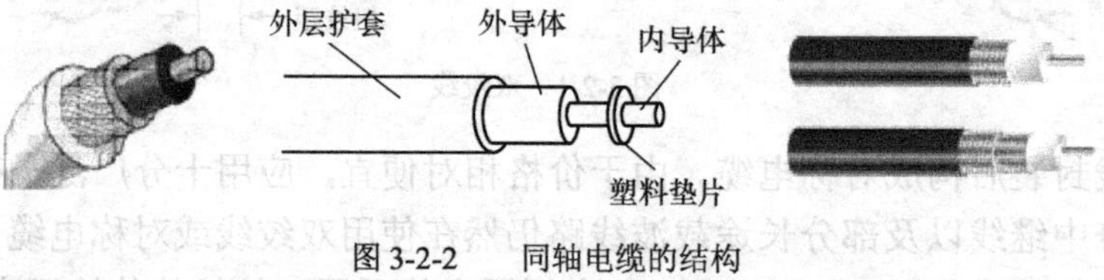

图 3-2-2　同轴电缆的结构

同轴电缆的低频串音及抗干扰特性不如对称双绞线电缆。随着频率升高，外导体的屏蔽作用增强，其串音和抗干扰能力大为改善，适用于高频大通路长途干线。通常，根据内外导体直径的尺寸，它可分为中同轴电缆（2.6/9.5mm）、小同轴电缆（1.2/4.4mm）及微同轴电缆（0.7/2.9mm）。目前，同轴电缆载波电话系统最高可传送 10800 话路（或 13200 话路）。微同轴电缆主要用于数字通信中传输二次群（120 话路）、三次群（480 话路）的脉冲编码调制（PCM）数字信号。

此外，在早期的计算机局域网、当前的共用天线电视（CATV）中也得到了广泛的应用，其型号及特性见表 3-2-1。

表 3-2-1　　局域网和 CATV 所用同轴电缆型号及特性

同轴电缆型号	局域网	阻抗	缆径
RG-8/RG-11	10Base5	50Ω	粗缆 1.016 cm（0.4 英寸）
RG-58A/U	10Base2	50Ω	细缆 0.457 cm（0.18 英寸）
RG-59U	10Broad3600	75Ω	CATV 0.635cm（0.25 英寸）
RG-63	ARCnet	93Ω	0.635cm

由表中可见，同轴电缆可分为基带（Baseband）和宽带（Broadband）同轴电缆。基带同轴电缆（RG-8/RG-11）的特性阻抗为 50Ω，通常用于基带的数字信号。在计算机局域网中使用这种基带同轴电缆，可在 2.5 km（需加中继器）内以 10Mbit/s 传送基带的数字信号。宽带同轴电缆的特性阻抗为 75Ω，它可用于模拟传输系统，如 CATV。

在宽带同轴电缆上采用频分复用技术来传送模拟信号，其频率高达 300～450 MHz，传输距离可达 100 km（需加放大器）；如要传送数字信号，则需进行信号变换，即将数字信号变换成模拟信号，才能在电缆上传输。一般，每秒传送 1 位要用 1 Hz 的带宽，取决于编码方式和所用的传输系统。通常在 300 MHz 的电缆上可支持 150 Mbit/s 的数据率。

（3）光缆

光纤（Optical Fiber）是一种光传输介质。由于可见光的频率高达 10^8MHz，因此光纤传输系统具有足够的传输带宽。光缆是由一束光纤组装而成，用于传输调制到光载频上的已调信号。层绞式光缆结构外形和剖面如图 3-2-3 所示。

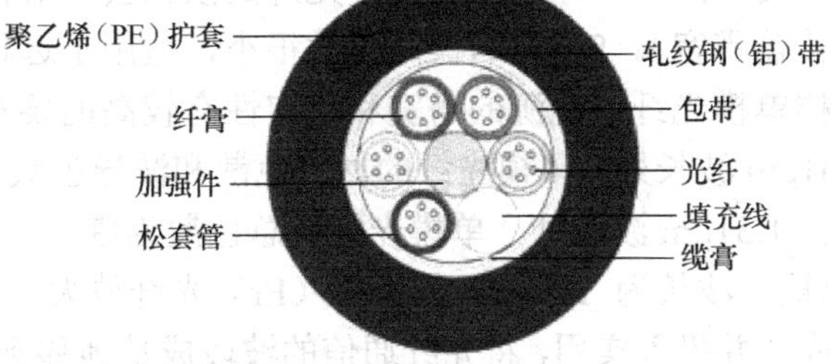

（a）

（b）

图 3-2-3　层绞式光缆结构外形和剖面

图中光纤通常是由纯净的石英玻璃拉成细丝，主要由纤芯和包层构成双层通信圆柱体，其直径（含包层）仅 0.2mm。因此，必须加上加强芯和填充物,可增加其机械强度。必要时可接入远供电源线，最后加封包带层和外护套，以满足工程施工和应用的强度要求。

光纤按光的传输模式分为多模光纤（Multi Mode Fiber，MMF）和单模光纤（Single Mode Fiber，SMF），如图 3-2-4 所示。

① 多模光纤。

多模光纤的纤芯直径为 50～62.5μm，包层外直径 125μm，中心玻璃芯较粗，可传多种模式的光。但其模间色散较大，如图 3-2-4（a）所示，这就限制了传输数字信号的频率，而且随距离的增加会更加严重。例如，600MB/km 的光纤在 2km 时则只有 300MB 的带宽了。因此，多模光纤传输的距离就比较近，一般只有几公里。

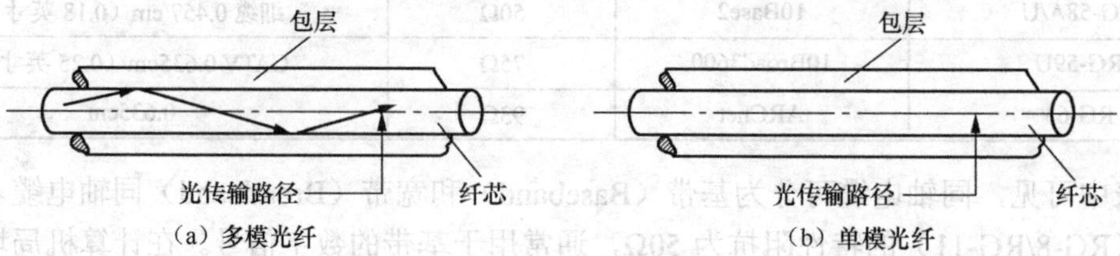

图 3-2-4 光纤传输模式

② 单模光纤。

单模光纤的纤芯直径为 8.3μm，包层外直径 125μm，只能传一种模式的光，如图 3-2-4（b）所示。光纤的工作波长有短波长 0.85μm、长波长 1.31μm 和 1.55μm。光纤损耗（衰减）一般是随波长加长而减小，0.85μm 的损耗为 2.5dB/km，1.31μm 的损耗为 0.35dB/km，1.55μm 的损耗为 0.20dB/km，这是光纤的最低损耗，波长 1.65μm 以上的损耗趋向加大。

光纤的传输特性主要是损耗和色散。损耗是光信号在光纤中传播时单位长度的衰减；从光纤的损耗特性来看，1.31μm 处正好是光纤的一个低损耗窗口。这样，1.31μm 波长区就成了光纤通信的一个很理想的工作窗口，也是现在实用光纤通信系统的主要工作波段。1.31μm 常规单模光纤的主要参数是由 ITU-T 在 G652 建议中确定的，因此这种光纤又称 G652 光纤。

色散则是到达接收端的时延差，即脉冲展宽。光纤的损耗会影响传输的中继距离，而色散会影响传输码率（即传输带宽）。SMF 的模间色散很小，适用于远程通讯，但还存在着材料色散和波导色散，这样单模光纤对光源的谱宽和稳定性有较高的要求，即谱宽要窄，稳定性要好。后来发现在 1.31μm 波长处，单模光纤的材料色散和波导色散一为正、一为负，大小也正好相等。这就是说在 1.31μm 波长处，单模光纤的总色散为零。

20 世纪 80 年代末期，波长为 1.55μm 的掺铒（Er）光纤放大器（Erbium Doped Fiber Amplifier，EDFA）研制成功并投入实用，将光纤通信的波段成功地移到光纤最低的损耗窗口，把光纤通信技术水平推向一个新高度，成为光纤通信发展史上另一个重要的里程碑。研究表明，单模光纤在光波长为 1.3μm 或 1.5μm 时，其损耗分别为 0.5 dB/km 和 0.2dB/km，从而使中继站的距离延长到 50～100km，码速可增加到 2.4GB/s，色散接近于 0。传输最大距离：海底光缆可达 1000～10000km，地面光缆为 100～1000km，而在大城市中继为 10～50km。

光纤作传输介质用于通信，主要优点如下。

① 传输速率极高，频带极宽，传送信息的容量极大。

② 光纤不受电磁干扰和静电干扰等影响，即使在同一光缆中，各光纤间几乎没有干扰；易于保密；光纤的衰减频率特性平坦，对各频率的传输损耗和色散几乎相同，因而接收端或中继站不必采取幅度和时延等均衡措施。

③ 光纤的原料为石英玻璃砂（即二氧化硅），原料丰富，取之不尽。随着生产成本的日益降低，光缆必将成为 21 世纪全球信息基础设施的主要传输介质。

综上所述，线传输介质的传输特性比较，包括带宽、连通性、抗干扰性、传输距离和价格，见表 3-2-2。

表 3-2-2　　3 种线传输介质的传输特性比较

传输介质		带宽	连通性	抗干扰性	传输距离	价格
UTP		低	点到点	一般	≤100m	低
同轴电缆	10BASE2	低	点到点 或 点到多点	较好	185m	低
	10BASE5	中		好	500m	中
	10Broad36	中		好	3600m	中
光缆（光纤）	MMF	高	点到点	很好	2 km	高
	SMF	极高	点到点	最好	70 km	最高

2. 软传输介质

（1）无线电波

无线电波是一个广义的术语。从含义上讲，无线电波是全向传播，而微波则是定向传播。无线电波的频段分配见表 3-2-3。其中分米波、厘米波、毫米波和亚毫米波可统称为微波。

表 3-2-3　　无线电波频段和波段名称

频段名称	频率范围	波段名称	波长范围
极低频	（ELF）3～30Hz	极长波	10^8～10^7m
超低频	（SLF）30～300Hz	超长波	10^7～10^6m
特低频	（ULF）300～3000Hz	特长波	10^6～10^5m
甚低频	（VLF）3～30khz	甚长波	10^5～10^4m
低频	（LF）30～300khz	长波	0^4～10^3m
中频	（MF）300～3000khz	中波	10^3～10^2m
高频	（HF）3～30MHz	短波	10^2～10m
甚高频	（VHF）30～300MHz	超短波	10～1m
特高频	（UHF）300～3000MHz	分米波	1～0.1m
超高频	（SHF）3～30GHz	厘米波	100～1cm
极高频	（EHF）30～300GHz	毫米波	100～10mm
至高频	（THF）300～3000GHz	亚毫米波	1～0.1mm

无线电波的不同频段可用于不同的无线通信方式。

① 频率范围 3～30MHz，通称为高频（HF）段，可用于短波通信。它是利用地面发射无线电波，通过电离层的多次反射到达接收方的一种通信方式。由于电离层随季节、昼夜以及太阳黑子活动情况而变化，所以通信质量难以达到稳定。当用作数据传输时，在邻近的传输码元将会引起干扰。

② 频率范围 30～300MHz 为甚高频（VHF）段，频率范围 300～3000 MHz 为特高频（UHF）段，电磁波可穿过电离层，不会因反射而引起干扰，可用于数据通信。例如，夏威夷 ALOHA 系统，使用两个频率：上行频率为 407.35MHz,下行频率为 413.35MHz，两个信道的带宽均为 100kHz，可传输数据率为 9600 bit/s。数据传输是以分组形式进行的，所以也称 ALOHA 系统为无线分组通信（Packet Radio Communication）。

此外，蜂窝无线电移动通信（Cellular Radio Mobile Communication）系统得到了广泛的应用。基于数字射频调制技术，使用时分多址或码分多址技术，提高系统容量和传输质量，有利于引入综合业务。

（2）地面微波

地面微波的工作频率范围一般为 1～20 GHz，它是利用无线电波在对流层的视距范围内进行传输。由于受到地形和天线高度的限制，两微波站间的通信距离一般为 30～50 km。当用于长途传输时，必须架设多个微波中继站，每个中继站的主要功能是变频和放大。这种通信方式称为微波接力通信，如图 3-2-5 所示。

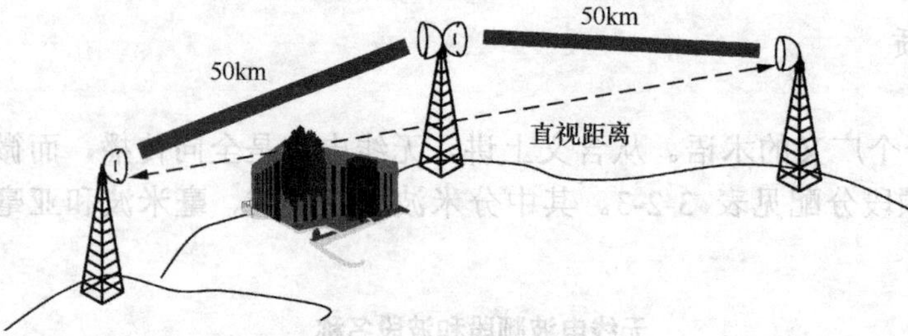

图 3-2-5　地面微波接力通信

目前，模拟微波通信主要采用调频制，每个射频波道可开通 300、600、1800、2700 及 3600 路。也可采用单边带调幅制，每个射频波道可最多开通 6000 个话路。数字微波系统大多采用相移键控（PSK）调制方式，有 4 相制和 8 相制。目前，国内长途干线主要采用 4 GHz 的 960 路系统和 6 GHz 的 1800 路系统。

微波通信可传输电话、电报、图象、数据等信息，其主要特点如下。

① 微波波段频率高，其通信信道的容量大，传输质量上较平稳，但遇到雨雪天气时会增加损耗。

② 与电缆通信相比，微波接力信道能通过有线线路难于跨越或不易架设的地区（如高山或深水），故有较大的灵活性，抗灾能力也较强；但通信隐蔽性和保密性不如电缆通信。

（3）卫星微波

通信卫星是现代电信的重要通信设施之一，它被置于地球赤道上空 35 784 km 处的对地静止的轨道上，与地球保持相同的转动周期，故称为同步通信卫星。实际上，它是一个悬空的微波中继站，用于连接两个或多个地面微波发射 / 接收设备（称之为卫星通信地球站，简称地球站），如图 3-2-6 所示。

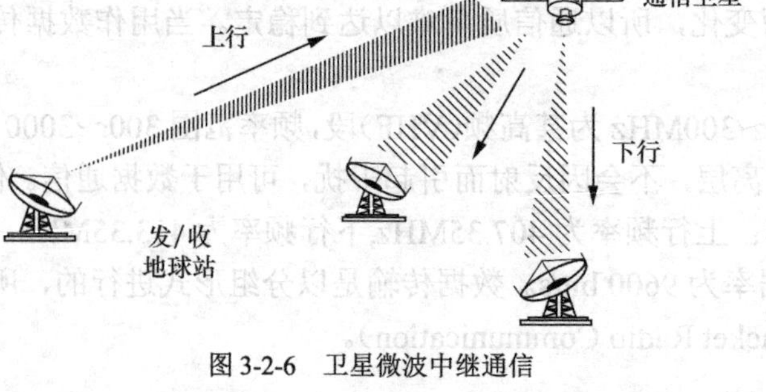

图 3-2-6　卫星微波中继通信

卫星通信是利用同步通信卫星作为中继站，接收地球地面站送出的上行频段信号，然后以下行频段信号转发到其它地球站的一种通信方式。经卫星一跳（hop 指从地面至卫星、卫星返地面的传输过程），可连通地面最长达 1.3 万千米的两个地球站间的通信。

根据 1992 年世界无线电行政大会规定，固定卫星业务（FSS）常用下列 3 个频段：C 频段，Ku 频段和 Ka 频段。目前，宾馆应用较多的是 C 频段（上行 5925～6425MHz,下行 3700～4200MHz,带宽 500MHz），而家庭用户大都采用 Ku、Ka 频段。通常在可用的频段带宽内分为 36MHz 的转发器频带。因此，一星可含 12 个或更多的转发器，实现多信道卫星通信。卫星微波通信的主要特点如下。

① 通信覆盖区域广，距离远。

② 从卫星到地球站是广播型信道，易于实现多址传输。

③ 通信卫星本身和发射卫星的火箭费用很高，且受电源和元器件寿命的限制等因素，同步卫星的使用寿命一般多则 7～8 年，少则 4～5 年。

④ 卫星通信的传输时延大，一跳的传播时延约为 270ms。因此，利用卫星微波作数据传输时，必须要考虑这一特点。

此外，甚小天线数据终端（Very Small Aperture data Terminal，VSAT），中、低轨道卫星移动通信系统，如铱（Indium）系统、全球星系统、ICO（Intermediate Circular Orbit）系统等可提供租赁服务。

（4）红外线技术

红外线（Infrared）技术已经在计算机通信中得到了应用，例如，两台笔记本电脑对着红外接口，可传输文件。红外线链路只需一对收发器，调制不相干的红外光（10^{12}～10^{14}Hz），在视线距离的范围内传输，具有很强的方向性，可防止窃听、插入数据等，但对环境（如雨、雾）干扰特别敏感。

3.2.2　数据调制与编码

数据是预先约定的具有某种含义的任何一个数字或一个字母（符号）)及其组合。从形式上，它可分为模拟数据和数字数据两种。模拟数据和数字数据都可用模拟信号或数字信号来表示，图 3-2-7 所示为模拟数据、数字数据与模拟信号、数字信号的对应关系。

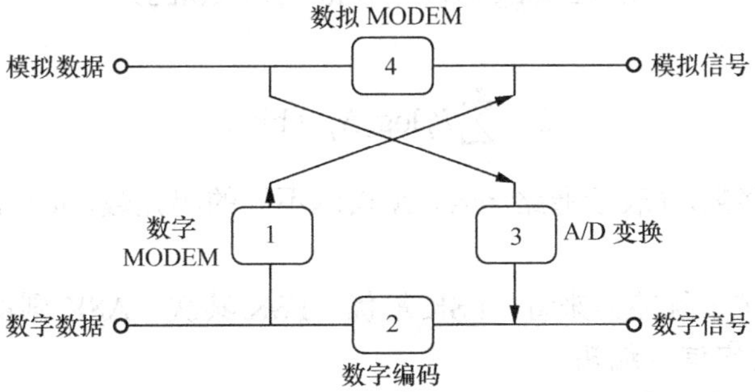

图 3-2-7　模拟数据、数字数据与模拟信号、数字信号的对应关系

模拟信号和数字信号都可以在合适的传输介质上进行传输。常用“信道”一词来表示向某一方向传送数据的传输介质。现代通信网中的信道也可分为两种。

① 数字信道主要用于传输数字信号，具有64kbit/s或较高速率的同步数字传输通路；

② 模拟信道则用于传输模拟信号，具有话路频带为300～3400Hz的长途载波电话通路或实线通路。

1. 数字数据的模拟信号调制

调制解调器（Modem,俗称“猫”）是一种信号变换设备。数字数据通过Modem可用模拟信号来表示，以利于在模拟信道中传输，如图3-2-8所示。

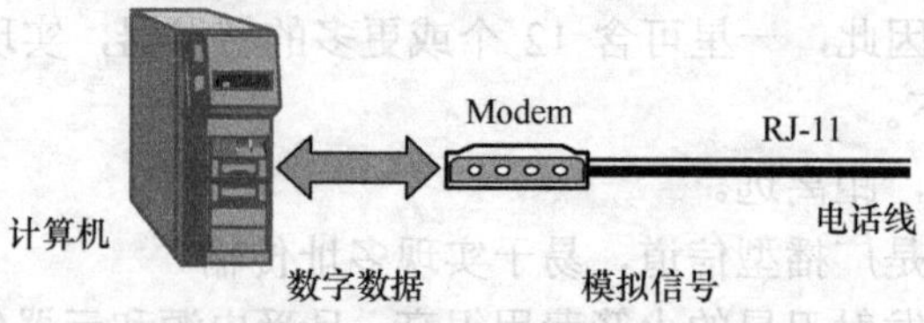

图3-2-8 数字数据的模拟信号调制

基本的调制方法有下列3种。

① 幅移键控法（Amplitude-Shift Keying，ASK）：用载波频率的不同幅度来表示两个二进制值。

② 频移键控法（Frequency-Shift Keying，FSK）：用不同的载波频率（相同幅度）来表示两个二进制值。

③ 相移键控法（Phase-Shift Keying，PSK）：用不同的载波相位（相同幅度）来表示两个二进制值。

在现代调制技术中，常将上述基本调制方法加以组合应用，以求在给定的传输带宽内提高数据的传输速率。

数据传输速率是衡量系统传输能力的主要指标。数据传输速率表示单位时间内传输二进制“1”和“0”的数量（单位bit/s），记作C。

调制速率则表示调制信号波形变换的程度，即单元信号码元周期T的倒数（单位baud，波特），记作B。

C与B之间的关系如下。

① 单路调制

$$C = B\log_2(N) = B\,\mathrm{lb}(N)\ (\mathrm{bit/s}) \tag{3.1}$$

② 多路调制

$$C = \sum_{i=1}^{m} B_i \log_2 N_i\ (\mathrm{bit/s}) \tag{3.2}$$

式中：m为调制的通路数，i表示通路序号，N表示不同的码元数，$\log_2 N$为每个码元的位数，也可用lb表示$\log_2$。

从传输速率以及抗干扰能力来看，PSK最优，FSK其次，ASK则最差。

2. 数字数据的数字信号编码

数字数据的数字信号编码的目标：将二进制“1”、“0”，经过编码，使其特性有利于传输，如图3-2-9所示。

计算机通信中，二进制数字的基本表示方法是：“1”为正电压；“0”则为无电压，称为不归零（Non Return to Zero，NRZ）码，参见图3-2-10（a）。

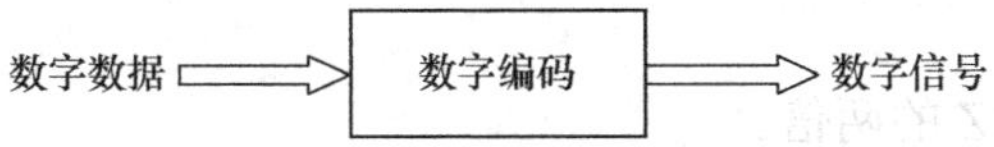

图 3-2-9　数字数据的数字信号编码

（1）不归零见一反转码

不归零见一反转（Non Return to Zero，Invert on One，NRZI）码是 NRZ 码的变种，，如图 3-2-10（b）所示。其编码规则如下。

① 二进制“1”，在每个周期开始时进行电平的转换（低-高，或高-低）；

② 二进制“0”，在每个周期开始时无信号转换。

（2）曼彻斯特（Machester）编码

曼彻斯特编码是采用双相位技术来实现的，如图 3-2-10（c）所示。其编码规则为：

① 每个位的中间有跳变（极性转换）；

② 二进制“0”表示为低到高的跳变；

③ 二进制“1”表示为高到低的跳变。

（3）差分曼彻斯特编码

差分曼彻斯特编码也是采用双相位技术来实现的，如图 3-2-10（d）所示。其编码规则如下。

① 每个比特的中间有跳变（极性转换）；

② 二进制“0” 表示为每比特的开始有跳变；

③ 二进制“1 表示为”每比特的开始无跳变。

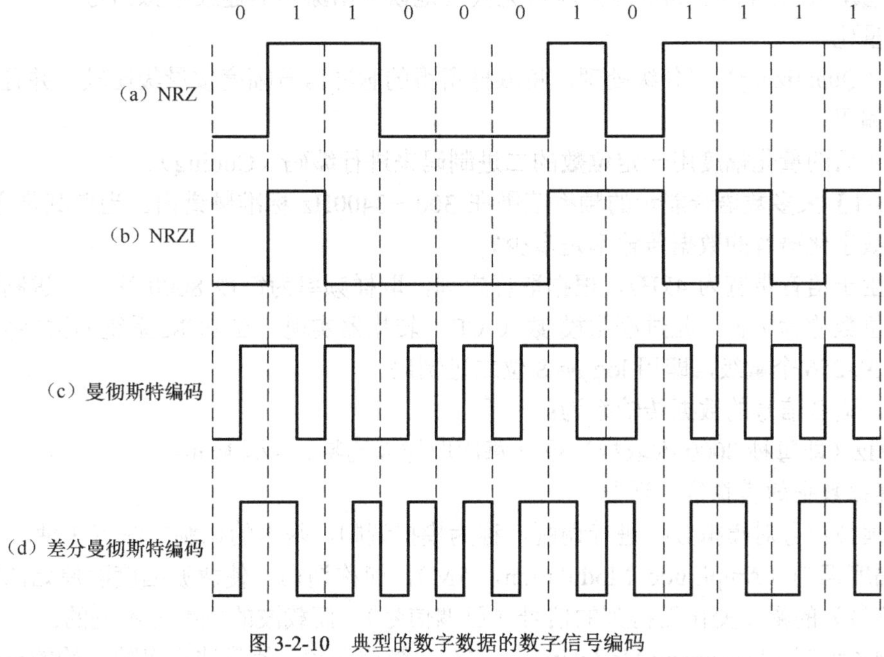

图 3-2-10　典型的数字数据的数字信号编码

图 3-2-10 所示为几种典型的数字数据的数字信号编编码，如曼彻斯特编码、差分曼彻斯特编码都是归零码（RZ），其特点为：

① 自同步；

② 无直流分量；

③ 差错检测；

④ 最大调制率是 NRZ 的两倍。

在 10Mbit/s 的以太网中，使用曼彻斯特编码。在标记环网中，使用差分曼彻斯特编码。

3. 模拟数据的数字信号编码

使用数字信号来对模拟数据进行编码，典型的实例是在程控电话交换设备的用户接口电路上，采用脉冲编码调制（Pulse Coded Modulation，PCM），如图 3-2-11 所示。

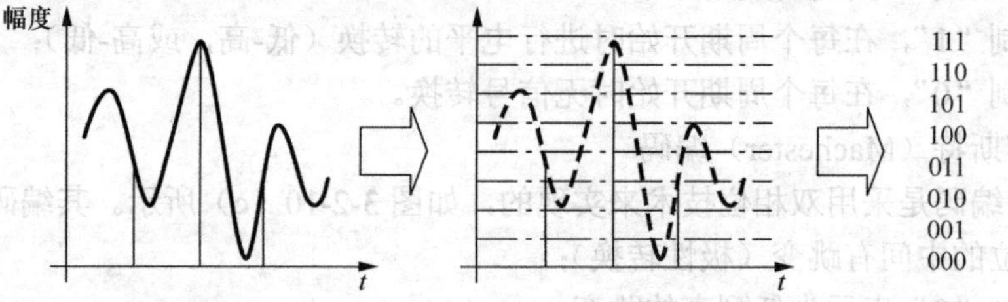

（a）取样　　（b）量化　　（c）编码

注：图中采用 8 级量化，取样的 3 个语音幅度，经编码后为 011、111、010。

图 3-2-11　脉冲编码调制过程

脉冲编码调制过程如下。

（1）取样

一个连续变化的模拟数据，设其最高频率或带宽 F_{max}。取样（Sampling）定理：若取样频率≥$2F_{max}$，则取样后的离散序列就可无失真地恢复出原始的连续模拟信号。

（2）量化

量化（Quantizing）即分级处理，将取样所得的脉冲信号幅度按量级比较，并且“取整”。

（3）编码

将量化后的量化幅度用一定位数的二进制码来进行编码（Coding）。

【例 3-1】 大多数语音能量的频率范围在 300～3400Hz 标准频谱内。当取其带宽为 4kHz 时，试求数字化语音的数据传输率是多少？

解：由于语音带宽为 4kHz，根据取样定理，取样频率为每秒 8000 次。二进制码组称为码字，其位数称为字长。此过程由模/数（A/D）转换器实现。在 PCM 系统的数字化语音中，通常分为 N=256 个量级，即用 $\log_2 N$=8 位二进制码。

这样，语音信号的数据传输率为：

8000Hz（即每秒 8000 次取样）×8（每次取样 8 比特）= 64 kbit/s

4. 模拟数据的模拟信号调制

使用模拟信号对模拟数据进行调制，称为模拟调制，基本的调制方法有 3 种。

① 幅度调制（Amplitude Modulation，AM），简称调幅：使载波幅度随原始的模拟数据（即调制信号）的幅度变化而得到的信号（已调信号），而载波的频率是不变的。

② 频率调制（Frequency Modulation，FM），简称调频：使载波频率随原始的模拟数据的幅度变化而得到的信号，而载波的幅度是不变的。

③ 相位调制（Phase Modulation，PM），简称调相：使载波相位随原始的模拟数据的幅度变化而得到的信号，而载波的幅度是不变的。

载波通信就是采用幅度调制实现频率搬移一种模拟通信方式。现有的无线广播电台仍采用调幅、调频技术。

3.2.3　多路复用技术

在整个通信工程的投资成本中传输介质占有相当大的比重，尤其是线传输介质。对于软传输介质来说，虽然是一个自由空间，但有限的可用频率是一种非常宝贵的通信资源。因此，提高传输介质的利用率，则是研究通信系统的一个不可忽视的重要内容。

既经济又有效地使用传输介质的方法就是多路复用技术。

多路复用技术有多种不同的方式。

① 时分复用（Time Division Multiplexing，TDM）；

② 频分复用（Frequency Division Multiplexing，FDM）；

③ 码分复用（Coding Division Multiplexing，CDM）；

④ 波分复用（Wave Division Multiplexing，WDM）。

1. 时分复用

时分复用（TDM）是利用时间分片方式来实现传输信道的多路复用。从如何分配传输介质资源的观点出发，时分多路复用又可分为两种。

（1）静态时分复用

静态时分复用是一种固定分配资源的方式，即将多个用户终端的数据信号分别置于预定的时隙（Time Slot，TS）内传输，如图 3-2-12（a）所示。不论用户有无数据发送，其分配关系是固定的，即使图中斜线部分时隙无数据发送，此时其它用户也不得占用。这种方式的发、收之间周期性地依次重复传输数据，且保持严格的同步，所以又称为同步时分复用。使用这种方式时，高速的传输介质容量（即线路可允许的数据速率）是等于各个低速用户终端的数据率之和。

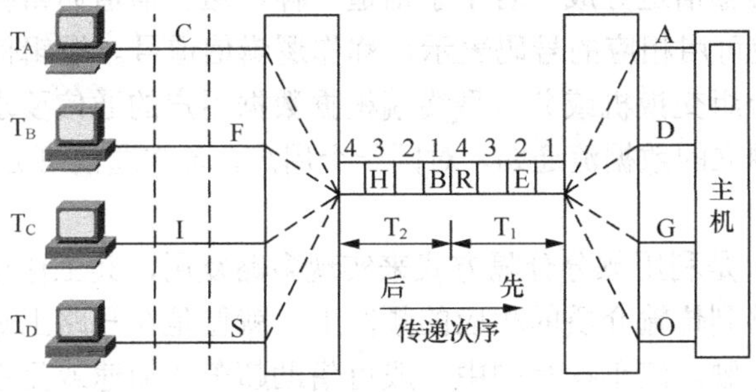

（a）静态时分复用

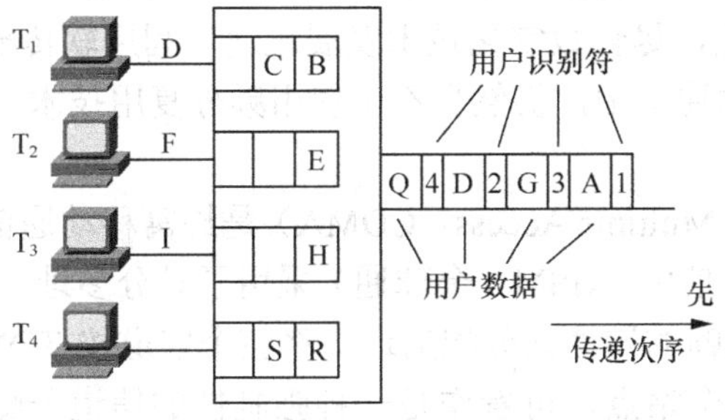

（b）动态时分复用

图 3-2-12　时分多路复用

【例 3-2】设线路传输速率为 19.2 kbit/s，若用户终端数 $n = 4$，则采用静态时分复用方式时，每个用户的平均数据速率是多少？

解：用静态时分复用方式时的循环周期 $T=\sum_{i=1}^{n} t_i$，其中 t_i 表示第 i 个用户所用的时隙。从图 3-2-12（a）可见，每个用户的平均数据速率可达 4800 bit/s。

这种方式构成的设备，常称之为复用器（Multiplexer，MUX）。特别强调：复用器允许各个用户终端选择不同的数据速率。

（2）动态时分复用

动态时分复用又称异步时分复用或统计时分复用（Statistical Time Division Multiple，STDM），是一种按需分配媒体资源的方式，即当用户有数据要传输时才分配资源，若用户暂停发送数据时，就不分配，如图 3-2-12（b）所示。由此可知，动态时分复用方式可以提高线路传输的利用率，这种方式特别适合于计算机通信中突发性或断续性的应用环境。基于这种方式构成的设备，常称之为集中器（Concentrator）；分组交换设备及分组型终端设备也采用了这种工作机制。

比较图 3-2-12（a）和图 3-2-12（b）可见，当采用动态时分复用时，每个用户的数据传输速率可高于平均速率，最高可达到线路传输速率 19.2kbit/s。但动态时分复用方式在各个线路接口处应采取必要的技术措施。

① 设置缓冲区，按需要用于存储已到达的，而尚未发出的数据单元。

② 设置流量控制，以利于缓和用户争用资源而引发的冲突。

在动态时分复用方式中，每个用户的数据单元在一条线路上互相交织着传输。为了便于接收端能区分其归属，必须在所传数据单元前附加用户识别标志，并对所传数据单元加以编号。这种机理就像把传输信道分成了若干子信道一样，这种信道通常称为逻辑信道（Logical Channel）。每个子信道可用相应的号码表示，称作逻辑信道号。逻辑信道号作为传输线路的一种资源，可由网中分组交换机或分组型终端根据数据用户的通信要求予以动态地分配。逻辑信道为用户提供了独立的数据流通路，对同一个用户，各次通信可分配不同的逻辑信道号。

2. 频分复用

频分复用（FDM）是利用频分分隔方式来实现多路复用，其工作原理是采用调制技术，将待送的信号频率搬移到传输介质的相应的频段上，就像是在马路上划出多个车道，使汽车可在多个车道上同时行驶。汽车在行驶中一般可借助超车道加速或见空变换车道，但所传输的信号在传输段内不可随意变更频分复用的信道。传统的多路载波电话系统就是一种典型的频分多路复用系统。由前所述，尽管数字化技术发展迅速，利用软传输介质的无线电通信、微波通信、卫星通信以及移动通信中，仍然少不了使用频分复用技术。

3. 码分多址

码分多址（Code Division Multiple Access，CDMA）是蜂窝移动通信中迅速发展的一种信号处理方式。在第 2 代移动通信中，GSM（全球通）采用了时分多址（Time Division Multiple Access，TDMA）技术，依据帧的属性来分配信道，将整个信道按 TDM（静态）和 ALOHA（动态）方法分配给连网的各个站点，可看作是一种强制性的信道分配方法，结构复杂。而 CDMA 则完全不同，它允许所有站点同时在整个频段上进行传输，采用扩频（Spread Spectrum）编码原理同时对多路传输加以识别。目前，第 3 代移动通信（3G）全部采用 CDMA。

CDMA 的关键就是在多重线性叠加的信号中能提取所需的信号，对其他的信号当作随机噪声丢弃。在 CDMA 中，每位时间被分成 *m* 个切片（Chip），通常，每位可有 64 个或 128 个切片。

每个站点被指定一个唯一的 *m* 位代码或切片序列（Chip Squence）。当发送位 1 时，站点送出的是切片序列，若发送位 0 时，站点送出的是切片序列的补码。为简单说明其工作原理，现设每位含 8 个切片。假设某站点的切片序列为 00011011，在信道上传输的切片序列 00011011 表示发送了位 1，而其补码 11100100 则表示发送了位 0。显然，CDMA 要求的带宽增加了 *m* 倍。例如，1.25Mhz 的带宽给 100 个站点来共享，在使用 FDM 方法时，每个站点传输速率只能为 12.5 kbit/s（假定 1 bit/Hz）；当使用 CDMA 技术时，每个站点能使用 1.25MHz 的全部带宽，切片速率则为 1.25M 片/秒。因此，CDMA 每站的切片只要小于 100 片/秒，其有效带宽就可高出 FDM。

在接收端，若要从信号中提取单个站点的位流，必须事先知道该站点的切片序列。通过计算收到的切片序列（各站发送的线性总和）和待还原站点的切片序列的内标积，就可导出原始的位流。

4. 波分复用

波分复用（WDM）是在光纤成缆的基础上实现的大容量传输技术。第一代光纤使用 0.8 波长的激光器，传输率可达 280Mbit/s。目前使用了第 4 代掺饵光放大器（Erbium-Doped Fiber Amplifier，EDFA）的单模光纤，数据传输速率已达 10～20Gbit/s。

采用波分复用技术（见图 3-2-13）后，这种技术在一根光纤上使用不同的波长传输多种光信号。单纤可传送 16 种波长，每一波长速率为 2.5Gbit/s，则构成 40Gbit/s 的传输系统。

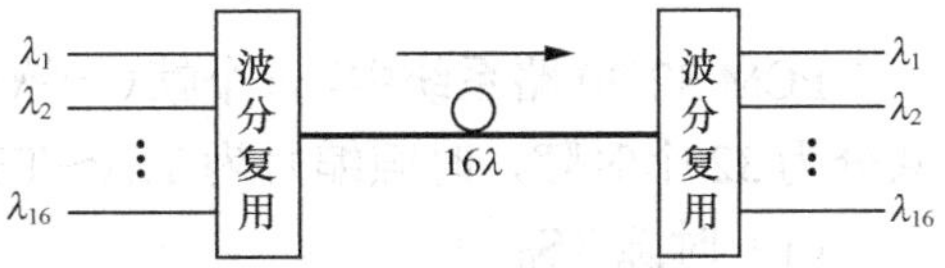

图 3-2-13　波分复用(WDM)

密集波分复用（DWDM）一词经常被用来描述支持巨大数量信道的系统，“密集”没有明确的定义。例如，100GHz（通道间隔）40CH（通道数）的 DWDM 模块采用干涉滤波器技术，其功能是将满足 ITU 波长的光信号分开（解复用），或将不同波长的光信号合成（复用）至一根光纤上，可支持 100 万个语音和 1500 个视频信道。

3.2.4　数字传输系统

1. 准同步数字系列

当前的数字传输系统仍是采用脉码调制（Pulse Code Modulation，PCM）体制。PCM 方式的数字通信系统是一种典型的同步时分多路复用系统，它将语音信号或其它各种模拟信号（如电视图象信号）数字化，需经过 3 个步骤——取样、量化和编码，并按一定的格式把各路数字信号分配在预定的时隙内，形成一个帧。传输时以帧为单元，周期性地依次重复传送帧，发方、收方之间应保持严格的同步。

PCM 现有两个不兼容的国际标准。

① 欧洲的 E 系列，其一次群 PCM 为 32 / 30 路，数字信号传输速率为 2.048Mbit/s；

② 北美的 T 系列，其一次群 PCM 为 24 路，传输速率为 1.544Mbit/s。

对两个不兼容的系统在全球范围内的数字通信来讲，只能形成准同步数字系列（Pseudo

synchronous Digital Hierarchy，PDH）。

在我国采用的 E 系列 PCM 体制中，模拟信号的量化等级为 256 级，折算成 8 位编码。因此，一个模拟话路信号的 PCM 信号速率为 64 kbit/s。

为了有效地利用传输介质，PCM 数字传输系统采用了同步时分多路复用方式，其帧结构如图 3-2-14 所示。

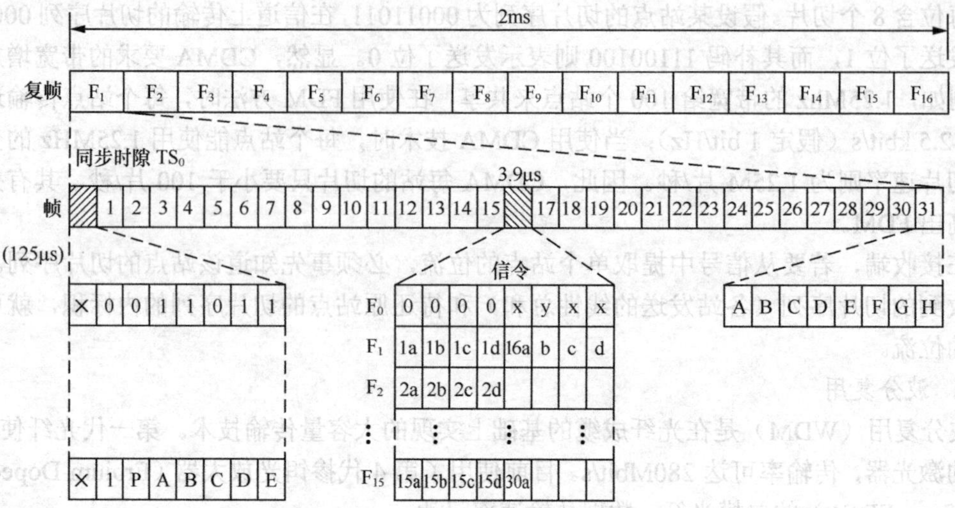

图 3-2-14　PCM 一次群 32/30 路帧结构

PCM 32/30 路系统中，一个帧（一次群 E1，数据速率为 2.048 Mbit/s）的时间长度为 125μs，共分为 32 个时隙，时隙编号为 TS_0～TS_{31}。

（1）时隙 TS_0

偶数帧 TS_0 的第 2～8 位为发送帧同步码组“0011011”，第 1 位供国际图像用，不用时可暂定为“1”。

奇数帧 TS_0 的第 3 位 A 为失步对告码，正常为“0”，若失步为“1”；第二位为奇帧监视码，定为“1”，防止奇数帧中 TS_0 的第 2～8 位出现假同步码；第 4～8 位为国内图像用，暂定全为“1”。

（2）话路时隙

话路时隙为 TS_1～TS_{15}，TS_{17}～TS_{31}，共 30 个话路。每个话路时隙由 8 位二进制码元组成，每个码元称为 1 位，故通常记作 PCM 32/30。

（3）标志时隙 TS_{16}

TS_{16} 用来表示 30 个话路的标志信号。每个话路的标志信号用 4 位码元。因此，对应 30 个话路的标志信号需采用“复帧”来实现。

复帧是由 16 个帧所组成，其编号分别为 F_0～F_{15}，也就是每 16 帧重复一次 30 个话路的标志信号。由图 3-2-14 可见，每一帧的 TS_{16} 可同时传送两个话路的标志信号，分别占 1～4 比特和 5～8 位。其中 F_1 到 F_{15} 中的 TS_{16} 的前 4 位用来传送第 1～15 路（ch1～ch15）的标志信号；后 4 比特则用来传送第 16～30 路（ch16～ch30）的标志信号。F_0 的前 4 位为复帧失步对告码，同步时为“0”，失步时为“1”，余下 3 比特留作备用，暂定为“1”。

由上述可知，每帧时间指为 125μs，一个复帧为 2ms，每个时隙为 3.91μs，每比特为 0.488μs。

一次群 E1 的传输速率为 2.048 Mbit/s，每一路的数据传输速率为 64kbit/s。

在一次群的基础上，采取分级复用方式，可构成大容量的数字传输系统，见表 3-2-4。

表 3-2-4　　PCM 分级复用标准

复用方式	E 系列（CCITT）		T 系列（CCITT）	
	传输速率	等效话路数	传输速率	等效话路数
	（Mbit/s）		（Mbit/s）	
一次群	2.048	30/32	1.544	24
二次群	8.848	120	6.312	96
三次群	34.368	480	44.7	672
四次群	139.264	1920	274	4032
五次群	565.148	7680		

表 3-2-4 中也列出了北美体制的分级复用方式，其中 T_1 的传输速率为 1.544 Mbit/s,，一帧为 24 个话路。每个话路的取样脉冲用 7 位编码，然后再加上 1 位信令码元用于控制，因此一个话路时隙也有 8 位，帧同步码是在 24 个话路的编码之后另附加上 1 位，所以每帧共有 193 位。

PCM 数字传输系统的主要特点如下：

① 抗干扰能力强；

② 信号可再生中继（传输中噪声和信号畸变不会累积）；

③ 数字电路易于集成与小型化；可直接提供数字传输信道，适宜于数据和其他的数字信号的传输，与数字交换系统相配合，有利于组成综合数字网（IDN）；

④ 便于加密；

⑤ 在相同的条件下，PCM 要求占用的传输频带较宽，可使用光纤传输。

⑥ PCM 数字传输系统构成网络时，要求全网的时钟系统保持同步，由于已经存在两种不同的 PCM 体制，在全球系统的 PCM 环境中，只能实现 PDH（准同步数字系列）。

2. 同步数字系列/同步光纤网

（1）什么是同步数字系列

为了在干线网上有效地传送高次群的位流，以利于全球范围的宽带综合业务数字网间互连，美国贝尔通信研究公司（Bellcore）最早提出了同步光纤网（Synchronous Optical NETwork，SONet），后来成为美国国家标准 ANSI T1.105~106。SONET 标准为应用光纤传输系统定义了线路传送速率的等级结构。以 51.840 Mbit/s（相当于 PDH 的 E3/T3 传输速率）为基础，对电信号来说，作为第 1 级同步传送信号，即 STS-1（Synchronous Transport Signal-1）；对于光信号而言，则是第 1 级光载波，即 OC-1（Optical Carrier-1）。1988 年，ITU-T 在 SONET 的基础上，经过修改，制定了相应的国际标准——同步数字系列（Synchronous Digital Hierarchy，SDH），即 G.707、G.708、G.709 系列建议，随后又增加了十多条建议。SDH 以 155.520 Mbit/s 作为第 1 级同步转移模式，即 STM-1（Synchronous Transfer Mode-1），较高等级的 STM-N 则是 N 个 STM-1 的复用。表 3-2-5 列出了 SDH 和 SONET 各级的对应标准。

SDH 是新一代的传输网体制。所谓 SDH 是一个将同步信息传输、复用、分插和交叉连接功能融为一体的结构化传送网络，并由统一网络管理系统进行运行、管理、维护和指配（OAM&P）。

表 3-2-5　　SDH 和 SONET 各级的对应标准

SDH	数据速率（Mbit/s）			SONET	
光信号	总速率	同步包封	用户	电信号	光信号
	51.84	50.112	49.536	STS-1	OC-1
STM-1	155.52	150.336	148.608	STS-3	0C-3
STM-3	466.56	451.008	445.824	STS-9	0C-9
STM-4	622.08	601.344	594.432	STS-12	0C-12
STM-6	933.12	902.016	891.648	STS-18	0C-18
STM-8	1244.16	1202.688	1188.864	STS-24	0C-24
STM-12	1866.24	1804.032	1783.296	STS-36	0C-36
STM-16	2488.32	2405.376	2377.728	STS-48	0C-48

（2）SDH 的帧结构

SDH 技术中采用的帧格式是基于字节的块状结构，如图 3-2-15 所示。SDH 采用标准化的等级结构，称之为同步传送模块 STM-*N*，其中 *N*=1，4，16，64 等。最基本的模块为 SMN-1，传输速率为 155.520Mbit/s（常说成每秒 155 兆位）；将 4 个 STM-1 同步复用构成 STM-4，传输速率为 622.080Mbit/s（简述为每秒 622 兆位）；依次类推。字节传送的次序是从左到右逐排进行，传送一帧需 125μs。与一般信息的帧格式不同，SDH 帧是由 9 行×（270×*N*）列字节组成，传输顺序从左到右，从上到下，依次排成串形码流。传输一帧需要 125μs，每秒可传送 8000 帧。由此可知，对 STM-1 来说，*N*=1，传输速率可算得为 9 行×270 列×8 位/字节×8000 帧/秒=155.520 Mbit/s。

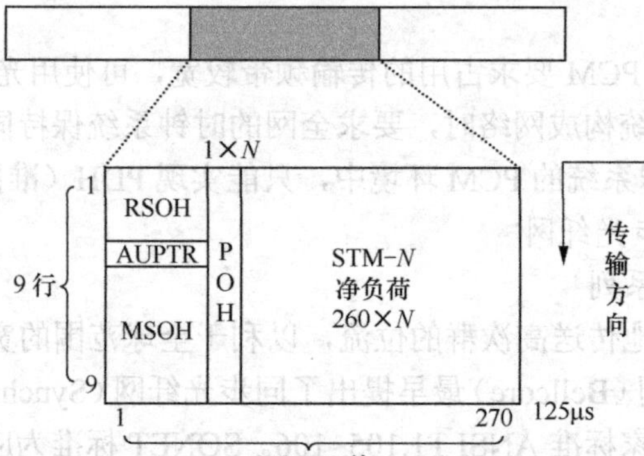

图 3-2-15　SDH-*N* 帧格式

对高阶同步传送模块则可由基本模块 STM-1 的 *N* 倍组成，即 STM-*N*。其中，*N* 的取值为 4 的倍数，例如，*N*=4，则为 STM-4，所对应的传输速率为 4×155.520=622.080 Mbit/s；*N*=16，则为 STM-16，所对应的传输速率为 16×155.520=2.488320 Gbit/s。

从格式上来看。SDH 帧结构可分为 3 个部分：段开销（Section OverHead，SOH）、管理单元指针（AU PTR）和 STM-*N* 净负荷（payload）。

其中，净负荷中含 9 行×（1×*N*）列的通道开销（Path OverHead，POH），其他为信息净负荷，用于承载电信业务的位，如 STM-1，则有 9 行×260 列字节用于业务传输。

（3）SDH 的特点。

SDH 最为核心的三大特点可归纳如下。

① 统一的光接口和复用标准。

SDH 网不仅能与现有的 PDH 网完全兼容，即能使 PDH 的 T 系列和 E 系列（含 3 个地区性标准：欧洲、北美、日本）在 STM-1 上获得统一，同时还可容纳各种新的数字业务信号，如 ATM 信元、FDDI 帧等。另一方面，统一的 NNI，使网络单元（NE）在光通路横向上得以互通。

② 采用同步复用和灵活的复用映射结构。

SDH 采用了先进的指针调整技术，使来自不同业务提供者的信息净负荷在不同环境下同步复用，且可承受一定的定时基准丢失。此外，SDH 引入了虚容器（Virtual Container，VC）的概念。所谓虚容器，是一种支持通道层连接的信息结构。当各种业务信息经处理装入 VC 后，系统可不管所承载的信息结构，只需处理各种虚容器即可。这种方式尤如当前使用集装箱的运输方式，既减少了管理实体的数量，又具有信息传送的透明性。

③ 健全的网络管理功能。

可统一的网管系统操作，并对网络单元进行分布式的有效管理、开设业务的性能监视，网络的动态维护、不同供应商设备间的互通等功能。

SDH/SONET 标准不仅适用光纤传输系统，也可用于卫星和微波通信传输的技术体制，并已成为宽带综合业务数字网的物理协议。

3.2.5　数据传输质量参数

1. 传输损耗

由于传输存在损耗，任何通信系统接收到的信号和发送的信号会有所不同。对于模拟信号，传输损耗导致了各种随机的改变而降低了信号的质量；对于数字信号，则会引起位串错误。

影响传输损耗的主要参数有衰减、衰减失真、延迟变形和噪声。

（1）衰减

在任何传输介质上，信号强度将随距离延伸而减弱。如图 3-2-16 所示，输入信号经传输后，输出信号小了（见图 3-2-16 中虚线），即形成衰减（Attenuation，又称衰耗）。从图中实线曲线可知，随着频率的不同，衰减值是不一样的，该曲线称衰减—频率特性。

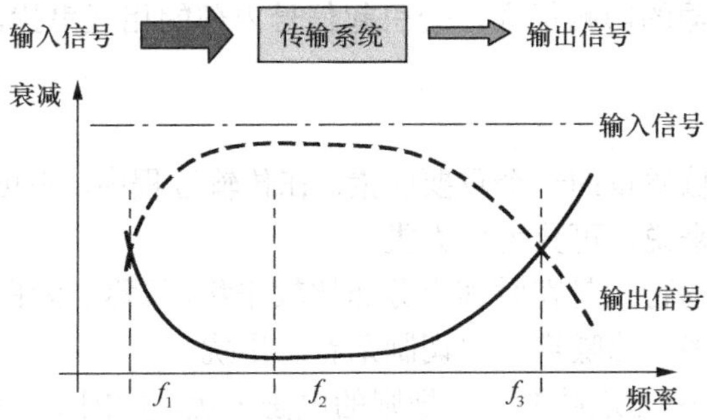

图 3-2-16　衰减—频率特性

为了实现长距离的传送，模拟传输系统采用放大器等来解决传输损耗。但噪声也会随之放大，尤其在经多次放大后，会产生噪声累加，如图 3-2-17 所示，这将会引起数据出错；另一个问题是对放大器的增益—频率特性提出了很高要求。在理想情况下，能按图 3-2-16 中虚曲线那样，使整个工作频率范围内的信号均匀补偿，但这种技术非常复杂，不利于规模化处理。与此相反，数字传输与数字信号的内容有关，衰减会影响数据的完整性。为了延长传输距离，可选用中继器（又称再生器），再生信号，不会产生噪声累加。

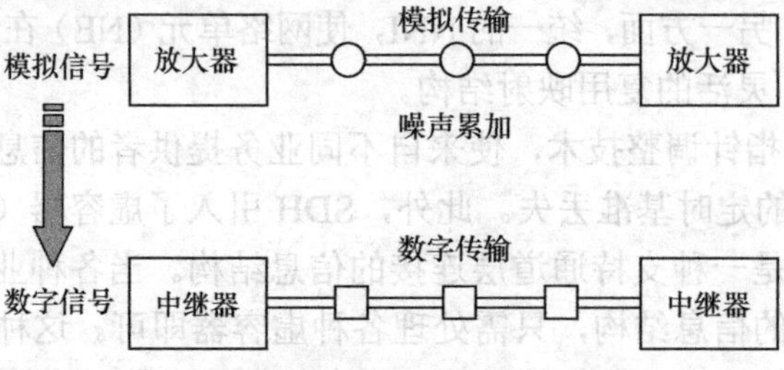

图 3-2-17 模拟信号与数字信号的处理

衰减 A 可定义为输入信号功率与输出信号功率的比值，并取以 10 为底的对数，如式（3.3）所示，即表示输入信号与输出信号的功率电平之差。

$$A = 10\log\left(\frac{P_1}{P_2}\right) \text{单位：分贝（dB）} \tag{3.3}$$

式中，P_1 为输入信号功率（mW），P_2 为输出信号功率（mW）。

例如：当 $P_1=2P_2$，则 $A = 3$ dB，常称之为半功率点，即表示功率损耗一半的频率点。

（2）时延失真

在数据传输系统中，一个有限频带的传输介质中，不仅会影响信号的幅度特性，而且会影响其相位特性。由于相位频率特性的非线性，致使不同频率成分的信号到达接收端的相位不同，而造成时间有先后，通常是中心频率附近的信号传输速率最高，而频带两侧的信号速率较低，产生时延失真。

在实际描述相位传输 $\phi(f)$ 特性时，常采用相移（相位差）对频率的变化率，即相移对频率的导数来表示，如式（3.4）所示。

$$\tau(f) = \frac{1}{2\pi} \cdot \frac{\mathrm{d}\phi(f)}{\mathrm{d}\phi} \tag{3.4}$$

这一定义的 $\tau(f)$ 称为群时延或包络时延。

时延失真对数字数据传输的影响很大，会引起信号内部的相互串扰，这是限制最高速率值的主要原因。

（3）噪声

噪声干扰是影响数据传输质量的一个重要因素。在传输过程中，不可避免地会引入噪声，来源很多。就其性质和影响来说，可分为两大类。

① 随机噪声：这类噪声的特点是在时间上分布比较平稳，常称之为白噪声（White Noise）。造成这类噪声干扰的原因较多：热噪声、内调制杂音、串扰。

② 脉冲噪声：脉冲噪声是非连续的、不规则的电磁干扰，如闪电。脉冲噪声对模拟数据的影响，最多造成语音传输中加入了短暂的劈啪声，但在数字数据中，将导致信号出错的主要原因。例如，持续时间为 10ms 尖脉冲干扰，会使 64kbit/s 的 640 位数据受干扰。

2. 信道容量

任何实用的传输通道都有限定的带宽。信道容量是在给定条件，给定通信路径（或信道上）的数据传输速率。

（1）奈奎斯特（Nyquist）定理

1942 年，H.Nyquist 证明，如果一个任意信号通过带宽为 W 的理想低通滤波器，当每秒取样 $2W$ 次，就可完整地重现该滤波过的信号。

在理想的条件下，即无噪声有限带宽 W 的信道，其最大的数据传输速率 C（信道容量）为：

$$C = 2W\log_2 N \tag{3.5}$$

这就是著名的奈奎斯特（Nyquist）公式，也称奈奎斯特（Nyquist）定理，或取样定理。式（3.5）中 N 是离散性信号或电平的个数。

【例 3-3】 一个无噪声的 3000Hz 信道，试问传送二进制信号，可允许的数据传输速率是多少？

解：由于传送的二进制信号是“1”“0”两个电平，所以 N=2。W=3000Hz，则信道容量，即数据传输速率 $C = 2W\log_2 N$ =6000 bit/s。

【例 3-4】 一个无噪声的语音带宽为 4000Hz，采用 8 相调制解调器传送二进制信号，试问信道容量是多少？

解：由于 8 相调制解调器传送二进制信号的离散信号数为 8，即 M=8。则信道容量，即数据传输速率 $C = 2\times4000\ \log_2 8 = 24$ kbit/s。

（2）仙农（Shannon）定理

1948 年，Claude Shannon 进而给出了在有噪声的环境中，信道容量将与信噪功率比有关。根据仙农（Shannon）定理，在给定带宽 W（Hz），信噪功率比 S/N 的信道，则最大数据传输速率 C 为：

$$C = W\log_2(1+S/N) \tag{3.6}$$

式中 S/N 常用分贝形式来表示，而公式中的 S/N 为信噪功率比，其计算公式为：

$$(S/N)\,\text{dB} = 10\log_{10}(\text{信号功率}\ P_1 /\ \text{噪声功率}\ P_2)$$

【例 3-5】 一个数字信号通过两种物理状态经信噪比为 20dB 的 3kHz 带宽信道传送，其数据率不会超过多少？

解：按 Shannon 定理，在信噪比为 20dB 的信道上，信道最大容量为：

$$C=W\log_2(1+S/N)$$

已知信噪比电平为 20dB，则信噪功率比 $S/N = 100$

$$C = 3000\times\log_2(1+100) =3000\times6.66=19.98\ \text{kbit/s}$$

数据率不会超过 19.98 kbit/s。

3. 误码率和误组率

数据传输的目标是确保在接收端能恢复原始发送的二进制数字信号序列。但在传输过程中，不可避免地会受到噪声和外界的干扰，致使出现差错。通常，采用误码率、误组率作为衡量数据传输信道的质量指标。

（1）误码率

误码率 P_e 的定义：指在一定时间（ITU-T 规定至少 15min）内接收到出错的比特数 e_1 与总的传输比特数 e_2 之比，它是评定数据传输设备和信道质量的一项基本指标。误码率为

$$P_e=\frac{e_1}{e_2}\times100\% \tag{3.7}$$

随着数字网技术的发展和普遍使用，CCITT 建议采用“误码时间率”来评价数字网的传输质量。根据 CCITT G.821 建议，把误码状况分为以下 3 种类型：

① 正常通信范围，$P_e\leqslant1\times10^{-6}$；

② 通信质量欠佳范围，$P_e=10^{-3}\sim10^{-6}$；

③ 不能通信的范围，$P_e\geqslant10^{-3}$。

记载各种误码率范围内的累计通信时间，类型①和②称为可通信时间 t_1，类型③称为不可通信时间 t_2，则误码时间率 P_t 为

$$P_t=\frac{t_1}{t_1+t_2}\times100\% \tag{3.8}$$

通常，要求误码时间率达到 99%以上。

（2）误组率

由于实际的传输信道及通信设备存在随机性差错与突发性差错，在用数据块或帧结构进行数据检验和重发纠错的差错控制方式下，误码率尚不能确切地反映其差错所造成的影响，例如，在一块或一帧中的 1 比特差错和多比特差错都导致一个数据块（或帧）出错。因此，采用误组率 P_B 来衡量差错对通信的影响更符合实际。误组率为

$$P_B=\frac{b_1}{b_0}\times100\% \tag{3.9}$$

式中，b_1 为接收出错的组数，b_0 为总的传输组数。

误组率在一些采用块或帧检验以及重发纠错的应用中能反映重发的概率，从而也能反映出该数据链路的传输效率。

3.3 数据通信接口

3.3.1 数据通信接口特性

ISO/OSI-RM 物理层的基本功能主要考虑为其服务用户（数据链路层）在一条数据电路上提供收、发比特流的能力。物理层似乎很简单，但在实际的数据通信系统工程（安装、调试）中，常会涉及连接各式各样的传输介质，实现各种不同的通信方式。因此，物理层的作用是尽力屏蔽所存在的差异。现有的物理层规范比较多，这节将简述 ITU-T 的 V 系列建议、X 系列建议的数据通信接口特性：机械特性、电气特性、功能特性和过程特性。[16][20]

1. 机械特性

机械特性规定了接插件的几何尺寸和引线排列。图 3-3-1 所示为公用数据网络设备所采用的多线互连的接插件。不同接插件的规格和应用环境见表 3-3-1，表中也列出了美国电子工业协会（EIA）的兼容标准。目前，微机的串行异步通信接口已用 9 芯接插件代替了 25 芯接插件。

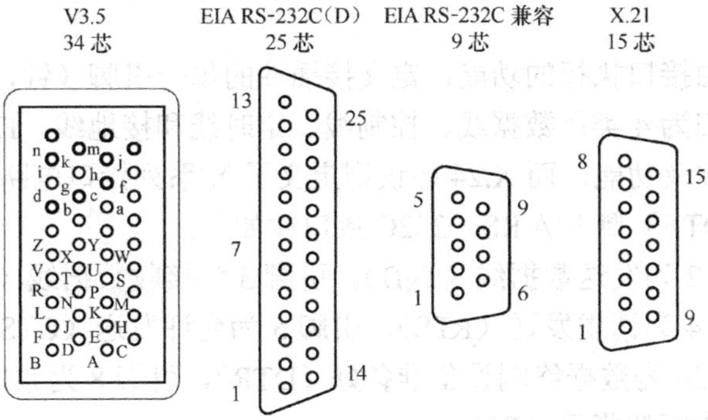

图 3-3-1　机械特性（接插件的几何尺寸和引线排列）

表 3-3-1　　接插件规格和应用环境

规格	引线排列	ISO	兼容标准（EIA）	应用环境
34 芯	4 排（9/8，9/8）	2593		ITU-T V.35 宽带调制解调器
25 芯	2 排（13/12）	2110	RS-232C RS-232D	语音频带调制解调器、PDN、ACE 接口
9 芯	2 排（5/4）		RS-232C 兼容	微机异步通信接口
15 芯	2 排（8/7）	4903		PDN 中的 X.20、X.21、X.22 接口

2. 电气特性

电气特性描述了通信接口的发信器（驱动器）、接收器的电气连接方法及其电气参数，如信号电压（或电流、信号源、负载阻抗）见表 3-3-2。

常用的 ITU-T V.28（RS-232C）电气特性：非平衡接口，即所有数据、控制端通过其公共的信号地线构成回路，引起的串扰会随数据速率增高而增大，所以 V.28 的传输速率限制在 33.6 kbit/s。接口电压：−3V 为二进制“1”或控制端为“off”（断开）状态，+3V 为二进制“0”或控制端为“on”（连通）状态。

V.11/V.27（RS-422C）电气特性：平衡接口电路，即一对信号线对地平衡，当电缆长度为 10 m 时，工作速率可达 10 Mbit/s，而电缆长度为 1000 m 时，工作速率可达 100 kbit/s。发信器的输出电压 $V_{AA'}$ <−0.3V 时，确定二进制数据为“1”或控制、定时端口为“off”（断开）状态；而 $V_{AA'}$ >0.3V 时，则为二进制数据“0”或控制、定时端口为“on”（连通）状态。

表 3-3-2　　通信接口的电气特性

ITU-T 建议	电气连接	速率范围	兼容标准	电气特性
V.28	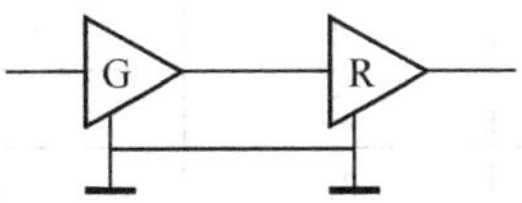	≤33.6 kbit/s	RS-232C	• 不平衡双流接口电路 • 信号电压（开路）<25V • 负载阻抗 3～7kΩ • 接口电压 <−3V “1” 或 “off” >+3V “0” 或 “on”
V.11/X.27	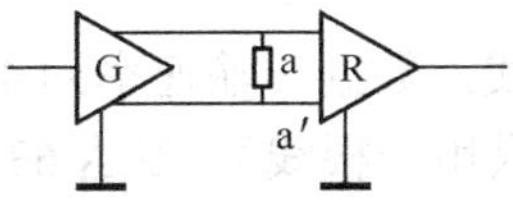	≤10000 kbit/s	RS-422A	• 平衡双流接口电路 • 发信器开路电压<6V 平衡驱动，差动平衡接收 • 接口电压 $V_{aa'}$<−3V “1” 或 “off” >+3V “0” 或 “on”

3. 功能特性

功能特性描述了由接口执行的功能，定义接插件的每一引脚（针，Pin）的作用。通常，可将功能特性的引脚归为4类：数据线、控制线、定时线和接地线。ITU-T V.24 建议定义了V系列接口电路的名称及功能，而X.24建议则定义了X系列接口电路的名称及功能。

数据终端设备（DTE）侧 EIA RS—232C 接口线如下。

① 数据线：引脚2为发送数据线（T_XD），引脚3为接收数据线（R_XD）。

② 控制线：引脚4为请求发送（RTS），引脚5为允许发送（CTS），引脚6为数据设备准备好（DSR），引脚20为数据终端设备准备好（DTR），引脚8为数据信道接收线路信号检测（DCD），引脚22为振铃指示（RI）。

③ 定时线：仅在同步通信方式中使用，定时信号以利于数据收、发保持同步，确保数据信息的正确识别和接收。在实际应用中，发送和接收码元的定时只需要由DTE或DCE一侧提供。例如，由DCE提供发送码元定时和接收码元定时可分别用端口15、17。

④ 接地线：端口7为非平衡接口电路建立信号公共回线（GND）。

4. 过程特性

通信接口的过程特性描述通信接口上传输时间与控制需要执行的事件顺序。在半双工通信传输时，V.24 建议由许多控制线的状态变化来实现，且规定了各条控制线的定时关系。而现代数据通信大多支持全双工通信，因此只需将控制线置为有效即可。

3.3.2 微机串行通信接口

1. COM端口

早期的微机系统通常提供一个EIA RS-232C异步串行通信接口，既用来远程通信，又可用来连接附加的外部设备，如鼠标、键盘、汉字书写板等。

微机系统在安装了 Windows 操作系统后，可查看“设备管理器”：通信端口COM1，设置数据速率一般≤64 kbit/s，数据位（8位），校验位（无），停止位（1位），可选择流量控制（X_{on}/X_{off}，或硬件，或无）。

现在市场上微机都改用RS-232C兼容的9芯接插件，表3-3-3列出了9芯和25芯接口的引脚功能对应关系。

表 3-3-3　　9芯和25芯接口的引脚功能对应关系

9芯	25芯	功能	9芯	25芯	功能
1	8	DCD	6	6	DSR
2	3	R_XD	7	4	RTS
3	2	T_XD	8	5	CTS
4	20	DTR	9	22	RI
5	7	GND（SG）			

2. IEEE 1394接口

1394接口是IEEE提出的一种高速串行接口，俗称火线，数据传输速率为480Mbit/s，采用数据包的形式传送。它可以在一条菊花链或树型连接（只用一根线），多达63个外接设备，如图3-3-2所示。

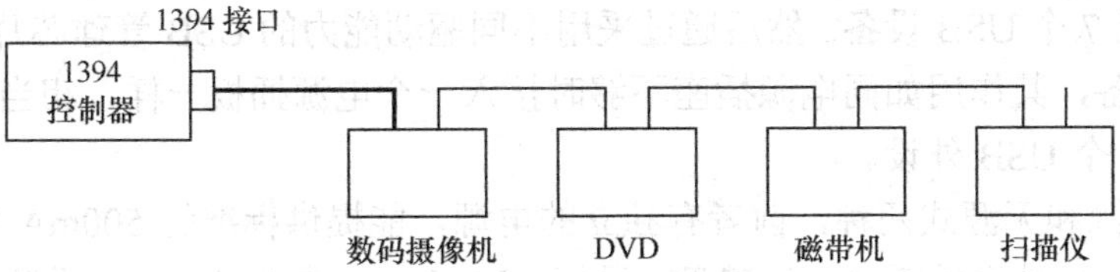

图 3-3-2　IEEE 1394 接口

目前，大多数笔记本电脑都提供 IEEE 1394 接口，而台式机需要加一块 1394 网卡，可用来连接数码摄像机，通过视频编辑软件（如 Ulead VideoStudio 8.0）制作 VCD、DVD 电影。

3．USB 接口

USB 是通用串行总线的英文缩写，它也是一种串行通信控制器，用来连接 U 盘（Flash）、活动硬盘（100GB～1TB）以及含 USB 接口的鼠标、键盘、打印机、扫描仪等。在微机 Windows 操作系统的“设备管理器”上可查看通用总线串行通信控制器（含 USB Root Hub、活动硬盘 Mass Storage Device），如图 3-3-3 所示。

与传统的 PS/2、COM、LPT 接口不同，USB 接口非常简单，如图 3-3-4 所示。在 USB 电缆内部只有 4 根不同颜色的导线，分别是红色的 VBus 导线、绿色的+Data 导线、白色的-Data 导线与黑色的 GND 导线。其中，VBus 就是俗称的火线，GND 就是俗称的地线，它与 VBus 总称为电源线，为外接设备提供电源，工作电压为+5V，最高电流为 500mA。+Data 与−Data 就是数据传输线。与之对应的，在 USB 接口中也只有 4 个金属触点。

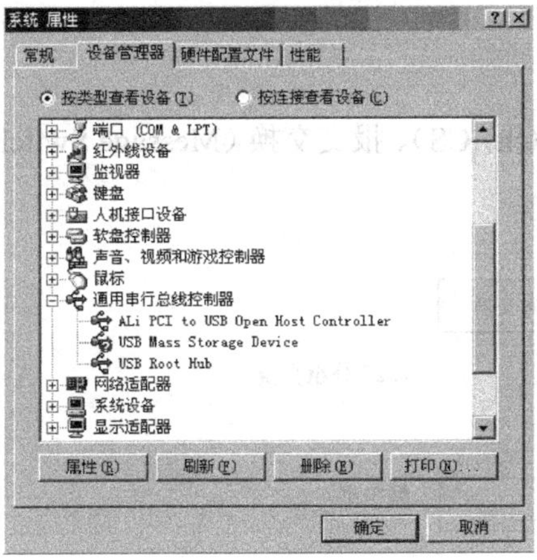

图 3-3-3　微机系统查看 USB 设备

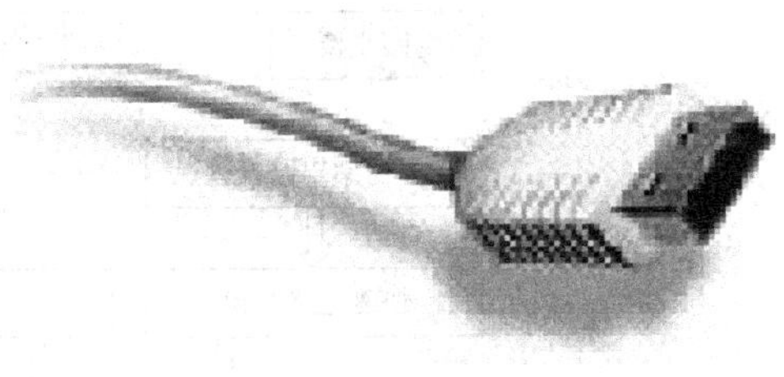

图 3-3-4　USB 接口外型

USB 接口有不同类型。

① USB 1.0/1.1：数据速率为 12Mbit/s。

② USB 2.0 full speed：数据速率为 120Mbit/s。

③ USB 2.0 high speed：数据速率为 480Mbit/s。

不论哪类 USB 接口，最大连线长度务必要小于 5m。

在 USB 技术规定了两种典型的 USB 集线器（UH），即 4 接口与 7 接口型，使用它们最多可外接 4 个或 7 个 USB 设备。然后通过采用不同驱动能力的 USB 管理芯片，可以再外接 1 到 7 个 USB 设备，其作用如同电源插座不够时接入一个电源插板一样，相当于一个中继站，最多可连接 127 个 USB 外设。

UH 分为有源和无源式两种，前者有独立的电源，能提供标准的 500mA 电流，可以满足大部分低功率 USB 外设的需要，如键盘、鼠标、Modem、游戏摇杆等。无源 UH 则使用上一级的 UH 通过 USB 连线供电（有源 UH 也可以），但此时所能提供的电流强度只有 100 mA，支持的硬件很有限。另外，有源 UH 都支持 USB 电源管理，即某个 USB 外设若在 3s 内没有动作则自动将电流强度降低到≤500μA（USB 1.0）或≤100mA（USB 1.1），使其进入休眠状态（Suspend）直到有动作为止，从而大幅降低了电力的消耗。

④ USB 3.0 接口标准：2008 年 11 月公布，传输速率为 4.8Gbit/s，支持全双工，暂定的供电标准为 900mA。USB 接口外型如图 3-3-5 所示。

图 3-3-5　USB 3.0 和 USB 2.0 接口外型

3.4　数据交换技术

在大量用户（人或计算机）群体之间互相要求通信时，如何有效地进行接续？实践表明，采用交换技术是一种有效且经济的解决方案。

3.4.1　交换方式分类

交换方式基本上分为 3 类，即电路交换（Circuit Switch，CS）、报文交换（Message Switch，MS）、分组交换（Packet Switch，PS），如图 3-4-1 所示。

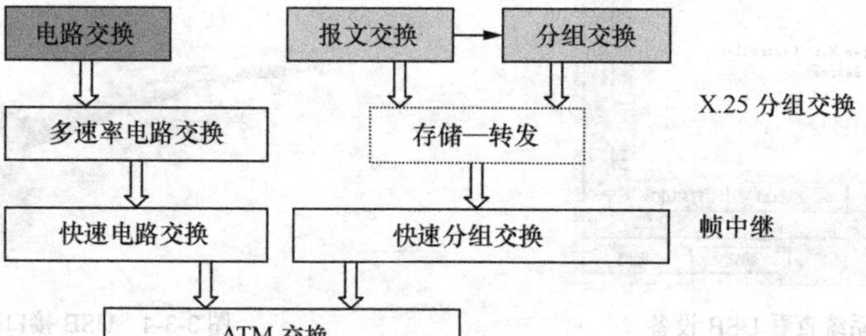

图 3-4-1　交换方式分类

从交换原理上来看，电路交换是基于电路传送模式（又称同步传送模式）；而报文交换、分组交换则采用存储—转发模式（如 X.25 分组交换、帧中继），又称异步传送模式。ATM 交换是在快速分组交换的基础上结合了电路交换的优点而产生的高速异步传送模式，曾在 1992 年由 ITU-T 确定为 B-ISDN 的基本传送模式。

3.4.2　电路交换原理

在计算机通信与网络中，所用的电路交换和电话交换系统工作原理是相似的，但从系统设计的对象来讲是不同的。电话交换系统是以语音业务通信为目标，而计算机网中的电路交换是面向数据业务的，组成电路交换的公用数据网（Circuit Switching Public Data Network，CSPDN）。在法国、日本已建成 CSPDN，但我国没有采用。利用现有电话网进行数据和计算机通信，或拨号上网，从概念上应理解为电话网上支持的数据传输，对电话网来说，数据传输是它的增值业务。

1. 电路交换过程

电路交换（Circuit Switching）是根据电话交换原理发展而成的一种交换方式。图 3-4-2 所示为电路交换的应用环境。

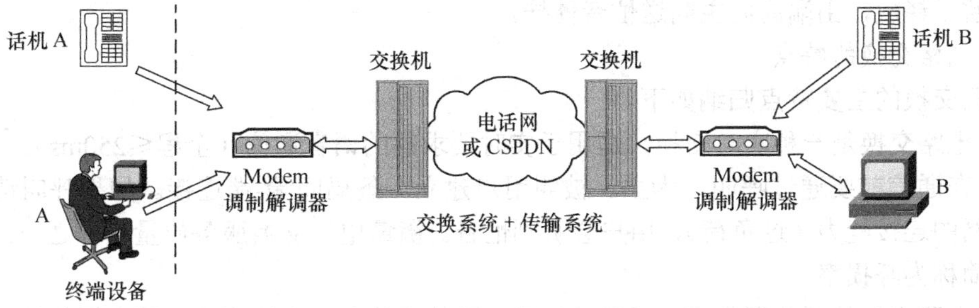

图 3-4-2　电路交换的应用环境

所有电路交换的基本处理过程都是面向连接的服务方式，包括呼叫建立、持续通信（信息传送）、连接释放 3 个阶段，如图 3-4-3 所示。

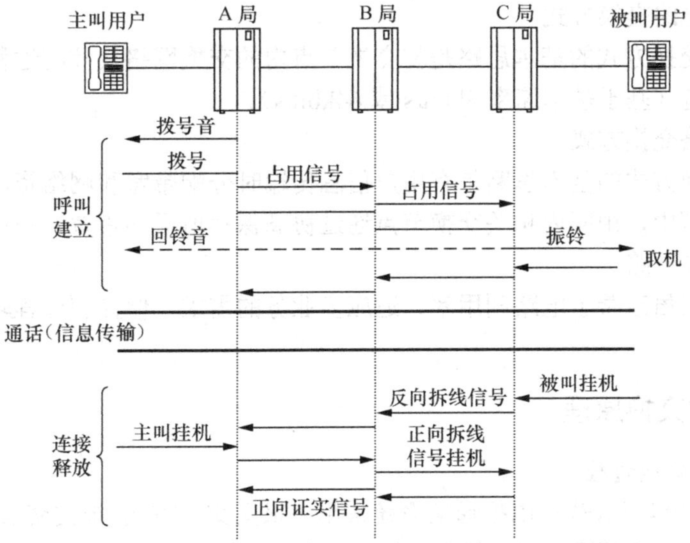

图 3-4-3　电路交换过程

（1）呼叫建立阶段

图 3-4-3 中主叫用户（Calling Party）取机，听拨号音，拨被叫（Called Party）号码。若被叫用户不在同一个交换局，则 A 局（本地局）向 B 局（中转局）送占用信号，转接被叫号码，再由 B 局转发到 C 局（远端局）。最终 C 局按被叫号码向被叫发送振铃信号，同时主叫也能听到局方提供的回铃音。当被叫用户取机后，C 局接收应答信号，然后通知各局加以连接。

（2）数据通信阶段

在呼叫建立后，开始对主叫计费（除非被叫特别声明由被叫方付费）。在通信阶段，始终在主叫与被叫用户间保持这一条物理连接。

（3）连接释放阶段

当主叫或被叫任一方挂机（见图 3-4-3），局间互送正向或反向拆线信号，经证实后释放连接。值得说明的一点是，目前电路交换系统采用了主叫计费方式，因此若被叫先挂机，物理连接暂不释放，由端局向主叫送忙音催挂。

2. 电路交换的特点

电路交换的主要特点归纳如下。

① 电路交换是一种实时交换，适用于实时要求高的语音通信（全程≤250ms）。

② 在通信前要通过呼叫，为主、被叫用户建立一条局间端-端连接。如果呼叫请求数超过交换网的连接能力（过负荷），用户会听到忙音。衡量电话交换服务质量指标之一：呼叫损失率，简称为呼损率。

③ 电路交换是预分配带宽，话路接通后，即使无信息传送也虚占电路，据统计，传输数字语音时电路利用率仅为 36%。

④ 在传输信息时，没有任何差错控制措施，不利于传输可靠性要求高的突发性数据业务。采用电路交换方式的交换节点在建立的连接通路上，通常只提供一种基本的传送速率（如 64 kbit/s）。

为了适应各种业务的不同需要，电路交换方式也进行了变革。

（1）多速率电路交换方式

多速率电路交换方式的基本思路是使交换节点内的交换网络及控制过程，能为不同的业务提供不同的带宽（基于基本速率 8kbit/s 或 64kbit/s）。

（2）快速电路交换方式

快速电路交换方式的基本思路是有用户信息传输时分配带宽和网络资源。也就是在为用户建立连接的过程中，由网内相关交换节点通过协商保存所需的带宽、路由，向用户提供的是逻辑连接，即虚电路。

上述两种方式虽改善了电路利用率、适应多业务的需求，但控制过程较复杂，而未能被推广应用。

3.4.3 报文交换原理

1. 报文交换处理过程

早在 20 世纪 40 年代，载波电报通信系统采用了报文交换方式，报文交换（Message Switch）与电路交换的工作原理不同，每个报文传输时，没有连接建立/释放两个阶段。在报文交换节点，接收一份份报文，予以存储，再按报文的报头（内含收报人地址，流水号等）进行转发，如图 3-4-4 所示。

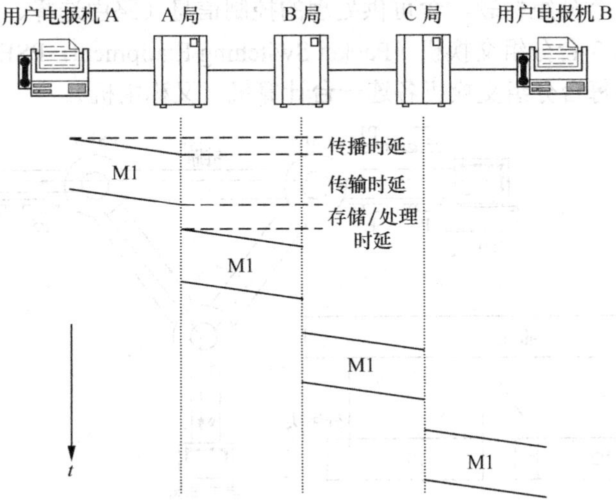

图 3-4-4　报文交换的基本处理过程

报文从用户电报终端到交换节点，或交换节点之间的存储/转发过程包括 4 个方面的时延。

（1）传播时延

$$t_{prop}=L/v \tag{3.10}$$

式中，t_{prop} 为传播时延（Propagation Delay），L 为传输距离，v 为电波速度（3×10^5km/s，实际计算时取为 2×10^5km/s）。

（2）传输时延

$$t_T=D/C \tag{3.11}$$

式中，t_T 为传输时延（Transmission Delay），D 为报文长度，C 为传输速率。

（3）处理时延

处理时延（Processing Delay）是指交换节点内部执行程序所开销的时间。t_{proc} 与报文长度、处理机处理能力有关。

（4）存储时延

交换节点将收到的报文先在缓存单元存储，等待转发处理。存储时延（Queueing Delay）也就是在缓存单元的排队时间 t_q。t_q 是随机的，与交换节点的交换能力、网络负荷有关。

2. 报文交换特点

报文交换的特点如下。

① 交换节点采用存储/转发方式对每份报文完整地加以处理。

② 每份报文中含有报头，必须包含收、发双方的地址，以便交换节点进行路由选择。

③ 报文交换可进行速率、码型的变换，具有差错控制措施，便于一对多地址传送报文，但网络或交换节点过负荷时将会导致报文时延。

3.4.4　分组交换原理

1. 分组交换处理过程

分组交换也是一种存储/转发处理方式，其处理过程是需将用户的原始信息（报文）分成若干个小的数据单元来传输，这些数据单元专门称之为分组（Packet），也可称之为“包”。每个分组中必须附加一个分组标题，含可供处理的控制信息（路由选择、流量控制和阻塞控制等）。图 3-4-5 所示为 3 台分组交换机（Packet Switching Equipment，PSE）互连而成的分组交换网示意图，图中设每台分组交换机各连一台计算机（又称主机）。

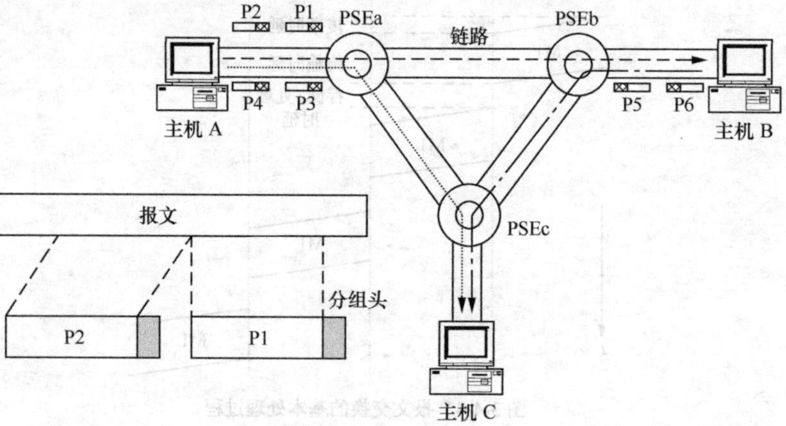

图 3-4-5　分组交换网的虚连接

分组交换网可提供两种服务方式：虚电路（Virtual Circuit，VC）和数据报（Datagram，DG），下面分别加以解释。

（1）虚电路服务

虚电路是分组交换网向用户提供的一种面向连接（Connection Oriented，CO）的网络服务方式，即两个用户（数据终端设备，DTE）之间完成一次数据通信的过程，包括呼叫建立、数据传输和呼叫释放 3 个阶段，其工作过程类似于电话通信。

① 呼叫建立阶段。

主叫 DTE 发出呼叫建立分组，通过分组网与被叫 DTE 建立逻辑上的连接，即建立一条虚电路，如图 3-4-5 中虚线表示的虚连接。

因为分组交换在网中是采用逐段链路进行存储/转发处理，因此每段的处理由分组型终端或分组交换机基于线路的传输能力按需动态分配原则来确定一逻辑信道，因此一条虚电路实际上是由多段分配的逻辑信道链接而成的。

② 数据传输阶段。

一旦建立了虚电路，分组交换机协调两端用户 DTE 为其保持这种逻辑连接。用户可按需要随时发送数据分组，若用户暂无数据传输，网络可将线路的传输能力和交换机的处理能力为其他用户动态地提供复用服务。这时网络仍为原用户保持那种逻辑上的连接关系。

在虚电路服务方式中，用户所有的分组均按已建立的路径有序地通过网络，因此远端用户的 DTE 或交换机不需要对收到的分组重新排序，分组在网内的传送时延相对较小，且容易及时发现分组丢失。

③ 呼叫释放阶段。

当用户要终止通信时，必须通过呼叫释放分组来拆除逻辑连接。

具有上述 3 个阶段的虚电路服务称之为交换虚电路（SVC）服务，其处理过程如图 3.4.6 所示。

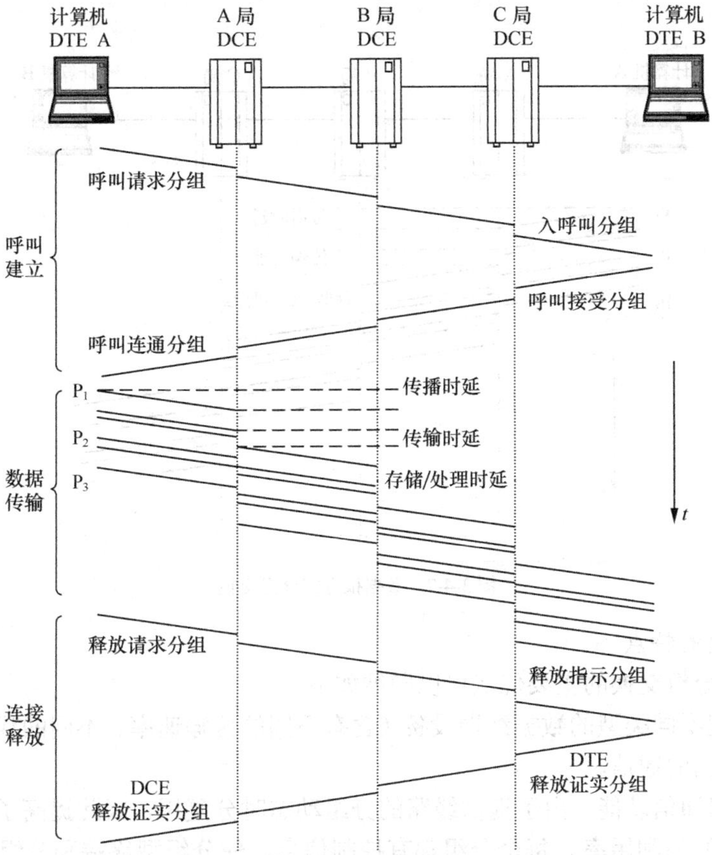

图 3-4-6　虚电路（SVC）方式分组交换

此外，网络还可提供永久虚电路（PVC）服务，即用户 DTE 之间的通信设备没有呼叫建立、连接释放两个阶段，可直接进入数据传输阶段，好像是网络向用户提供了一条专线。但这种服务需由用户向电信管理部门预约申请后才有效。

（2）数据报服务

数据报是类似于电报处理过程的一种无连接（Connectionless，CL）的网络服务方式，数据报方式分组交换仍然采用分组（即数据报，Data Gram，简写为 DG）作为传送的基本单元，如图 3-4-7 所示。其工作过程是将每一个分组都当作独立的报文（或称电文）一样来处理，但每个数据报头必须都要包括源地址、目的地地址（也有称宿地址），也就是在交换过程中每个数据报都需要进行路由选择，路由算法复杂；且同一报文划分成各个数据报，通过网络时可能无次序到达目的地，需要在接收侧进行排序。但数据报方式分组交换不需要连接建立和拆除阶段，具有高度的灵活性，一旦网络出现故障，数据报仍能传送到目的地，可靠性高。

数据报服务方式的特征：用户 DTE 之间的通信没有呼叫建立和释放阶段，适用于短报文通信；对网络故障的自适应能力强，但路由选择方法较复杂；分组传输的时延较大，且可能各不相同。

若与图 3-4-6 作一对照，当一个完整的报文被分成 3 个相对固定长度的分组（P_1、P_2、P_3）来传输时，交换节点收到一个数据报后即可进行转发处理，因此，数据报的网络时延、所占用缓存均小于报文交换，数据报服务特别适合于计算机通信时所呈现的断续性或突发性业务要求。

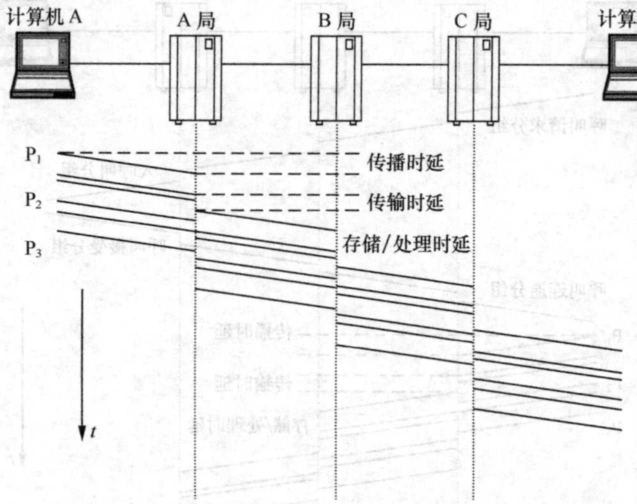

图 3-4-7 数据报方式分组交换

2. 分组交换的特点

综上所述，分组交换的主要优点可以归纳如下。

① 能够实现不同类型的数据终端设备（含有不同的传输速率、不同的代码、不同的通信控制规程等）之间的通信。

② 分组多路通信功能。由于提供线路的分组动态时分复用，因此提高了传输介质（包括用户线和中继线）的利用率。每个分组都有控制信息，使分组型终端和分组交换机间的一条传输线路上可同时与多个不同用户终端通信。

③ 数据传输质量高、可靠性高。每个分组在网络内中继线和用户线上传输时可以分段独立地进行差错流量控制，因而网内全程的误码率可达 10^{-10} 以下。由于分组交换网内具有路由选择、拥塞控制等功能，当网内线路或设备产生故障后，网内可自动为分组选择一条迂回路由，避开故障点，不会引起通信中断。

④ 经济性好。分组交换网是以分组为单元在交换机内存储和处理的，因而有利于降低网内设备的费用，提高交换机的处理能力。由于分组采用动态时分多路复用，大大提高了通信线路的利用率，相对可降低用户的通信费用。

分组交换机也有如下缺点。

① 由于采用存储/转发方式处理分组，所以分组在网内的平均时延可达几百毫秒。

② 每个分组附加的分组标题，都会需要交换机分析处理，而增加开销，因此分组交换适用于计算机通信的突发性或断续性业务的需求，而不适合在实时性要求高、信息量大的环境中应用。

③ 分组交换技术比较复杂，涉及网络的流量控制、差错控制、代码、速率的变换方法和接口；网络的管理和控制的智能化等。

3.4.5 公用数据网

当前，基于分组交换技术的公用数据网主要有 X.25 分组交换网、帧中继网（Frame Relay

Network，FRN）和 ATM 网。

1. X.25 分组交换网

ITU-T X.25 建议是指在公用数据网（PDN）上连接分组型数据终端设备（P-DTE）与交换设备（DCE）之间的同步通信接口规程。分组网内的接口规程没有统一标准。从层次结构来看，X.25 规程与 OSI 参考模型的下三层相对应，如图 3-4-8 所示。

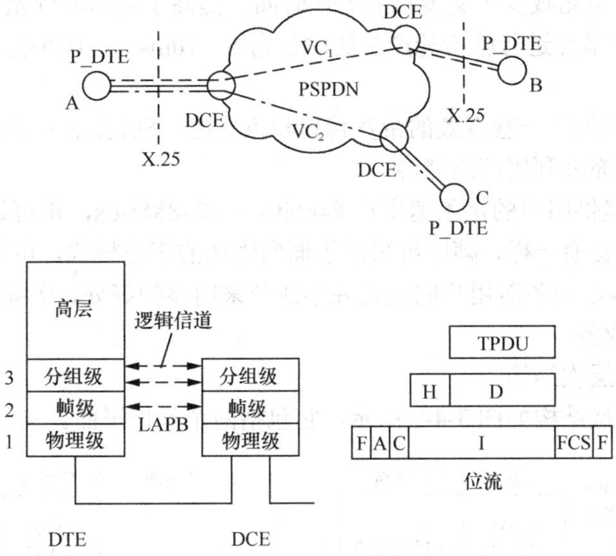

图 3-4-8　X.25 接口层次结构

当高层的 TPDU 传递到分组级，它将其加上分组头，形成数据分组；然后，传递到数据链路层（帧级）的 LAPB 实体，由该实体加上帧头、帧尾，形成 LAPB 帧；最后，以帧为单元经物理层通过接口形成比特流传输。

X.25 的分组级具有端到端的意义（这是与 OSI-RM 网络层的不同之处）。分组的默认长度为 128 字节，接口的数据速率≤64 kbit/s。

X.25 分组级的功能为：

① 提供交换虚电路（SVC）和永久虚电路（PVC）的连接；

② 提供虚电路的建立和拆除（又称释放）的方法；

③ 为每个用户呼叫（指一次通信过程）分配一个逻辑信道；

④ 依据逻辑信道组号（LCGN）和逻辑信道号（LCN）来识别与每个用户呼叫有关的分组；

⑤ 为每个用户的通信提供有效的分组顺序扩展和流量控制技术。

⑥ 检测且恢复分组级的差错。

2. 帧中继网

帧中继是在 OSI 参考模型第二层（数据链路层）上，采用简化协议的方法，且以帧为单元来传输数据的一种技术。

与 X.25 分组交换相比，帧中继技术的特点如下。

① 帧中继协议简化了 X.25 分组级功能，只有两个层次：物理层、数据链路层。这使网内节点的处理大为简化，在帧中继网中，一个节点收到一个帧时，大约只需执行 6 个检测步骤。运行结果表明，采用帧中继时一个帧的处理时间可以比 X.25 的处理时间减少一个数量级，

因而提高了帧中继网的处理效率。

② 传送的基本单元为帧，帧的长度可变的，最大长度允许 1600 字节，特别适合于封装局域网的数据单元，减少了分段与重组的处理开销。

③ 在数据链路层完成动态（统计）复用、帧透明传输和差错检测，但与 X.25 网不同的是帧中继网内节点若检测到差错，将出错的帧丢弃，不采用重传机制，减少了帧编号、流量控制、应答等开销，由此减少了交换机的处理时间，提高了网络吞吐量，降低了网络时延。例如，X.25 网内每个节点进行帧检验产生的时延为 5～10ms，而帧中继节点的处理时延小于 2ms。

④ 帧中继技术提供了一套有效的带宽管理和阻塞控制机制，使用户能合理传送超出约定带宽的突发性数据，充分利用网络资源。

⑤ 帧中继现可提供用户的接入速率在 64kbit/s～2.048Mbit/s，也可达 45Mbit/s。

⑥ 与 X.25 分组交换一样，帧中继采用了面向连接的工作模式，可提供 PVC 业务、SVC 业务。由于帧中继 SVC 业务对用户的资费并不能带来明显的好处，实际上主要用作局域网的互连，仅采用 PVC 业务。

（1）帧中继协议层次结构

帧中继的协议层次结构如图 3-4-9 所示，它包括两个操作平面。

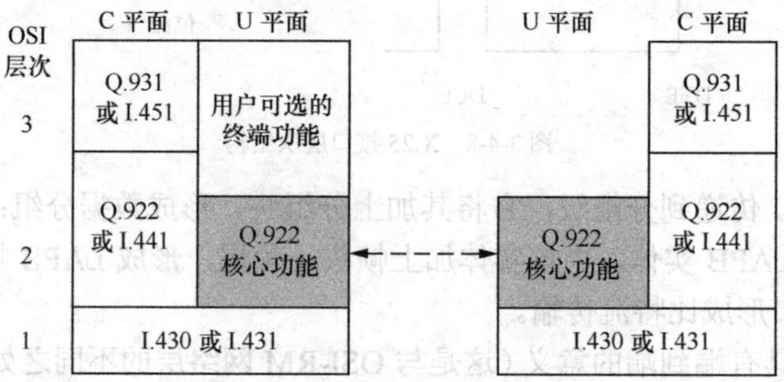

图 3-4-9　帧中继协议层次结构

① 控制平面（C-plane）用于建立和释放逻辑连接，传输与处理呼叫控制消息；

② 用户平面（U-plane）用于传送用户数据和管理信息。

（2）Q.922 中核心部分的功能

帧中继网只用到了 Q.922 中的核心部分（DL-CORE），其功能如下。

① 帧定界、同步和透明传输。

② 用地址字段实现帧复用和解复用。

③ 对帧进行检测，确保 0 比特插入前/删除后的帧长是整数个 8 位组（Octets）。

④ 对帧进行检测，确保其长度不致于过长（Jabbers）或过短（Runts）。

⑤ 检测传输差错。

⑥ 拥塞控制。

U 平面的核心功能（DL-CORE）只提供无应答的数据链路层传输帧的基本服务，构成了数据链路层的子层。Q.922 的其余部分（DL-CONTROL），则是用户侧的用户平面可选功能，提供了窗口式的应答传输。

（3）帧中继帧格式

ITU-T Q.922 核心功能所规定的帧中继的帧格式，如图 3-4-10 所示。帧格式中各字段的作用见表 3-4-1。

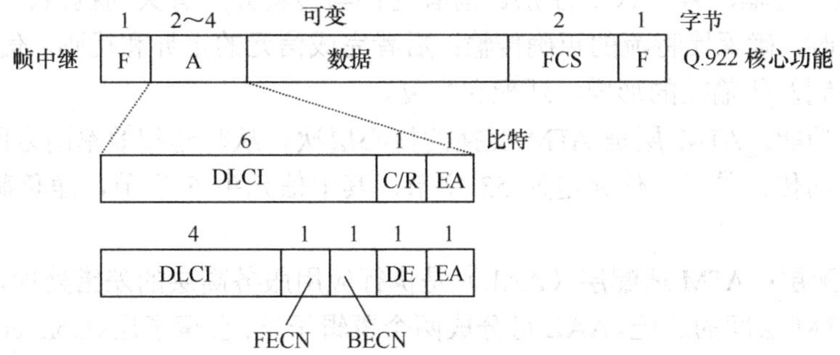

图 3-4-10 帧中继的帧格式

表 3-4-1 帧格式中各字段的作用

字段			作用
F	标志字节 01111110		帧同步、定界（指示一个帧的始/末）
A	地址字段（2 字节）	DLCI	数据链路连接标识符（Data Link Connection Identifier）
		C/R	命令/响应与高层应用有关，帧中继本身并不使用
		FECN	正向显式拥塞通知（Forward Explicit Congestion Notification） 若 FECN 置 1，正向存在拥塞
		BECN	反向显式拥塞通知（Baekward Expliut Congestion Nofification） 若 BECN 置 1，反向存在拥塞
		DE	丢弃指示（Discard Eligilility）
		EA	扩展地址
I	信息字段		用于 LAN 互连时，最大长度不小于 1600 字节
FCS	帧校验序列		检查帧通过链路传输时可能产生的差错

3. ATM 网

ATM 技术是以分组传送模式为基础，并融合了电路传输模式实时性能好的优点发展而成的。

（1）B-ISDN 协议参考模型

B-ISDN 协议参考模型如图 3-4-11 所示。由图可见，协议参考模型为分层结构，由 3 个平面组成：用户平面（User Plane）、控制平面（Control Plane）和管理平面（Management Plane）。

① 用户平面用于传送用户信息；

② 控制平面提供呼叫和逻辑连接的控制功能；

③ 管理平面提供面管理和层管理两种管理功能。

面管理不分层，实现与整个系统有关的管理功能，并完成各个面之间的协调功能；而层管理实现网络资源和协议参数的管理，并处理各层内的操作、

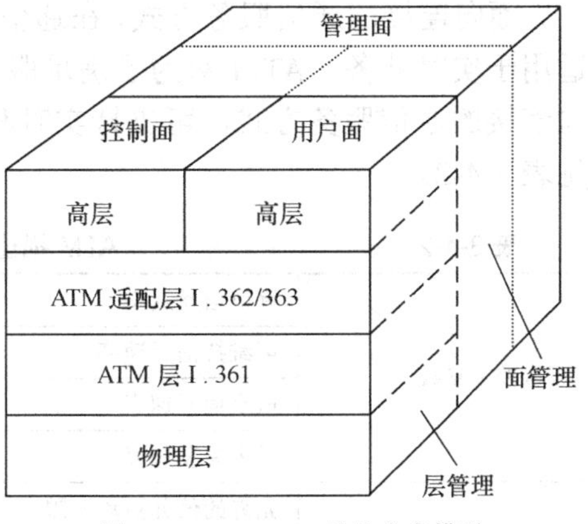

图 3-4-11 B_ISDN 协议参考模型

管理和维护（OAM）。B-ISDN 协议参考模型含有 4 个层次，自下而上为物理层、ATM 层、ATM 适配层和高层（应用服务）。

① 物理层功能：通过物理介质有效且正确完成信元的传送。物理层又细分为物理介质相关（PMD）子层、传输汇合（TC）子层。前者提供与传输介质有关的机械、电气接口，实施线路编码、位定时，确保比特流的正确传输；后者完成信元的定界和扰码，信元速率的去耦，信元头的差错控制及传输帧的形成、适配和恢复。

② ATM 层功能：ATM 层是 ATM 交换的核心层次。从时延和效率两方面因素考虑选用了信元作为基本的传输单元。信元定为 53 字节，其中信元头 5 字节，净负荷（payload）为 48 字节。

③ ATM 适配层：ATM 适配层（AAL）是执行应用服务高层的差错处理，定时控制等，并支持高层与 ATM 层间的适配。AAL 可分成两个逻辑子层：会聚子层（Convergence Sublayer，CS），分段/重组子层（Segmentation And Reassembly，SAR）。

④ 高层（应用服务）提供多种业务服务。

（2）ATM 技术特点

① ATM 网的基本传送单元为信元

ATM 信元长度固定为 53 字节，其中信元头长 5 字节，净负荷（信息字段）长为 48 字节，ATM 信元格式如图 3-4-12 所示。在 ATM 交换机的传输速率为 155.520Mbit/s 时，传送一个信元所耗时间约为 2.7μs。

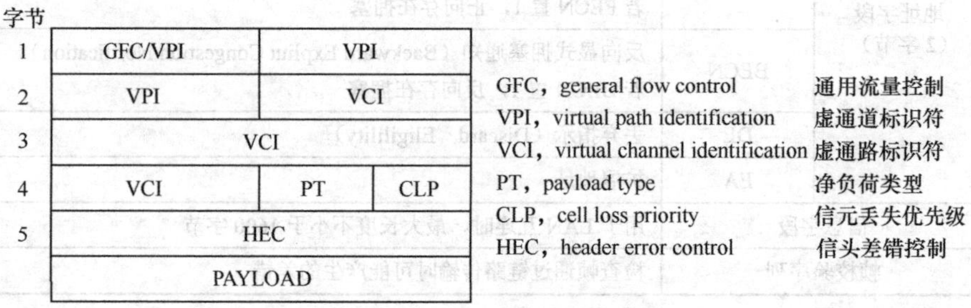

图 3-4-12　ATM 信元格式

② ATM 采用面向连接的通信服务方式

面向连接的通信服务方式，在通信过程中使用连接建立时所分配的逻辑号，识别简单，适用于实时业务。ATM 网为了满足服务质量（Quality of Service，QoS）的要求，采用面向连接的通信服务方式，可支持实时和非实时业务。ATM 描述流量控制和 QoS 的参数，见表 3-4-2。

表 3-4-2　ATM 描述流量控制和 QoS 的参数

流量控制参数	峰值信元速率	PCR，Peak Cell Rate
	可维持信元速率	SCR，Sustained Cell Rate
	最小信元速率	MCR，Minimum Cell Rate
	最大突发长度	MSB，Maximum Burst Block
	允许的信元抖动容限	CDVT，Cell Delay Variation Tolerance

续表

服务质量参数	峰值信元时延抖动	Peak-to-Peak Cell Delay Variation
	最大信元传送时延	Maximum Cell Transfer Delay
	信元丢失率	Cell Loss Ratio
	信元错误率	Cell Error Ratio
	严重出错的信元块比例	Severely-errored Cell Block Ratio
	信元误插率	Cell Mis-insertion Rate

③ ATM 可实现 VP 和 VC 两级交换

在 ATM 网接口的传输链路，例如同步数字系列（SDH）的同步传送模式 STM-1（155.520Mbit/s）、STM-4（622.080Mbit/s）等，可划分为若干个虚通道（VP）。一个 VP 又可分成若干个虚通路（VC），如图 3-4-13 所示。

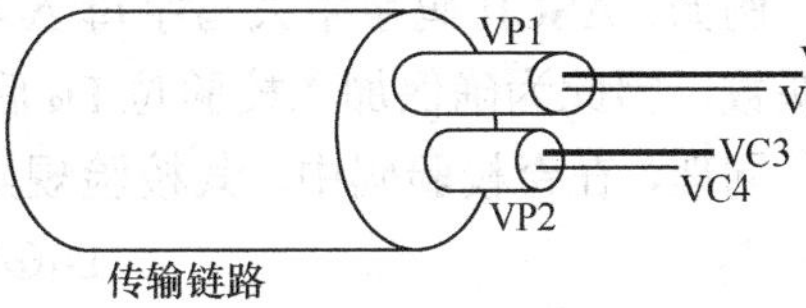

图 3-4-13　VP 与 VC 结构

在 ATM 网中，VP 和 VC 的带宽可灵活地加以配置，既可固定分配，又可按需动态分配。在 SDH 环境中，VP 或 VC 的带宽单位为 Mbit/s 或 kbit/s，可折算成 155.520Mbit/s 数据速率的 SDH 帧（125μs）内分配的信元数。此外，可对 VP 和 VC 分别加以编号，有利 ATM 交换机实现 VP 交换和 VC 交换。在 ATM 交换机中采用了统计时分复用方式，可提高系统资源的利用率。

④ ATM 可综合多种业务流

现有的电信网，如电话网、电报网、数据网，基本上是一种网络支持一种业务。ATM 作为 B-ISDN 的基本传送模式，可提供全方位的业务，包括未来的新业务。

ATM 信元为了兼顾实时和非实时业务的方式，使得它虽能同时支持电话与数据，但对二者又都不是最佳的。相对于电话业务而言，53 字节的信元仍嫌长（时延达 6ms）；对数据业务而言则效率偏低，特别是当它用于承载 IP 数据报时，AAL 和 ATM 层的一些功能显得冗余，复杂的流控管理和信令协议使得 ATM 交换机在得到 QoS 性能的同时，付出成本的代价，尤其是 ATM 终端成本居高不下，IP 的成功使 B-ISDN 信元到桌面的初衷落空。

3.5 差错控制

计算机网络中的差错控制主要用来提高数据传输的可靠性与传输效率。差错控制方式基本上可分为以下 3 类。

① 自动请求重发（ARQ）：接收端检测到接收信息有错时，通过重发发送端保存的副本以达到纠错的目的。

② 前向纠错（FEC）：接收端检测到接收信息有错后，通过计算，确定差错的位置，并自动加以纠正。

③ 混合方式：接收端采取纠错混合（在 ATM 中应用），即对少量差错予以自动纠正，而超过其纠正能力的差错则通过重发原信息的方法加以纠正。

不论哪种控制差错方式，都以降低实际传输效率来提高其传输的可靠性。因此，在信道特性已经确定的条件下，差错控制的基本任务是寻求简单、有效的方法确保系统的可靠性。目前，按码的构型可分为分组码和卷积码。常用的分组码有恒比码、垂直水平奇偶校验码、记数校验玛、斜校法校验码、循环冗余校验码。其中循环冗余校验码在数据链路控制中应用最为普遍，而卷积码则在前向纠错系统中应用较多。本节着重介绍奇偶校验码、循环冗余校验码（简称循环冗余码）。

3.5.1 奇偶校验码

奇偶校验码可分为奇校验码、偶校验码，两者的校验原理相同。在偶校验码中，校验位为1位，其校验规则：加入校验位后的码字所含总的“1”个数为偶数，即：

$$D_1 \oplus D_2 \oplus D_3 \oplus \cdots \oplus D_7 \oplus D_8 = 0$$

例如：ASCII码字中大写字母A其二进制7位为1000001（左为D_7，右为D_1），1的个数为偶数，因此为确保加入校验位D_8后的码字所含总的“1”应为偶数，则校验位D_8必为0。

同理，在奇校验码中，其校验规则：加入校验位后的码字所含总的“1”个数为奇数，即：

$$D_1 \oplus D_2 \oplus D_3 \oplus \cdots \oplus D_7 \oplus D_8 = 1$$

如仍将上例说明，为确保加入校验位D_8后的码字所含总的“1”应为偶数，则校验位D_8必为1。

奇偶校验码简单实用，但检错能力有限，一般只能检出奇数个出错码元，不适宜检测突发性差错。在此基础上又进而发展出垂直水平奇偶校验码、记数校验玛、斜校法校验码等，都属于二维奇偶校验码，适用于检测突发差错。

3.5.2 循环冗余码

1. 循环冗余码的特性

循环冗余码（CRC）是一种分组码。在一个长度为n的码组中有k个信息位和r个校验位，校验位的产生只与该组内的k个信息位有关。通常称这种结构的码为（n，k）码，此值k/n称为这种码的编码效率。

循环冗余码有以下两个特性：

① 一种码中的任何两个码字按模2相加后，形成的新序列仍为一个码字；若两个相同码字相加则得一个全0序列，所以，循环码一定包含全0码字。具有这种特性的称为线性码。

② 一码字的每次循环移位一定也是码集合中的另一个码字。

2. 循环冗余码的编码/译码

设k信息位的多项式可写为

$$M(x) = m_{k-1}x^{k-1} + m_{k-2}x^{k-2} + \cdots + m_2x^2 + m_1x + m_0 \tag{3.12}$$

式中，m_i系数值为“0”或“1”，所谓编码就是找出其对应码字的表达式。通常码字的前k位为信息位，后$n-k$为校验位，因此其信息位的多项式为$x^{n-k}M(x)$，幂次小于n。

当用$G(x)$去除$x^{n-k}M(x)$时，可得

$$\frac{x^{n-k}M(x)}{G(x)} = Q(x) \oplus \frac{R(x)}{G(x)} \tag{3.13}$$

式中，$Q(x)$为幂次小于k的商式，$R(x)$为幂次小于（$n-k$）的余式。由式（3.13）可知，

$$x^{n-k}M(x)\oplus R(x)=Q(x)G(x)$$

即多项式 $x^{n-k}M$（x）+R（x）是 G（x）的倍式。因此，它必是一个 G（x）生成为循环冗余码中的码字。

由此可知，循环冗余码的编码步骤如下。

① 求 M（x）所对应的码字，可先求 M（x），并乘以 x^{n-k}。

② 然后被 G（x）除，求其余式。

③ 得 x^rM（x）$\oplus R$（x），即为所求码字。

M（x）乘 x^r 可用移位寄存器的移位来实现，而被 G（x）除，则可用 G（x）的除法电路来实现。G（x）$=x^r+g_{r-1}x^{r-1}+\cdots+g_1x+1$ 的一般除法电路如图 3-5-1（a）所示，符号 g_i 表示需连接或不连接，依据多项式中系数的“1”或“0”而定。

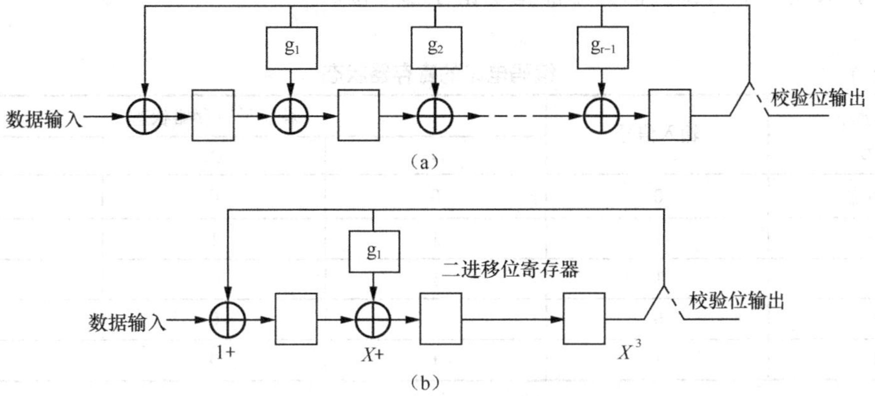

图 3-5-1　循环冗余码编码器

现假设生成多项式 G（x）$=x^3+x+1$ 构成的（7，4）循环冗余码。又设待编码的信息二进序列为 1101（左边为高序），它对应的信息多项式为 M（x）$=x^3+x^2+1$。利用多项式的长除法，可求得余式 R（x）序列为 001，则码组多项式为

$$x^3M(x)\oplus R(x)=x^6+x^5+x^3+1$$

其对应的二进制序列为 1101001（左边为高序）。由图 3.5.1（b）所示的 x^3+x+1 的除法电路可知，信息码输入经过 3 个单位时间的延迟，才从输出端产生余式。实用的编码电路可改成图 3-5-2 所示形式。

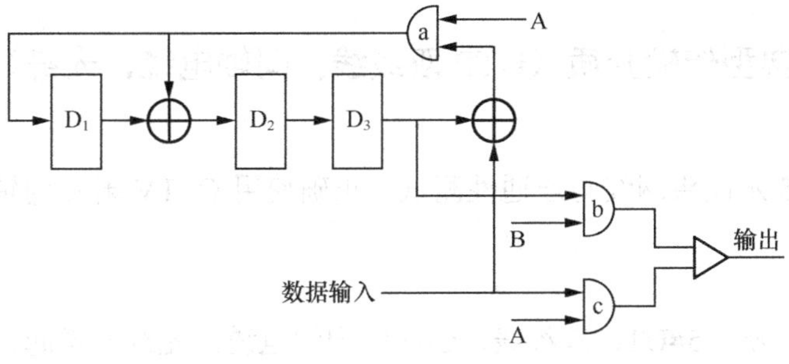

图 3-5-2　改进的（7，4）循环编码电路

图 3-5-2 中 A 信号在移位脉冲 1～4 期间使门 a、c 开通，B 信号在此期间使门 b 关闭；而

在移位脉冲 5～7 期间，则门 a、c 关闭，门 b 开通。移位寄存器初始状态为 000，修改后的编码电路的寄存器状态见表 4-5-1。可以看出，经输入 4 位二进制信号序列，即可得移位寄存器的状态为“100”，即为余式。

在接收端，循环冗余码的译码电路也是用图 3-5-1（b）所示的除法电路构成的。校验的方法是用生成多项式 $G(x)$ 除接收下来的 $x^r M(x) \oplus R(x)$，如能整除，则表明传输无差错。

```
          1101
1011 ) 1111001
       +1011
        1000
       +1011
        01101
       +01011
         0110 余式R′(x)
```

图 3-5-3 循环冗余码的检错能力

例如，接收端收到的 $x^r M(x) \oplus R(x)$ 序列为 1101001，而 $G(x)$ 为 1011，则运算后除尽。若由于传输中出错，使接收序列变为 1111001，则经长除运算可得余式 $R'(x)$，如图 3-5-3 所示，表明传输有误，但并不能指明错在哪个位。

表 3-5-1　　编码电路的寄存器状态

移位脉冲序号	输入信号	移位后寄存器状态		
		D_1	D_2	D_3
初始位	0	0	0	0
1	1	1	1	0
2	1	1	0	1
3	0	1	0	0
4	1	1	0	0

ITU-T 给出实用的生成多项式 $G(x)$，在现有的公用数据网中已经使用。

① X.25 分组网，帧中继网：

$$G(x)=x^{16}+x^{12}+x^5+1$$

$$G(x)=x^{16}+x^{15}+x^2+1$$

② ATM 网：$G(x)=x^8+x^2+x+1$

【单元 2】组网-2

案例 3-2-2　典型传输介质（UTP 双绞线，同轴电缆，光纤）

1. 项目名称

学会制作 RJ-45 水晶头网线与连通性测试，正确使用 CATV 射频同轴电缆连接线，光纤（光缆）连接线。

2. 工作目标

从典型线传输介质（5#UTP 双绞线，CATV 同轴电缆，光纤）学起，认识不同的连接插头/插座结构，熟悉基于 5#UTP 双绞线的网线制作与应用，基于同轴电缆的 CATV 射频连接线制作过程，光纤的熔接工作过程，熟练使用网线连接不同网络设备的技能。

本案例要求：

① 学会使用压线钳制作符合 EIA/TIA 568B、EIA/TIA 568A 标准的 5#UTP 双绞线网线，并学用网线测试仪测试网线的连通性。

② 学会制作同轴电缆的 CATV 射频连接线，识别各类光纤连接器。

③ 利用 Packet Tracer 5.3 软件在工作窗口设置：4 台 PC，2 台以太交换机，2 台 1841 ISR。学会按图 3-6-1 所示选择双绞线正确连接。

3. 工作任务

（1）熟悉基于 5#UTP 双绞线的网线制作与应用。

（2）基于同轴电缆的 CATV 射频连接线制作过程。

（3）考察光纤熔接机实物，观看视频课件，了解光纤的熔接工作过程。

（4）已知：网络拓扑结构图，如图 3-6-1 所示。利用 Packet Tracer 5.3 软件在工作窗口构架该网络，并学用选择正确的双绞线连接成网。

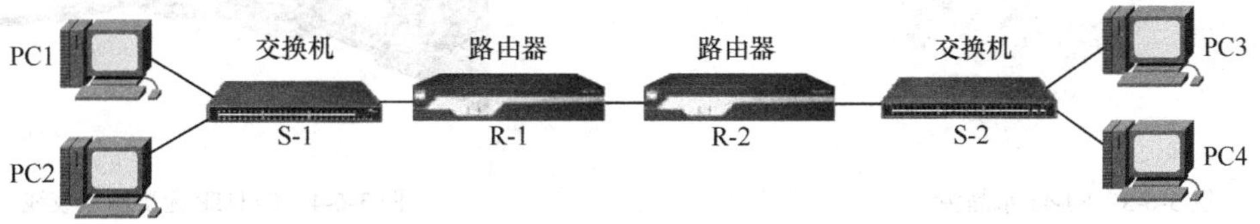

图 3-6-1　网络拓扑结构

4. 学习情景

（1）基于 5#UTP 双绞线的网线制作与应用

① 网线制作制作工具

在网线制作的过程中，需要辅助工具压线钳（见图 3-6-2）。这种压线钳的最顶部的是压线槽，压线槽供提供了 3 种类型的线槽，分别为 6P、8P、4P，中间的 8P 槽是以太网常用的 RJ-45 压线槽，而旁边的 4P 为 RJ11 电话线路压线槽。

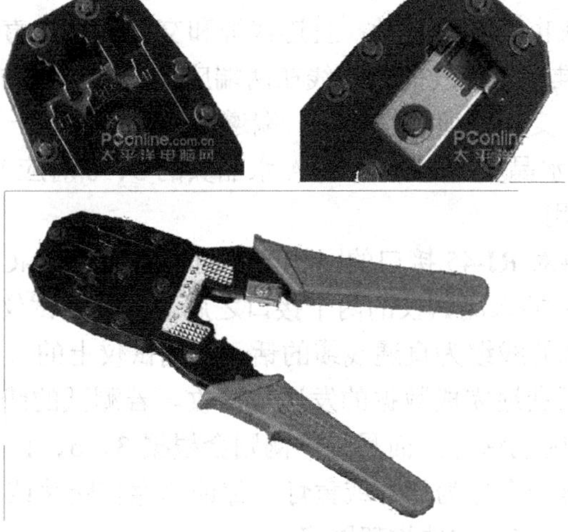

图 3-6-2　压线钳实物

② RJ-45 水晶头

从图 3-6-3 可看到 RJ-45 水晶头一端平行排列的金属片，一共有 8 片。每片金属片前端都有一个突出透明框的部分，从外表来看就是一个金属接点。按金属片的形状来划分，又有“二叉式 RJ-45”以及“三叉式 RJ-45”接口之分。金属片的前端有一小部分穿出 RJ-45 的塑料外壳，形成与 RJ-45 插槽接触的金属脚。在压接网线的过程中，金属片的侧刀必须刺入双绞线的线芯，并与线芯的铜质导线内芯接触，以连通整个网络。

图 3-6-3　RJ-45 水晶头

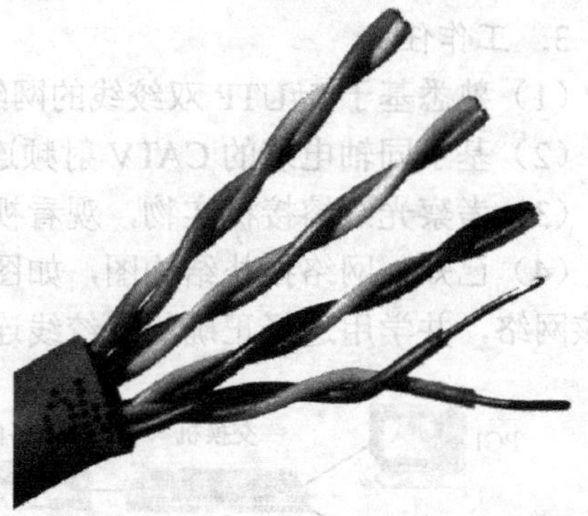

图 3-6-4　5# UTP 无屏蔽双绞线

③ 5# UTP 无屏蔽双绞线

5# UTP 无屏蔽双绞线缆共有 4 对色线。在计算机局域网中，常采用 RJ-45 连接器（常称水晶头）连接 UTP 的 4 对 8 线，表 3-6-1 列出了 EIA/TIA 568B、EIA/TIA 568A 标准的引脚编号与线色。注意：引脚编号规定面对水晶头金属面向上方的左侧位为线号①，其他位依次排列。

表 3-6-1　　UTP 内 4 对 8 线的编号与线色

<table>
<tr><th>RJ-45 引脚</th><th>①</th><th>②</th><th>③</th><th>④</th><th>⑤</th><th>⑥</th><th>⑦</th><th>⑧</th></tr>
<tr><td>EIA/TIA 568B</td><td>白橙</td><td>橙</td><td>白绿</td><td rowspan="2">蓝</td><td rowspan="2">白蓝</td><td>绿</td><td rowspan="2">白棕</td><td rowspan="2">棕</td></tr>
<tr><td>EIA/TIA 568A</td><td>白绿</td><td>绿</td><td>白橙</td><td>橙</td></tr>
</table>

双绞网线的连接方法也主要有两种：直连线缆和交叉线缆。直连线缆的水晶头两端都遵循 568B（或 568A）标准，双绞线的每组线在两端应是一一对应的，颜色相同的在两端水晶头的相应槽中保持一致。交叉线缆的水晶头一端遵循 568A，而另一端则采用 568B 标准，即 A 水晶头的 1、2 对应 B 水晶头的 3、6，而 A 水晶头的 3、6 对应 B 水晶头的 1、2。

④ 网线测试仪的应用

网线测试仪可以提供对 RJ-45 接口的网线以及同轴电缆的 BNC 接口网线进行测试。使用时，把在 RJ-45 网线两端插入测试仪的两个接口之后，打开测试仪可以看到测试仪上的两组指示灯都在闪动。若测试的线缆为直通线缆的话，在测试仪上的 8 个指示灯应该依次为绿色闪过，表明了网线可以顺利地完成数据的发送与接收。若测试的线缆为交叉线缆的话，其中一侧同样是依次由 1～8 闪动绿灯，而另外一侧则会根据 3、6、1、4、5、2、7、8 这样的顺序闪动绿灯。若出现任何一个灯为红灯或黄灯，都证明存在断路或者接触不良现象。

（2）使用 Packet Tracer 5.3 软件构架网络

用鼠标单击 PT 界面的左下端网络设备框内的点以下“终端设备（End Devices)”，可以在右侧特定设备中选择 PC，单击该设备，然后再在工作窗口区所选定位置点一下，将出现所选的 PC。同样的方法，可选择交换机(Switches)或路由器（Routers）之后，在右侧的特定设备框内看到各类交换机或路由器。另一种方法是，使用鼠标移到所选的特定设备，在图标上按下左键不放，并将鼠标移动到工作窗口区所选定位置上松开，即可出现指定设备的图标。

用鼠标单击一下“Connections”之后，在右侧的特定设备框内，可看到各种类型的线，依次为 Automatically Choose Connection Type（自动选线）、控制线、直通线、交叉线、光纤、电话线、同轴电缆、DCE、DTE。其中，DCE 和 DTE 分别可用于路由器之间的串口连线。

【注意】

- 直连线缆（Copper Straight Through）主要用在交换机（或集线器）Uplink 口连接交换机（或集线器）普通端口,或交换机普通端口连接计算机网卡上。
- 交叉线缆（Copper Cross-Over）主要用在交换机（或集线器）普通端口连接到交换机（或集线器）普通端口或网卡连网卡上。

若选了 DCE 这一根串行接口线，则和这根线先连的路由器为 DCE，配置该路由器时必须配置时钟，则另一端的设备必须设置为 DTE。

5．操作步骤

（1）任务：制作 RJ-45 接口网线。

操作步骤如下。

① 准备工作：	工具	压线钳（或网线钳）	1 把
	材料	UTP Cat5e 线缆	1 m
		水晶头	2 个
	网线测试仪		1 台

② 网线制作步骤：

- 剪断：利用压线钳的剪线刀口剪取 1m 长度的双绞线。
- 剥皮：用压线钳的剪线刀口将线头剪齐，再将线头放入剥线刀口。让线头角及 挡板，稍微握紧压线钳慢慢旋转，让刀口划开双绞线的保护塑胶皮，剥下塑胶皮（提示：剥下与大拇指一样长就行了，一般 2～3cm）。
- 排序：剥除外包塑胶皮后即可见到双绞线的 4 对 8 条芯线，每对线的颜色都不同。每对缠绕的两根芯线是由一种染有相应颜色的芯线加上一条只染有少许相应颜色的白色相间芯线组成。4 条全色芯线的颜色为：棕色、橙色、绿色、蓝色。

遵循 EIA/TIA568B 的标准来制作接头，从左到右依次为：1-白橙、2-橙、3-白绿、4-蓝、5-白蓝、6-绿、7-白棕、8-棕。将裸露的双绞线中的橙色对线拨向自己的前方，棕色对线拨向自己的方向，绿色对线剥向左方，蓝色对线剥向右方。即上：橙；左：绿；下：棕；右：蓝。将绿色对线与蓝色对线放在中间位置，而橙色对线与棕色对线保持不动，即放在靠外的位置。

排列水晶头 8 根针脚：将水晶头有塑料弹簧片的一面向下，有针脚的一方向上，使有针脚的一端指向远离自己的方向，有方型孔的一端对着自己。此时，最左边的是第 1 脚，最右边的是第 8 脚，其余依次顺序排列。

- 剪齐：把线尽量抻直（不要缠绕）、压平（不要重叠）、挤紧理顺（朝一个方向紧靠），然后用压线钳把线头剪平齐。这样，在双绞线插入水晶头后，每条线都能良好接触水晶头中的插针，避免接触不良。如果以前剥的皮过长，可以在这里将过长的细线剪短，保留的去掉外层绝缘皮的部分约为 14mm，这个长度正好能将各细导线插入到各自的线槽。如果该段留得过长，一来会由于线对不再互绞而增加串扰，二来会由于水晶头不能压住护套而可能导致电缆从水晶头中脱出，造成线路接触不良甚至中断。

- 插入：一手以拇指和中指捏住水晶头，使有塑料弹片的一侧向下，针脚一方朝向远离自己的方向，并用食指抵住；另一手捏住双绞线外面的胶皮，缓缓用力将 8 条导线同时沿 RJ-45 头内的 8 个线槽插入，一直插到线槽的顶端。
- 压制：确认所有导线都到位，并透过水晶头检查一遍线序无误后，就可以用压线钳制作 RJ-45 水晶头了。将 RJ-45 水晶头从无牙的一侧推入压线钳夹槽后，用力握紧压 线钳，将突出在外面的针脚全部压入水晶并头内。
- 测试：当双绞线的两端都压上 RJ-45 水晶头后，经检查无瑕疵，即可用网线测试仪检测。

（2）任务：绘制网络拓扑结构

操作步骤如下。

① 打开 Packet Tracer 5.3 软件，呈现初始界面。

② 根据图 3-6-1 所示的网络拓扑结构，逐一绘制 PC、以太交换机、路由器，以及相应的双绞线。

③ 按拓扑结构填写下列表格。

网络设备名	设备型号	端口号	被连接设备名	端口号	双绞线类型
PC0	PC-PT				
PC1	PC-PT				
PC2	PC-PT				
PC3	PC-PT				
Switch0	2950-24				
Switch1	2950-24				
Router0	1841				
Router1	1841				

④ 将该拓扑结构图另存为文件“CH3-<学号+姓名>”。

本 章 小 结

（1）数据传输是实现数据通信的基础。数据通信是构成计算机通信与网络的基础。

（2）传输介质可以分为线传输介质（有线线路）和软传输介质（无线信道）两类。

（3）线传输介质包括双绞线、同轴电缆及光缆（多模、单模）等，软传输介质含无线电波、地面微波、卫星微波、及红外线等。不同的传输介质具有不同的传输特性，传输介质的特性影响着数据的传输质量。

（4）模拟数据、数字数据与模拟信号、数字信号的对应关系如下。

- 数字数据的模拟信号调制：数字调制方法，如 ASK、FSK、PSK 等。
- 数字数据的数字信号编码：数字编解码方法，如 NRZI、AMI、曼彻斯特（Manchester）编码、差分曼彻斯特编码等。
- 模拟数据的数字信号编码：脉冲编码调制（取样、量化、编码）。
- 模拟数据的模拟信号调制：AM、FM、PM 等。

（5）数据传输质量参数：衰减、时延失真（群时延或包络时延）、噪声、回波损耗、近端串扰、误码率和误组率等。

（6）信道容量计算公式

- 无噪声理想条件，奈奎斯特（Nyquist）公式 $C = 2W\,lb\,(N)$
- 有噪声的环境中，仙农（Shannon）公式 $C = W\,lb\,(1+S/N)$

（7）多路复用技术有不同的方式：时分复用（TDM）可分为同步时分复用、异步时分复用、频分复用（FDM）、码分复用（CDM）、波分复用（WDM）。

（8）数字传输系统有准同步数字系列（PDH）、同步数字系列（SDH）；模拟传输系统采用基于 FDM 的频率搬移技术，如载波电话系统。

（9）本章以公用数据交换网使用的数据交换技术为主线，介绍了基本的电路交换、报文交换、分组交换原理与特点。

（10）分组交换可提供两种服务方式：面向连接的虚电路（VC）和无连接的数据报（DG）。X.25 分组交换网、帧中继网、ATM（异步传送模式）交换网可提供用面向连接的虚电路服务，而因特网则提供无连接的数据报服务。

（11）计算机通信中的差错控制主要用来提高数据传输的可靠性与传输效率。奇偶校验码可分为奇校验码、偶校验码，在异步传输中常选用的一种简单方法。循环冗余码（CRC）是一种分组码。在一个长度为 n 的码组中有 k 个信息位和 r 个校验位，校验位的产生只与该组内的 k 个信息位有关，即 $n=k+r$。通常称这种结构的码为（n，k）码，编码效为 k/n。

练习与思考

1．练习题

（1）传输介质的特性影响着数据的传输质量，不同的传输介质具有不同的传输特性，可从哪几方面来衡量？

（2）单模光纤与多模光纤的主要区别是什么？为何多模光纤所允许的传输距离较短？

（3）固定卫星业务有哪 3 个波段？

（4）试分析异步通信与同步通信的特点。异步通信中的“异步”概念是如何体现的？

（5）局域网中常用的 EIA/TIA 568A UTP 内 4 对 8 线的编号与线色是什么？

（6）多路复用技术有哪几种？给出比特流 011011101000 的曼彻斯特码波形图和差分曼彻斯特码波形图。

（7）通信接口包括哪四个特性？微机的串行接口现有哪几种？

（8）设有 3 路模拟信号，带宽分别为 2kHz、4kHz、2kHz。另有 8 路数字信号，数据率都为 8000bit/s。当采用同步时分多路复用（TDM）方式将其复用到一条通信线路上，假定复用后为数字传输，对模拟信号采用 PCM 方式，量化级数为 16 级，则复用线路需要的最小通信能力为多少？

（9）电视频道的带宽为 6 MHz，假定没有热噪音，如果数字信号取 4 种离散值，那么可获得的最大数据速度是多少?

（10）在相距 1 000 km 的两地间用以下两种方式传送 9 600 位的数据：一种是通过电缆以 4 800bit/s 的速度发送；另一种是通过卫星信道以 48kbit/s 的速度传送，问哪种方式需要的时间较短?

（11）对于带宽为 3kHz 的信道，若采用 0，π/2、π、3π/2，且每种相位又有两种不同的幅度来表示数据，信噪比为 20dB。问：按 Nyquist 定理和 Shanneon 定理最大限制的数据速率是多少？

（12）误码率、误组率的定义是什么？为何要测试这两项参数？

（13）若采用奇偶校验码，异步传输 ASCII 字符 B，试分析奇校验方式的校验位应等于什么？

（14）已知数据帧代玛为 1101011，若给定的生成多项式为 $G(X)=X^4+X^2+X+1$，试按长除法求出其帧校验序列。

（15）数据交换方式有哪几种？

（16）电路交换需要哪几个步骤，各自的任务是什么？

（17）试解释分组交换的基本原理和特点。

（18）试述虚电路分组交换与数据报分组交换（又称包交换）各有什么优缺点。

（19）什么是 PVC？什么是 SVC？

（20）试将帧中继网的分层结构与 X.25 分组网作一比较，说明帧中继网的特点。

（21）虚电路为什么是“虚的”？如何区分 X.25 分组交换网、帧中继网和 ATM 网中的一个网络节点各自所处理的多个虚电路？

（22）试说明 ATM 的服务质量参数和流量控制参数。

2．思考题

（1）双绞线为什么要纽绞?如果在一对双绞线上要求实现全双工通信，该如何处理？

（2）CATV 同轴电缆与局域网用的同轴电缆有何不同? 10Base2 和 10Base5 同轴电缆的特性有哪些？

（3）光纤传输有哪些优点?

（4）地面微波与卫星微波通信的特点。

（5）什么是取样定理？

（6）试说明 30/32 路 PCM 时分多路复用的基本原理。

（7）试说明 SDH 中 STM-1 的传送块状帧格式。

（8）10 个 9 600bit/s 的信道按时分多路复用在一条线路上传输，如果忽略控制开销，那么对于同步 TDM，复用线路的带宽应该是多少？在统计 TDM 情况下，假定每个子信道有 50%的时间忙，复用线路的利用率为 80%，那么复用线路的带宽应该是多少?

（9）在 HDLC 中如何保证信息的透明性?若有比特串 01000001111101011111110，试写出面向比特数据链路控制的线路上的位串。

（10）X.25 的呼叫请求分组中的主叫 DTE 地址、被叫 DTE 地址与逻辑信道号有什么不同应用？如何理解逻辑信道号（LAN）具有本地意义？

（11）帧中继是如何提供服务等级（SLA）和实施本地管理的？

（12）ATM 适配层与其所支持的业务有何对应关系？从哪几方面来表征？

第4章 构建局域网

4.1 局域网概述

计算机局域网络简称为局域网（Local Area Network，LAN），是计算机网络中发展最快的一个分支。它始于20世纪70年代，经过技术开发阶段和商品化阶段，促使彼此独立的众多个人计算机（如微机、工作站）进入网络环境。

4.1.1 局域网的基本特征

从硬件的角度看，局域网（LAN）是传输介质、网卡、工作站、服务器以及其它连接网络设备的集合体；从软件角度看，LAN是由网络操作系统（Network Operating System，NOS）统一协调、指挥、提供文件、打印、通信、数据库等服务功能；从体系结构来看，LAN由一系列层次服务和协议标准来定义。

LAN标准主要由IEEE 802委员会制定，并得到国际标准化组织ISO的采纳。有别于广域网、城域网，LAN的基本特征有下列3个方面。

① 覆盖的地理范围可以在一幢办公楼、一个校园的区域，其距离一般为0.1～10km；从技术上来说，已可延伸到城区（MAN）的范围。

② 数据传输速率高，如10Mbit/s→100Mbit/s（百兆）→1000 Mbit/s（千兆）→10 Gbit/s（万兆）的以太网已得到了广泛的应用。

③ 误码率很低，大致为10^{-8}～10^{-10}。

局域网一般具有专用性质，建在一个单位内，作为办公自动化（Office Automation，OA）系统、工矿企业生产自动化（Computer Integrated Manufacture System，CIMS）接入Internet的基础设施中起着十分重要的作用。局域网侧重共享信息的处理、存储。在众多的局域网中，DIX集团公司的以太网作为局域网典型代表，占有很大的市场份额。

能反映局域网特征的基本技术有三个方面：网络拓扑结构、数据传输介质、介质访问控制方法。这些技术基本上可确定网络性能（网络的响应时间、吞吐量和利用率）、数据传输类型和网络应用等。其中介质访问控制（MAC）方法对网络特性有着重要的影响。

交换式以太网的介质访问控制方法是不同于传统局域网的MAC技术[9] [10] [24]。所谓“访问”（Access也称接入）指的是两个实体间建立联系并交换数据（信息）。在任何网络中，访问方式是泛指分配介质使用权限的机理、策略和算法，是一关键技术。如何评价介质访问控制的方法？有3个基本要素：协议简单；有效的通道利用率（Utilization）；公平性（Fairness），即网上站点的用户公平合理。

4.1.2　局域网参考模型与标准

在 80 年代初，局域网的标准化工作已经开展。其中，美国电气与电子工程师协会（IEEE）、欧洲计算机制造厂商协会（ECMA）侧重于办公自动化（OA）构架的 LAN 标准化。IEEE 设立了 802 委员会，公布了多项 LAN 和 MAN 的标准文本，如今美国国家标准局（ANSI）已将 IEEE 802 标准列为美国国家标准。1984 年，IEEE 802 标准又被 ISO 接纳为国际标准，命名为 ISO 8802。

图 4-1-1 给出了 IEEE 802 局域网/城域网（LAN/MAN）参考模型。IEEE 802 标准遵循 ISO/OSI 参考模型的原则，802 委员会认为，其工作重心首先集中于 OSI-RM 的最低两层的功能，以及与第 3 层的接口服务、网络互连有关的高层协议。因 LAN 网络拓扑简单，没有路由问题，一般不单独设置网络层。OSI-RM 的数据链路层对应 LAN 参考模型的两个子层：逻辑链路控制（LLC）子层和介质访问控制（MAC）子层，提供了数据链路控制与介质和布局无关的理想特性。

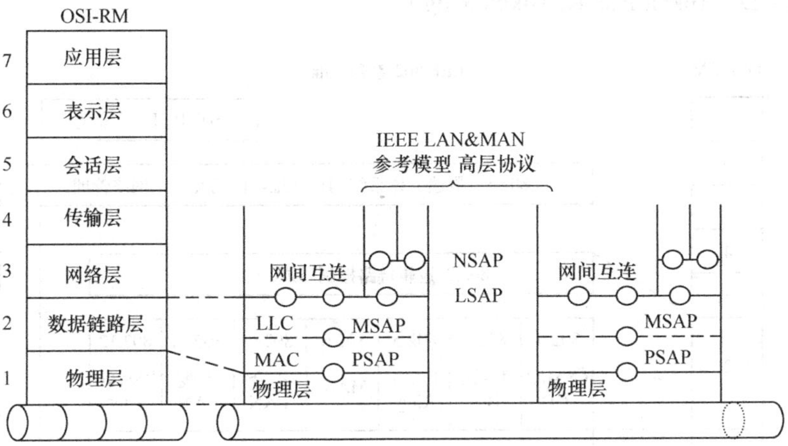

图 4-1-1　IEEE 802 局域网/城域网参考模型

1. 物理层功能

物理层实现位流的传输与接收，同步引导码的生成/删除等，并规定了有关的拓扑结构和传输速率，规定了所使用的信号、介质和编码，包括对基带信号编码和频带信道的分配。

2. 数据链路层功能

局域网数据链路层分为两个子层：介质访问控制（Media Access Control，MAC）子层和逻辑链路控制（Logical Link Control，LLC）子层。

（1）介质访问控制（MAC）子层

介质访问控制（MAC）子层在支持 LLC 子层中完成介质访问控制功能。IEEE 802 已规定了 CSMA/CD（载波监听多次访问/冲突检测）、Token Bus（标记总线）、Token Ring（标记环）、CSMA/CA（载波监听多次访问/冲突避免）等一系列 MAC。

在使用 MSAP（MAC 子层服务访问点）支持 LLC 时，MAC 子层实现帧的寻址和识别，并完成帧校验序列的产生和检验等。

（2）逻辑链路控制（LLC）子层

IEEE 802 规定两种类型的链路服务：无连接 LLC（类型 I）、面向连接 LLC（类型 II）。

3. 服务访问点（SAP）

在参考模型中，每个实体和另一系统的对等层实体间按协议进行通信。而在一个系统内的相邻层实体间通过接口进行通信，用服务访问点（SAP）来定义逻辑接口。

由图 4-1-1 可知，在网间互连子层与 LLC 子层实体间可有多个 LSAP，网间互连子层与高一层实体间可有多个 NSAP，但 LLC-MAC、MAC-物理层间只有一个服务访问点，分别称为 MSAP、PSAP。

IEEE 802 委员会先后为 LAN 内数字设备提出了一套连接的标准，如图 4-1-2 所示。表 4-1-1 列出了各个标准的描述。其中，802.6 应是城域网（MAN）标准，已超越了局域网的传输范围，但仍置于 LLC 下面。从层次功能范畴来看，上述规范均为介质访问控制子层。由此可见，链路层中与介质访问无关的部分都集中在 LLC 子层，局域网（也可拓宽到城域网、无线网，光纤网等）对 LLC 子层是透明的。只有下到 MAC 子层才能知道所连接的局域网是属于何种类型（CSMA/CD、Token Bus 或 Token Ring）。

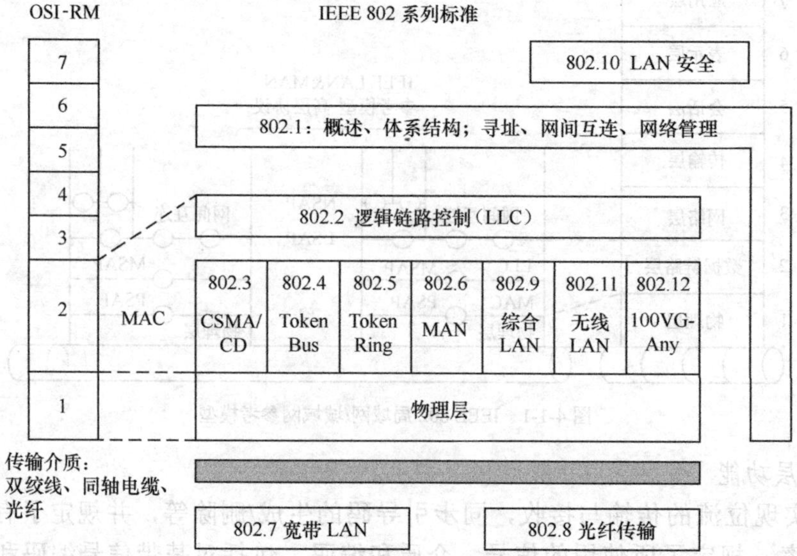

图 4-1-2 IEEE 802 局域网部分标准

从 20 世纪 90 年代开始，在市场的竞争中以太网（Ethernet）逐渐确立了优势地位，并在无线、宽带 LAN 方面又相继推出了一系列新规范（见表 4-1-1）。

表 4-1-1 IEEE 802 委员会推出的新规范

IEEE 802 标准	描述
802.3u	100Mbit/s 快速以太网
802.3ac	虚拟局域网 VLAN（1998）

续表

IEEE 802 标准	描述
802.3ab	1000Base-T 物理层参数和规范（1999）
802.3ad	多重链接分段的聚合协议（2000）
802.3z	1000Mbit/s 以太网
802.1q	虚拟桥接以太网（1998）
802.11	无线局域网 WLAN（采用扩展频谱技术）
802.14	利用 CATV 宽带通信标准
802.15	无线个人网（Wireless Personal Area Network，WPAN）
802.16	宽带无线访问标准
802.17	弹性分组环（Resilient Packet Ring，RPR）
802.20	移动宽带无线访问规范

4.2 以 太 网

以太网（Ethernet）的核心思想是共享公用的传输信道，早在 1973 年由 Xerox 公司的 Metcalfe 工程师首先提出。随后，在 1980 年，DEC、Intel 和 Xerox 三家公司联手推出以太网蓝皮书，即 DIX（由 3 个公司的第 1 个字母组成）版 Ethernet 1.0 规范；1982 年又修改成 DIX Ethernet 2.0。表 4-2-1 列出了以太网的系列规范，包括传输速率、拓扑结构、传输介质、网段长度以及网段数等参数。以太网规范的表示方法非常简单直观，如 10Base-T，传输速率为 10Mbit/s，基带传输，传输介质为双绞线。

表 4-2-1　　以太网的系列规范

以太网规范	IEEE 标准	出台年份	传输速率（Mbit/s）	拓扑结构	传输介质	网段长度（m）	站/网段
10Base-5	802.3	1983	10	总线型	粗同轴电缆（50Ω）	500	100
10Base-2	802.3a	1988	10	总线型	细同轴电缆（50Ω）	185	30
10Base-T	802.3i	1990	10	星型	二对 100Ω#3UTP	100	Hub
10Broad-36	802.3b	1988	10	总线型	75Ω同轴电缆	1800	100
100Base-X	802.3u	1995	100	星型	3 对数据，1 对检测	100	1024
100Base-T4	802.3z	1998	1000	星型	双芯多模/单模光纤	100	
100Base-TX	802.3ab	1999	1000	星型	四对#5/6/7UTP	2000	
100Base-FX	802.3ae	2002	10000	星型	长波长多/单模光纤	100	
1000Base-X					短波长多/单模光纤	100	
1000Base-T						100	
1000Base-LX							
1000Base-SX							
10Gbase-FX							

4.2.1 以太网工作原理

以太网采用总线结构将计算机互连成网。当任何一台计算机发送数据帧时，连网的其他计算机都能检测到该帧。接收站点将帧中目的地址（DA）与本站网卡 MAC 地址相同，或者 DA 为广播地址，才会处理，否则丢弃。

1. 以太网的介质访问控制机制

根据介质共享的机理，以太网在基带总线上只能存在一个单向的信息流，各个站点（包括工作站、服务器）均得通过随机访问的争用方法来获取通信权限。当总线上有多个站点要求发送 MAC 帧，又该如何加以处理呢？从许多解决方案中，以太网的介质访问控制（MAC）协议采用载波监听多次访问/冲突检测（Carrier Sense Multiple Access/Collision Detection，CSMA/CD）机制，其工作原理如下。

（1）载波监听

任一站要发送信息，首先要监听载波，用来判决介质上有否其它站的发送信号。这里的“载波”是指正在总线上传输的信号。

① 如果介质呈忙，则等待一定间隔后重试。

② 如果介质为空闲，则可以立即发送。

由于通道存在传播时延，采用载波监测的方法仍避免不了两站点在传播时延期间发送的帧会产生冲突。

（2）冲突检测

每个站在发送帧期间，同时具有检测冲突的能力。一旦遇到冲突，就立即停止发送，并向总线上发一串阻塞（jam）信号，通报总线上各站冲突已发生。

（3）多次访问

在检测到冲突，并发完阻塞信号后，为了降低再次冲突的概率，需要等待一个随机时间(冲突的各站可不相等)，然后再用 CSMA 的算法重新发送。

CSMA/CD 的工作流程如图 4-2-1 所示。CSMA 在发送分组之前进行载波监听，减少了冲突的可能性。但由于传播时延的存在，冲突仍然是难以避免的。例如，图 4-2-2 所示的以太网上两端站点 A 和 B 相距 1km，设用同轴电缆相连，电磁波在电缆中的传播速度约为自由空间的 65%左右，因此 1km 长度信号的传播时间约为 5μs。当 A 向 B 发出分组，B 要在 5μs 之后方能收到此分组。由于载波监听检测不到 A 所发的分组，则 B 若在 A 的分组到达 B 之前发送了自己的分组，必然会与 A 的分组发生冲突，致使双方的分组都受损。可见，在最不利的情况下，A 发完分组后需经过两倍的传播时延（τ）才能收到 B 发的确认信息。若 CSMA 算法没有检测冲突的功能，即使冲突已发生，仍然要将已遭破坏的帧发完，导致总线的利用率降低。CSMA/CD 比早期的 CSMA 增加了一个边发送边监听的功能。只要监听到冲突，则冲突双方立即停止发送。这样，致使信道很快进入空闲期，可提高信道利用率。这种边发送边监听的功能称为冲突检测（Collision Detection）。在实际的网络中，往往还采取一种强化冲突的措施，也就是当发送分组的站点一旦发现冲突时，除了立即停止发送外，还要继续发送若干位的干扰信号（Jamming Signal），以便使所有站点能确知发生了冲突。

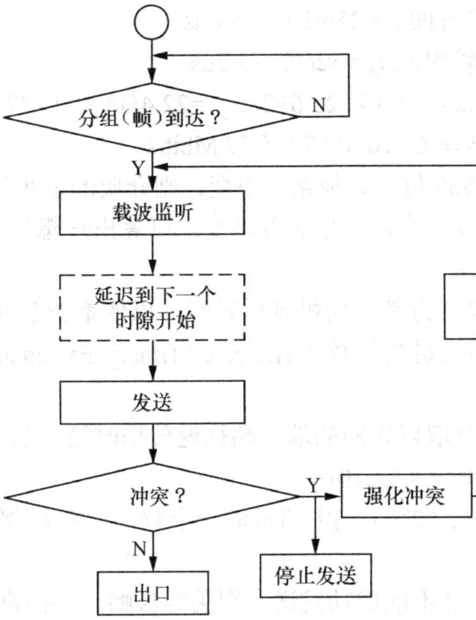

图 4-2-1　CSMA/CD 的工作流程

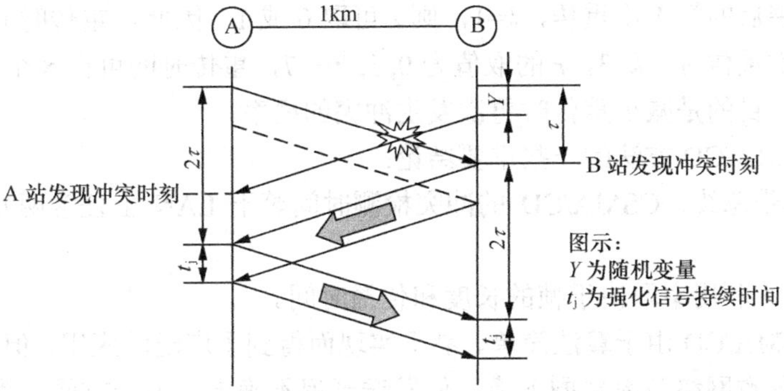

图 4-2-2　传播时延对载波监听的影响

【例 4-1】某总线网长度为 200m，信号传播速度为 200m/μs，假如位于总线两端的站点在发送数据帧时发生了冲突，问：

① 该两站之间信号的传播延迟时间是多少？

② 最多经过多长时间才能检测到冲突？

解：① 该两站之间信号的传播延迟时间　$\tau = t_{传播}$=200m/（200m/μs）=1μs

② 有一站最多经过 2τ时间，即 2μs 才能检测到冲突。

【例 4-2】长度为 1km，传输速率为 10 Mbit/s 的 802.3 LAN，其传播速度为 200 m/μs，数据帧长 256 位，包括 32 位报头、校验和其他开销在内。一个成功发送以后的第 1 位时间单元保留给接收方捕获信道，用来发送一个 32 位的确认帧。假设没有冲突，那么不包括开销的有效数据率是多少？

解：计算出传播时间 τ = 1000/200 = 5μs

发送一个数据帧的传输时间 $t = 256/10 = 25.6\mu s$

传送 32 位确认帧的传输时间 $t_A= 32/10 = 3.2\mu s$

理想效率 $U=（25.6-3.2）/（3.2+25.6+2\times5）=22.4/38.8=0.577$

不包括开销的有效数据率 $C=10\times0.577=5.77$ Mbit/s

若例 4-2 中数据帧长改为 2560 位，其他条件不变，则介质的理想效率（即利用率）可算出为 0.939；如果将传输距离减少一半，其他条件不变，可算出理想效率为 0.66。

2. 截断二进制指数退避算法

一旦以太网产生冲突，冲突各方都应随机延后时间，以便重新获取发送机会。为了选定这个随机时间，以太网采用截断二进制指数（Truncated Binary Exponential）类型退避算法，算法的过程如下：

① 确定基本退避时间，通常取以太网的端—端往返传播时延（2τ），也称争用期；

② 定义参数 k，令 k=min[重传次数,10]；

③ 从离散的整数集合[0,1,⋯,（2^k-1）]中随机取一个数，记为 r。重传所需的时延则是基本退避时间的 r 倍；

④ 当重传次数达 16 次，仍然不能成功发送，则丢弃该帧，并向高层报告。

【例 4-3】设以太网两工作站间的传播时延为 25.6μs，当 A 站和 B 站初次产生冲突，如何确定各自的退避时间？

解：初次冲突后的第 1 次重传，k=1，则 r 可取 0 或 1。因此，重传时间为 51.2μs 或 0。

若出现第 3 次重传时，k=3，r 的取值为 0, 1, ⋯, 7，重传时间可在 8 个值中随机取一个。总的算法很简单，目的是减少重传时再次发生冲突的概率。

至此可知 CSMA/CD 方法的一些重要结论：

① 若使用基带总线，CSMA/CD 的冲突检测时间等于 LAN 上任意两站点间最大传播延迟的 2 倍。

② 介质的最大利用率取决于帧的长度和传播时间。

总线型的 CSMA/CD 由于算法简单、易于实现而得到了广泛的应用，但当网络负载重时，由于冲突增多，导致网络效率急剧下降，使发送延迟不确定。另一方面，为确保有效检测出冲突信号而不使成本太高，必须限制网段的最大传输距离。

4.2.2 以太网帧格式

以太网的基本传输单元是 MAC 帧格式，如图 4-2-3 所示。图中也列出了 IEEE 802.2 LLC/802.3 MAC 的帧格式。

① 前导码（Pr）：7 字节，每字节为 10101010，用于定位，即收、发站间同步。

② 起始定界符（SFD）：1 字节，10101011 作为帧的开始标识。

③ 地址字段：DA、SA 分别为 MAC 帧的目的地址、源地址（6 字节）。在以太网中，MAC 地址是物理地址，又称硬件地址。通常，任何连网的计算机、服务器均应配上以太网的网络接口卡（Network Interface Card，NIC），简称网卡。MAC 地址是固化在网卡上的，不能随意改动。以太网 MAC 地址为 6 个字节（48 位），实际只能使用 46 位（有 2 位作特殊应用），则可提供 70 万亿个地址，确保全球 MAC 地址不会重复。

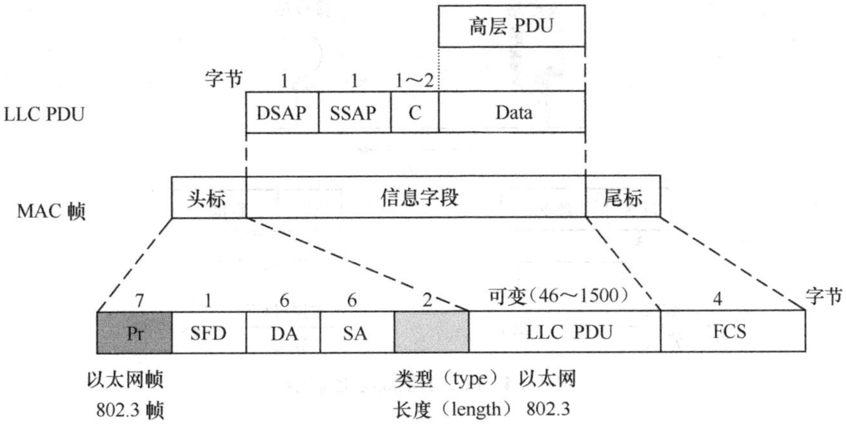

图 4-2-3　以太网/IEEE 802.3　CSMA/CD 的 MAC 帧格式

MAC 地址可分为两个部分：左 3 字节+右 3 字节。例如 MAC 地址 02-60-8C-01-02-03（16 进制表示），左侧 3 个字节由 IEEE 的注册授权委员会（Register Authority Committee，RAC）负责分配，设定为机构唯一标识（Organization Unique Identifier，OUI），02-60-8C 表示 3COM 公司登记的 OUI。而右侧 3 个字节属于注册公司可分配的地址，每个 OUI 号可生产 2^{24} 个网卡。

以太网 MAC 地址中的广播地址为 FF-FF-FF-FF-FF-FF。若帧中目的地址（DA）为广播地址，约定为连网的所有站点都必须接收并处理该帧。

④ 类型字段。紧随在以太网 MAC 帧地址字段之后的 2 字节表示类型，用来指示数据字段所封装的上层是什么协议。例如，以太网 MAC 帧封装了 IP 数据报，类型字段标为 0x0800 表示 IP，而 0x0806 表示 ARP 协议。

IEEE 802.3 MAC 帧格式中的 2 字节定义与以太网 MAC 帧格式有所不同。IEEE 802.3 MAC 帧的 2 字节表示“长度”，指信息字段的 LLC PDU 的字节数。图中给出了 802.2 LLC 的结构：DSAP 为目的地服务访问点，SSAP 为源点服务访问点，C 为控制字段。

从目前市场上提供的网卡，大都只装上符合 DIX Ethernet 2.0 协议，而没有 LLC 协议。

⑤ 信息字段。以太网 MAC 帧为可变长度：64～1518 字节（其中不计入定位、定界字段）。若去除头标、尾标后，信息字段为 46～1500 字节，不足 46 字节的 LLC PDU 需加填充字节。

⑥ 帧校验序列。如同第 3 章所述，帧校验序列（FCS）是接收站点用来检验 MAC 帧在传输中有无差错的。以太网中 FCS 为 4 字节，其生成多项式为：

$$G(X)=X^{32}+X^{26}+X^{23}+X^{22}+X^{16}+X^{11}+X^{10}+X^{8}+X^{7}+X^{5}+X^{4}+X^{2}+X+1$$

FCS 的生成与检验过程如图 4-2-4 所示。FCS 是由发送站生成的。它是利用循环冗余码（CRC）方法对随机的待发送的数据序列进行逐位处理而得。图中发送端的数据序列应是起始 MAC 帧 DA 的第 1 位到 FCS 之前的最后一位。在 MAC 帧中应是（DA＋SA＋Type+I）字段，图中的常数就是 G（X），其位序列为 100000100110000010001110110110111。经过移位运算，最后可得余数，该余数就是 FCS，附在数据序列之后输出。

在接收站，根据同样的移位处理，得余数'。若余数'=0，表示帧传输中无差错，余数'≠0，则表示帧传输中存在差错，但并不能确定错在哪些位。

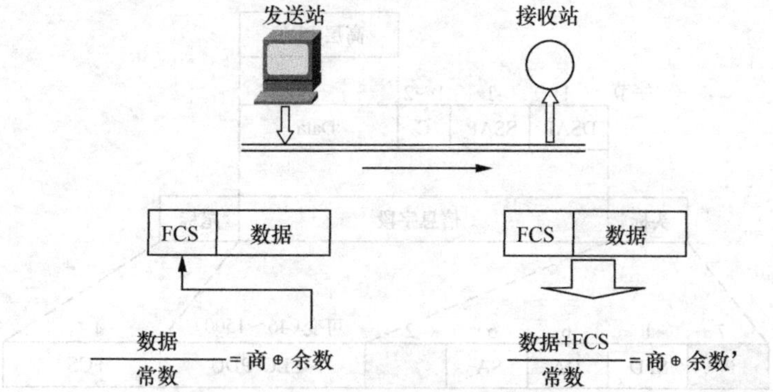

图 4-2-4　FCS 的生成与检验过程

4.2.3　交换式以太网

在以太网中，每个站点必须遵循 CSMA/CD 协议，以半双工方式通信。以太网的信道始终处于“分享”和“共享”的状态。如带宽为 10Mbit/s 的以太网，有 100 个站点上网，平均每个站点分享的带宽仅为 0.1Mbit/s（或 100kbit/s）。随着网络规模的扩大，若考虑冲突和解决冲突等必要的开销，实际上网络可用的带宽还会更低，进一步导致网络效率下降，发送延迟上升。而在交换式以太网中，采用以太交换机作为网络设备，网络拓扑为星型结构，站点可采用全双工方式进行通信，允许多个站点同时交换数据。

1．以太交换机工作原理

图 4-2-5 给出了典型的 Cisco Catalyst 以太交换机的面板结构。图 4-2-5（a）Catalyst 2950-24 以太交换机具有固定的端口类型，每台交换机有 24 个 10Base-T/100Base-TX 的端口。图 4-2-5（b）Catalyst 2950T-2 称为快速以太网交换机，不仅含 24 个 10 Base-T /100Base-TX 的自适应端口，而且有两个国定的 1000B Base-T 的上链端口，背板带宽为 8.8Gbit/s，传输模式为全双工，可级联。可选配光电转换器，支持 MT-RJ 连接器，10/125 或 62.5/125 微米多模光纤。支持网络协议有：IEEE 802.1D 生成树协议，IEEE 802.1p CoS，IEEE 802.1Q VLAN，IEEE 802.3ab 1000BaseTX 规范，IEEE 802.3u 100BaseTX 规范，IEEE 802.3 10BaseTX 规范。

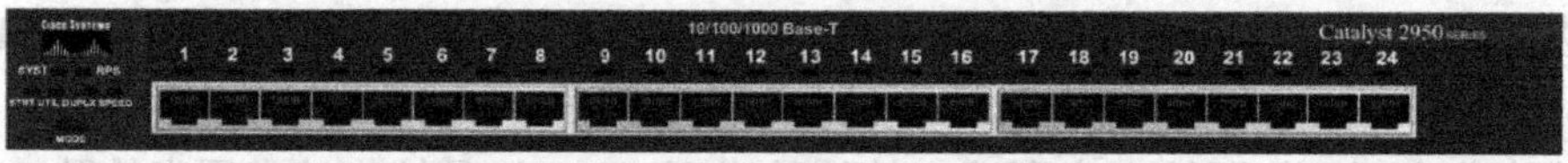

（a）Cisco Catalyst 2950-24 以太交换机

（b）Cisco Catalyst 2950T 以太交换机

图 4-2-5　以太交换机

以太交换技术方案是采用拥有一个共享内存交换矩阵和多个端口的以太交换机，将 LAN 分为多个独立的网段（称之为网段微化），并以线速支持网段交换。允许不同用户对同时进行通信。一般来讲，网段规模越小，即网段内站点数越少，每个站点的平均带宽相对越高。在极端的情况下，若每个网段只含有一个站点，则该站点占用的带宽达到最大值，即由共享带宽变为独享带宽。以太交换机的结构如图 4-2-6 所示。

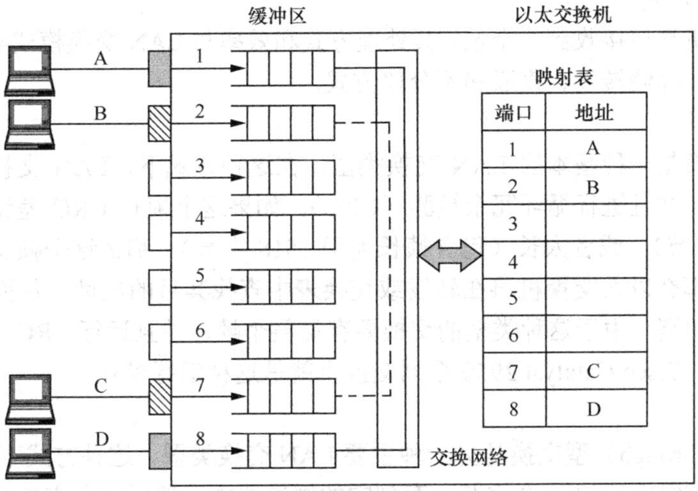

图 4-2-6　以太交换机结构

以太交换机是一种基于 MAC 地址识别，能完成数据帧封装、转发功能的网络设备。每个交换端口都可直接连接一台主机（或一个 Hub）。交换机可以“学习”MAC 地址，并把其存放在内部转发表中，支持全双工方式，其交换（转发）速率取决于交换机的背板速率。交换机转发表上一般设立 3 个条目：站地址、端口、时间。它们被用来记录收到 MAC 帧的源地址以及进入该交换机的端口号和时间（图 4-2-6 中未列出时间）。当交换机新接到网上，交换机内转发表是空的。

假设交换机有 8 个端口，端口 1、2、7、8 分别连接了 MAC 地址为 A、B、C、D 的站点。又设初始转发表为空表，下面来解释转发表通过“学习”的建立过程。

① PC_A 初次连接交换机，首先发送一个 MAC 广播帧。

② 交换机将来自 PC_A 的 MAC 帧源地址 A 和接收该帧的交换机端口 1 记入转发表。

③ 由于 PC_A 的 MAC 帧为广播帧，交换机将该帧泛洪转发到所有端口（接收该帧的端口 1 除外）。

④ 所有连网的目的站点对广播作出响应，发出目标地址为 PC_A 的单播帧。

⑤ 交换机将 PC_B 的 MAC 帧源地址 B 和接收该帧的交换机端口的端口号 2 记入转发表。

⑥ 用同样方法，转发表中记入端口 7—地址 C，端口 8—地址 D，而端口 3～6 未接用户。

⑦ 至此，可在 MAC 转发表中找到 MAC 帧的目的地址及其关联的端口。

采用网络交换方式进行网段划分的以太网称为交换式以太网。交换式以太网可以允许同时建立多对收、发信道进行信息传输。例如，在交换式以太网中，可支持每个站点独占带宽，如一个端口连接服务器；并且网中允许 $N/2$ 个站点（N 为站点数）对互相交互信息，使网络总体带宽可达（$N\times10/2$）Mbit/s。

交换式以太网的优点如下。

① 保证原有的以太网基础设施可继续使用，提高了每个站点的平均占用带宽能力，并提供了网络整体的集合带宽，具有通信量高、延迟低和价格低的优点。

② 解决共享总线网络的网段微化，即冲突域的分割、均衡负荷。

③ 提供全双工操作模式，提高处理效率。

2. 以太交换模式

当以太交换机端口接收到一个帧，其处理方式和效率与LAN交换模式有关。交换以太网有三种交换模式：存储转发、直通和不分段方式。

（1）存储转发

存储转发交换是一种基本的LAN交换类型。在这种方式下，LAN交换机将整个帧存储到它的缓冲器中，并且进行循环冗余校验（CRC）。如果这个帧有CRC差错，或者太短（包含帧长少于64字节），或者太长（包含帧长大于1518字节），那么这个帧将被丢弃。如果帧没有任何差错，那么以太交换机将在转发或交换表中查找其目的地址，从而确定输出接口，并将帧发往其目的端。由于这种类型的交换要存储整个帧，并且运行CRC，因此延迟将随帧长度不同而变化。Cisco Catalyst 2950系列交换机就是这种运行模式。

（2）直通

直通（Cut Through）型交换是另一种主要LAN交换类型。这种方式下，LAN交换机仅仅将目的地址（前缀之后的6个字节）存到它的缓冲器中。然后它在交换表中查找该目的地址，从而确定输出接口，并将帧发往其目的端。这种直通交换方式减少了延迟，因为交换机一读到帧的目的地址，确定了输出接口，就可将帧转发。但也存在一些问题，当有些帧在传输过程中已出现了差错，进入交换机后并没有进行FCS校验就将其转发了，因而会产生无效的转发，增加了网络开销。

因此，有些交换机设计成自适应地选择交换方式，可设置在直通方式工作，直到某个端口上的差错达到用户定义的差错极限，交换机会由直通模式自动切换成存储转发模式，而当差错率降低到这个极限以下，交换机又会由存储转发模式自动切换成直通模式。图4-2-7列出了不同交换方式在帧中发生的位置。

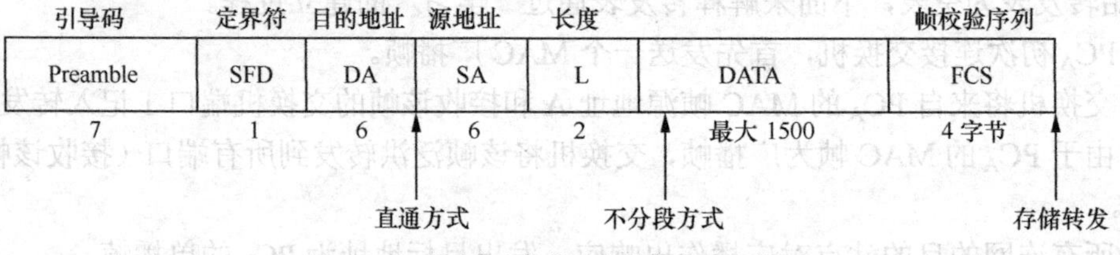

图4-2-7 不同的交换模式在帧中发生的位置

（3）不分段方式

不分段方式改进的直通方式是直通方式的一种改进形式。这种方式下，交换机在转发之前等待64字节的冲突窗口。如果一个帧有错，那么差错一般都会发生在前64字节中。不分段方式较之直通方式提供了较好的差错检验，而几乎没有增加延迟。不分段交换方式可检查到帧的数据域。

4.2.4 高速以太网

1. 快速以太网

在1993年，40多家网络厂商加入高速Ethernet联盟，合作开发高速以太网。1995年IEEE

正式通过 100BASE-T 标准，称为快速以太网（Fast Ethernet）。

100Base-T 是继承性地直接拓展了 10Mbit/s 以太网，其主要特征如下。

① 它仍是一种共享介质技术，原封不动地采用了以太网/IEEE 802.3 标准的 CSMA/CD 介质访问控制技术和帧格式。将网络传输的线速率提高到 100Mbit/s，提供了 10Base-T 平滑过渡 100Mbit/s 性能的解决方案；采用集线器（Hub）组网构成星型拓扑结构，也可以在交换式快速以太网为每端口提供 100Mbit/s 带宽，允许多个站点同时发送数据。

② 100Base-T 技术的关键部件是 100Mbit/s 的 CSMA/CD 收发器及介质独立接口（Media Independent Interface，MII），现支持 3 种类型的收发器。

- 100Base-T4：采用 4 对 3 类或 5 类 UTP 双绞线缆（其中 3 对用于传送数据，1 对用于检测冲突）。
- 100Base-TX：采用 2 对 5 类 UTP 或 150Ω STP 双绞线缆。
- 100Base-FX：采用 1 对 MMF 多模光纤（一发一收），有利于结构化布线。

③ 采用了 FDDI/CDDI 的标准信号设计方案，即 4B/5B 编码技术，在技术上与 CDDI 保持兼容，不使用曼彻斯特编码。

100Base-T 网采用自适应网卡，可在 10Mbit/s 和 100Mbit/s 环境下混合使用，已成为当前市场的主流选择。

快速以太网特点如下。

- 性价比高，数据传输速率为 100Mbit/s。
- 完全兼容 10Base-T LAN 标准（CSMA/CD）。
- 星型拓扑结构，支持 MII（介质独立接口）。
- 支持全双工通信。若要扩展传输距离，需使用网桥或交换机级联。

2. 千兆位以太网

1996 年，千兆位以太网（Gigabit Ethernet）问世。1999 年，IEEE 发表了 1000Base-X 标准 802.3z，引起业界的广泛兴趣。千兆位以太网（1000Mbit/s）和以太网（10Mbit/s、100bit/s）具有相同的帧格式、流量控制和全双工操作。在半双工模式中，千兆位以太网也采用相同的 CSMA/CD 基本原理，解决共享媒体的争用。

（1）千兆位以太网（IEEE 802.3z）标准

千兆位以太网（IEEE 802.3z）标准有如下定义。

① 1000Base-LX（长波长），支持在建筑物内垂直主干多模光纤和园区内主干单模光纤的应用，其链路长度分别是 550m 和 3km；

② 1000Base-SX（短波长），支持在较短垂直主干和水平布线多模光纤的应用，其链路长度是 260m；

③ 1000Base-CX，支持在室内铜屏蔽线缆（STP、150Ω）的应用，其链路长度是 205m。

IEEE 802.3ab 标准有如下定义。

1000Base-T，支持 4 对 5 类非屏蔽双绞线（UTP）的应用，其链路长度是 100m。提供半双工（CSMA/CD）和全双工 1000Mbit/s 的以太网服务。1000Base-T 的拓扑准则与 100Base-TX 所用的自动协商机制（Auto Negotiation System）相同。这样不仅简化了与传统以太网逐步集成的任务，还可能提供 100Mbit/s 和 1000Mbit/s 双频的物理协议子层（PHY）产品。后者确保了 1000Base-T 设备能够“后退到”100Base-TX 的操作，因此为升级系统提供一种灵活方法。

（2）千兆位以太网的体系结构

千兆位以太网的体系结构，如图 4-2-8 所示。图中数据链路层仍分为两个子层：LLC 和 MAC。在两层之间有一个 MAC 控制（可选）子层。

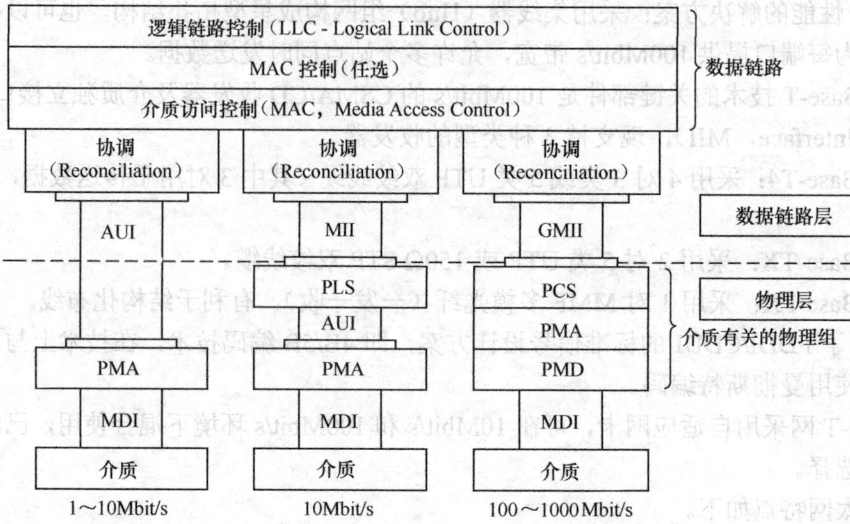

图 4-2-8　千兆位以太网体系结构

物理层比较复杂，图 4-2-8 中列出了 10Mbit/s、100Mbit/s 的层次加以对照。

① 介质相关接口（Medium Depedence Interface，MDI）子层，适配不同的传输介质，如双绞线、同轴电缆或光纤。

② 与介质有关的物理组（Medium Depedence PHY Group）包括 3 个层次：物理编码子层（Physical Coding Sublayer，PCS）；物理介质附属子层（Physical Medium Attachment Sub，PMA）；物理介质相关子层（Physical Medium Dependent Sub，PMD）。

③ 千兆介质独立接口（Gigabit Medium Independent Interface，GMII）。

（3）千兆位以太网技术特征

1000Base-T 使用 5 类 UTP，可保护大部分用户（约占 72%）的投资，然而在施工安装时，提出更高的质量要求。例如，端接硬件的非双绞 UTP 长度不得超过 13mm，通过现场对全程链路测试其性能参数，来判定施工质量的优劣。除了在 ANSI/TIA/EIA-TSB-67 "双绞线缆系统现场测试的传输性能规范"、ANSI/TIA/EIA-568-A 附录 E 和 ISO/IEC11801：1995 中已规定的要求以外，还有以下要求。

① 回波（Echo）：在同一线进行收、发全双工通信时，会产生回波。所谓回波是指接收到不希望的残留的发送信号，该回波是由于 2/4 线转换混合损耗（Trans-Hybrid Loss）和布线引起的返回损耗（Return Loss）因素的组合而产生的。

② 返回损耗：测量因信道失配而引起的反射回转至发送端的能量损耗。差值越大越好。

③ 远端串音衰耗（FEXT）：信号从发送器远端电缆中的一线对泄漏到另一线对。FEXT 与近端串音衰耗（NEXT）一样，它也是一种噪音信号，均以分贝（dB）形式测量。在频率较高时串音会变小，因而差值越大越好。

④ 等能量级远端串音衰耗（ELFEXT）：FEXT 和全程链路衰减（Attenuation）的差值。

AMD 公司进行的实验表明：在具有冲突的半双工拓扑中，千兆位以太网在网络 100% 负荷时，其吞吐量超过 720Mbit/s。因此，目前在千兆位以太网中使用超 5 类、6 类、7 类 UTP。

千兆位以太网使用全双工通信，典型应用是在两个端点（Endpoint）之间，如交换机之间、交换机和服务器之间、交换机和路由器之间，在网段上无冲突，从而可不使用 CSMA/CD 介质访问方式和流量控制。

千兆位以太网的全双工通信可选择 IEEE 802.3x 的流量控制机制：如果接收站发生阻塞，它可以回送一个称为“暂停帧”给源站，请求该站在一特定的间隔内停止发送。发送站在发送更多的数据之前等待所请求的时间。一旦阻塞解除，接收站还可以送回一个零等待时间帧给源站，请求开始再次发送数据。这个机制从 IEEE 802.3z 中分离出来，但允许千兆位以太网速率的设备共享这种流量控制机制。

4.3　虚拟局域网

4.3.1　虚拟局域网概念

随着以太交换技术的发展，允许区域分散的部门在逻辑上成为一个新的工作组，而且同一工作组的成员能够改变其物理地址而不必重新配置节点，这就是用到了虚拟局域网（Virtual LAN，VLAN）技术[12][13]。

图 4-3-1 中设有 3 个 VLAN，每一台计算机通过以太交换机分属不同的 VLAN。因此，VLAN 是一种能对按需组网加以逻辑定义的，并能将网络的物理结构抽象成为逻辑视图的技术。它可将一组在物理上并不相连的网段在逻辑上定义为一个单一的 VLAN。VLAN 在逻辑上等于 OS1 7 层模型的第 2 层的广播域，它与具体的物理网及地理位置无关。更重要的是，即使多个网段被连接到网络中不同的但相互连接的交换机上，它们仍可被定义成单一的 VLAN 成员。

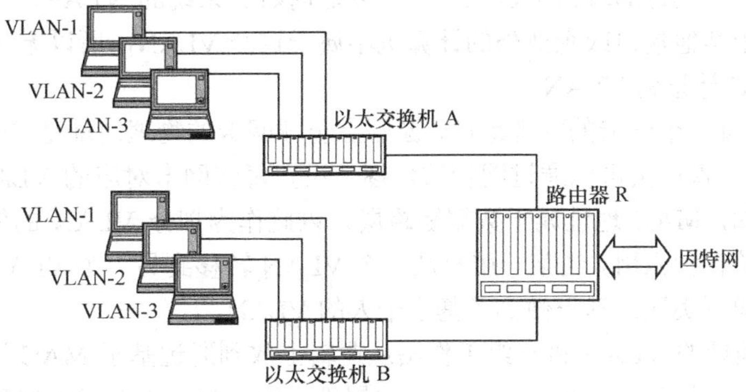

图 4-3-1　因特网中的 VLAN

在实际组网时，VLAN 具有下列特性。

① 一个VLAN是一个有限的广播域：基于以太交换机建立的VLAN能使原来LAN的一个大广播区（交换机的所有端口）从逻辑上分为若干个“子广播区”，在子广播区里的广播封包只会在该广播区内传送，其他的广播区是收不到的。VLAN通过交换技术将通信量（Traffic）进行有效分离，从而更好地利用带宽，并可从逻辑的角度出发，将实际的LAN基础设施分割成多个子网。它允许各个局域网运行不同的应用协议和拓扑结构。

② VLAN内的所有成员被分为独立于物理位置的相同的逻辑广播域。

③ 在一个VLAN中，通过软件来管理（增加、修改、删除）成员，简便快捷。

④ VLAN成员之间不需要路由。

此外，VLAN可对广播与组播通信控制，增强网络的安全性，完善网络的管理和减少LAN对路由器的操作。

4.3.2 VLAN的划分方式

在因特网中如何划分VLAN？划分VLAN涉及如何定义VLAN的成员，可按不同用户的需要，有多种划分方法。目前，主要有下列3种方法来划分VLAN。

1. 基于交换端口的VLAN

这种VLAN方式使得划分成不同VLAN的交换端口在物理上是相连的，但在逻辑上是断开的。第一代的基于交换端口的VLAN，只能在同一个交换模块上划分VLAN。但是，如果划分VLAN仅局限于一个交换模块，显然无法满足现代分布式网络的需要。在这种实际需求的推动下，第二代基于端口的VLAN可以在不同交换模块上划分同一VLAN。各交换模块之间通过构造生成树（Spanning Tree）方式在主干上传递端口的VLAN信息，实现VLAN的划分。

通过建立基于端口的VLAN和相应的网管软件，网络管理员可以在很短的时间内根据网络的实际需求完成对整个网络的动态管理。但是基于端口的VLAN无法做到一个端口同时属于几个不同的VLAN。同时，如果网络中的用户要经常地从一个VLAN移动到另一个VLAN，网络管理员也要在网络中进行相应的改动。

将一系列端口配置到一个单一的广播域内，由于数据报不会漏到其他区域，基于端口的VLAN能对确定的端口进行安全访问。例如，对一个企业的财务部门，网络管理员能在企业内网络设备上的一组规定的端口上建立一个可以访问财务系统的VLAN，提供访问财务系统信息的能力。由于其他端口或企业外的计算机不属于这个VLAN，所以无法进行访问。

2. 基于MAC地址的VLAN

MAC地址是每一个网卡的物理地址，原则上全球网卡的物理地址是唯一的（伪冒产品除外）。正因为如此，管理员可以通过网管软件逐一设置每张网卡对应的VLAN来实现VLAN的划分。众所周知，MAC地址属于数据链路层，以此作为划分VLAN的依据，能很容易地独立于网络层上的各种应用。当某一用户从一个VLAN转移到另一个VLAN上时，在用户端无需做任何改动即可实现，真正做到了基于个人的VLAN。

基于MAC地址的VLAN将一组工作站从逻辑上放到通过基于MAC层地址的多个集线器的一个广播域中。这种策略扩充了以太网的属性，客户机可不依赖于物理位置映射到服务器，优化了客户机/服务器的配置。因此，当服务器被集中放置用来改善管理及安全性时，基于MAC地址的VLAN能很容易地将工作组客户机连接至合适的服务器资源上。

在基于 MAC 地址的 VLAN 划分方式中，如果要划分 VLAN，必须对每个 MAC 地址逐个进行配置。显然，这种方法在大型网络中给网络管理员增加的的工作量相当大。但支持这种功能的厂商可提供相应的网管软件，通过网管软件对 MAC 地址自动跟踪，实现自动/半自动地划分 VLAN。

此外，基于 MAC 地址的 VLAN 划分是依据硬件的地址，缺乏硬件的独立性，所以对网络的灵活性会造成较大的影响。

3. 基于网络层的 VLAN

这种 VLAN 划分方式是根据网络上应用的网络协议或网络地址划分 VLAN。这对于那些想针对具体应用和服务来组织用户的网络管理员来说无疑是十分有效的。基于网络层的 VLAN 对协议（如 IP）非常有用，通过手工配置或地址服务器将网络层地址与设备相连接。

基于网络层的 VLAN 划分方式中，能够很好地根据实际应用来划分 VLAN。但是无论是哪种网络协议，只要是属于网络层的交换机，都必须通过对数据报的解包才能获得必要的 VLAN 信息，这势必造成交换速度的下降，同时也引来了网络的安全问题。除非网络管理员能对客户端上捆绑的网络协议进行锁定，不然每个用户通过增删自己本机上的网络协议，可以毫无限制地在各 VLAN 中畅游，这将带来网络安全隐患。

以上各种 VLAN 划分方式各有利弊，应用者必须根据实际的建网需求来选择合适的 VLAN 划分方式。

4.3.3　VLAN 成员间通信方式

在多台交换机上用何种最佳方法支持 VLAN 成员信息通信？所选择的方法将在网络增扩时对网络通信产生什么影响？

在多台交换机上进行 VLAN 成员信息通信通常有两种方法：隐式通信、显式通信。隐式通信能够在一台交换机内访问基于端口定义的 VLAN。这种方法大都适用于较小规模的网络或是每一交换网段上拥有大量用户的网络。不过，更为常见的是，隐式通信指的是定义于第 3 层的 VLAN——在数据报的报头上可以找到确定 VLAN 成员信息的 VLAN。

VLAN 信息的显式通信有 3 种方式：

① 通过一个 ATM 主干网和 ATM 论坛的局域网仿真标准（LANE）实行的；

② 按照 IEEE 802.1q VLAN 标准制订；

③ 设专有帧的标识或封装。

前两种是业界标准，其中 IEEE 802.1q VLAN 的帧格式如图 4-3-2 所示。

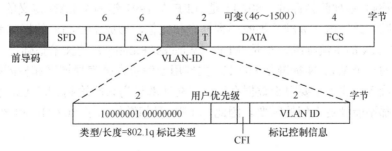

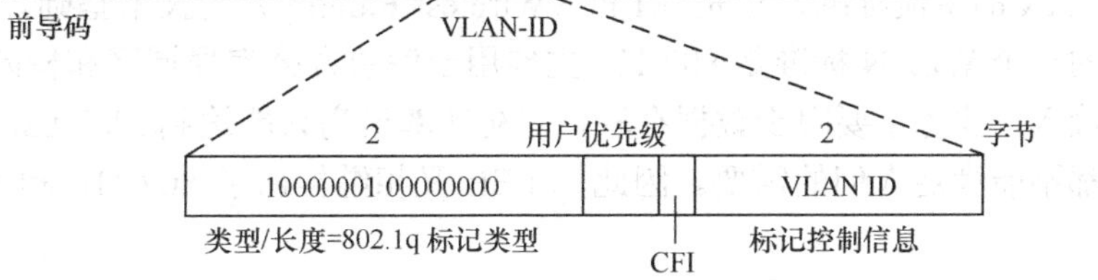

图 4-3-2　以太网/802.3 MAC 帧格式中 VLAN ID

由图可见，IEEE 802.1q 在帧格式上需附加 4 个字节，分为两部分：802.1q 标记（Tag），以及标记控制字段，在以太交换机内部或交换机之间有效。可根据 L 长度字段来判别是 IEEE 802.3 帧，还是符合 IEEE 802.1q 的 VLAN 帧。当 L≤1500 字节，为 LLC 数据帧；L=$(81-00)_H$，即 33024（十进制）时，为 IEEE 802.1q Tag MAC 帧。

VLAN 之间的通信技术大致可分为以下几种。

1. 通过外部路由器实现

这与传统的以路由为中心的局域网互连一样。这种技术在 VLAN 数目较多时会极大地增加网络成本，并且 VLAN 间的通信效率很低。

2. 通过具有路由功能的交换机实现

中心交换机带有路由功能即路由交换（第 3 层交换）。不同产品实现手段有所不同，有的通过软件实现路由功能，有的则通过硬件实现路由功能。一般具有路由功能的中心交换机多能支持 64 个以上的 VLAN，最多的能达到 1024 个 VLAN。这种技术的特点是既达到了作为 VLAN 控制广播这一最基本的目的，又不需要外接路由器。但 VLAN 间的连接还是通过路由技术来实现。VLAN 间的通信速率一般不超过 2Mbit/s。

3. 通过建立通信连接来实现

虚拟网上任意两个用户的第 1 次通信是通过发送有限的 ARP 广播来实现的。一旦源用户找到目的用户，就建立虚拟的通信链路，此后进行面向连接的通信。这种方式的特点是实现了 VLAN 之间快速、高效的通信。

每种方案都有优劣，它对网络整体结构的影响也是如此。此外，路由并非 VLAN 之间通信的唯一方法。与涉及选择 VLAN 解决方案的其他关键问题一样，用于 VLAN 之间通信的技术也要视该机构的特定需要和整体网络环境而定。须知灵活性仍是至关重要的。

4.4 无线局域网

无线局域网作为有线局域网的补充和扩展，具有移动灵活、安装简便、运行成本低、可扩展性强等优点，已经得到了广泛的应用。

4.4.1 无线局域网标准

目前，无线局域网（Wireless LAN，WLAN）领域主要是 IEEE 802.11x 系列与 Hiper LAN/x（欧洲无线局域网）系列两种标准。802.11 是 IEEE 在 1997 年为 WLAN 定义的一个无线网络通信的工业标准。此后这一标准又不断得到补充和完善，形成 802.11x 的标准系列。802.11x 标准是现在 WLAN 的主流标准，也是 Wi-Fi（Wireless Fidelity）的技术基础。

最初制定的一个 WLAN 标准是 802.11，主要用于解决办公室局域网和校园网中用户与用户终端的无线接入，业务主要限于数据存取，起初速率最高只能达到 2Mbit/s。由于它在速率和传输距离上都不能满足人们的需要。因此，IEEE 又相继推出了 802.11b 和 802.11a 等系列标准。

1. 802.11b

802.11b 是一种 11Mbit/s 无线标准，可为笔记本电脑或桌面电脑用户提供完整的网络服务。

IEEE 802.11b 的特点和应用范围见表 4-4-1。

表 4-4-1 IEEE 802.11b 的特点和应用范围

IEEE 802.11b	特点
频段	2.4GHz，直接序列扩频（DSSS）
数据传输速率	11Mbit/s（最大 22 Mbit/s）
动态速率转换	当射频情况变差时，可将数据传输速率降低为 5.5Mbit/s、2Mbit/s 和 1Mbit/s
使用范围	支持的范围是在室外为 300 米，在办公环境中最长为 100 米
可靠性	使用与以太网类似的连接协议和数据包确认，来提供可靠的数据传送和网络带宽的有效使用
互用性	只允许一种标准的信号发送技术，WECA 将认证产品的互用性
电源管理	网络接口卡可转到休眠模式，访问点将信息缓冲到客户，延长了笔记本电脑的电池寿命
漫游支持	当用户在楼房或公司部门之间移动时，允许在访问点之间进行无缝连接
加载平衡	NIC 更改与之连接的访问点，以提高性能
可伸缩性	最多 3 个访问点可以同时定位于有效使用范围中，以支持上百个用户
安全性	内置式鉴定和加密

2. 802.11a

802.11a 标准是 802.11b WLAN 标准的后续标准。标准工作在 5GHz 频带，物理层速率可达 54Mbit/s，传输层可达 25Mbit/s；采用正交频分复用（OFDM，Orthogonal Frequency Division Multiplexing）的独特扩频技术；可提供 25Mbit/s 的无线 ATM 接口和 10Mbit/s 的以太网无线帧结构接口，以及 TDD/TDMA 的空中接口；支持语音、数据、图像业务。一个扇区可接入多个用户，每个用户可带多个用户终端。

3. 802.11g

802.11g 是为了提供更高的传输速率而制订的标准，它采用 2.4GHz 频段，使用补码键控（Complementary Code Keying，CCK）技术与 802.11b（Wireless Fidelity，Wi-Fi）向下兼容，同时它又采用 OFDM 技术支持高达 54Mbit/s 的数据流。

从 802.11b 到 802.11g，可发现 WLAN 标准发展的轨迹。802.11b 是所有 WLAN 标准演进的基石，未来许多的系统大都需要与 802.11b 向下兼容；802.11a 是一个非全球性的标准，与 802.11b 向下不兼容，但采用 OFDM 技术，支持的数据流高达 54Mbit/s。802.11g 是兼容调制方式和工作频段不同的两种 802.11b 和 802.11a 互通的一种混合标准。通过其高速模式，802.11g 支持多个同时高质量的视频信道，允许同一所房子中的 2～3 个人同时观看不同的视频节目。

4. 802.11n

IEEE 802.11n 工作小组由高吞吐量研究小组发展而来，并计划将 WLAN 的传输速率增加至 108Mbit/s 以上，最高速率可达 320Mbit/s。和以往的 802.11 标准不同，802.11n 协议为双频工作模式（包含 2.4GHz 和 5.0GHz 两个工作频段），保障了与以往的 802.11a/b/g 标准兼容。采用多进多出（MIMO）和空间流技术，接收天线的数量越多，可以保持一定数据传输速度的传输距离就越长。若采用 2×3 MIMO 方式则表示 2 根发射天线和 3 根接收天线，表示 2 根天线独立地并行发送由单独编码的信号组成的不同的流（即空间流）。在接收端，每根天线收到信号流的不同组合。多出的接收天线增加了给定吞吐量的传输距离，或者说，增加了给定距离上的吞吐量。

表 4-4-2 列出了 802.11 和 802.11a/b/g/n 的性能比较。

表 4-4-2　　802.11a/b/g/n 性能比较

标准	频率	带宽	距离	业务
802.11	2.4GHz	1～2Mbit/s	100m	数据
802.11b	2.4GHz	11Mbit/s	功率增加可扩展	数据、图像
802.11a	5.0GHz	54Mbit/s	5～10km	语音、数据、图像
802.11g	2.4/5.0GHz	54Mbit/s	视频网络环境而定	语音、数据、图像
802.11n	2.4/5.0GHz	108～320 Mbit/s	视频网络环境而定	语音、数据、图像

5. 802.11e

802.11e 是 IEEE 为满足语音、视频等传输的服务质量（QoS）方面的要求而制订的。在 802.11 MAC 子层，802.11e 添加了 QoS 和多媒体支持功能，它的分布式控制模式可提供稳定合理的服务质量，而集中控制模式可灵活支持多种服务质量策略，让影音传输及时、定量，保证多媒体的顺畅应用，WIFI 联盟将此称为 WMM（Wi-Fi Multimedia）。

6. 802.11h

802.11h 是为了与欧洲的 HiperLAN2 相协调的修订标准。美国和欧洲在 5GHz 频段上的规划、应用上存在差异。制订这一标准的目的，是为了减少对同处于 5GHz 频段的信号干扰。类似的还有 802.16（WIMAX），其中 802.16b 即是为了与 Wireless HUMAN 协调而制订。802.11h 涉及两种技术，一种是动态信道选择（DCS），即接入点不停地扫描信道上的信号，接入点和相关的基站随时改变频率，最大限度地减少干扰，均匀分配 WLAN 流量；另一种技术是发射功率控制（TPC），总的传输功率或干扰将减少 3dB。

7. 802.11i

802.11i 是无线局域网的安全标准，也称为 Wi-Fi 保护访问，它是一个存取与传输安全机制，由于 Wi-Fi 联盟已经先行提出比 WEP（Wired Equivalent Privacy）具有更高防护力的 WPA（Wi-Fi Protected Access），因此 802.11i 也被称为 WPA2。WPA 使用当时密钥集成协议进行动态加密，其运算法则与 WEP 一样，但创建密钥的方法不同。

蓝牙（Bluetooth）是与 IEEE 802.11b 无线局域网标准相当的另一个标准。蓝牙有以 IBM 为主的蓝牙特殊利益集团（SIG）的支持，IEEE 802.11b 有无线以太网兼容性联盟（WECA）的支持。两者工作频段均工作在 2.4GHz 频段上。IEEE 802.11 只规定了开放式系统互联参考模型（OSI/RM）的物理层和 MAC 层，其 MAC 层利用载波监听多重访问/冲突避免（CSMA/CA）协议。而在物理层，802.11 定义了 3 种不同的物理介质：红外线、跳频扩谱方式（FHSS）以及直扩方式（DSSS）。若要进行无线数据通信，数据设备先要安装有无线网卡。蓝牙技术具有一整套全新的协议，可以应用于更多的场合。蓝牙技术中的跳频更快，因而更加稳定，同时它还具有低功耗、低代价、比较灵活等特点。

IEEE 802.11b 实现的是有形的、特定的网络，而由蓝牙形成的网络是无形的、看不见的。蓝牙技术是自主网中的一个主流技术。

在应用上，IEEE 802.11b 的传输距离长、速度快，可以满足用户运行大量占用带宽的网络操作，就像在有线局域网上一样。而蓝牙技术面向的却是移动设备间的小范围连接，因而从本质上说，它是一种代替电缆的技术。蓝牙适合用于手机、掌上型电脑等的简易数据传递，速率小于 1Mbit/s。

目前这些技术还仍处于并存状态，由于 IEEE 802.11b 和蓝牙的载波频带都使用 2.4GHz 频带，当同时收发这两种规格的数据时，有可能引起数据包冲突、电波干扰等问题；从长远看，随着产品与市场的不断发展，它们将走向融合。

4.4.2　无线局域网组成

IEEE 802.11 无线局域网（WLAN）由移动终端站和无线接入点（Access Point，AP）组成。IEEE 802.11WLAN 采用单元结构。整个系统分为许多基本单元，每个单元称之为基本服务集（Basic Service Set，BSS）。BSS 有两种组成方式。

① 分布对等式：无中心拓扑结构，即 BSS 中任意两个移动终端站之间可直接对等地通信，无需其他设备参与。

② 集中控制式：星型拓扑结构，即 BSS 中以 AP 为中心，任何移动终端站之间不能直接通信，必须经 AP 中继接入 WLAN。

IEEE 802.11　WLAN 体系结构基于基本服务集 BSS。当一个 BSS 内的所有终端都是移动终端，并且和有线网络没有连接时，即分布对称式网络结构，该 BSS 就叫做独立 BSS（Independent Basic Service Set，IBSS）。IBSS 中的所有移动终端都可以相互自由通信。IBSS 是最基本的 IEEE 802.11 WLAN。一个最小的 IEEE 802.11 WLAN 可以只含 2 个移动终端站。但即使属于同一个 IBSS，并不是每一个移动终端都能与其他所有移动终端通信。IBSS 没有中继功能。一个移动终端要想和其他移动终端通信，它们必须在能够直接通信的范围之内。因 IBSS 的建立不需要预先规划，它常常被称作 ad hoc 网络，如图 4-4-1（a）所示。

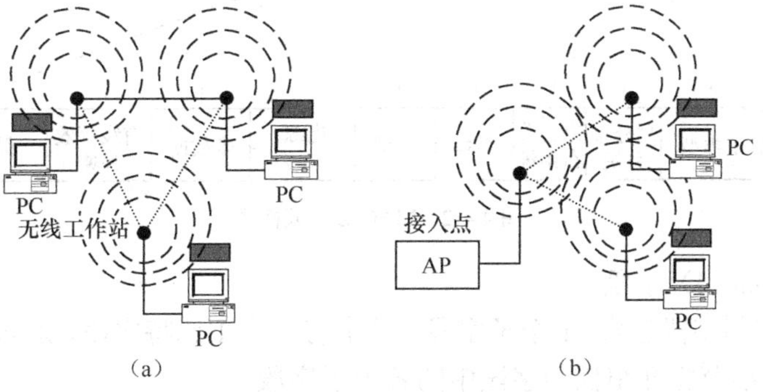

图 4-4-1　IEEE 802.11 WLAN 拓扑结构

当一个 BSS 中包含接入点（AP）时，该 BSS 称为基础设施网 BSS（Infrastructure Basic Service Set），如图 4-4-1（b）所示。无线接入点 AP 除了本身是一个独立的终端之外，还提供对分布系统（Distribution System，DS）的接入，包括与其他 AP 的连接以及对有线网络的接入。如果 BSS 中的一个移动终端要和其他移动终端通信，数据将被首先发送到 AP，然后由 AP 转发到目的移动终端。这样，BSS 内部通信所消耗的带宽是数据直接从一个移动终端发送到另一个移动终端所消耗带宽的两倍，但 AP 可以缓存发往当前正处于节能模式移动终端的数据。

扩展服务网络（Extended Service Set，ESS）由两个或两个以上的 BSS 组成。每个 BSS 中有一个终端作为 AP 接入分布系统（DS），并通过 DS 与其他 BSS 相连。IEEE 802.11 既支持纯粹的无线网络，也可以通过 DS 和 Portal（门户网站）与其他有线 LAN 相连。Portal 是一个逻辑实体，它既可以是一个独立的网络部件，也可以和无线接入点集成在一起。Portal 在 IEEE 802.11 网络和其他类型的网络之间执行协议转换功能，使得其他类型网络的数据可以与 IEEE 802.11 网互通。

4.4.3 802.11 MAC 帧格式

WLAN 中移动终端与 AP 的 MAC 层之间以帧为数据单元传输。MAC 层支持 3 种类型的帧，即数据帧（用于站点间传输信息）、控制帧（用于控制访问介质）以及管理帧（用于站点第 2 层间交换管理信息）。

1. 数据帧格式

802.11 数据帧格式是可变长的，帧正文域（Frame body）的最大长度可达 2312 字节，如图 4-4-2 所示。这样，能支持传输以太网的最大长度帧（含 1500 字节信息域）。然而，因为无线链路的误码率比有线 LAN 的误码率高得多，为弥补这种情况，无线局域网在 MAC 层采用一种简单的分段重装机制。

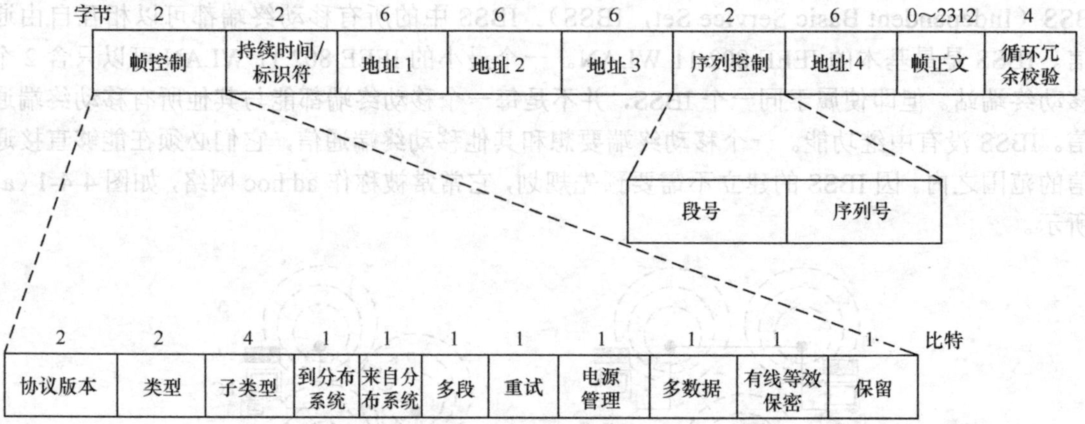

图 4-4-2 MAC 数据帧格式

（1）控制（Control）字段

16 比特的帧控制字段包含 11 个子字段。其中有 8 个 1 比特字段，通过设置，可指定一个特性或功能。这一小节将介绍控制字段中的各个子字段。

① 协议版本（Protocol Version）子字段：2 比特，提供了一种标识 802.11 标准版本的机制。该标准的最初版本中，协议版本子字段值设为 0。

② 类型和子类型（Type/Subtype）子字段：类型子字段（2 比特）能识别 4 种类型的帧，目前仅定义了 3 种。4 比特的子类型子字段标识了类型分类中的一种特定类型的帧。

③ 到分布系统（TO DS）子字段：1 比特，当帧寻址到一个 AP 以便转发到分布系统（DS）时，该子字段置 1，否则该子字段置 0。

④ 来自分布系统（FROM DS）子字段：1 比特，当帧是收自分布系统时，该子字段置 1，

否则该子字段置 0。

⑤ 多段（MORE FRAGMENT）子字段：1 比特，当在当前段之后还有更多的段时，这个字段的值就设为 1。这个字段使发送端注意一个帧是一个段，并且允许接收端将一系列段重装成一个帧。图 4-4-3 说明了帧分段的过程，注意本例中段 0、段 1、段 2 的 MAC 头部的 More Fragment 子字段值均应设为 1。

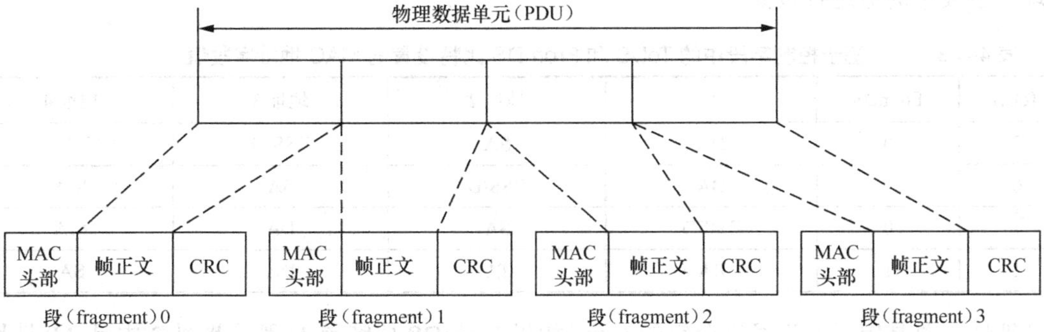

图 4-4-3　帧分段

IEEE 802.11 标准中分段传输过程是基于一种简单的停—等算法（Send-and-Wait Algorithm）。这种算法中，发送站点只有收到对前一段的确认，或是判定该段已重传了预定的次数，并丢弃整个帧时，才能发送一个新的段。

⑥ 重试（RETRY）子字段：1 比特，该字段被置 1，表示这个帧是一个先前传送过的重传段。接收站点用这个字段来识别当确认帧丢失时可能发生的重传。

⑦ 电源管理（POWER MANAGEMENT）子字段：1 比特，IEEE 802.11 站点有两种电源模式，即节能模式或活动模式。当发送时一个站点是活动（active）模式，一个帧能将其电源状态从活动改为节能模式。

⑧ 后随更多数据（MORE DATA）子字段：1 比特，该子字段由 AP 设置，指示有更多帧缓存在一个特定站点中。记住在一个目的站点运行在节能模式时，在 AP 中产生缓存。目的站点可利用此信息来决定它是否要继续轮询，或者这个站点是否要将电源管理模式转变为活动模式。

⑨ 有线等效保密（WEP）子字段：1 比特，WEP 子字段的设置指示了帧的正文按有线等效保密（Wired Equivalent Privacy，WEP）加密。

⑩ 顺序（ORDER）子字段：1 比特，该比特置 1 指示帧使用严格顺序服务等级进行发送。该子字段的使用是适应 DEC LAT 协议的，DEC LAT 协议不允许单播和多播帧间顺序的变化。因此，对于大多数无线应用是不使用该子字段的。

下面继续说明 MAC 数据帧的其他字段。

（2）持续时间/标识符字段

这个字段的含义与帧类型有关。在一个节能轮询消息中，该字段指示了站点标识符（ID）。在其他类型帧中，该字段指出持续时间值，它表示发送一帧以及到发送下一帧所需的时间间隔，单位是 μs。

（3）地址字段

一个帧可以包含多达 4 个地址，这与控制字段中 ToDS 和 FromDS 比特设置有关。地址字段被标识为地址 1～4。

基于控制字段中的 ToDS 和 FromDS 比特设置，地址字段的应用情况归纳在表 4-4-3 中。注意表 4-4-3 中地址 1 总是指接收端地址，这个地址可以是目的地址（Destination Address，DA）、基本服务集 ID（BSSID），或是接收地址（Recipient Address，RA）。如果 ToDS 比特置 1，那么地址 1 中含 AP 地址；如果 ToDS 比特置 0，那么地址 1 中是站点地址。所有站点按地址 1 字段中的值进行过滤。

表 4-4-3　基于控制字段中的 ToDS 和 FromDS 比特设置的 MAC 地址字段值

ToDS	FromDS	地址 1	地址 2	地址 3	地址 4
0	0	DA	SA	BSSID	N/A
0	1	DA	BSSID	SA	N/A
1	0	BSSID	SA	DA	N/A
1	1	RA	TA	DA	SA

地址 2 总是用于标识发送分组的站点。如果 FromDS 比特置 1，那么地址 2 中是 AP 地址；否则代表站点地址。地址 3 字段也与 ToDS 和 FromDS 比特设置有关。当 FromDS 比特设为 1，地址 3 中就是原来的源地址。如果 ToDS 比特置 1，则地址 3 中就是目的地址。

地址 4 字段用于特定情况，即使用了无线分布系统，并且一个帧从一个 AP 正发往另一个 AP。在这种情况下，ToDS 和 FromDS 比特都被置位。因此，原来的目的地址和源地址都不可用了，地址 4 就仅限于标识有线 DS 帧的源地址。

（4）序列控制字段

2 字节的序列控制字段用作表示所属帧的不同段顺序的机制。序列控制字段包含两个子字段：段号和序列号。这些子字段用于定义帧和所属帧的各段的段号。

（5）帧正文字段

帧正文字段用于在站点间传送实际信息。这个字段是可变长的，最长可达 2312 字节。

（6）CRC 字段

MAC 数据帧中最后一个字段是 CRC（循环冗余校验）字段。这个字段长 4 字节，包含 32 比特的 CRC。

2. MAC 控制帧

MAC 层的控制帧格式，如图 4-4-4 所示。

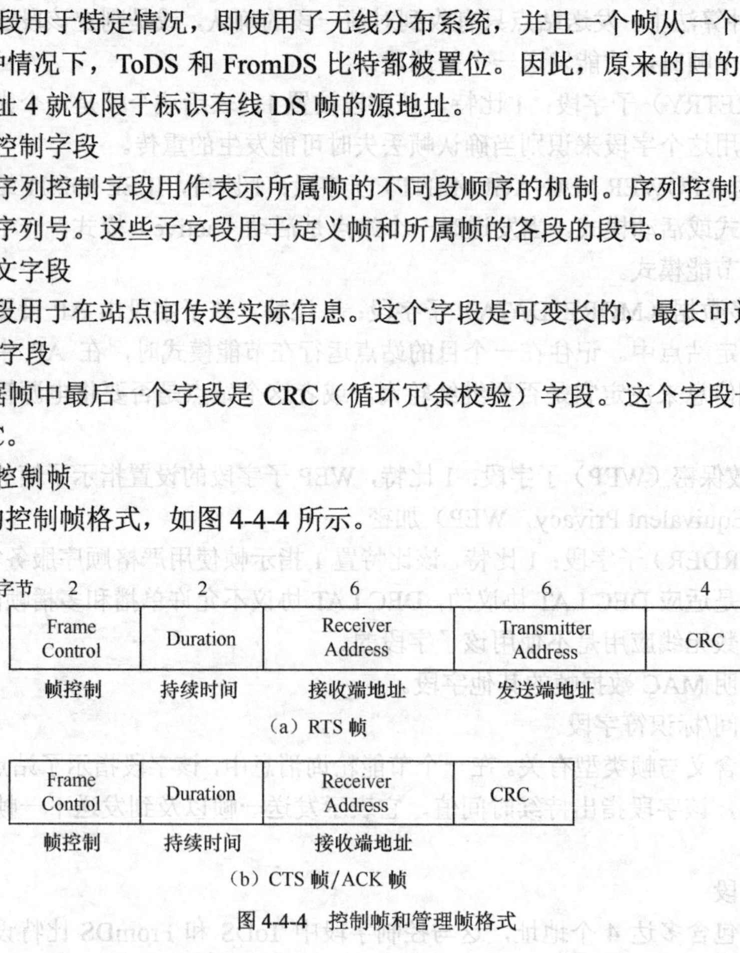

图 4-4-4　控制帧和管理帧格式

（1）RTS 帧

图 4-4-4（a）给出了 RTS（请求发送）帧格式。注意 RTS 帧头的前 4 个字段与图 4-4-2 一样。帧中的接收地址 RA 表示无线网站点地址，它是下一个数据帧或管理帧的直接接收站。发送端地址表示发送 RTS 帧的站点地址。持续时间字段中包含了为发送下一个数据帧或管理帧加上一个 CTS（允许发送）帧、一个 ACK（确认）帧和 3 个帧间隔时间所需的时间，单位为 μs。另外需注意，RA 和 TA 字段以及 IEEE 802.3 以太网有线 LAN 帧中的源、目的地址字段有相同的地址长度。

（2）CTS 帧/ ACK 帧

图 4-4-4（b）列出了 CTS 帧/ACK 帧格式，可见这两种帧的格式相同。由于 CTS 帧是在收到一个 RTS 帧后作为响应而发出的，因此每个帧中的字段之间是有对应关系的。由图可知 CTS 帧与 RTS 帧格式是相对应的，CTS 帧的接收端地址（RA）是从所接收到的 RTS 帧中发送端地址（TA）字段复制下来的。持续时间字段的值是从所接收到的 RTS 帧的持续时间字段所得的数，减去发送 CTS 帧和短帧间隔（SIFS）所需的微秒数。CTS 帧中的 RA 字段长度是 48 比特，与 IEEE 802.3 有线 LAN 使用的地址长度一样。

与 CTS 帧一样，ACK 帧中几个字段的值也与先前收到的帧有关。例如，ACK 帧的接收端地址是从先前收到帧的地址 2 字段中复制而得的。ACK 帧的持续时间字段还与前一帧的控制字段中 More Fragment 比特的设置有关。如果这个比特设为 0，那么 ACK 帧的持续时间字段将设为 0。否则，持续时间字段的值就是从前一帧中的持续时间字段获得的数值，并将其减去传送 ACK 帧和对应的 SIFS 间隔所需的微秒数。

【单元 2】组网-3

案例 4-2-3　构建局域网

1．项目名称：学会使用 PacketTracer 构建交换式以太局域网

2．工作目标

构建典型的星型结构：

（1）以 Cisco Catalyst 2950 以太交换机为中心，连接多台 PC 终端，与一台服务器。

（2）以 Linksys-WRT300N 无线路由器构建无线局域网。

本案例要求：

（1）学会使用 PacketTracer 构建基于以太交换机的局域网，物理上呈星型结构。

（2）学会使用 PacketTracer 构建基于 Linksys-WRT300N 路由器的 WLAN。

3．工作任务

（1）使用 PacketTracer 按图 4-5-1 构建交换式以太网

① 选择 Cisco Catalyst 2950T-24，按要求分配交换机端口，正确选择 UTP 双绞线类型连接 PC-1、PC-2 和 Server0，观察 PC、服务器以及以太交换机的端口状态指示。

② 按要求分别配置终端设备的 IP 地址和网络掩码。

③ 使用 ping 命令进行连通性测试。

（2）使用 PacketTracer 按图 4-5-2 构建无线局域网

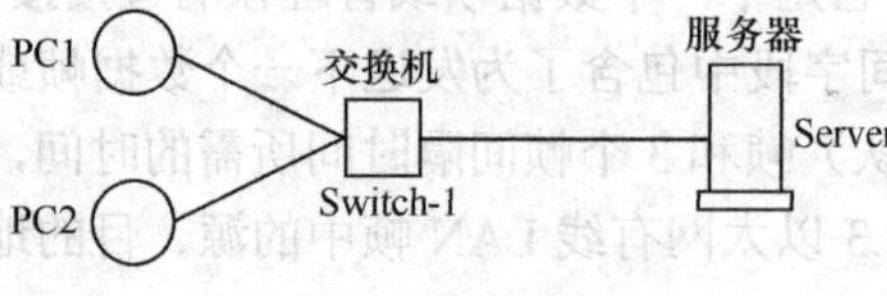

图 4-5-1　交换式以太网

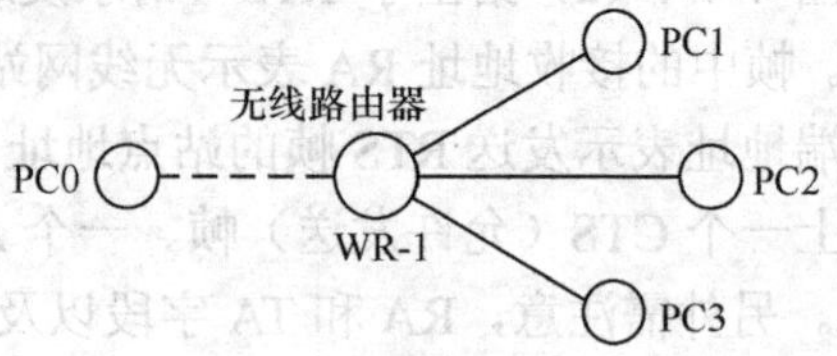

图 4-5-2　无线局域网

① 配置 PC-0 终端设备，选用无线网卡；选择 PC0 的 IP 地址与 Linksys WRT300N（默认 IP：192.168.0.1）在同一网段。

② 选用 Web Browser 配置 Linksys WRT300N：选择 SSID（Channel、加密类型、验证密钥）。

③ 配置 PC1、PC2、PC3，选择 RJ-45 接口、Static、IP 地址。

④ 使用 ping 命令进行连通性测试。

4．学习情景

（1）交换式以太网

① 以太交换机：以太交换机是交换式以太网的主要设备。交换式以太网从物理拓扑结构上看是星型结构。逻辑结构上，起初 10Base-T 仍保持总线型，采用 CSMA/CD 的介质控制方式。100Base-T 快速以太网改变了这种状况，使网段端口支持全双工模式。

以太网中传输的基本单元是帧。从帧格式可知，每个帧都有 6 个字节的目的地址（DA）、源地址（SA），称为 MAC 地址，也称网卡地址或物理地址，每个成品网卡地址在全球是惟一的。MAC 地址与因特网的 IP 地址是不同的。

在交换式以太网中，以太交换机采用存储—转发方式。每个连网的以太交换机都保留一张转发表。交换机收到帧的 DA，查到转发表上对应的输出接口后，就从指定端口发送；若转发表上找不到所需的 DA，则通过交换机的其他端口广播发送。因此，交换式以太网无法避免广播风暴的问题。

有的以太交换机（如 2950T-24）支持级联方式，以拓展网络规模。

② VLAN：在交换式以太网中 VLAN 技术的出现，使得网络管理员根据实际应用需求，可将同一物理 LAN 内的不同用户逻辑地划分在不同的广播域，每一个 VLAN 都包含一组有着相同需求的计算机工作站，与物理上形成的 LAN 有着相同的属性。由于它是从逻辑上划分，所以同一个 VLAN 内的各个工作站没有限制在同一个物理范围中，即这些工作站可以在不同物理 LAN 网段。

VLAN 的特点：端口隔离，即便在同一个交换机上，处于不同 VLAN 的端口也是不能通信的；网络安全，不同 VLAN 不能直接通信，杜绝了广播信息的不安全性，有效地控制广播风暴；管理灵活，只要更改软件配置就能更改用户所属的网络，不必换端口和连线。

（2）Linksys WRT300N 无线路由器

Packet Tracer 5.0 中无线设备是 Linksys WRT300N 无线路由器，其性能参数见表 4-5-1，外形结构如图 4-5-3 所示。

表 4-5-1　　Linksys WRT300N 无线路由器性能参数

	Linksys WRT300N 无线路由器主要性能
网络标准	IEEE 802.11n、IEEE 802.11g、IEEE 802.11b
最高传输速率	270Mbit/s
频率范围	2.4～2.4835GHz
网络协议	TCP/IP、IPX/SPX、NetBEUI
网络接口	1 个 10/100BaseT WAN 接口、4 个 10/100BaseT LAN 接口
安全性能	256 位加密技术的先进的无线安全性，64/128/256 位 WEP 及 WPA
网络管理	SNMP、WEB
认证	FCC、CE、IC-03
尺寸	188×40×176mm
重量	0.527kg
环境标准	工作温度：0℃～40℃；存储温度：−20℃～70℃，工作湿度：20%～80%（无凝结）；存储湿度：10%～90%（无凝结）

图 4-5-3　Linksys WRT300N 无线路由器外形结构

每台使用无线连网的 PC 都应配置有无线网卡模块。PC 添加了无线网卡后会自动与 Linksys WRT300N 相连，随后对路由器进行配置；也可将 PC 通过 RJ-45 接口连接到以太网接口，配置新购买的无线路由器。路由器出厂的默认 IP 地址为 192.168.0.1。

配置无线路由器时，首先对有线 RJ-45 接口定义 DHCP（动态主机配置协议）或 Static（静态）。若选用 Static，则要求连接路由器的计算机都应配置合理的 IP 地址、子网掩码。其次，选择 SSID（基本服务标识符）、Channel（信道）、加密类型（WEP、WPA），然后键入密钥。

5．操作步骤

（1）任务：使用 PacketTracer 构建交换式以太网

① 使用 PT 在工作窗口区构建图 4-5-1 所示交换式以太网。以太交换机 Cisco Catalyst 2950-24，选用接口 FastEthernet0/1，FastEthernet0/10，FastEthernet0/20。PC0、PC1 微机分别用直连线与 FaE0/10、FaE0/20 接口相连，Server0 服务器与 FaE0/1 相连。

② 鼠标点击 Server0 图标，选择“Config→Interface→FastEthernet”命令，观察端口状

态（Port Status）、带宽（BandWidth）、全双工/半双工（Dulplex/ Half Dulplex），在表 4-5-2 中记录 MAC 地址。IP 配置：Static（静态），自配 IP 地址设为 192.168.1.1，子网掩码设为 255.255.255.0。

③ 用同样的方法，完成 PC1（192.168.1.10）、PC2（192.168.1.20）接口地址的配置与记录。

表 4-5-2　　终端设备接口与地址

	2950-24 接口	MAC 地址	IP 地址
Server0			
PC1			
PC2			
PC3			

④ 交换式以太网的连通性测试如下。

鼠标单击 Server0 图标，选择“DeskTop→Command Prompt”命令，出现 Packet Tracer SERVER Command Line 1.0（指 PT 服务器命令行 1.0 版本）SERVER＞，如图 4-5-4 所示，即输键入操作命令。输入 ping 192.168.1.10 后，PC0 给出响应，表示通信正常。

```
Command Prompt

Packet Tracer SERVER Command Line 1.0
SERVER>ping 192.168.1.10

Pinging 192.168.1.10 with 32 bytes of data:

Reply from 192.168.1.10: bytes=32 time=125ms TTL=128
Reply from 192.168.1.10: bytes=32 time=62ms TTL=128
Reply from 192.168.1.10: bytes=32 time=62ms TTL=128
Reply from 192.168.1.10: bytes=32 time=63ms TTL=128

Ping statistics for 192.168.1.10:
    Packets: Sent = 4, Received = 4, Lost = 0 (0% loss),
Approximate round trip times in milli-seconds:
    Minimum = 62ms, Maximum = 125ms, Average = 78ms

SERVER>
```

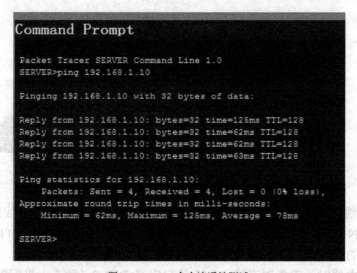

图 4-5-4　ping 命令连通性测试

按下列表中顺序，逐个进行测试（表中☆是指用 ping 127.0.0.1）：

	Server0	PC1	PC2
Server0	☆		
PC1		☆	
PC2			☆

（2）任务：使用 PacketTracer 构建 VLAN

① 在图 4-5-1 的交换式以太网基础上，按下表添加 PC3～PC6，选择端口，配置 IP 地址

以及掩码。

	2950-24 接口	MAC 地址	IP 地址
PC3	FaE0/11		192.168.1.11
PC4	FaE0/21		192.168.1.21
PC5	FaE0/12		192.168.1.12
PC6	FaE0/22		192.168.1.22

② 要求组建 2 个 VLAN。第 1 个 VLAN 号为 10，命名为 Wujiang，成员为 PC1、PC3；第 2 个 VLAN 号为 20，命名为 Nanjing，成员为 PC2、PC4。

③ 鼠标单击 2950-24 图标，选择“Config→Switch→VLAN Database”命令，显示 VLAN 配置。在 VLAN 配置窗口内、VLAN 号处输入 10，VLAN 名处输入 Wujiang，然后单击“ADD”按钮，添加第 1 个 VLAN；用同样的方法，在 VLAN 号处输入 20，VLAN 名处输入 Nanjing，单击“ADD”按钮，则添加了第 2 个 VLAN。

④ 接着应该选择每个 VLAN 的成员。已知 VLAN 号为 10 的成员是 PC1、PC3。仍在 2950-24 交换机的“Config→Interface”命令下，将鼠标移到 FastEthernet 0/10 处单击，出现 FaE 0/10 选项，Access 不变，默认的 VLAN 号 1 改为 10。同样，操作 FastEthernet 0/11 的属性，默认的 VLAN 号 1 改为 10。

⑤ 依次修改 VLAN 号为 20 的成员是 PC2、PC4。将 FaE 0/20、FaE 0/21 的 VLAN 号改为 20 即可。

⑥ 拟表进行 VLAN 连通性测试：PC1 与 PC3、PC2 与 PC4 分别可以连通；PC5、PC6 与 Server0 属于默认的 VLAN 1，可以互通；其他都不能连通。

（3）任务：使用 PacketTracer 构建无线局域网（WLAN）

① 使用 PacketTracer 按图 4-5-2 所示构建无线局域网（WLAN）。通过 PC0 对 Linksys WRT300N 无线路由器进行配置。

② 单击 PC0 图标，选择“Physical”命令，在微机的面板上，关闭电源。更换 Linksys WPM300N 无线网卡后，再开机。PC0 会与无线路由器自动连接（出现无线电波）。

③ 单击 PC0 图标，选择“Desktop→Web Browser”命令，出现浏览页面的 URL 处，输入 http：//192.168.0.1，单击“GO”按钮。出现系统登录界面，输入“UserName”，“Password”都是“admin”。

④ 配置 PC0 的 IP 地址与 Linksys WRT300N（默认 IP 地址：192.168.0.1）在同一网段，DHCP 可动态分配的地址 192.168.0.100（～149），如图 4-5-5 所示。

⑤ 图 4-5-6 给出无线接口的配置，SSID（基本服务集标识符）必须填写（可按学号或姓名的拼音输入），标准信道为 6（可选范围为 1～11）。

⑥ 选择无线信息加密类型：WEP（或 WPA），密钥为 10 个 16 进制数字，本例使用“123456789a”。现在 Linksys WRT300N 无线路由器选用 64/128/256 位 WEP 及 WPA，可支持 256 位加密技术的先进的无线安全性。

⑦ 设 PC1、PC2、PC3 与无线路由器用 RJ-45 双绞线连接，配置地址分别为 192.168.0.101、192.168.0.102、192.168.0.103。LAN 网关地址为 192.168.0.1，子网掩码均为 255.255.255.0。

⑧ 最后，可以进行连通性测试。

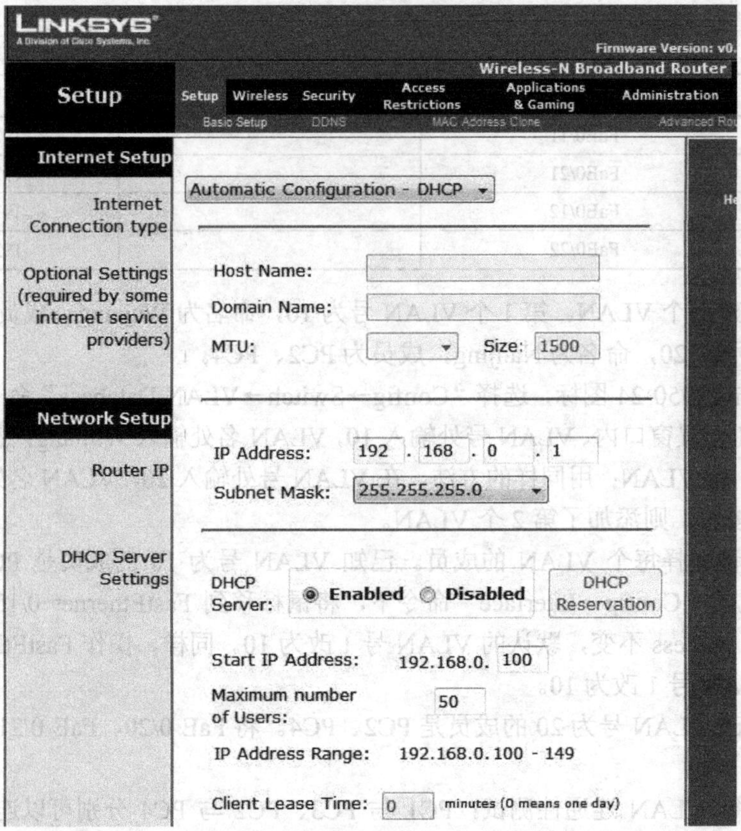

图 4-5-5　Linksys WRT300N 设置地址

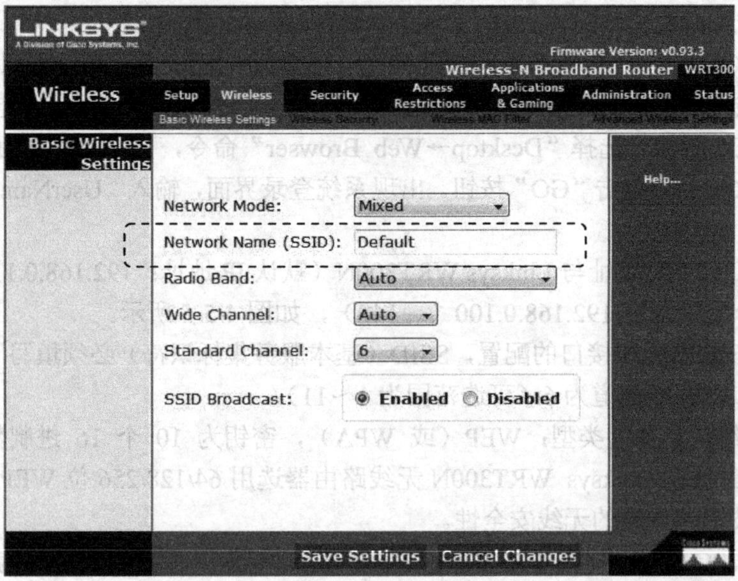

图 4-5-6　Linksys WRT300N 设置 SSID

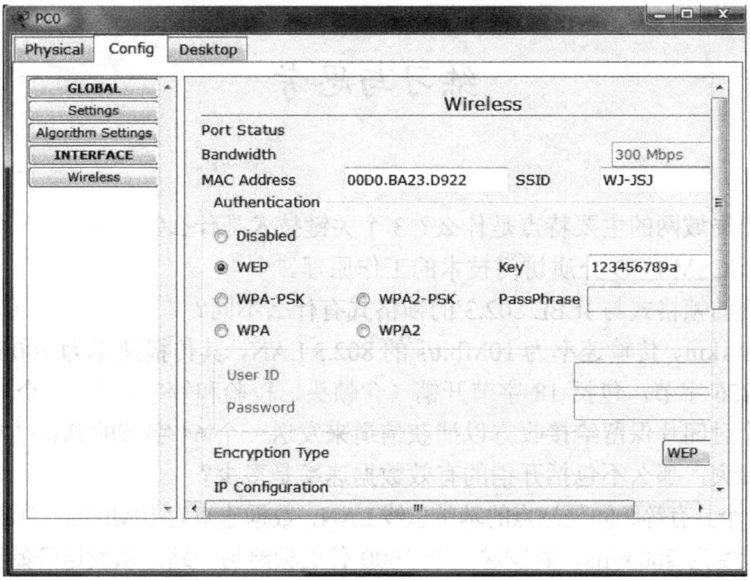

图 4-5-7　无线路由器的无线配置

本 章 小 结

（1）计算机局域网是计算机通信中发展最快的一个分支。IEEE 802 委员会在 LAN 发展进程中制订局域网与城域网（LAN&MAN）的参考模型与标准。

（2）DIX 在以太网（IEEE 802.3）基础上又相继出现了千兆、万兆系列技术规范，包括传输速率、拓扑结构、传输介质、网段长度以及网段数等参数。

（3）重点理解以太网工作原理，CSMA/CD 介质访问控制方法，截断二进制指数退避算法。

（4）以太网卡的基本结构包括链路控制芯片（网卡的核心）、PCI 总线接口、串/并变换、编/解码电路以及网络 RJ-45 接口，每块网卡都有一个惟一的网络节点地址。

（5）以太网/802.3、快速以太网、高速以太网的帧格式规范统一是赢得市场的重要因素。

（6）以太交换机是交换式以太网的主要设备，它是一种基于 MAC 地址识别，能完成数据帧封装、转发功能的多端口的网桥。

（7）以太交换机转发方式包括存储转发方式、直通方式和不分段方式。以太交换机的堆叠和级联是扩展交换能力的两种不同的技术。

（8）虚拟局域网是由分散在不同区域的局域网网段，在逻辑上构成虚拟工作组，从网络管理上以及为用户灵活组合而提供的一种服务。

（9）在交换式以太网上实现 VLAN 的方法：基于以太交换机的端口，基于 MAC 地址，基于网络层网络地址和基于 IP 多播组。

（10）以太网/802.3 MAC 帧格式中 VLAN ID 为 12 比特（IEEE 802.11q）。

（11）WLAN 标准是 IEEE 802.11（以及 802.11b、802.11g、802.11n）以及蓝牙技术标准。

（12）WLAN 的介质访问控制为 CSMA/CA，不同于以太网的帧结构以及 MAC 层功能结构。

练习与思考

1．练习题

（1）计算机局域网的主要特点是什么？3 个关键技术是什么？

（2）试分析 CSMS/CD 介质访问技术的工作原理。

（3）以太网的帧格式与 IEEE 802.3 的帧格式有什么不同？

（4）长度为 1km、传输速率为 10Mbit/s 的 802.3 LAN，其传播速率为 200m/μs，假设数据帧长 256 字节，包括 18 字节开销（含帧头、校验和等字段）。一个成功发送以后的第 1 个时间片保留给接收方以捕获信道来发送一个 64 字节的确认（响应）帧。假定没有冲突，那么不包括开销的有效数据速率是多少？

（5）考虑一个具有等距间隔站点的基带总线 LAN，数据速率为 10Mbit/s，总线长度为 1000m，传播速度为 200m/μs。若发送一个 1000 位的帧给另一站，从发送开始到接收结束的平均时间是多少？若两个站点严格地在同一时刻开始发送，它们发出的帧将会彼此干扰，如果每个发送站在发送期间监听总线，平均多长时间可发现这一干扰？

（6）什么是以太网的冲突域？

（7）一个网络中有 12 台工作站通过一台网络以太交换机互连。若交换机的每个端口均为 10Mbit/s，则这个网络的系统整体带宽为多少？

（8）Hub 与以太交换机有什么区别？

（9）以太交换机有哪三种交换模式？

（10）千兆以太网中采用什么线路编码，为什么？

（11）试述 VLAN 的基本工作原理。

（12）简述以太交换机及其 VLAN 的配置步骤。

（13）试分析无线局域网 802.11 标准为何选用 CSMS/CA 技术。

2．思考题

（1）IEEE 802 委员会新推出的 LAN&MAN 标准有哪些？

（2）典型的 LAN 的硬件由哪几部分组成?说明其每部分的作用。

（3）网络适配器（网卡）主要由哪几部分组成?各部分的基本功能是什么?

（4）在以太网中，介质的最大利用率取决于什么？

（5）在 CSMA/CD 方式中，若发送节点检测到信道被占用，则按一定的概率推迟一段时间。对这个概率时间的计算考虑的因素应是什么？

（6）在交换式以太网中，交换机上除了 CSMA/CD、端口自动增减、协议转换外，还可增加什么新功能？

（7）千兆以太网中，目前支持铜缆介质的标准是什么？1000Base-SX 标准支持什么光纤传输，传输距离为多少？

（8）IEEE 802.11 MAC 层如何处理 WLAN 中的隐藏节点问题？

第5章 因特网与融合网络

因特网（Internet）简单而有效地解决了计算机网络之间的互连问题，特别是它能支持不同的计算机系统、不同的系统软件的互连。实践表明，如今因特网的 TCP / IP 协议栈，已成为网间互连事实上的国际标准，并正拓展成融合网络的通信平台。[1] [2] [9] [20]

5.1 因特网 IP 编址

因特网设计了一个网络子层来实现格式的统一，也就是在 IP 协议层使用 IP 地址。IP 地址在集中管理下进行分配，确保每一台上网计算机对应一个 IP 地址，这样 IP 层可屏蔽不同网络的物理地址间的差异。人们常称 IP 地址为逻辑地址。[13] [20]目前，IP 地址有不同的版本：IPv4、IPv6。

5.1.1 IPv4 地址

因特网使用的 IPv4 是 IP 编址方案第 4 版本，采用分类编址方案（Classical Addressing）。

1. 分类编址格式与分类

IPv4 给因特网上每台主机分配一个唯一的 4 字节（32 比特）IP 地址。为了便于管理，把这 32 比特地址按分级地址空间的树形表示法分为两个部分：前缀和后缀。前缀标识主机所属的物理网络，称为网络号（Network ID，N-ID）；后缀用于区分物理网络内的主机，即标识主机，也称为主机号（Host ID，hH-ID）。

4 字节的 IP 地址，采用“点分十进制”的方法来表示，例如，202.119.224.93。每一个十进制数表示 4 个字节中的一个，从左到右排列。由于每个字节为 8 比特，所以每个十进制数只允许在 0～255 范围内。

根据因特网上的网络规模，IPv4 地址可分为 A 类、B 类、C 类、D 类和 E 类，其格式与分类如图 5-1-1 所示。

下面将具体说明其分类特征。IP 地址的最左侧字节的 8 比特的高位用来区分网络的类型。

① A 类网：网络号为 1 字节，最高比特为 0，定义为 A 类网识别符，余下 7 比特为网络号，主机号则可有 24 比特编址。可见 A 类网支持大型网络，可用网络号为 126 个，每个 A 类网可含 $2^{24}-2$=16777214 个主机号。比如，IP 地址为 15.1.2.26，是 A 类网，其网络号为 15，主机号为 1.2.26。

② B 类网：网络号为 2 字节，最高二比特为 10，定义为 B 类网识别符，余下 14 比特为网络号，主机号则可有 16 比特编址。B 类网是中型网络，可用网络号为 16382 个，每个 B 类

网可含 $2^{16}-2=65534$ 个主机号。

图 5-1-1　因特网 IPv4 地址格式与分类

③ C 类网：网络号为 3 字节，最高三比特为 110，定义为 C 类网识别符，余下 21 比特为网络号，主机号仅有 8 比特编址。C 类网是小型网络，可用网络号为 2097150 个，每个 C 类网可含 $2^{8}-2=254$ 个主机号。

④ D 类网：不分网络号和主机号，最高四比特为 1110，定义为 D 类网址识别符，表示一个组播地址（也称多播地址），即多目的地传输，可用来识别一组主机。

⑤ E 类网：最高五比特为 11110，定义为 E 类网址识别符，留作备用。

如何识别任一 IP 地址的属性？只需从点分法的最左一个十进制数，就可判断其分类。例如，1～126 属于 A 类网址，128～191 属于 B 类网址，192～223 属于 C 类网址，224～239 属于 D 类网址。除了以上四类网址外，还有 E 类地址，目前暂未使用。

有些特殊形式的 IP 地址通常不作分配，只能在特定情况下使用，见表 5-1-1。

表 5-1-1　　保留的 IP 地址

N-id	H-id	用作源地址	用作目的地址	说明
0	0	可以	不可以	启动源站地址
全 1	全 1	不可以	可以	本地网受限广播
N-id	全 1	不可以	可以	定向广播
127	任意（常为 1）	可以	可以	回送地址

例如，IP 地址的主机地址全为“1”，仅在用作目的地址时，如 129.168.1.255，表示向 C 类网（129.168.1.0）内的所有主机发送广播；IP 地址的网络号，主机号为全“1”，表示仅在本网内进行广播；IP 地址中主机地址全为“0”，不论哪类网络，表示指向本网，常用在路由表中。例如，10.0.0.0 表示其网络号为 10。整个 IP 地址全设置为 0，Cisco 路由器用于指定默认路由。

TCP/IP 规定网络号 127 不可用于任何网络，这是一个特别地址。127.0.0.1 称为回送地址（Loopback），它将信息通过自身的网卡接口发送后自环返回，可用来测试端口状态。

【例 5-1】设某单位有 3 个物理网络，分别分配了 128.9.0.0、128.10.0.0、128.11.0.0 这 3 个 B 类 IP 地址，连接情况如图 5-1-2 所示，请给图中的主机和路由器分配 IP 地址。

解：图 5-1-2 所示为主机和路由器的 IP 地址分配。设路由器 R2 互连了 128.9.0.0 和 128.10.0.0 两个网络，其两个接口的 IP 地址分别设置为 128.9.0.21 和 128.10.0.20。路由器 R3 互连了 128.9.0.0 和 128.11.0.0 两个网络，其两个接口的 IP 地址分别设置为 128.9.0.22 和 128.11.0.20。连接到 128.11.0.0 网络的主机 H3 分配了 IP 地址 128.11.0.12，同样可分配主机 H1 的 IP 地址 128.9.0.12，H2 的 IP 地址 128.10.0.12。路由器接口 IP 地址的主机号通常由网络管理员设定，而主机接口的 IP 地址的主机号由用户自选。

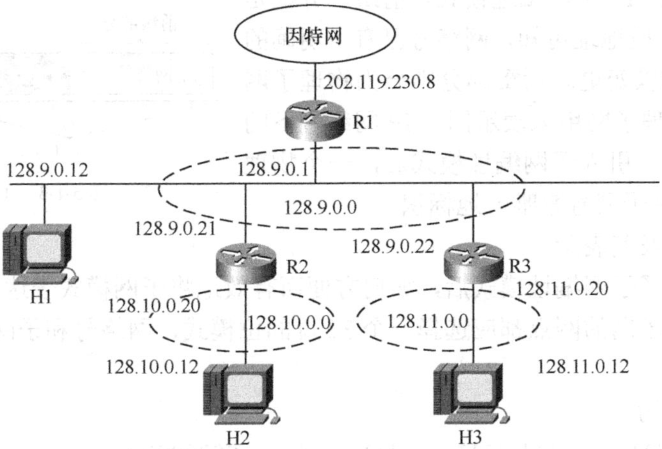

图 5-1-2　IP 地址分配示例

为确保地址的网络部分在因特网上是唯一的，从因特网出现到 1998 年秋天，一直由 IANA（因特网赋号管理局）控制着 IP 地址的分配，并制定政策。注意：全球统一分配的是 IP 地址的网络号部分，而主机号由用户组织自行分配，必须保证同一物理网络中各主机的主机号互不相同。位于不同物理网络中的主机，其 IP 地址的主机号可以一样。1998 年底，组建了 ICANN（因特网名字与号码指派协会）负责指定政策，分配地址，并为协议中使用的名字和其他常量分配值。

ICANN 是顶级的地址管理机构，它授权了一些地址注册商 ARIN、RIPE、APNIC、LATNIC、AFRINIC 管理地址。一般用户单位可以从它的 ISP（因特网服务提供商）申请 IP 地址，本地 ISP 将用户单位接入因特网，并为用户单位网络提供有效的地址前缀（分配网络号）。本地 ISP 很可能有大型的用户，本地 ISP 则向它的上级 ISP 申请地址前缀。因此，一般只有最大型的 ISP 需要和地址注册商联系。

申请和分配分类 IP 地址时，应充分考虑物理网络的大小，根据网络中已经或将要包含的主机数申请合适类别的 IP 地址。所有 IP 地址是由 ISP 的网络信息中心（Network Information Center，NIC）管理和分配，本地网的管理员则管理本地网上主机地址的分配和子网划分，提供本域的域名服务。

2. 子网编址

因特网设计之初 PC 还不曾出现，设计人员未能预见到因特网如今的发展速度：每隔 9～15 个月，其物理网络数（已分配的分类 IP 网络地址数）就翻一番。到 20 世纪 80 年代，一方面发现了分类 IP 网络地址将不够用；另一方面，已分配的地址并没有得到充分利用。于是提出了多种技术：子网划分、无编号的点对点链路等，目标都是减少使用网络前缀数量。

（1）子网划分

对于一个中等规模的机构，比如有若干幢大楼的大学或企业，鉴于 LAN 技术的限制，一般需要构建若干 LAN 来覆盖本地区域。对于这种情况，可以给这样的网点分配一个 IP 网络地址，再从主机号部分借用几比特来标识各个子网（各个 LAN）。这种允许一个分类网络地址供多个物理网络使用的技术统称为子网编址（Subnet Addressing）或划分子网（Subnetting），相应更新的 IP 转发技术称为子网转发（Subnet forwarding）。

图 5-1-3 给出了 IP 子网编址模式。前缀部分就是网络号，由 IPv4 分段地址可知，网络号已有了明确的定义，不能随意加以变更。后缀部分则分为物理子网和主机两部分。物理子网用来表示同一 IP 网络号下的不同的子网。这样，引入子网编址模式后，一个物理网络则可由网络号+子网号来唯一地标识。

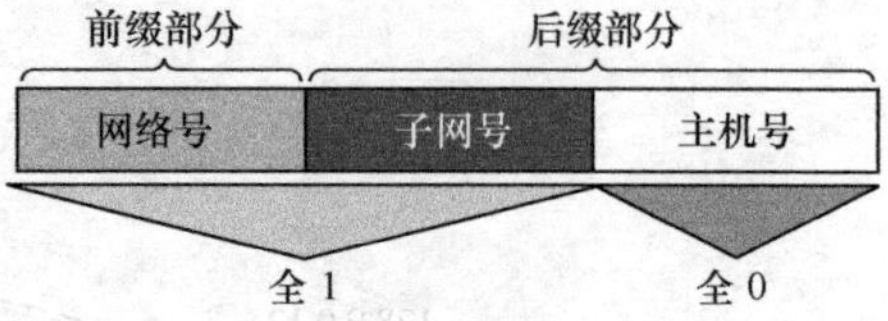

图 5-1-3　子网编址模式

（2）子网掩码及其表示

一个网点选定了子网编址模式后，如何方便而有效地将子网模式表达出来？IP 协议标准规定：每一个使用子网的网点都应选择一个 32 位的位模式，网络号和子网号对应为全 1，而主机号对应为全 0。

例如，位模式为

11111111　　11111111　　11111111　　00000000

其中，左边 3 个字节为全 1，表示指向网络地址；右边一个字节为全 0，表示指向主机地址。这种位模式称之为子网掩码（Subnet Mask，也称子网模）。

IP 对于子网的定义允许子网掩码中的“1”和“0”不连续，比如，子网掩码为

11111111　　11111111　　00101000　　00101000

也是许可的。这样的子网掩码给分配主机地址和设计寻径表会带来麻烦，建议各网点采用连续方式的子网掩码。

表 5-1-2 给出了用于 A、B、C 类网络的子网掩码，称为点分整数表示法。

表 5-1-2　**默认子网掩码**

类	格式	默认子网掩码
A	net.node.node.node	255.0.0.0
B	net.net.node.node	255.255.0.0
C	net.net.net.node	255.255.255.0

另一种方法为三维组表示法，其格式为：

{<网络号>，<子网号>，<主机号>}

在三维组表示法中，常用简写方式：“−1”表示全 1。例如，一个三维组为：

{128.10，−1，0}

表示的意义：一个 IP 地址的网络号为 128.10，子网域各位全 1，主机域各位全 0。

【例 5-2】已知网络号为 192.168.10.0，而子网掩码为 255.255.255.192，试问如何划分子网？

解：

① 子网掩码为 255.255.255.192，192 的二进制 11000000 有 2 个 1，则 x=2，可有 $2^2-2=2$

个子网。

② 192 的二进制 11000000 有 6 个主机位为 0，则 y=6，每个子网有 $2^6-2=62$ 个主机。

③ 求基数或变量为 256−192=64，即第 1 个子网号。然后将该基数自己加自己（var⇐var+64），一直加到子网掩码值为止，可得 64+64=128，128+64=192。192 是无效的，因为它是子网掩码（所有位为 1）。因此只有两个有效的子网是 64 和 128。

④ 有效的主机号是子网之间的数；恰在下一个子网之前的数（所有主机位为 1）是广播地址。找出主机最容易的方法是写出子网地址和广播地址。表 5-1-3 给出了 64 和 128 子网，每一个的有效主机范围。

⑤ 两个子网的广播地址分别是 127 和 191。

表 5-1-3　　64 和 128 子网的主机号范围

特征	子网 1	子网 2
子网地址（第 1 步）	64	128
第 1 个主机号（最后执行主机编址）	65	129
最后 1 个主机号	126	190
广播地址（第 2 步）	127	191

（3）无编号的点对点网络

由于 IP 把点对点连接看成是一个网络，因此，采用最初的 IP 编址方案时，给这样的网络需要分配一个唯一的前缀。一般使用 C 类地址，但仅需要给点对点网络中的两点各分配 1 个主机标识就可以了，所以即使用 C 类地址还是很浪费。

为了避免给因特网中每条点对点连接都分配一个前缀，提出了一种简单的技术，称为匿名联网（Anonymous Networking）。这种技术一般用在通过租用数字线路连接一对路由器时，线路两端的路由器接口都不需要分配 IP 地址。那么向这些接口发送帧时怎么设置帧的目的地址呢？所幸的是点对点连接的硬件与共享媒体的硬件不同，从一点发出的帧，只有确定的一个目的地能够收到，因此物理帧中可以不使用硬件地址。使用匿名联网的点对点连接构成的网称为无编号网络（Unnumbered Network）或匿名网络（Anonymous Network）。图 5-1-4 所示的例子有助于了解无编号网络中的转发。

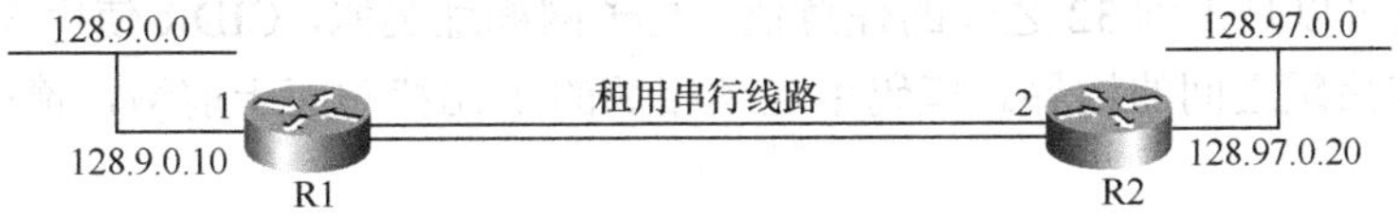

（a）两个路由器之间的无编号点对点连接

目的网络	下一跳地址	输出接口
128.9.0.0	直接交付	1
其他（默认路由）	128.97.0.20	2

（b）路由器 R1 的路由表

图 5-1-4　无编号网络转发示例

图 5-1-4（a）中路由器 R1 和 R2 的接口 2 都没有分配 IP 地址。图 5-1-4（b）给出了（a）中路由器 R1 的路由表，表中默认路由的下一跳地址是 R2 的以太网接口分配的 IP 地址（一般

情形下应是 R2 的接口 2 的 IP 地址），这只是为了方便记住点对点连接另一端的路由器的地址。这个下一跳地址其实可以是 0，因为 R1 从其接口 2 向 R2 的租用线路接口转发数据报时，在帧中不用填写硬件地址，所以不需要下一跳地址以解析其硬件地址。

3. 专用 IP 地址

IPv4 地址资源是有限的。为了节约地址的使用，IANA 保留了三块只能用于专用内联网（Private Intranet）内部通信的 IP 地址空间[RFC1918]，见表 5-1-4。任何机构可以使用 TCP/IP 技术并且使用保留的专用地址构建专用互联网。

表 5-1-4　保留用于专用互联网的 CIDR 地址块

前缀	最低地址	最高地址
10/8	10.0.0.0	10.255.255.255
172.16/12	172.16.0.0	172.31.255.255
192.168/16	192.168.0.0	192.168.255.255

完全隔离的专用内联网通常也不是人们所希望的，可以使用网络地址转换（NAT）技术将使用专用地址的内联网接入因特网。

4. 无分类编址与 CIDR

尽管子网编址和无编号网络能够有效利用 IP 网络地址，但到 1993 年，因特网的增长速度使人们感觉这些技术无法阻止地址空间的耗尽。同时，因特网还即将面临 B 类网络地址空间的耗尽和路由信息过量等问题。另外，随着大量网络前缀的分配，路由器的路由表大小和增长速率也使当时的软件难以有效管理。

于是人们开始定义启用新版 IPv6，并提出了一种称为无分类域间路由选择（Classless Inter-Domain Routing，CIDR，读作“sider”）的新技术作为在 IPv6 被正式使用前的过渡方案。使用 CIDR 可以更加有效地分配 IPv4 的地址空间，另外可以减缓路由表的增长速度和降低对新 IP 网络地址的需求的增长速度，使得因特网在一定时期内仍能持续增长并高效地运行。

CIDR 最大的特点是采用无分类编址机制，与分类编址相同的是将地址分成前缀和后缀两部分，不同的是前后缀之间的边界不再是 3 种（1 字节、2 字节、3 字节长的前缀），而是任意的，前缀长度可以是 1 到 32 之间的任意值。与子网编址类似，CIDR 使用 32 比特的地址掩码来指明前缀与后缀之间的边界。掩码中连续相邻的 1 比特对应于前缀，掩码中的 0 比特与后缀相对应。

对尚未分配的分类 IP 地址，CIDR 将其看作一些地址块，每个块内的地址连续。例如 A 类地址 58.0.0.0 和 59.0.0.0 可以看成是一个大小为 2^{25} 的 CIDR 地址块（也称为“25 位的块”），掩码为 254.0.0.0，也可使用 CIDR 记法表示为 58.0.0.0/7，如图 5-1-5 所示。这个地址块被 IANA 分配给了地址注册商 APNIC（亚太地区网络信息中心），由它把这些地址划分为若干地址块，分配给一些大型 ISP。这些 ISP 会将申请到的地址块根据用户的要求划分成更小的地址块，分给企业单位或小型 ISP。一个企业单位将拥有的地址块再根据需要分成若干块（可以大小不等），分配给物理网络。使用 CIDR 后，为了方便路由聚类，减少路由表的项数，应尽量按照网络拓扑和网络所在地理位置来划分地址块。

	点分十进制记法	32 比特的二进制地址			
最低地址	58.0.0.0	00111010	00000000	00000000	00000000
最高地址	59.255.255.255	00111011	11111111	11111111	11111111

图 5-1-5　CIDR 地址块 58.0.0.0/7 示例

地址块的 CIDR 记法也称斜线记法。斜线“/”后的数值 N 表示网络前缀的长度，确切地说有两种含义。对于一个主机的 IP 地址，N 表示地址的前 N 比特是一个具体的网络前缀，唯一标识了主机所在的物理网络；如果作为一个地址块，表示地址块拥有者可以自由分配(32-N)比特的后缀，前 N 比特标识地址块。如果一个 ISP 拥有 N 比特长前缀的 CIDR 块，它可以选择给用户分配前缀长大于 N 比特的任意地址块。这是无分类编址的一个主要优点：能够灵活分配各种大小的块。

【例 5-3】某个 ISP 拥有地址块 202.118.0.0/15。先后有 5 个单位申请地址块，单位 A 需要 1800 个地址，单位 B 需要 900 个，单位 C 需要 900 个地址，单位 D 需要 400 个地址，单位 E 需要 3500 个地址，该怎样分配地址块呢？

解：首先分析各单位的需求。如果不使用 CIDR，则应给每个单位都分配一个 B 类网络地址（这将浪费很多地址）或若干 C 类地址。而使用 CIDR，对于单位 A，1800 个地址需要 11 比特标识主机，因此这个单位的 IP 地址前缀长度应是 N=32−11=21。同理，单位 B、C、D、E 的网络前缀长度应分别为 22、22、23、20。另外应保证各个单位的前缀是可区分的，不会引起二义性。一种可能的分配方案，如图 5-1-6 所示。

ISP/ 单位	地址块	前缀的二进制表示			地址数
ISP	202.118.0.0/15	11001010	0111011*		2^{17}=131072
单位 A	202.118.0.0/21	11001010	01110110	00000*	2^{11}=2048
单位 B	202.118.8.0/22	11001010	01110110	000010*	2^{10}=1024
单位 C	202.118.12.0/22	11001010	01110110	000011*	2^{10}=1024
单位 D	202.118.16.0/23	11001010	01110110	0001000*	2^{9}=512
单位 E	202.118.32.0/20	11001010	01110110	0010*	2^{12}=4096

图 5-1-6　CIDR 地址块划分示例

此外，各个单位内部可以根据需要再进行划分，直到给每个物理网络分配一个具体的网络前缀。CIDR 地址块划分机制可以大大缩减路由表的大小。例如，若采用分类编址，可以给 A 单位分配 8 个 C 类网络地址，在 ISP 内路由器的路由表中，则需要包含 8 个表项表示到单位 A 的路由；而采用无分类编址，则在 ISP 内路由器的路由表中，仅需要使用一个“超网”路由 202.118.0.0/21。

5.1.2　IPv6 地址

据国外媒体报道，据“互联网之父”温顿 • 瑟夫（Vinton Cerf）预示，IPv4 地址将很快耗尽，现在应立即部署 IPv6。IPv4 采用 32 位地址长度，只有约 43 亿个地址。而 IPv6 则采用 128 位地址长度，几乎可以不受限制地提供地址。

1. 编址模型

IPv6 地址有 3 种类型：

- 单播（Unicast），单个接口的标识符。发向一个单播地址的分组被交付给由该地址标识的接口。
- 任播（Anycast），一组接口（一般属于不同的节点）的标识符。发向一个任播地址的分组被交付给该地址标识的其中一个接口（根据路由选择协议的距离度量，通常是最近的那个接口）。
- 组播（Multicast），一组接口（一般属于不同的节点）的标识符。发向一个组播地址的分组被交付给由该地址标识的所有接口。IPv6 中没有广播地址，广播被看作是组播的一个特例。

与 IPv4 地址一样，所有类型的 IPv6 地址被分配给接口，而不是节点。一个 IPv6 单播地址涉及单个接口。每个接口属于单个节点，节点的任何一个接口的单播地址可以用作节点的标识符。

所有接口要求拥有至少一个本地链路单播地址。单个接口可以有多个任意类型或范围的 IPv6 地址。另外，和 IPv4 模型一样，子网前缀与一个链路相关联。允许给同一链路分配多个子网前缀。此外，IPv6 编址模型中有一个例外：一个单播地址或一组单播地址可以被分配给多个物理接口，如果实现把多个物理接口作为一个接口来处理。这对于基于多个物理接口的负载分配是有用的。

2. IPv6 地址的表示方法

IPv6 地址较长，为表示简洁些，使用冒号分十六进制记法。另外由于 IPv6 地址中常包含长的 0 比特串，因此允许零压缩，即使用“::”表示一个或多个连续的 16 比特 0。为避免不清楚“::”表示几个 16 比特 0，规定在任何一个地址中只能使用一次零压缩。

【例 5-4】将下列地址记法进行零压缩。

单播地址	2001:DB8:0:0:8:800:200C:417A
组播地址	FF01:0:0:0:0:0:0:101
回送地址	0:0:0:0:0:0:0:1
未指定地址	0:0:0:0:0:0:0:0

解：上述地址记法零压缩后可以写成

2001:DB8::8:800:200C:417A

FF01::101

::1

::

IPv6 还支持冒号分隔和点分隔混合记法:x:x:x:x:x:x:d.d.d.d。其中高位的 6 个 x 表示 6 个十六进制数，低位的 4 个 d 表示 4 个十进制数。这种记法适用于表示 IPv4 兼容或映射的 IPv6 地址，例如：0:0:0:0:0:0:13.1.68.3、0:0:0:0:0:FFFF:129.144.52.38，

相应的压缩表示为：

::13.1.68.3、::FFFF：129.144.52.38。

此外，CIDR 的斜线表示法仍然可用。IPv6 地址前缀表示为：

IPv6 地址/前缀长度。

3. 地址空间的分配

IPv6 地址的高位标识 IPv6 地址的类型，见表 5-1-5。

表 5-1-5　　IPv6 地址类型

地址类型	二进制前缀	IPv6 记法	解释
非特指（Unspecified）	00...0（128 bits）	:: /128	不可分配给任何节点,仅用作源地址,且路由器不转发源地址为非特指地址的 IPv6 分组
回送（Loopback）	00...1（128 bits）	:: 1/128	回送地址,不可分配给任何物理接口
组播	11111111	FF00:: /8	
本地链路单播	1111111010	FE80:: /10	用于单个链路,仅在本地范围有意义
全球单播	其他		

以上除组播地址外，都是单播地址。取决于担当的角色，IPv6 节点可以非常了解也可以不了解 IPv6 地址的内部结构。一般的单播地址可分为 2 部分：子网前缀和接口 ID。接口 ID 用于标识链路上的接口。在某些情况下，接口标识符可直接由接口的链路层地址派生出来。同一接口标识符可以用于一个节点的多个接口上，只要它们连接到不同的子网。所有单播地址，除了以 000 比特开头的，接口 ID 的长度要求是 64 比特。

全球单播地址的一般格式，如图 5-1-7 所示。其中全球选路前缀是分配给一个网点（一群子网/链路）的值，子网 ID 是网点内链路的标识符，接口 ID 如同上述。非 000 比特开头的全球单播地址的接口 ID 长 64 比特，以 000 比特开头的则不受此限。

例如，以 000 比特开头的全球单播 IPv6 地址是在低 32 比特嵌入 IPv4 地址，有 2 种方式：IPv4 兼容（IPv4-Compatible）IPv6 地址和 IPv4 映射（IPv4-Mapped）IPv6 地址，具体格式可参见 RFC4291。

下面简单解释一下任播地址。任播地址是从单播地址空间分配，使用任何已定义的单播地址格式，因此从地址本身无法区分二者。当单播地址分配给不止一个接口时，就转成了任播地址，被赋予该地址的节点必须被显式地配置一个任播地址。

任播地址可以用于标识连接到一个特别子网上的路由器集合，标识提供到一个特别路由域入口的路由器集合等。目前预定义了子网—路由器任播地址（Subnet-Router Anycast Address），其格式如图 5-1-8 所示。其中“子网前缀”标识一个特定的链路，发向子网—路由器任播地址的 IPv6 分组将被交付给该子网上一个路由器。所有路由器要求支持其直连子网的子网—路由器任播地址。该地址拟用于节点需要和一组路由器中任何一个通信的应用。

n 比特	*m* 比特	128-*n*-*m* 比特
全球选路前缀	子网 ID	接口 ID

图 5-1-7　IPv6 全球单播地址的一般格式

n 比特	128-*n* 比特
子网前缀	全 0 的接口 ID

图 5-1-8　IPv6 子网—路由器任播地址格式

5.2　IP 数据报格式及协议

TCP/IP 技术是为包容物理网络技术的多样性而设计的，而这种包容性主要体现在 IP 层中。TCP/IP 的重要思想之一就是通过 IP 数据报和 IP 地址将物理网络统一起来，达到隐藏底层物理网络细节、提供一致性的目的。IP 数据报（简称数据报）是因特网 IP 层的基本传送单元，它为不同物理网络提供统一格式。IP 数据报划分为首部（也有称报头）和数据区两个部分。其格式有两个版本：IPv4 和 IPv6。目前，IPv4 数据报仍在主流应用中，而 IPv6 数据报则在主干网高端网络设备中启用，下面分别介绍 IPv4 和 IPv6 数据报格式。

5.2.1 IPv4 数据报的格式

IPv4 数据报的格式如图 5-2-1 所示，其首部包含 20 字节的固定部分以及可选的 IP 选项部分。下面介绍首部各字段的含义。

0	4	8	16	19　24　31
版本号	首部长度	服务类型（ToS）	总长度	
标识			标志	片偏移量
生存时间（TTL）		协议	首部校验和	
源站 IP 地址				
目的站 IP 地址				
IP 选项				填充
数据 ……				

图 5-2-1　IPv4 数据报格式

① 版本（Version），占 4 比特，包含了创建数据报所用的 IP 的版本信息。目前主流使用的版本号是 4，IPv4 即表示版本 4 的 IP。

② 首部长度（Header Length），占 4 比特，以 4 字节为单位表示 IP 首部长度。IP 首部的最大长度为 15×4 字节。数据报首部长度必须是 4 字节的整数倍，有 IP 选项时可能需要在填充字段中填 0 来保证。由于选项字段很少使用，所以最常见的首部长度是 20 字节，字段值为 5。

③ 服务类型（Type of Service，ToS），占 8 比特，指明应当如何处理数据报。

④ 总长度（Total Length），占 16 比特，以字节来单位的整个数据报的长度。IP 数据报总长度理论上可以达到 65535 字节。

⑤ 标识（Identification），16 比特整数，源主机赋予数据报的唯一标识符。

⑥ 标志（Flag），占 3 比特，只有低两位有效。中间一位为“不分片”（Don't Fragment flag，DF）比特，为 1 时表示数据报不能被分片，为 0 时表示数据报允许被分片。

⑦ 片偏移量（Fragment Offset），占 13 比特，指出本数据报片中数据相对于最初始数据报中数据的偏移量，以 8 个字节为单位计算偏移量。还没被分片的数据报或者第 1 个数据报片的偏移量为 0。 由于各片按独立数据报的方式传输，无法保证按序到达目的主机，而目的主机能够根据分片中的源站 IP 地址、标识、偏移量以及 MF 字段重装出最初始数据报的完整副本，除非没能收齐所有分片。

⑧ 生存时间（TTL，Time To Live），占 1 个字节。数据报每经过一个路由器，路由器就将其 TTL 值递减 1，并且一旦 TTL 减为 0，路由器就不再转发该数据报，而是予以丢弃，并向数据报的源站发送一个 ICMP 差错报告。

⑨ 协议（Protocol），1 个字节的整数，指明数据报数据区的格式，即数据报封装了哪个协议的协议数据单元，以便目的站的 IP 软件知道应将数据交由哪个（高层）协议软件处理。协议和协议字段值的映射由中央管理机构（NIC）统一管理，确保在整个因特网内保持一致。表 5-2-1 列出了一些协议与规定的协议编号。

表 5-2-1　　指定的网际协议编号

协议字段值	1	2	3	4	6	8	17	88	89
协议名	ICMP	IGMP	GGP	IP	TCP	EGP	UDP	IGRP	OSPF

⑩ 首部校验和（Header Checksum），占 16 比特，用于首部的校验。算术校验和算法：设校验和字段初值为 0，再把首部看成一个 16 位整数序列，对所有整数进行反码求和（其规则是从低位到高位逐位进行计算：0＋0＝0；0＋1＝1；1＋1＝0，但要产生一个进位。如果最高位产生进位，则结果要加 1），得到的和的二进制反码就是校验和的值。数据报从源站发出后，沿途路由器及目的站都要检验首部校验和，如果检验失败，数据报将被立即丢弃。

网际协议不提供可靠通信功能，端到端或点到点之间没有确认，也没有对数据的差错控制，只检验首部，并且没有重传，没有流控。只有首部校验和的优点是大大节约了路由器处理每个数据报的时间，符合 IP“尽力而为”的特征；缺点是给高层软件留下了数据不可靠的问题，增加了高层协议的负担。

⑪ 源站 IP 地址和目的站 IP 地址，也称为源 IP 地址和目的 IP 地址，各占 4 字节，分别指明本数据报最初发送者和最终接收者的 IP 地址。数据报经路由器转发时，这两个字段的值始终保持不变，即使被分片转发。路由器总是提取目的站 IP 地址与路由表中的表项进行匹配，以决定把数据报发往何处。

⑫ IP 选项，长度可变，主要用于控制和测试两大目的。要求主机和路由器的 IP 模块均支持 IP 选项功能。每个数据报中选项字段是可选的。为保证数据报首部长度是 32 位的整数倍，可能需要填充字段包含一些 0 比特。IP 选项不常用，因此 IPv4 数据报首部长度一般都为 20 字节。

【例 5-5】 若在某主机（IP 地址为 10.10.1.95）上用网络监听工具监测网络流量，获取的一个 IP 数据报的前 28 字节用十六进制表示如下：

45 00 00 47 E6 EE 00 00 67 11

19 2A 75 4E D2 D6 0A 0A 01 5F

A4 CA 0D 4B 00 33 6B 26

请解析 IP 数据报各字段。

解：根据 IP 数据报的格式分析，第 1 个字节为版本号和单位为 4 字节的 IP 首部长度，因此算得版本号为 4，IP 首部长度为 5×4=20 字节；总长度为$(00\ 47)_H$=71 字节；标识为$(E6\ EE)_H$；此数据报没有分片；生存时间为$(67)_H$=103；协议为$(11)_H$=17，表示 IP 数据包的数据部分是 UDP 报文；首部校验和为$(19\ 2A)_H$；源 IP 地址：75 4E D2 D6，也即 117.78.210.214；目的 IP 地址为 0A 0A 01 5F，也即 10.10.1.95，可见这是主机收到的 IP 数据报。IP 数据报数据部分的 8 个字节，可参考下一章的 UDP 报文格式进一步分析。

5.2.2　IPv6 数据报的格式

IPv6 基本首部为 40 字节，包含了 16 字节的源、目的 IP 地址字段，如图 5-2-2 所示。但首部所包含的字段数比 IPv4 的还少一些，首部所含字段数的精简反映了协议的变化。

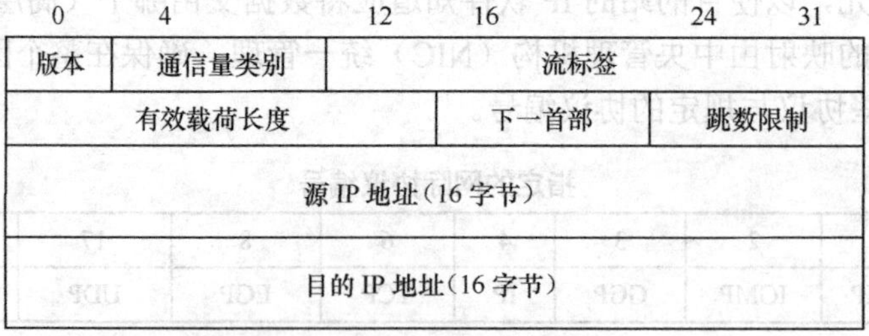

图 5-2-2　40 字节 IPv6 基本首部的格式

与 IPv4 首部的固定部分相比，IPv6 基本首部主要有下列变化。

① 由于基本首部长度固定，取消了 IPv4 中的首部长度字段，IPv4 中的数据报总长度字段被有效载荷长度字段（16 位）所取代。

② 源、目的地址由 4 字节增大到 16 字节（128 位）。

③ 分片有关字段被转移到了“分片扩展首部”中。

④ 生存时间字段改名为跳数限制（Hop Limit）字段（8 位）。

⑤ 服务类型字段改名为通信量类别（Traffic Class）字段（8 位），并增加了流标签（Flow Label）字段（20 位），一并用于支持资源的预分配。

⑥ 协议字段由指明后续内容格式的下一首部字段（8 位）替代。注意：下一首部可能是 IPv6 数据报的扩展首部，也有可能是 ICMP、TCP、UDP、IGMP、OSPF 等首部。

IPv6 定义了下列扩展首部：逐跳选项（Hop-by-Hop Options）、源路由（Routing）、分片（Fragment）、目的地选项（Destination Options）、认证（Authentication）和封装安全净荷（Encapsulating Security Payload）扩展首部。

IPv6 数据报归纳起来有以下特点。

① 扩展了路由和寻址的能力。IPv6 把 IP v4 地址由 32 位增加到 128 位，从而能够支持更大的地址空间，估计在地球表面每平米有 4×10^{18} 个 IPv6 地址，使 IP 地址在可预见的将来不会用完，扩展到物联网的应用。IPv6 的编址采用类似于 CIDR 的分层分级结构，如同电话号码。简化了路由，加快了路由速度。在组播地址中增加了一个“范围”域，从而使组播不仅仅局限在子网内，可以横跨不同的子网，不同的局域网。

② 报头格式的简化。IPv 4 报头格式中一些冗余的字段或被丢弃或被列为扩展首部，从而降低了数据报处理和首部带宽的开销。虽然 IPv6 的地址是 IPv4 地址的 4 倍,但首部只有它的 2 倍大。

③ 对可选项更大的支持。IPv6 的可选项不放入首部，而是放在一个个独立的扩展首部。如果不指定路由器不会打开处理扩展头部，这大大改变了路由性能。IPv6 放宽了对可选项长度的严格要求（IPv4 的可选项总长最多为 40 字节），并可根据需要随时引入新选项。IPv6 的很多新的特点就是由选项来提供的，如对 IP 层安全（IPSec）的支持，对超长报（Jumbogram）的支持以及对 IP 层漫游（Mobile-IP）的支持等。

④ QoS 的功能。因特网不仅可以提供各种信息，缩短人们的距离，还可以进行网上娱乐。在 IPv6 的头部，有两个相应的优先权和流标识字段，允许把数据报指定为某一信息流的组成

部分，并可对这些数据报进行流量控制。如对于实时通信即使所有分组都丢失也要保持恒速，所以优先权最高，而一个新闻分组延迟几秒钟也没什么感觉，所以其优先权较低。IPv6 指定这两字段是每一 IPv6 节点都必须实现的。

⑤ 身份验证和保密。在 IPv6 中加入了关于身份验证、数据一致性和保密性的内容。

5.2.3 因特网控制报文协议

由于因特网“尽力而为”的协议软件提供了不可靠的无连接数据报传送服务，对于网内可能出现的差错，专门设计了一个特定的控制报文协议（Intemet Control Message Protocol，ICMP）。ICMP 是网络互连层的一部分，网络互连层和传输层的协议实体调用 ICMP 消息来传送一些控制信息，应特别注意：ICMP 消息是封装在 IP 数据报中传输的。ICMP 是一个差错报告机制，当发现数据报有错时，将 ICMP 报文置入 IP 数据报内，只向该数据报的初始源站点回送差错情况报告，由源站点执行纠错。

图 5-2-3 给出了 ICMP 的消息格式。图中类型（Type）域是一个字节，用于指明消息的类型，共定义了 15 种消息，其中有些类型的消息还用代码（Code）域来提供报文类型的进一步信息。如类型为 3 的消息是“目的不可达”出错消息，每个消息又再用代码域来进一步说明是“网络不可达”、“主机不可达”还是“端口不可达”等 16 种不同的情况。校验和（Checksum）域对 ICMP 消息进行校验。

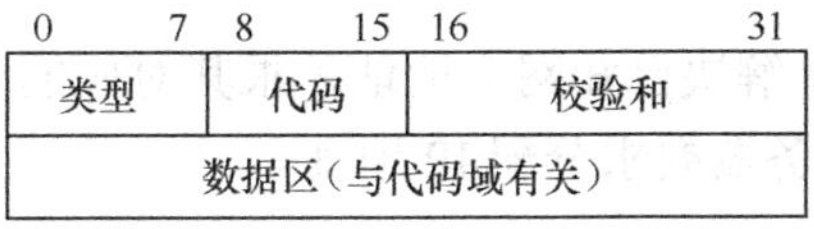

类型	ICMP 报文
0	回应应答
3	目的不可达
4	源抑制
5	重定向
8	回应请求
11	数据报超时
12	数据报参数错
13	时戳请求
14	时戳应答
17	地址掩码请求
18	地址掩码应答

图 5-2-3　ICMP 的消息格式

ICMP 消息分为两类。

（1）询问消息

询问消息用来请求一些信息，如无盘工作站的子网掩码或远程主机的应答（测试远程主机是否可达）等，通常采用请求/应答方式进行交互。

（2）出错消息

出错消息是用来向源报告出错的信息，不需要应答。一般在发送一个 ICMP 出错消息时，消息内容中同时携带引起该差错的 IP 数据报的报头以及数据域中的前 8 个字节，这 8 个字节正好含有 TCP（或 UDP）端口号和报文序号，这使得收到 ICMP 消息的一方可根据 IP 数据报头中协议域指定的协议与相应的协议实体进行联系，并根据 TCP（或 UDP）端口号与相应的用户进程进行联系。

在网络操作系统中 ping（Packet INternet Groper，分组互连探查者）是检查因特网上网络设备的物理连通性，测试服务器或主机是否可达的一个常用命令。ping 程序就是利用 ICMP 的类型 0 消息（回应应答）来完成测试功能的。程序工作时定期向目的主机发送 ICMP 回应请求数据报，并接收目的主机的回应应答数据报。

一般来说，如果 ping 一个远程主机得不到应答，那么 TELNET 或 FTP 到那个主机通常也是不会连通。ping 同时还会计算出从发出请求到收到应答的往返时间，从而可以反映出远程主机距用户的距离或网络当前的负荷状况。

通常将发送回应请求的 ping 程序称为客户端，将要求给出回应应答的主机称为服务器，大多数 TCP/IP 都支持在内核中实现 ping 服务器。

类型域为 0 或 8，代码域为 0，在 Unix 实现中将标识符（Identifier）域置成发送进程的进程号，序列号（Sequence Number）从 0 开始，每发送一个新的回应请求，序号就加 1。当服务器发送回应应答时，必须将收到的回应请求的标识符和序列号域复制到回应应答中。这样，当客户端收到多个回应应答时，可以根据标识符域区分出回应应答与回应请求的对应关系，从而计算出每个请求—应答的来回时间。

5.2.4 地址转换协议和反向地址转换协议

地址转换协议（ARP）用于将一个目的地 IP 地址映射到待求的物理网卡地址。例如，已知要查询的 IP 地址为 202.119.224.93，但源端用户并不知道该站点用的何种网卡地址。实际上，任何 IP 数据报又必须经过物理网络（如以太网）传送。因此，在网上广播 ARP 请求数据报，只有 IP 地址为 202.119.224.93 的站点作出响应，并将其网卡地址载入 ARP 响应数据报中返回源站点，如图 5-2-4 所示。

反向地址转换协议（RARP）则用于解决已知网卡地址，求其对应的 IP 地址。例如，无盘工作站上网时，采用 RARP 向网络服务器要求分配 IP 地址。

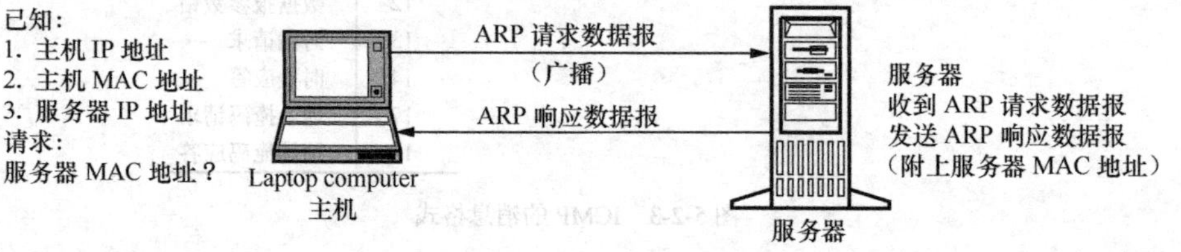

图 5-2-4 ARP 工作原理

5.3 因特网寻径

5.3.1 因特网组网结构

因特网采用树型组网结构，如图 5-3-1 所示。图中分为核心系统和自治系统两个部分，因特网组网结构的基础是核心系统，其外围部分划分为若干自治系统。核心系统是由主干网和核心路由器组成的，它掌握因特网的全部路由信息；而自治系统在管理上实现内部自治，系统内各路由器仅掌握本系统的路由信息。每一自治系统通过特定的路由器与核心系统连接，并报告其内部路径信息，并由因特网网络信息中心（Network Information Center，NIC）管理所赋于的全局惟一性自治系统标识符。

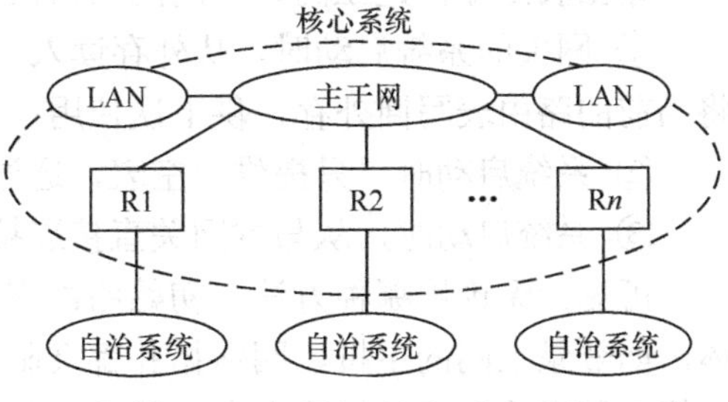

图 5-3-1　因特网的树型组网结构

网中任何一个路由器从一个网络（或子网）收到一个待转发的数据报。首先，取出 IP 数据报头，检查其目的 IP 地址与自身的 IP 地址是否在同一子网内，即确定该目的 IP 地址网络号是否位于路由器直接相连的子网中。如果检查出网络号相同，则可直接交付。如果不一致，查询相应的路由表，选择合适的路由通过物理网络送到邻接的路由器，这个过程称为间接交付。由于物理网络具有不同的最大数据传送单元（MTU），每个路由器在转发前，需要将数据报分段处理。如果核心系统路由器都无法查到目的 IP 地址网络号，这时路由器不得不给源站点发送“ICMP”返回出错消息。

图 5-3-2 中由 5 个网络和 3 个网关（路由器）组成的互连网。R1 路由器与网络 1（B 类地址：网络号为 138.210.0.0)、网络 2（C 类地址：网络号为 202.212.2.0)、网络 3（B 类地址：网络号为 138.215.0.0）直接相连。当 R1 收到的数据报目的地址在上述网络号时，可立即将 IP 数据报封装入相应的物理网络的帧中，通过相应的端口送出，由物理网络直接寻径。图 5-3-2 中 R1 的路由表见表 5-3-1。由表可知，R1 到网络 5 需经过 R2、R3，而表中只给出与 R1 有直接连接的 R2 地址，但其相对位置是确定的。通过 R2、R3 的转发，IP 数据报能正确到达网络 5。

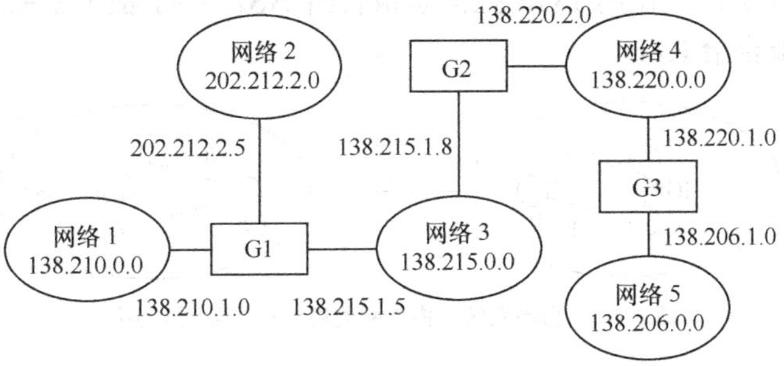

图 5-3-2　由 5 个网络组成的互连网示例

由此可知，网关内路由表对网络拓扑的描述是局部的，对互连网的把握是全局的。路由表的主要表目都基于网络号，即每一表目对应一群主机。

表 5-3-1　　R1 的路由表

目的地网络	目的地网络号	寻径
网络 1	138.210.0.0	直接传送
网络 2	202.212.2.0	直接传送
网络 3	138.215.0.0	直接传送
网络 4	138.220.0.0	138.215.1.8
网络 5	138.206.0.0	138.215.1.8

路由表是如何建立的？不同的网络操作系统获取初始路由表的方式不同，大致有 3 种。

① 网关的系统启动时，从外存读入一张完整的路由表，长驻留在内存；系统关闭时，再将当前的路由表写回外存，供下次使用；

② 系统启动时，只提供一空表，通过执行显式命令来填写；

③ 系统启动时，从与本网关直接连接的各网络号中，得出一组初始路由。

可见，无论用哪种方法，初始路由表是不可能完整的，由于计算机网络上动态变化的实体，如登录上网的主机、网络拓扑都会临时变更，因而路由表也需动态刷新。在因特网中采用第 3 种方法建立初始路由表，基于自动路径广播，以获取刷新信息。

5.3.2 因特网路由协议

1. 因特网路由协议分类

目前，因特网路由选择协议可划分为两大类。

（1）内部网关协议（IGP）

一个自治系统内部路由器交换路由信息所用的任何协议统称为内部网关协议。每个自治系统可自主选择具体的 IGP 协议。目前因特网中常用的 IGP 有 RIP、OSPF 和 IGRP。

（2）外部网关协议（EGP）

两个自治系统之间传递网络可达性信息所用的协议称为外部网关协议。每个自治系统内都指定一个或多个路由器，除了运行本系统的 IGP 外，还运行 EGP 与其他的自治系统交换信息。目前因特网中唯一在用的 EGP 协议是 BGP-4。BGP 称运行 BGP 的路由器为边界网关（Border Gateway）或边界路由器（Border Router）。在图 5-3-3 中，路由器 R1 收集自治系统 AS1 中的网络有关信息，并使用 EGP 把信息报告给 AS2 中的路由器 R2。同样，R2 把 AS2 的网络可达性信息报告给 R1。

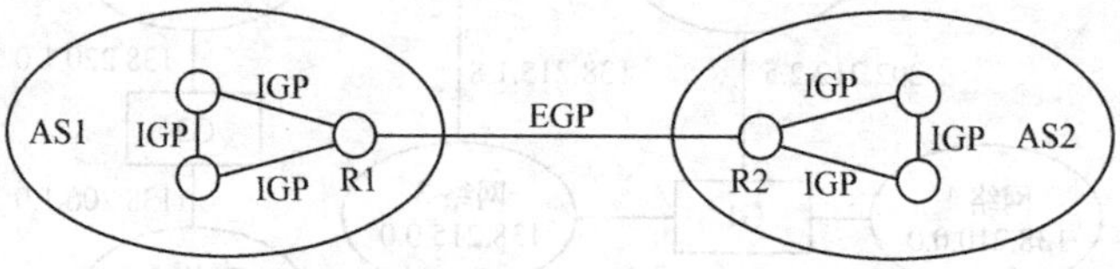

图 5-3-3　自治系统、内部网关协议和外部网关协议

2. 内部网关协议——RIP

路由信息协议（Routing Information Protocol，RIP）是内部网关协议中最先得到广泛使用的协议。RIP 使用一种距离向量（Vector-Distance，V-D）算法更新路由表，常用于小型的自治系统。

距离向量算法又称为 Bellman-Ford 算法，它要求每个路由器，在路由表中列出到所有已知目的网络的最佳路由，并且定期把自己的路由表副本发送给与其直接相连的其他路由器。为了确定最佳路由，使用测度来度量路由优劣。可以使用表示数据报到目的网络必须经过的路由器的个数，即跳数（Hop）作为测度，也可以使用数据报经历的时延、发送数据报的开销等作为测度。RIP 使用跳数作为测度，这样所谓最佳路由就是能够以最少跳数到达某目的网络的路由。

路由器启动时对路由表进行初始化，为与自己直连的每个网络生成一个表项。表项包括一个目的网络，到该网络的最短距离（最少跳数），及路由（下一跳）。每个路由器根据相邻路由器定期发来的路由信息更新自己的路由表，获悉更多目的网络以及到各网络的最佳路由。下面通过例子说明：设路由器 K 与两个网络相连，K 初始的距离向量路由表如图 5-3-4 所示。

目的网络	距离	路由
网络 1	0	直接
网络 2	0	直接

图 5-3-4　一个初始的距离向量路由表示例

每个路由器只和相邻路由器（数量非常有限）交换路由信息并更新路由表，一个自治系统中的所有路由器经过若干次路由通告与更新后，最终都会知道到达本 AS 中任何一个网络的最短距离和路径中下一跳路由器的地址。

【例 5-6】设经过数次路由更新后路由器 K 的路由表如图 5-3-4（a）所示。当相邻路由器 J 的路由信息报文如图 5-3-5（b）所示，到达路由器 K 后，K 的路由表将如何更新？

解：K 检查报文中的（目的网络，到该网络的距离）列表（J 的路由表副本）。如果 J 知道去某目的网络更短的路由，或者 J 列出了 K 中不曾有的目的网络，或者 K 目前到某目的网络的路由经过 J，而 J 到达该网络的距离有所改变，则 K 就会替换自己的路由表中的相应表项。更新后的 K 的路由表如图 5-3-5（c）所示。

目的网络	距离	路由
网络 1	0	直接
网络 2	0	直接
网络 4	4	路由器 L
网络 17	7	路由器 M
网络 24	6	路由器 J
网络 30	2	路由器 Q
网络 42	2	路由器 J

（a）路由器 K 的路由表

目的网络	距离
网络 1	2
网络 4	3
网络 17	5
网络 21	6
网络 24	4
网络 30	9
网络 42	3

（b）来自路由器 J 的路由信息

目的网络	距离	路由
网络 1	0	直接
网络 2	0	直接
网络 4	4	路由器 L
网络 17	6	路由器 J
网络 21	7	路由器 J
网络 24	5	路由器 J
网络 30	2	路由器 Q
网络 42	4	路由器 J

（c）更新后的 K 的路由表

图 5-3-5　基于距离向量算法的路由更新示例

图 5-3-4（b）中加粗的表项将引起 K 的路由表的更新。原本从 K 经路由器 M 至目的网络 17 的距离为 7，但邻居 J 声称它到网络 17 的距离为 5，这个路由更短，因此 K 路由表中至网络 17 的距离更新为 5+1（从 J 到目的网络的距离加上 K 到 J 的距离），路径上的下一跳指定为 J。J 声称从它能够到达网络 21，K 路由表中无此目的网络，因此新增一个到网络 21 的表项。从 K 到网络 24 的路由原本经过 J，距离为 6，但 J 声称从它到网络 24 的距离（由 5 变）为 4 了，因此更新距离为 4+1。同理，K 的路由表中至网络 42 的路由也要做类似更新。

注意：如果 J 报告到某目的网络的距离是 N，并且 K 根据该信息需要添加或更新自己路由表中的某个表项时，则该表项的距离为 N+1，下一跳指定为路由器 J。

虽然距离向量算法易于实现，但它们也有缺点。当路由迅速发生变化（例如链路出现故障）时，相应的信息缓慢地从一个路由器传到另一个路由器，算法可能无法稳定下来，出现路由表的不一致问题和慢收敛问题。

RIP 和下一小节要介绍的 OSPF 都是分布式路由选择协议。它们共同的特点是每一个路由器都要不断地和其他路由器交换路由信息。RIP 路由信息交换与更新有以下 3 个特点。

① RIP 路由器仅和本自治系统内与自己相邻的路由器交换信息。RIP 规定，信息仅在相邻的路由器之间交换，所谓相邻指在一个网络上。此外主机可以参与接收 RIP 广播并更新自

己的路由表，但主机不发送路由更新报文。

② RIP 支持 2 种信息交换方式。一种是定期的路由更新，即路由器按固定的时间间隔，例如每 30s 向所有邻居发送一个更新报文，其中包含路由器当前所知道的全部路由信息，即自己的路由表。另一种是触发的路由更新，无论何时只要路由表中有路由发生改变，路由器就可立即向与其直连的主机和路由器发送触发更新报文。

③ 路由表更新的原则是按照距离向量算法，确定并记录到各目的网络的最短距离（以跳数计）和路径上的下一跳。

RIP 规定距离 16 表示无路由或不可达，还规定路由超时时间为 180s。例如假设某路由器 X 到网络 n 的当前路由以路由器 G 为下一跳，如果 X 有 180s 都没有收到来自 G 的路由更新信息，则可以认为 G 崩溃了或 X 连到 G 的网络不可用了，此时 X 可以标记至网络 n 的距离为 16。

RIP 存在 2 个版本，版本 1（RIP-1）出现于上世纪 80 年代（RFC 1058），较新的版本 2（RIP-2）发布于 90 年代（RFC 1388，RFC 2453）。RIP-1 中交换的路由信息仅包含一组（网络地址，到网络的距离），而 RIP-2 的更新报文中还增加了下一跳信息，这有助于解决慢收敛问题和防止出现路由环路。RIP-2 的更新报文中还增加了子网掩码信息，以支持变长子网地址或无分类地址。总之，RIP-2 更新报文包含 4 元组（网络地址，网络掩码，到网络的下一跳，到网络的距离）。

此外，为了防止不必要地增加不监听 RIP-2 分组的主机的负担，RIP-2 的周期广播使用一个固定的组播地址 224.0.0.9。使用固定的组播地址意味着不需要依赖 IGMP（因特网组管理协议）。RIP-2 比 RIP-1 还增加了认证机制。

RIP 基于 UDP，使用 UDP 端口 520（有关端口的意义请参阅下一章）。虽然可以在其他 UDP 端口发起 RIP 请求，但请求报文的 UDP 目的端口总是 520，并且 RIP 广播报文的源端口也是 520。

RIP 作为内部网关协议，存在一些限制。第一，用一个小的跳数值表示无穷大，限制了使用 RIP 的互联网规模。使用 RIP 的互联网中，任意 2 台主机之间最多有 15 跳。第二，路由器周期地向邻居广播完整的路由表，随着网络规模的增大，开销会增大，路由更新的收敛时间也会延长。第三，RIP 只使用跳数测度，不支持负载均衡，路由选择相对固定不变。

3. 内部网关协议——OSPF

OSPF 是 IETF 的一个工作组设计的一个内部网关协议，它使用链路状态（Link State，LS）算法，或称最短路径优先（Shortest Path First，SPF）算法。OSPF 也就是开放的 SPF 协议，所谓开放是指协议规范可在公开发表的文献中找到。

在链路状态（L-S）路由选择协议中，每个路由器维护一个描述自治系统拓扑的数据库。该数据库称为链路状态数据库。每个参与的路由器有相同的数据库。数据库的每一项是单个路由器的本地状态，例如，路由器接口所连网络、与接口输出端关联的代价（Cost，也称开销）、不可用的接口及可达的邻居等。路由器利用洪泛法（Flooding）向整个自治系统发布自己的本地状态。

所有路由器并行地运行着相同的算法。每个路由器根据链路状态数据库，使用 Dijkstra 最短路径算法，构建一个以自己为根的最短路径树。最短路径树给出了到自治系统中每个网络的路由。从自治系统外部得到的路由信息在树中作为叶子出现。

如果到一个目的站存在若干条代价相同的路由，则把流量均匀地分配给这些路由。路由的代价用单个无量纲测度描述。因此 OSPF 能提供负载均衡（Load Balancing）功能。而 RIP 对每个目的站只计算一条路由。

OSPF 允许将 AS 中的网络分成若干组，每个组称为一个区域（Area）。一个区域的拓扑相对于 AS 的其他部分来说是隐藏的。信息隐藏能够使路由信息流量显著减少。此外，在区域内的路由选择仅取决于区域自己的拓扑，从而保护区域不受外界坏路由数据的影响。区域是子网化 IP 网络的推广。

OSPF 允许灵活配置 IP 子网，支持特定主机的路由、特定子网的路由、无分类路由和特定分类网络的路由。OSPF 分发的每个路由都含有目的地和掩码。相同 IP 网络号的两个不同子网可能具有不同的掩码，即变长子网划分。主机路由被当作是掩码为全 1 的子网。IP 分组被转发到最佳匹配所指定的下一跳。

所有 OSPF 协议交换都要被鉴别。保证只有可信的路由器可以参与自治系统的路由选择。OSPF 支持各种鉴别机制，而且允许每个区域配置不同的鉴别机制。

从外部得到的路由选择数据（例如从一个外部网关协议如 BGP 获得的路由）要在整个自治系统中通告。这些数据将与 OSPF 协议的链路状态数据分开存放。

如果网络拓扑结构没有发生变化，那么 LSA 数据每隔 30min 交换一次。一旦网络中的某条链路接口断掉了，这个信息则会立即在整个网络中得到广播；或者某条路径上出现冗余连接，就会马上重新计算，生成 SPF 树，然后更新路由表的信息。

4. 外部网关协议——BGP

边界网关协议（Border Gateway Protocol，BGP）是设计用于 TCP/IP 互联网自治系统之间的路由选择协议。它的创建是基于 EGP 及其使用经验，这里 EGP 表示一个具体的协议，定义于 RFC904 中。BGP 最初版本 BGP-1 于 1989 年在 RFC1105 中发布，最新 BGP-4 发布在 RFC4271 中。BGP-4（以后简称 BGP）增加了对 CIDR 的支持。

每个自治系统中需要配置一个或多个路由器运行 BGP，这些路由器称为 BGP 发言人（BGP Speaker）。一对通信的 BGP 发言人也可互称为 BGP 对端（BGP Peer）。BGP 发言系统的主要功能是与其他的 BGP 系统交换网络可达性信息。网络可达性信息包括可到达的网络信息以及可达性信息所穿过的一系列自治系统的信息。这些信息足够构造一个 AS 连通图，由图可以删除路由回路（Routing Loop），并可以在 AS 级别上实施一些策略决策（Policy Decisions）。

5.4　IP 组播

IP 组播的概念是 Steve Deering 在 1988 年首次提出的。1992 年 3 月 IETF 首次在因特网上试验了会议音频的组播。目前，我国的 IPTV 业务利用了 IP 组播技术。本节介绍 IP 组播的基本概念和主要相关技术。

1. IP 组播基本概念

IP 组播（IP Multicasting）是对硬件组播的因特网抽象，它仍然表示到达一个主机子集（包含若干主机）的传输，但它的概念更广泛，允许主机子集跨越 IP 网上任意的物理网络。这个子集在 IP 术语中称为组播组（Multicasting Group）。

对于一对多的通信，可以用单播实现，也可以用 IP 组播实现；相比而言，用 IP 组播实现可以大大节约网络资源。图 5-4-1 展示了组播的特点，图中网络 N1 和 N2 中的一些主机构成一个组播组 G，主机 S 是一个视频服务器，它可以不属于组播组 G。现在 S 要向 G 的成员发送一个包含视频信息的 IP 数据报。如果采用组播方式，源主机 S 只需要发送一个数据报，该数据报先到达路由器 R1，再到达 R2；在 R2 处再将数据报复制成 2 个副本，分别向 R3 和 R4 各转发一个副本；然后数据报被转发到具有硬件组播功能的局域网 N1 和 N2，也即到达成员主机上，如图 5-4-1 中箭头所示。组播数据报仅在传送路径分叉时才需要被复制再继续转发。如果采用单播方式，假如组 G 成员有 100 个，从源主机 S 就要发送 100 个副本，显然这很浪费网络资源。不仅如此，通过源主机单播实现一对多的通信，必然导致源主机负担重从而引入较大时延，而这对于一些时延敏感的应用，通常是无法容忍的。

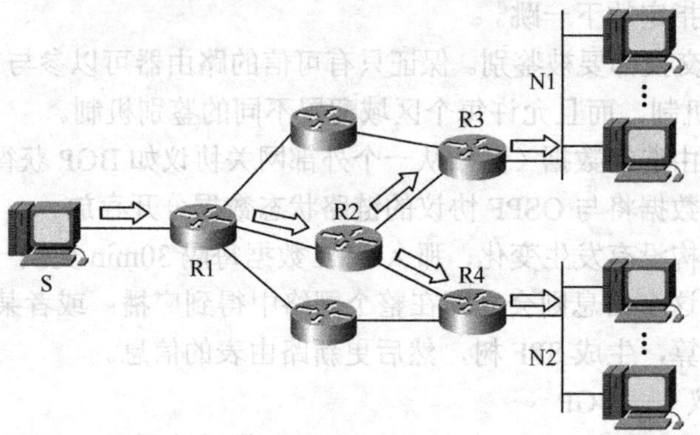

图 5-4-1 组播示例

2. 组播地址

从通信层次上讲，IP 组播分为两个层面：IP 组播和以太网组播。根据 IANA（Internet Assigned Number Authority）规定，组播报文的地址使用 D 类 IP 地址，其范围为 224.0.0.0～239.255.255.255。组播 MAC 地址的高 24bit 固定为 0x015e，同时需要注意的是组播地址都只能作为目的地址，而不能作为源地址来使用。IP 组播地址和 MAC 地址以一种映射关系相关联，MAC 地址的低 23 位映射为组播 MAC 的低 23 位，如图 5-4-2 所示。

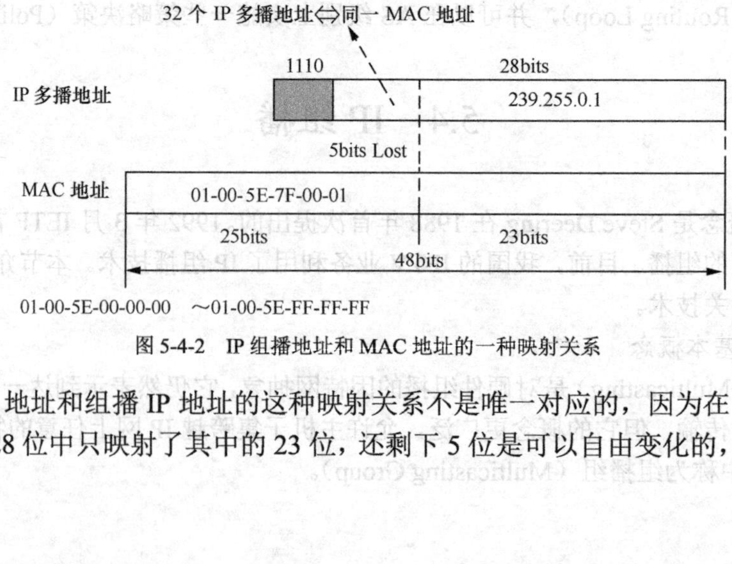

图 5-4-2 IP 组播地址和 MAC 地址的一种映射关系

组播 MAC 地址和组播 IP 地址的这种映射关系不是唯一对应的，因为在 32 位 IP 组播地址可以变化的 28 位中只映射了其中的 23 位，还剩下 5 位是可以自由变化的，所以每 32 个 IP

组播地址映射一个组播 MAC 地址。

3. 组播协议

从协议角度讲，在 IP 组播中用到的协议由两部分组成：运行在主机与组播路由器之间的路由协议 IGMP（Internet Group Management Protocol）和运行在各个组播路由器之间的组播路由协议，如 PIM-SM、PIM-DM、MSDP、DVMRP。

IP 组播的实现主要是基于 IGMP 协议的，IGMP 协议是第三层协议，是 TCP/IP 的标准之一，所有接收 IP 组播的设备都要执行 IGMP。

组播路由器之间的组播路由协议如下。

（1）PIM-DM

独立组播协议（PIM）有两种模式：密集模式和稀疏模式。密集模式独立组播协议（Protocol Independent Multicast-Dense Mode，PIM-DM）主要被设计用于组播局域网应用程序，PIM-DM 可以使用由任意底层单播路由协议产生的路由表执行反向路径转发（RPF）检查。

（2）PIM-SM

稀疏模式独立组播协议（Protocol Independent Multicast-Sparse Mode，PIM-DM）主要用于一个大范围内的域间网络（WAN 和域间），它使用了传统的基于接收初始化成员关系的 IP 组播模型，支持共享和最短路径树，此外它还使用了软状态机制，以适应不断变化的网络环境。PIM-SM 可以使用由任意路由协议输入到组播路由信息库（RIB）中的路由信息，这些路由协议包括单播协议如路由信息协议（RIP）和开放最短路径优先（OSPF），还包括能产生路由表的组播协议如距离矢量组播路由协议（DVMRP）。

（3）MSDP

组播源发现协议（Multicast Source Discovery Protocol，MSDP）描述了一种连接多 PIM-SM（PIM-SM：PIM Sparse Mode）域的机制。每种 PIM-SM 域都使用自己独立的 RP，它并不依赖于其他域内的 RP。

（4）DVMRP

距离矢量组播路由选择协议（Distance Vector Multicast Routing Protocol，DVMRP）是一种互联网“内部网关协议”，适合在自治系统内使用的路由协议，为互联网络的主机组提供了一种无连接信息组播的有效机制。

（5）CBT

核心树的组播协议（Core Based Tree，CBT）采用需求驱动的方式避免洪泛，并允许各源站尽可能地共享同一个转发树。CBT 为每个组构建一个共享的组播分发树，适于域间和域内的组播路由选择。

5.5　移动 IP

随着无线通信的兴起以及便携计算机的流行，产生了允许主机移动而且不中断正在进行的通信的需求。IETF 于 1996 年就公布了移动 IP 相关的建议标准，允许便携计算机从一个网络移动到另一个网络的 IP 技术，即 IP 移动性支持（IP mobility support），简称为移动 IP（Mobile IP）。本节仅简介 IPv4 移动 IP。

5.5.1 移动IP的概念

因特网当前使用的无分类IP编址机制是针对固定环境设计和优化的，主机地址的前缀标识与主机相连接的网络。如果一个主机从一个网络移动到一个新网络，则主机地址必须改变，或者因特网上所有路由器都有到该主机的特定主机路由表项。这两个选择都不太可行，因为更改地址会中断所有现有传输层TCP连接；另一个选择需要在因特网上传播到所有移动主机的特定主机路由信息，这在通信上需要耗费大量带宽，在存储上需要有超大存储器存储路由表，显然从扩展性考虑这是不可行的。

移动IP技术支持主机的移动，而且既不要求主机更改其IP地址，也不要求路由器获悉特定主机路由信息。它包括下列特征。

① 宏观移动性：移动IP并不支持主机的频繁移动，是为主机在给定位置停留相对较长一段时间的情况而设计的。

② 透明性：移动IP支持IP层以上的透明性，包括活跃TCP连接和UDP端口绑定的维护。对主机移动不涉及的路由器来说，移动也是透明的。

③ 与IPv4的互操作性：使用移动IP的主机既可以与运行常规IPv4软件的普通主机相互通信，也可以与其他移动主机通信，而且分配给移动主机的IP地址就是常规的IP地址。

④ 物理广泛性：移动IP允许在整个因特网范围内的移动。

⑤ 安全性：移动IP提供了可确保所有报文都经过鉴别的安全功能。

总之，移动IP是一种在整个因特网上提供移动功能的方案，它具有可扩展性、可靠性、安全性，并使主机在切换链路时仍可保持正在进行的通信。特别值得注意的是，移动IP提供一种路由机制，使移动主机可以以一个永久IP地址连接到任何链路（物理网络）上。

移动IP实现主机移动性的关键是允许移动主机拥有两个IP地址。一个是应用程序使用的长期固定的永久IP地址，称为主地址（Primary Address）或原籍地址（Home Address），该地址是在原籍网络（Home Network）上分配得到的地址。另一个是主机移动到外地网络（Foreign Network）时临时获得的地址，称为次地址（Secondary Address）或转交地址（Care-of Address）。转交地址仅由下层的网络软件使用，以便经过外地网转发和交付。

移动IP定义了三种必须实现移动协议的功能实体。

① 移动主机。

② 原籍代理（home agent），有一个端口与移动主机同属于一个物理网络的路由器。原籍代理和外地代理都会周期地发送代理通告消息，主机通过接收这些消息能够判定自己是否移动了。检测到自己移动后，主机通过与外地网通信获得一个转交地址，然后通过因特网将其新获得的转交地址通知给它的原籍代理。原籍代理还会解析送往移动主机的原籍地址的数据报，并将这些包通过隧道技术传送到移动主机的转交地址上。

③ 外地代理（foreign agent），在移动主机的外地网络上的路由器。它可以给移动主机提供转交地址，帮助移动主机把它的转交地址通知给它的原籍代理，并为已被原籍代理设置了隧道的移动主机发送拆封后的IP包。但外地代理不是必需的。如果外地网络上有外地代理，则它将作为连接在外地网络上的移动主机的默认路由器。

5.5.2　移动 IP 的通信过程

移动 IP 包括 3 个主要部分。

1. 主机移动后，要获取转交地址

有两种类型的转交地址。当外地网上没有外地代理时，移动主机可以通过 DHCP（动态主机配置协议）获取一个当地地址，这个地址称为同址转交地址（Co-Located Care-of-Address）。此时，移动主机要自己来处理所有转发和隧道动作。如果外地网上有外地代理，移动主机首先利用 ICMP 路由器发现机制发现外地代理，然后与该代理通信，获得一个转交地址，该地址称为外地代理转交地址（Foreign Agent Care-of- Address）。要注意的是，外地代理并不需要为每个移动主机分配一个唯一的 IP 地址，而是可以把自己的 IP 地址分配给每个到访的移动主机。

2. 注册（Registration）

当移动主机发现它从一个网络移动到另一个网络时，就要进行注册。注册的主要目的是把移动主机的转交地址通知给它的原籍代理，原籍代理将根据转交地址把目的地址为移动主机主地址的数据报，通过隧道送给移动主机。注册过程包括移动主机和它的原籍代理之间一次注册请求和注册应答的交互，分为两种情况。

① 如果移动主机获得的是同址转交地址，则由移动主机直接进行注册，如图 5-5-1 所示。

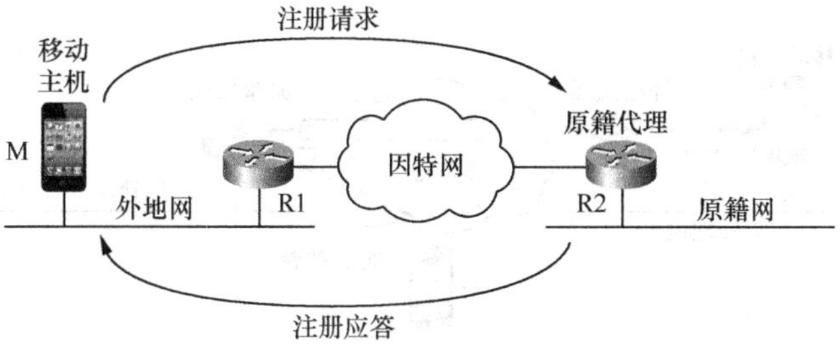

图 5-5-1　获得同址转交地址的移动主机的注册过程

② 如果有外地代理，移动主机通过代理发现机制获得代理转交地址，然后通过外地代理把注册请求消息中继给移动主机的原籍代理。原籍代理发送的注册应答也要通过外地代理中继给移动主机，如图 5-5-2 所示。

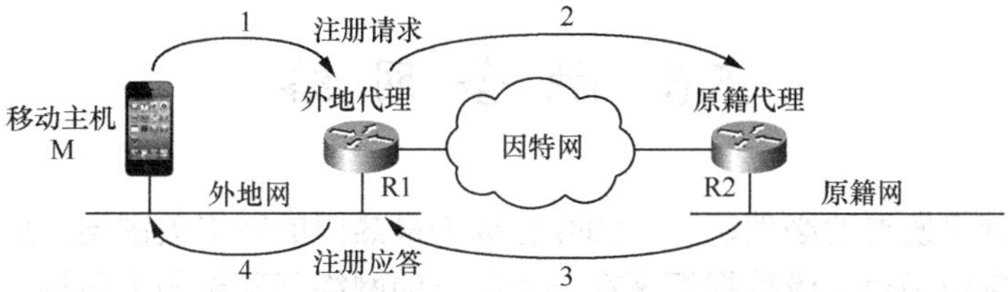

图 5-5-2　获得代理转交地址的移动主机的注册过程

移动主机回到原籍网络后要进行注销。所有注册（包括注销）消息都是通过 UDP 发送的，注册请求消息必须被封装在目的端口号为 434 的 UDP 报文中。

3. 数据报传送

移动主机连接到外地网络上时，对它发出或发往它的数据报要进行特殊的转发处理。

移动主机发送的数据报，源地址为移动主机的主地址，将被直接路由到通信对端。转发分为如下 3 种情况。

（1）移动主机连接在原籍网络上时就像普通主机一样工作，与其他主机拥有相同的路由表。路由表项和 IP 地址可以通过手工配置、DHCP 和 PPP 的 IPCP 得到，路由器的物理地址可以通过 ARP 得到。

（2）移动主机连接在外地网络上，并且采用代理转交地址时，一般以外地代理作为移动主机当前的默认路由器。移动主机在外地网络时，禁止发送包含它的原籍地址的 ARP 报文。外地代理的物理地址可以在包含代理通知消息（ICMP 路由器广播消息的扩展）的帧中找到。

（3）移动主机连接在外地网络上，并且采用同址转交地址时，可以通过 DHCP 得到路由器的 IP 地址，通过发送包含同址转交地址的 ARP 请求获得路由器的物理地址。

发往移动主机的数据报，目的地址为移动主机的主地址，转发分为 2 种情况。

① 向位于原籍网络上的移动主机传送数据报，无需特殊处理。

② 向位于外地网络上的移动主机传送数据报，数据报先被送往原籍网络，由原籍代理截获这些数据报，然后经隧道将其发送到移动主机的转交地址。如果是代理转交地址，则经过封装的数据报先到达外地代理，然后再被直接交付给移动主机。

由上面的介绍可以知道，移动主机位于外地网与通信对端通信时，相互交互的数据报的路由构成了一个三角形，如图 5-5-3 所示。注意如果没有外地代理，隧道的两端应分别是原籍代理和移动主机。

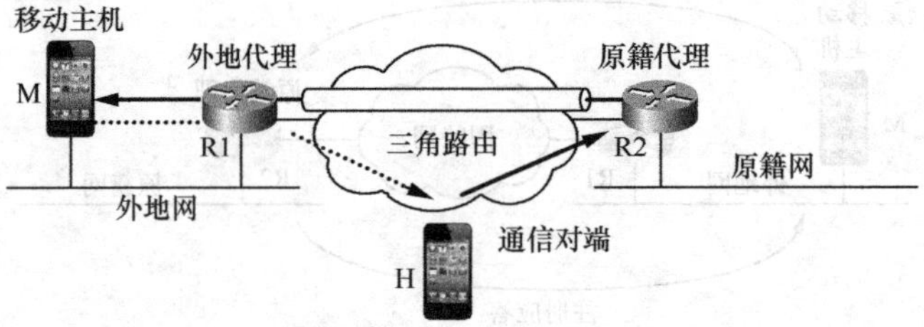

图 5-5-3　三角路由

三角路由显然不够优化，但优化路由存在安全方面的障碍。有关移动 IP 路由优化、安全，以及移动主机如何收发广播和组播包等问题，限于篇幅不再讨论，有兴趣的读者请参阅相关文献和 IETF 的 mip4 和 mipshop 工作组公布的文档。

5.6　融 合 网 络

网络融合是网络发展的必然趋势，如今已成为最热门的网络关键词。所谓融合实际上是指把语音流、视频流和信息流数据汇聚在一个统一的网络基础架构上传输，进而可以利用统一的设备来传输与处理多种不同的应用业务。

5.6.1　基于 IMS 移动和固定网融合的解决方案

IMS 即 IP Multimedia Subsystem，译为 IP 多媒体子系统，本质上说是一种网络架构。IMS 技术植根于移动领域，最初是 3G 合作伙伴计划（the 3rd Generation Partner Project，3GPP）

为移动网定义的，而在下一代网络（NGN）的框架下，3GPP、ETSI、ITU-T 等多个国际组织都在进行基于 IMS 实现移动、固定业务融合的研究，目的是使 IMS 成为基于 SIP 会话的通用平台，同时支持移动和固定业务的多种接入方式，实现移动网和固定网的融合，如图 5-6-1 所示。目前涵盖 IMS 增强特性的 3GPP R6 已经基本定案，这标志着 IMS 技术已经走向成熟。

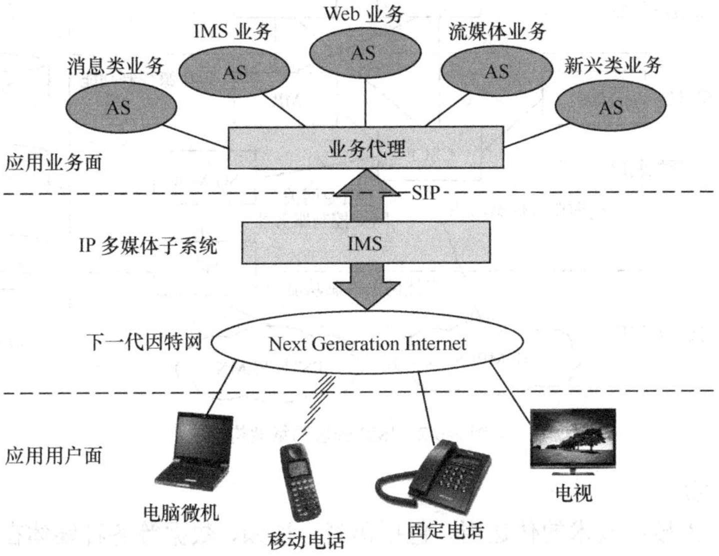

图 5-6-1　基于 IMS 移动和固定网融合的解决方案

3GPP 采用和其他标准化组织密切合作的方式制订 IMS 技术标准，并依靠各国通信界的协同不断发展和完善。其中，最重要的合作就是和 IETF 联合开发了 IMS 网络的核心控制协议初始会话协议（Session Initiation Protoco，SIP），共同研究 SIP 的扩展和应用。另一个重要的合作是和 Parlay 组织联合开发了支持开放式业务提供的 Parlay/开放业务接入（Open Service Access，OSA）应用程序接口（API），将源于固定智能网结构开放的 Parlay 技术引入 IMS 网络的 OSA 结构。最重要的协同就是 ETSI 的 TISPAN 研究组和 ITU-T 提出了 IMS 中融入固定接入的技术，另一个重要的协同是 OMA 组织提出了许多基于 IMS 实现的业务规范和技术。

3GPP 依照 UMTS 3G 移动通信系统的系列标准版本定义了 IMS 的分阶段演进计划。其中，2002 年完成的 R5 是第一个全 IP 移动网络标准，它将核心网归为一个统一的基于 IP 的分组（PS）域，具有服务质量（QoS）保证，能够提供各种类型的多媒体增值业务，其核心技术标准就是 IMS。R6 进一步完善 IMS 接口和功能，增加对 WLAN 的接入支持，并研究 IMS 域的计费和 QoS 控制技术。R7 融合 TISPAN 关于 NGN 的研究标准，增加对于 xDSL 接入技术的支持，提出策略控制与计费（PCC）技术以及 WLAN/3G 语音连续通信的语音连接连续（VCC）技术。正在研究中的 R8 将协同各个标准化组织的工作，研究支持组合业务的业务代理技术以及下一步的统一 IMS 架构。

5.6.2　IMS 分层网络架构

在 NGN 的框架中，终端和接入网络是各种各样的，而其核心网络只有一个 IMS，它的核心特点是采用 SIP 和与接入的无关性。

软交换网络与IMS将不仅是互动的关系，而且是互通融合的关系。在这个关系里，当前的软交换将通过软件升级的方式提供新兴业务。IMS 分层网络架构可分为接入互连层、会话控制层和业务应用层，如图5-6-2所示。

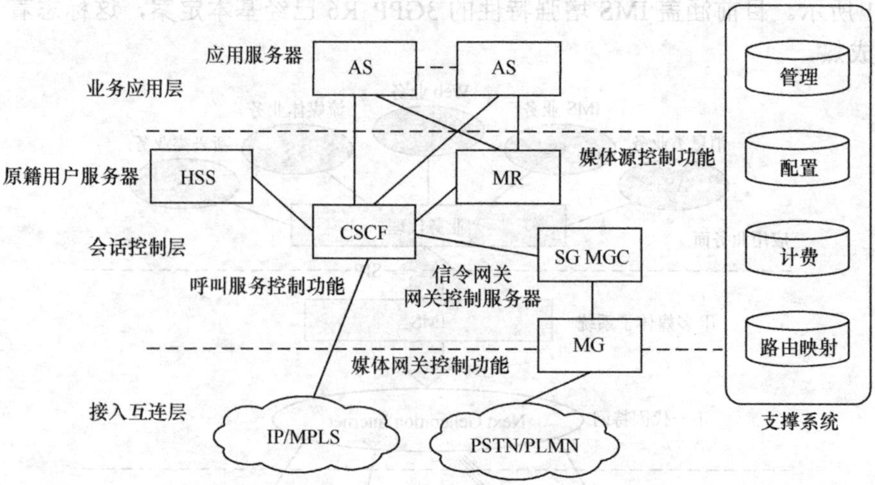

图5-6-2 IMS分层网络架构

（1）接入互连层

以IPv4/IPv6为核心技术的传送层，包括语音、视频、数据等各种媒体在内的数据流既可经由2G/3G移动网接入技术接入网络，也可经由Wi-Fi、DSL等固定网宽带接入技术接入网络，但所有信息流均以IP分组的形式在网络中传输，网络运营商构建统一的IP宽带网络为所有用户服务，体现了以IP为核心的网络融合。由用于主干和接入网络的路由器及交换机组成，包括各类SIP终端、有线接入、无线接入、互联互通网关等设备。实现的主要功能包括SIP会话的发起与终止，以及IP分组各种承载类型之间的转换；根据业务部署和会话控制层的控制实现各种QoS策略；完成与传统PSTN/PLMN间的互连互通等功能。

（2）会话控制层

以SIP为核心技术的IMS控制层，向下对传送层的IP多媒体通信进行呼叫控制和管理，向上为业务应用层提供调用通信网能力的开放式接口，实现业务层和网络层的分离，支持独立于网络运营商的业务运营商的形成，体现了多媒体业务的融合控制与管理。由网络控制服务器（MGC）组成，其中CSCF（呼叫服务控制功能），也就是常说的SIP服务器，负责管理呼叫或会话设置、修改和释放；还包括多种支持功能，如配置、计费以及运营维护功能。边界网关负责与其他运营商网络和/或其他类型的网络之间的互通；主要完成基本会话的控制，实现用户注册、SIP会话路由控制，与应用服务器（AS）交互执行应用业务中的会话、维护管理用户数据、管理业务QoS策略等功能，与业务/应用层一起为所有用户提供一致的业务环境。

（3）业务应用层

以信息技术为核心，业务运营商通过部署在各类应用服务器中的业务逻辑向端用户提供增值业务，业务提供独立于用户的接入技术，体现了以信息与通信技术（ICT）为核心的业务融合，并通过API调用融合通信网的能力。由应用和内容服务器组成，主要向用户提供业务逻辑，包括实现传统的基本电话业务，如呼叫前转、呼叫等待、会议等业务。如IMS标准中规定的通用业务使能模块（如呈现业务管理和组群列表管理），可以像执行 SIP 应用服务器中的业务一样进行部署。

IMS 由通信界提出，它是一个安全可靠、具有服务质量保证的网络系统，这正是通信网区别于 IP 网的重要特点。IMS 的直接目标是支持固定和移动网络融合，长远目标是支持范围更广的信息通信网络融合。IMS 的发展不只局限于 SIP 控制协议和 API 业务提供模式，而是要支持各种接入技术，更要包容各种控制协议和业务接口，支持多种业务模式。统一 IMS 体现了以 IMS 为基础探索未来信息网络融合的研究方向。总之，IMS 为未来的全 IP 网络和与移动网、固定网的无缝融合提供了可能，是下一代网络和应用的核心。

【单元 2】组网-4

案例 5-2-4　路由器基本配置

1. 项目名称

学会使用 PacketTracer 对路由器基本配置

2. 工作目标

已给出典型的网络拓扑结构之一，如图 5-7-1 所示。

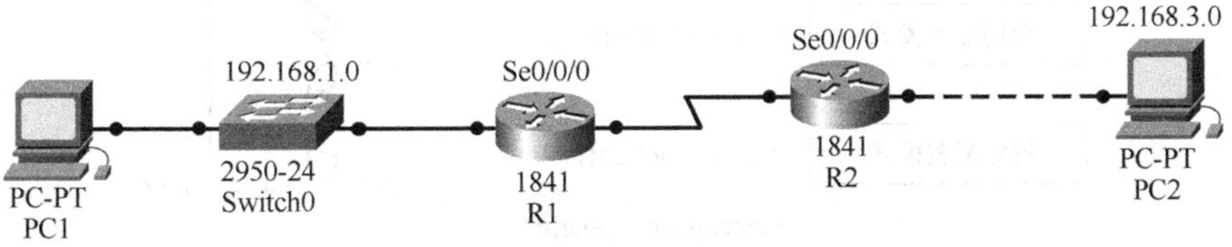

图 5-7-1　典型的网络拓扑结构之一

地址分配表见表 5-7-1。

表 5-7-1　网络的地址分配表

设备	接口	IP 地址	子网掩码	默认网关
R1	Fa0/0	192.168.1.1	255.255.255.0	不适用
	S0/0/0	192.168.2.1	255.255.255.0	不适用
R2	Fa0/0	192.168.3.1	255.255.255.0	不适用
	S0/0/0	192.168.2.2	255.255.255.0	不适用
PC1	网卡	192.168.1.10	255.255.255.0	192.168.1.1
PC2	网卡	192.168.3.10	255.255.255.0	192.168.3.1

按上述图、表，认识路由器启动过程，完成对路由器的基本配置。

3. 工作任务

① 使用 PacketTracer 按图 5-7-1 和表 5-7-1 构建网络拓扑结构。

② 网络布线。

③ 清除配置并重新加载路由器。

④ 对路由器 R1、R2 进行基本配置。

⑤ 配置主机 PC 上的 IP 地址。

⑥ 检验并测试配置。

4．学习情景

4.1　路由器启动过程

启动过程分为 4 个主要阶段。

① 执行 POST。

② 加载 bootstrap 程序。

③ 查找并加载 Cisco IOS 软件。

④ 查找并加载启动配置文件，或进入设置模式。

4.2　IOS 配置模式

图 5-7-2 列出了互联网操作系统（IOS）配置模式：用户执行模式、特权执行模式、全局配置模式、特定配置模式，并列出相应的提示符，以及模式之间转换的部分命令。特定配置模式又分成接口配置模式、线路配置模式以及路由配置模式。

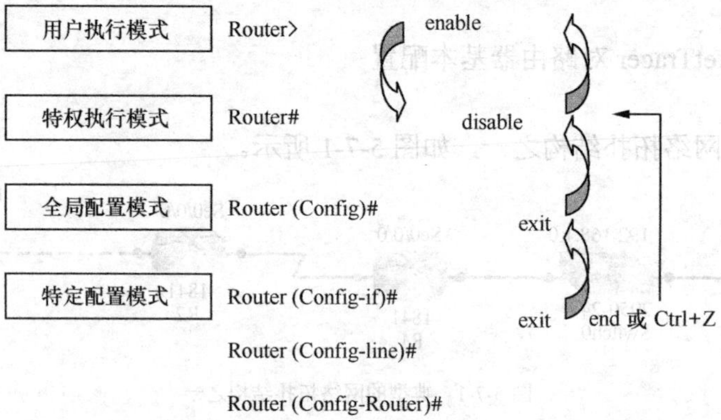

图 5-7-2　IOS 配置模式

5．操作步骤

5.1　任务：网络布线

构建一个类似拓扑图 5-7-1 的网络。本案例中使用 1841 路由器，也可以在实践中使用任何路由器，只要所选路由器具备拓扑图中所要求的接口即可。

① 请确认使用正确类型的以太网电缆连接主机与交换机、交换机与路由器，以及主机与路由器。

② 请确保将串行 DCE 电缆连接到路由器 R1（设置时钟，即数据传送率），并将串行 DTE 电缆连接到路由器 R2。

回答以下问题：

① 主机 PC 上的 RJ-45 接口连接到交换机上的 RJ-45 接口应该使用什么类型的电缆？

____

② 交换机上的 RJ-45 接口连接到路由器上的 RJ-45 接口应该使用什么类型的电缆？

____

③ 路由器上的 RJ-45 接口连接到主机 PC 上的 RJ-45 接口应该使用什么类型的电缆？

____

5.2　任务：清除配置并重新加载路由器

① 建立 PC 到 R1 路由器的控制台连接。

PC 的 COM1 端口通过一个含 RJ-45 转 DB-9 适配器的蓝色反转电缆与路由器的控制台端口（Console）相连，PC 启用超级终端（HyperTerminal）使用 CLI 方式清除配置并重新加载路由器。

② 进入特权执行模式。

```
Router>enable
Router#
```

③ 清除配置。

若要清除配置，应使用 erase startup-config 命令。当收到提示[confirm]要求确认是否确实想要清除 NVRAM 中当前存储的配置时，按 Enter 键。

```
Router#erase startup-config
Erasing the nvram filesystem will remove all files! Continue? [confirm]
[OK]
Erase of nvram: complete
Router#
```

④ 重新加载配置。

当返回提示符状态时，使用 reload 命令。如果询问是否保存更改，回答 no。

如果对问题“System configuration has been modified. Save?”回答 yes，会出现什么情况？

____

____

结果应该类似如下所示：

```
Router#reload
System configuration has been modified. Save? [yes/no]: no
Proceed with reload? [confirm]
```

当出现提示[confirm] 要求您确认想要重新加载路由器时，按 Enter 键。路由器完成启动过程后，选择不使用 AutoInstall 功能，如下所示：

```
Would you like to enter the initial configuration dialog? [yes/no]: no
Would you like to terminate autoinstall? [yes]: [Press Return]
Press Enter to accept default.
Press RETURN to get started!
```

⑤ 在路由器 R2 上重复步骤 1～4，清除任何可能存在的启动配置文件。

5.3　任务：对路由器 R1 进行基本配置

① 建立与路由器 R1 的 HyperTerminal 会话。

② 进入特权执行模式。

```
Router>enable
Router#
```

③ 进入全局配置模式。

```
Router#configure terminal
Enter configuration commands, one per line. End with CNTL/Z.
Router(config)#
```

④ 将路由器名称配置为R1。

在提示符下输入命令 hostname R1。

```
Router(config)#hostname R1
R1(config)#
```

⑤ 禁用 DNS 查找。

使用 no ip domain-lookup 命令禁用 DNS 查找。

```
R1(config)#no ip domain-lookup
R1(config)#
```

在实验环境中禁用 DNS 查找的原因是什么？

____

____

如果在生产环境中禁用 DNS 查找会发生什么情况？

____

⑥ 配置执行模式口令。

使用 enable secret *password* 命令配置执行模式口令。若使用 class 替换 *password*。

```
R1(config)#enable secret class
R1(config)#
```

为什么不一定要使用 enable password *password* 命令？

____

____

⑦ 配置当天消息标语。

使用 banner motd 命令配置当天消息标语。

```
R1(config)#banner motd &
Enter TEXT message. End with the character '&'.
********************************
  !!!AUTHORIZED ACCESS ONLY!!!
********************************
&
R1(config)#
```

何时会显示该标语？

____

为什么每个路由器都需要设置当天消息标语？

____

⑧ 在路由器上配置控制台口令。

使用 cisco 作为口令。配置完成后，退出线路配置模式。

```
R1(config)#line console 0
R1(config-line)#password cisco
R1(config-line)#login
R1(config-line)#exit
R1(config)#
```

⑨ 为虚拟终端线路配置口令。

使用 cisco 作为口令。配置完成后，退出线路配置模式。

```
R1(config)#line vty 0 4
R1(config-line)#password cisco
R1(config-line)#login
R1(config-line)#exit
R1(config)#
```

⑩ 配置 FastEthernet0/0 接口。

使用 IP 地址 192.168.1.1/24 配置 FastEthernet0/0 接口。

```
R1(config)#interface fastethernet 0/0
R1(config-if)#ip address 192.168.1.1 255.255.255.0
R1(config-if)#no shutdown
%LINK-5-CHANGED: Interface FastEthernet0/0, changed state to up
%LINEPROTO-5-UPDOWN: Line protocol on Interface FastEthernet0/0, changed
state to up
R1(config-if)#
```

⑪ 配置 Serial0/0/0 接口。

使用 IP 地址 192.168.2.1/24 配置 Serial0/0/0 接口。将时钟频率设置为 64000。

```
R1(config-if)#interface serial 0/0/0
R1(config-if)#ip address 192.168.2.1 255.255.255.0
R1(config-if)#clock rate 64000
R1(config-if)#no shutdown
R1(config-if)#
```

配置并激活 R2 上的串行接口后，此接口才会激活。

⑫ 返回特权执行模式。

使用 end 命令返回特权执行模式。

```
R1(config-if)#end
R1#
```

⑬ 保存 R1 配置。

使用 copy running-config startup-config 命令保存 R1 配置。

```
R1#copy running-config startup-config
Building configuration...
[OK]
R1#
```

该命令的简化版本是什么？ ______________________

5.4 任务：对路由器 R2 进行基本配置

① 对 R2 重复上一节 5.3 中的步骤 1～9。

② 配置 Serial 0/0/0 接口。

使用 IP 地址 192.168.2.2/24 配置 Serial 0/0/0 接口。

```
R2(config)#interface serial 0/0/0
R2(config-if)#ip address 192.168.2.2 255.255.255.0
R2(config-if)#no shutdown
%LINK-5-CHANGED: Interface Serial0/0/0, changed state to up
%LINEPROTO-5-UPDOWN: Line protocol on Interface Serial0/0/0, changed state
to up
R2(config-if)#
```

③ 配置 FastEthernet0/0 接口。

使用 IP 地址 192.168.3.1/24 配置 FastEthernet0/0 接口。

```
R2(config-if)#interface fastethernet 0/0
R2(config-if)#ip address 192.168.3.1 255.255.255.0
R2(config-if)#no shutdown
%LINK-5-CHANGED: Interface FastEthernet0/0, changed state to up
%LINEPROTO-5-UPDOWN: Line protocol on Interface FastEthernet0/0, changed
state to up
R2(config-if)#
```

④ 返回特权执行模式。

使用 end 命令返回特权执行模式。

```
R2(config-if)#end
R2#
```

⑤ 保存 R2 配置。

使用 copy running-config startup-config 命令保存 R2 配置。

```
R2#copy running-config startup-config
Building configuration...
[OK]
R2#
```

5.5 任务：配置主机 PC 上的 IP 地址

① 配置主机 PC1。

使用 IP 地址 192.168.1.10/24 和默认网关 192.168.1.1 配置连接到 R1 的主机 PC1。

② 配置主机 PC2。

使用 IP 地址 192.168.3.10/24 和默认网关 192.168.3.1 配置连接到 R2 的主机 PC2。

5.6 任务：检验并测试配置。

① 使用 show ip route 命令检验路由表中是否包含以下路由。

每条路由前都带有 C 标识。这表示它们是直接相连的网络，一旦在每台路由器上配置了相关接口便会激活。如果在每台路由器的输出中没有发现如下两条路由，那么请继续执行步骤 2。

```
R1#show ip route
Codes: C - connected, S - static, R - RIP, M - mobile, B - BGP
       D - EIGRP, EX - EIGRP external, O - OSPF, IA - OSPF inter area
       N1 - OSPF NSSA external type 1, N2 - OSPF NSSA external type 2
       E1 - OSPF external type 1, E2 - OSPF external type 2
       i - IS-IS, su - IS-IS summary, L1 - IS-IS level-1, L2 - IS-IS level-2
       ia - IS-IS inter area, * - candidate default, U - per-user static route
       o - ODR, P - periodic downloaded static route
Gateway of last resort is not set
C    192.168.1.0/24 is directly connected, FastEthernet0/0
C    192.168.2.0/24 is directly connected, Serial0/0/0
R1#
```

② 同样使用 show ip route 命令检验路由表中是否包含以下路由。

```
R2#show ip route
Codes: C - connected, S - static, R - RIP, M - mobile, B - BGP
       D - EIGRP, EX - EIGRP external, O - OSPF, IA - OSPF inter area
       N1 - OSPF NSSA external type 1, N2 - OSPF NSSA external type 2
       E1 - OSPF external type 1, E2 - OSPF external type 2
       i - IS-IS, su - IS-IS summary, L1 - IS-IS level-1, L2 - IS-IS level-2
       ia - IS-IS inter area, * - candidate default, U - per-user static route
```

```
       o - ODR, P - periodic downloaded static route
Gateway of last resort is not set
C    192.168.2.0/24 is directly connected, Serial0/0/0
C    192.168.3.0/24 is directly connected, FastEthernet0/0
R2#
```

案例 5-2-5　网络静态路由和动态（RIP）路由协议基本配置

1. 项目名称

学会使用 PacketTracer 对路由器配置静态路由和动态路由协议。

2. 工作目标

已给出典型的网络拓扑结构之二，如图 5-7-3 所示。

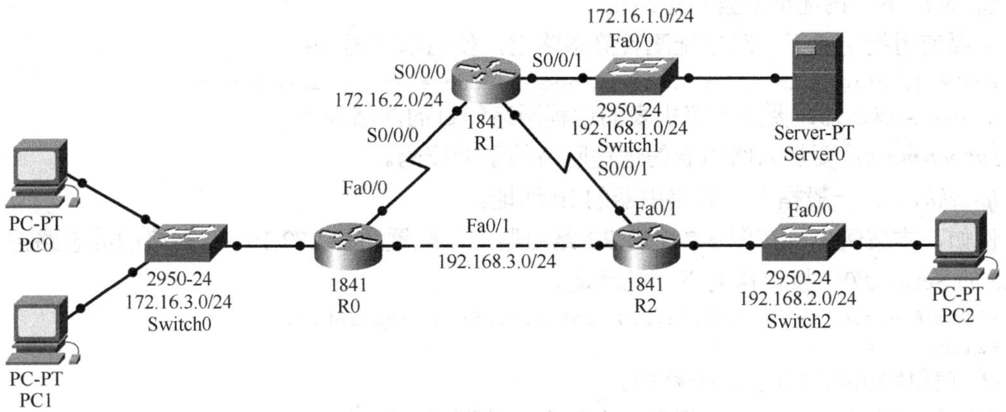

图 5-7-3　典型的网络拓扑结构之二

地址分配表，如表 5-7-2。

表 5-7-2　网络的地址分配表

设备	接口	IP 地址	网络掩码	默认网关
R0	Fa0/1	172.16.3.1	255.255.255.0	N/A
	Fa0/0	192.168.3.1	255.255.255.0	N/A
	S0/0/0	172.16.2.1	255.255.255.0	N/A
R1	Fa0/0	172.16.1.1	255.255.255.0	N/A
	S0/0/0	172.16.2.2	255.255.255.0	N/A
	S0/0/1	192.168.1.1	255.255.255.0	N/A
R2	Fa0/0	192.168.3.2	255.255.255.0	N/A
	Fa0/1	192.168.2.1	255.255.255.0	N/A
	S0/0/1	192.168.1.2	255.255.255.0	N/A
PC0	网卡	172.16.3.2	255.255.255.0	172.16.3.1
PC1	网卡	172.16.3.3	255.255.255.0	172.16.3.1
PC2	网卡	192.168.2.2	255.255.255.0	192.168.2.1
Server0	网卡	172.16.1.2	255.255.255.0	172.16.1.1

按上述图、表，完成对路由器的静态路由和动态（RIP）路由协议的基本配置。

3. 工作任务

① 使用 PacketTracer 按图 5-7-3 和表 5-7-2 构建网络拓扑结构。

② 网络布线、清除配置并重新加载路由器。

③ 配置主机 PC 上的 IP 地址。

④ 对路由器 R0、R1、R2 进行静态路由协议的基本配置。

⑤ 对路由器 R0、R1、R2 进行动态路由协议（RIP）的基本配置。

⑥ 检验路由表并连通性测试。

4. 学习情景

4.1 静态路由

① 使用下一跳地址配置静态路由。

若要使用指定的下一跳地址配置静态路由，使用以下语法：

```
Router(config)# ip route  network-addres  subnet-mask  ip-address
```

network-address：要加入路由表的远程网络的目的网络地址。

subnet-mask：要加入路由表的远程网络的子网掩码。

ip-address：一般指下一跳路由器的 IP 地址。

例如，本案例中，在图 5-7-3 的 R2 路由器上，配置通往 172.16.1.0 网络的静态路由（使用 R2 的 Serial 0/0/1 接口作为下一跳地址）。

```
R2(config)#ip route  172.16.1.0  255.255.255.0  192.168.1.1
R2(config)#
```

② 使用输出接口配置静态路由。

若要使用指定的输出接口配置静态路由，使用以下语法：

```
Router(config)#  ip route network-address   subnet-mask  exit-interface
```

network-address：要加入路由表的远程网络的目的网络地址。

subnet-mask：要加入路由表的远程网络的子网掩码。

exit-interface：将数据报转发到目的网络时使用的传出接口。

设在 R2 路由器上配置静态路由，则在 R3 路由器上，配置通往 172.16.2.0 网络的静态路由（使用 R2 路由器的 Serial 0/0/1 接口作为送出接口）。

```
R2(config)# ip route  172.16.2.0  255.255.255.0  Serial0/0/1
R2(config)#
```

③ 配置默认静态路由。

在之前的静态路由配置情景中，已为路由器设定了通往特定目的地网络的具体路由。但若为 Internet 上的每一台路由器都执行同样的操作，工作量是如此之大，根本无法应付。为了缩小路由表的大小，可使用默认静态路由。当路由器没有更好、更精确的路由能到达目的地，它就会使用默认静态路由。在本案例中，若 R0 与 R2 间无连线，R0 则是一台末节（Stub）路由器。这意味着 R1 必是 R0 的默认网关。如果 R0 要路由的数据报不属于其任何一个直连网络，那么 R0 应将该数据报发给 R1。不过，必须首先在 R0 上明确配置一条默认路由，这样 R0 才能将目的地未知的数据包发给 R1。否则 R0 会将目的地未知的数据包丢弃。

若要配置默认静态路由，可使用以下语法：

```
Router(config)#ip route  0.0.0.0  0.0.0.0  { ip-address | interface }
```

例如，为 R0 配置默认路由，使用 R0 的 Serial 0/0/0 接口作为下一跳接口。

```
R0(config)#ip route 0.0.0.0  0.0.0.0  172.16.2.2
R0(config)#
```

4.2　动态路由

（1）启用动态路由

若要启用动态路由协议，请进入全局配置模式并使用 router 命令。

在全局配置提示符处输入“router?”可查看路由器上可用路由协议的列表。

例如，路由器 R0 若要启用 RIP，则在全局配置模式下输入命令 router rip。

```
R0(config)#router rip
R0(config-router)#
```

（2）输入有类网络地址

进入路由配置模式，使用 network 命令输入每个直连网络的有类网络地址。

```
R0(config-router)#network 172.16.3.0
R0(config-router)#network 172.16.2.0
R0(config-router)#network 192.168.3.0
R0(config-router)#
```

network 命令的作用如下。

① 对属于该网络的所有接口启用 RIP。这些接口将开始发送和接收 RIP 更新。

② 在每 30s 一次的 RIP 路由更新中向其他路由器通告该网络。

（3）保存配置

完成 RIP 配置后，返回特权执行模式并将当前配置保存到 NVRAM 中。

```
R0(config-router)#end
%SYS-5-CONFIG_I: Configured from console by console
R0#copy run start
```

5．操作步骤

5.1　任务：网络布线、清除配置并重新加载路由器。

① 使用 PacketTracer 按图 5-7-3 构建网络拓扑结构之二。

② 清除每台路由器上的配置。

使用 erase startup-config 命令清除每台路由器上的配置，然后使用 reload 命令重新加载路由器。如果询问是否保存更改，回答 no。

5.2　任务：修改网络设备名字

本案例以路由器 1841 Router0 为例，修改网络设备名字。

```
Router>en
Router#conf
Router#configure terminal
Enter configuration commands, one per line. End with CNTL/Z.
Router(config)#hostname R0
R0(config)#
```

hostname 命令用于修改设备名，在命令行接口（CLI）时出现，原来的 Rouer 修改成 R0。注意：使用 PT 在选取设备时可得 1841 Router0 等，该 Router0 是显示名，可直接修改，或在 PT 工作窗口区点击图标，在弹出的窗口输入“Config”命令即可见到 Display Name。

5.3　任务：路由器激活网络接口、配置 IP 地址、网络掩码

① 选择 1841 Router0，显示名改为 R0，

② 配置 Fa0/0 接口 IP 地址，网络掩码，激活网络接口。

```
Router>en
Router#conf t
Enter configuration commands, one per line. End with CNTL/Z.
Router(config)#int fa0/0
Router(config-if)#ip addr 172.16.3.1 255.255.255.0 <配置IP地址，网络掩码>
Router(config-if)#no shutdown <激活网络接口>
%LINK-5-CHANGED: Interface FastEthernet0/0, changed state to up
%LINEPROTO-5-UPDOWN: Line protocol on Interface FastEthernet0/0, changed state to up
Router(config-if)#
```

③ 以同样方法配置 Fa0/1 接口 IP 地址，网络掩码，激活网络接口。

④ 配置 S0/0/0 串行接口 IP 地址，网络掩码，激活网络接口。

```
Router(config)#int  s0/0/0
Router(config-if)#ip addr 172.16.2.1 255.255.255.0 <配置IP地址，网络掩码>
Router(config-if)#clock rate 64000 <DCE时钟速率为64000bit/s>
Router(config-if)#no shutdown <激活网络接口>
```

⑤ 按表 5-7-2 所列重复步骤 1～4,逐项配置 1841 路由器 R1、R2 的接口 IP 地址、网络掩码，激活网络接口。R1 的 s0/0/0 接口为 DTE，而 s0/0/1 接口为 DCE，则需配时钟，速率自行选择。

⑥ 分别按表 5-7-2 所列配置 PC0、PC1、PC2、Server0 的 IP 地址、网络掩码、默认网关。

Win XP/Win 7 操作系统支持下，网络状态→IP 版本 4（TCP/IPv4）→属性，输入相应的 IP 地址、网络掩码、默认网关。默认网关就是该网络连接路由器的端口 IP，例如 R0 路由器的 Fa0/0 接口 IP 地址为 172.16.3.1，正是 172.16.3.0/24 的默认网关。

5.4 任务：配置 PC0～PC2、Server0 的 IP 地址及默认网关（参考案例 5-4-1 的 5.5）

5.5 任务：配置静态路由

为简化起见，本案例将图 5-7-3 中 R0 与 R2 间的连接线状态置为 Off。在检查上列配置正确无误的情况下，配置静态路由。

① 在全局配置模式下，使用下一跳地址配置路由器 R0 的静态路由表。

```
Router#conf t
Enter configuration commands, one per line. End with CNTL/Z.
Router(config)#ip route 172.16.1.0 255.255.255.0 172.16.2.2
Router(config)#ip route 192.168.2.0 255.255.255.0 172.16.2.2
Router(config)#ip route 192.168.1.0 255.255.255.0 172.16.2.2
Router(config)#
```

由于 192.168.3.0 网络人为暂停工作，172.16.3.0 子网作为末节网络，可选用默认路由：

```
Router(config)#ip route 0.0.0.0  0.0.0.0  172.16.2.2
```

② 在全局配置模式下、同样方法，使用下一跳地址配置路由器 R1、R2 的静态路由表。

③ 在特权执行模式键入 show ip route,可列出该 R0 的静态路由表,特别注意到 172.16.0.0 划分为 3 个子网。

```
Router#show ip route
Codes: C - connected, S - static, I - IGRP, R - RIP, M - mobile, B - BGP
D - EIGRP, EX - EIGRP external, O - OSPF, IA - OSPF inter area
N1 - OSPF NSSA external type 1, N2 - OSPF NSSA external type 2
E1 - OSPF external type 1, E2 - OSPF external type 2, E - EGP
i - IS-IS, L1 - IS-IS level-1, L2 - IS-IS level-2, ia - IS-IS inter area
* - candidate default, U - per-user static route, o - ODR
P - periodic downloaded static route
Gateway of last resort is 172.16.2.2 to network 0.0.0.0
172.16.0.0/24 is subnetted, 3 subnets
S       172.16.1.0 [1/0] via 172.16.2.2
```

```
C       172.16.2.0 is directly connected, Serial0/0/0
C       172.16.3.0 is directly connected, FastEthernet0/1
S    192.168.1.0/24 [1/0] via 172.16.2.2
S    192.168.2.0/24 [1/0] via 172.16.2.2
S*   0.0.0.0/0 [1/0] via 172.16.2.2
Router#
```

④ 在 PC 上使用 ping 命令测试进行连通测试。

5.6　任务：配置动态路由（RIP）

本案例启用图 5-7-3 中 R0 与 R2 间的连接线状态置为 on。在检查上列配置正确无误的情况下，配置 RIP 动态路由。

① 首选路由器 R0，在全局配置模式下输入命令 router rip。

```
R0(config)#router rip
R0(config-router)#
```

② 进入路由配置模式，使用 network 命令输入每个直连网络的有类网络地址。

```
R0(config-router)#network 172.16.3.0
R0(config-router)#network 172.16.2.0
R0(config-router)#network 192.168.3.0
R0(config-router)#
```

③ 依次重复步骤 1～2，对路由器 R1、R2，分别配置 RIP 动态路由。

④ 在特权执行模式键入 show ip route，分别可列出该 R0、R1、R2 的 RIP 动态路由表。

```
Router>en
Router#show ip route
Codes: C - connected, S - static, I - IGRP, R - RIP, M - mobile, B - BGP
D - EIGRP, EX - EIGRP external, O - OSPF, IA - OSPF inter area
N1 - OSPF NSSA external type 1, N2 - OSPF NSSA external type 2
E1 - OSPF external type 1, E2 - OSPF external type 2, E - EGP
i - IS-IS, L1 - IS-IS level-1, L2 - IS-IS level-2, ia - IS-IS inter area
* - candidate default, U - per-user static route, o - ODR
P - periodic downloaded static route
Gateway of last resort is not set
172.16.0.0/24 is subnetted, 3 subnets
R       172.16.1.0 [120/1] via 172.16.2.2, 00: 00: 01, Serial0/0/0
C       172.16.2.0 is directly connected, Serial0/0/0
C       172.16.3.0 is directly connected, FastEthernet0/1
R    192.168.1.0/24 [120/1] via 192.168.3.2, 00: 00: 06, FastEthernet0/0
[120/1] via 172.16.2.2, 00: 00: 01, Serial0/0/0
R    192.168.2.0/24 [120/1] via 192.168.3.2, 00: 00: 06, FastEthernet0/0
C    192.168.3.0/24 is directly connected, FastEthernet0/0
Router#
```

⑤ 在 PC 上使用 ping 命令测试进行连通测试。

本 章 小 结

（1）TCP/IP 协议栈概括了因特网的体系结构是由众多协议集合而成，本章介绍网间互连基本概念，重点放在因特网以及融合网络。

（2）IP 技术作为统一的技术标准，架构了网络互连通信平台，屏蔽了物理网络的细节。传统的 IP 网提供“尽力而为（Best Effort）”的服务方式，不提供服务质量保证。IP 数据报是因特网 IP 层的基本传送单元，现有 IPv4 和 IPv6 两种数据报格式。

（3）IPv4 的分类 IP 地址是自标识的，仅从地址本身就能够确定前缀和后缀之间的边界；采用子网编址、无编号的点对点网络可减少使用网络前缀数量；无分类编址（CIDR）可有效地分配 IPv4 的地址空间，减缓路由表的增速和降低对新 IP 网络地址的需求的增量。

（4）IPv6 的编址采用类似于 CIDR 的分层分级结构，充足的地址空间，为扩展新业务应用提供了保障，例如物联网应用。

（5）IP 层提供 IP 数据报的传送机制（IP）、IP 的差错监测机制（ICMP）以及因特网地址映射到物理地址（ARP）的方法。

（6）因特网的自治系统（AS）与路由选择协议与算法。路由选择协议可分为 AS 内部路由选择协议（RIP，OSPF）和 AS 间的外部路由选择协议（BGP-4）。RIP 采用距离向量算法，OSPF 采用链路状态算法。互联网中的每个路由器必须配置相应的路由协议。

（7）IPv4 组播采用 D 类地址，IP 组播可以动态变化。IETF 推出组播路由选择协议（DVMRP、MOSPF、CTB、PIM-SM、PIM-DM）。有两种基本的路由选择方法：数据驱动（Data-Driven）方法和需求驱动（Demand-Driven）方法。

（8）移动 IP 允许移动主机拥有两个 IP 地址（归属地址、转交地址）。

（9）基于软交换的下一代网络（NGN）的相关协议：H.323、SIP、MGCP、SIGTRAN 和 BICC。IMS 被认为是未来网络融合的一种解决方案。

练习与思考

1．练习题

（1）试解释路由器的处理过程。

（2）简述 IPv4 地址的构成和分类。

（3）IP 地址 192.1.1.2 属于什么类型地址？其默认的子网掩码是什么？

（4）以下哪个 IP 地址可分配给主机？

A．131.105.256.80　　B．126.1.0.0

C．191.121.255.255　　D．202.115.35.168

（5）给定的 IP 地址为 192.55.12.120，子网屏蔽码为 255.255.255.240，试问：

① 子网号是多少？主机号是多少？直接的广播地址是什么？

② 如果主机地址的头 11 位用于子网，那么 184.231.138.239 的子网掩码是什么？

（6）如果子网屏蔽码是 255.255.192.0，那么下面哪个地址的主机必须通过路由器才能与主机 129.23.144.16 通信？

A．129.23.191.21　　B．129.23.148.127

C．129.23.130.33　　D．129.23.127.222

（7）什么是 ICMP？在使用 ping 命令测试网络时是如何封装的？

（8）RIP 中，路由器和主机哪个是主动工作状态？每隔多长时间广播一次？RIP 分组通过什么传输层协议和什么端口进行传送？

（9）设某路由器建立了如下表所示的路由表：

目的网络	子网掩码	下一跳
128.96.39.0	255.255.255.128	接口 0
128.96.39.128	255.255.255.128	接口 1
128.96.40.0	255.255.255.128	R2
192.4.153.0	255.255.255.192	R3
*（默认）	-	R4

此路由器可以直接从接口 0 和接口 1 转发分组，也可通过相邻的路由器 R2、R3 和 R4 进行转发。现共收到 5 个分组，其目的站 IP 地址分别为：① 128.96.39.10；② 128.96.40.12；③ 128.96.40.151；④192.4.153.17；⑤ 192.4.153.90。试分别计算其下一站。

（10）试参阅下图，使用 Cisco Packet Tracer 配置路由器并启用 RIP 路由。

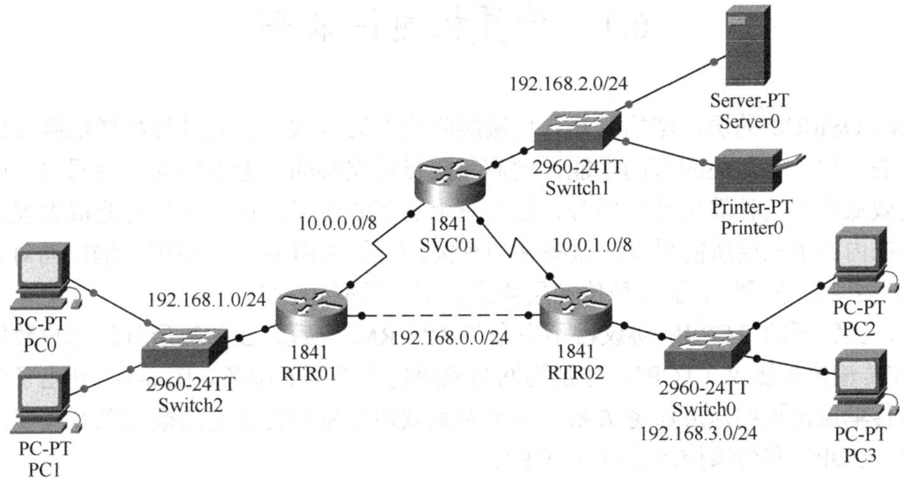

2．思考题

（1）计算机网络互连有哪几种类型？

（2）网络互连层 IP 负责有哪些主要功能？试述 TCP/IP 技术获得成功的原因何在。

（3）简述以太网主机何时如何通过 ARP 查询本地路由器的物理地址。

（4）一个 1024 字节的 IP 数据报接入 X.25 分组网需要划分为段。设 X.25 分组网的分组最大长度为 128 字节，试问需要多少分段（假定 IP 只有 20 字节报头）？

（5）根据信息隐蔽原理，路由器的路由表中采用信宿（目的）地址的什么部分？路由器的路由表的大小取决于什么？ICMP 报文要求几级封装？

（6）当某个路由器发现一数据报的检验和有差错时，为什么采取丢弃的办法而不是要求源站重传此数据报？计算首部检验和为什么不采用 CRC 检验码？

（7）试简述 RIP、OSPF 和 BGP 路由选择协议的主要特点。

（8）简述采用无分类编址时的 IP 数据报转发算法。

（9）试述 OSPF 的工作原理，说明 OSPF 与 RIP 有什么不同。

（10）IGMP 协议的要点是什么？隧道技术是怎样使用的？

（11）为什么说移动 IP 可以使移动主机可以以一个永久 IP 地址连接到任何链路（网络）上？

（12）IPv6 地址有几种基本类型？IPv6 没有首部检验和有什么优缺点？

第6章　计算机通信服务与网络应用

计算机通信实质上是计算机应用进程之间的通信，表现出端到端的特征。本章从计算机通信服务与网络应用出发，阐述TCP/IP协议栈中传输层、应用层相应的协议及其应用示例。

6.1　计算机通信服务

从ISO-OSI/RM的层次结构可知，传输层应位于第4层，这是计算机通信网络体系结构的最关键的一层。它汇集应有的功能，向高三层提供完整的、无差错的、透明的、可按名寻址的、高效低费用的计算机通信服务，起到承上启下的作用。传输层的功能很大程度上与包括网络层在内的下三层所能提供的服务密切有关。对此，OSI参考模型中传输层面对3种（A、B、C类）网络服务而制定了5种传输层协议类型（类型0～4）。

然而，因特网的TCP/IP协议栈不完全与OSI/RM一致，在传输层分设用户数据报协议（UDP）和传输控制协议（TCP），分别为网络应用提供不同的服务。图6-1-1列出了部分应用层协议与传输层协议的对应服务关系。本节着重叙述因特网传输层的概念以及协议：用户数据报协议（UDP）和传输控制协议（TCP）。

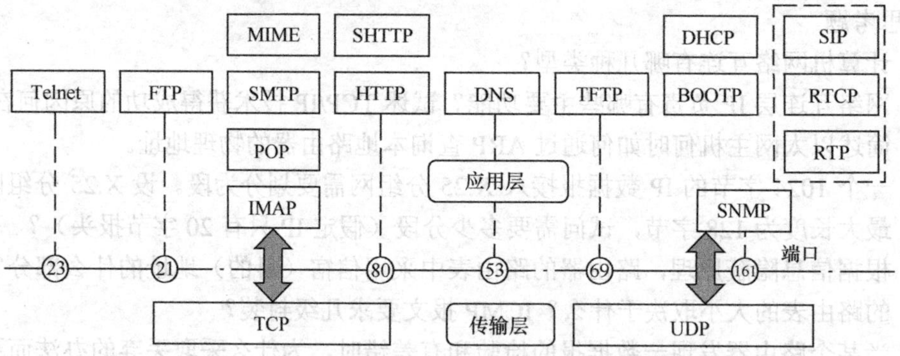

图6-1-1　因特网部分应用层协议与传输层协议的对应关系

6.1.1　传输层概念

1. 传输层协议

从TCP/IP协议层次结构来分析，传输层向应用层提供服务的是传输层实体，传输层服务用户对象是应用层实体，这里“实体”的含义是指完成传输层功能所必需的软件与硬件。由于因特网的IP层提供了一种尽力而为的无连接网络服务，也就是说IP数据报在传送过程中没有服务质量（QoS）保障，因此传输层所承担的任务就变得极为重要。

传输层协议是不同系统传输层的两个对等实体间所必须遵循的通信规范。设有两个主要协议，即传输控制协议（Transport Control Protocol，TCP）和用户数据报协议（User Datagram Protocol，UDP）。UDP 提供无连接的服务，UDP 在传送数据之前不需要建立连接，远程主机的传输层在收到 UDP 报文后，不需要给出任何确认。而 TCP 则提供面向连接的服务，即在传送数据之前必须先建立端端连接，数据传送结束后要释放连接，以此确保能够向应用层提供有效可靠的端到端通信服务。TCP 不提供广播或多播服务。当使用 TCP 时，其协议数据单元常称为 TCP 报文段（Segment），而使用 UDP 时，其协议数据单元则称为 UDP 报文，或用户数据报。

传输层的 UDP 用户数据报与网络层的 IP 数据报有很大的区别。IP 数据报要经过 IP 网中许多路由器的存储转发，但 UDP 用户数据报仅是在传输层的端到端抽象的逻辑信道中传送的。IP 数据报经过路由器进行转发，UDP 被封装在 IP 数据报中的数据字段，路由器并不处理用户数据报。

TCP 是传输层的端到端的连接，它与 X.25 分组网的虚电路服务完全不同。TCP 报文段是在传输层抽象的端到端逻辑信道中传送，这种信道是可靠的全双工信道。但这样的信道却不知道究竟经过了多少路由器，而且这些路由器也根本不知道上面的传输层是否建立了 TCP 连接。然而在 X.25 建立的虚电路所经过的交换结点中，都必须保存 X.25 虚电路的状态信息。

2. 端口

传输层协议为应用进程间的端到端通信提供服务。TCP（或 UDP）与上层的应用进程都使用端口（Port）进行交互通信，端口就是传输层服务访问点（TSAP），如图 6-1-1 所示。端口是应用层进程的标识。每个端口都拥有一个称为端口号的整数描述符，用来标识不同的应用进程。在传输层协议报文段中，定义一个 16 位的整数作为端口标识，也就是说可定义 2^{16} 个端口，其端口号为 0～65535。由于传输层的 TCP 和 UDP 两个协议是两个完全独立的软件模块，因此各自的端口号也相互独立。

端口根据其对应的协议或应用不同，被分配了不同的端口号。负责分配端口号的机构是因特网编号管理局（IANA）。目前，端口的分配有三种情况，这三种不同的端口可以根据端口号加以区别。

（1）保留端口

保留端口也称熟知端口。这种端口号一般都小于 1024（256～1023 之间的端口号通常都是由 Unix 系统占用），它们基本上都被分配给了已知的应用协议（如图 6-1-1、表 6-1-1 中的部分端口）。目前，这一类端口号分配已经被广大网络用户所认同，形成了标准，在各种网络的应用中调用这些端口号就意味着使用它们所代表的应用协议。由于这些端口已经有了固定的应用，所以不能分配给其他应用程序使用。

表 6-1-1　　TCP 和 UDP 的一些常用保留端口

	端口号	关键字	应用协议
UDP 保留端口示例	69	TFTP	简单文件传输协议
	161	SNMP	简单网络管理协议
	520	RIP	RIP 路由选择协议

续表

TCP 保留端口示例	53	DNS	域名服务
	21	FTP	文件传输协议
	23	Telnet	虚拟终端协议
	25	SMTP	简单邮件传输协议
	80	HTTP	超文本传输协议

（2）动态分配的端口

这种端口的端口号一般都大于 1024。这一类的端口没有固定的应用，它们可以被动态地分配给应用程序使用。也就是说，在使用应用软件访问网络的时候，应用软件可以向系统申请一个大于 1024 的端口号临时代表这个软件与传输层交换数据，并且使用这个临时的端口与网络上的其他主机通信。

图 6-1-2 显示的是在使用 360 安全浏览器上网时，在 DOS 窗口中使用 netstat 命令查看端口使用情况的页面。浏览器的源 IP 地址 192.168.1.135 所用的为多个动态分配的端口号，如 53486、23833、63999～64021 等。

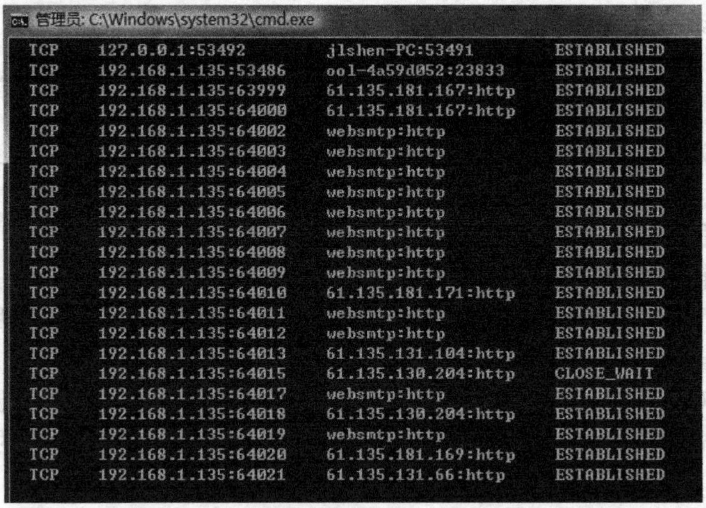

管理员: C:\Windows\system32\cmd.exe
TCP 127.0.0.1:53492 jlshen-PC:53491 ESTABLISHED
TCP 192.168.1.135:53486 ool-4a59d052:23833 ESTABLISHED
TCP 192.168.1.135:63999 61.135.181.167:http ESTABLISHED
TCP 192.168.1.135:64000 61.135.181.167:http ESTABLISHED
TCP 192.168.1.135:64002 websmtp:http ESTABLISHED
TCP 192.168.1.135:64003 websmtp:http ESTABLISHED
TCP 192.168.1.135:64004 websmtp:http ESTABLISHED
TCP 192.168.1.135:64005 websmtp:http ESTABLISHED
TCP 192.168.1.135:64006 websmtp:http ESTABLISHED
TCP 192.168.1.135:64007 websmtp:http ESTABLISHED
TCP 192.168.1.135:64008 websmtp:http ESTABLISHED
TCP 192.168.1.135:64009 websmtp:http ESTABLISHED
TCP 192.168.1.135:64010 61.135.181.171:http ESTABLISHED
TCP 192.168.1.135:64011 websmtp:http ESTABLISHED
TCP 192.168.1.135:64012 websmtp:http ESTABLISHED
TCP 192.168.1.135:64013 61.135.131.104:http ESTABLISHED
TCP 192.168.1.135:64015 61.135.130.204:http CLOSE_WAIT
TCP 192.168.1.135:64017 websmtp:http ESTABLISHED
TCP 192.168.1.135:64018 61.135.130.204:http ESTABLISHED
TCP 192.168.1.135:64019 websmtp:http ESTABLISHED
TCP 192.168.1.135:64020 61.135.181.169:http ESTABLISHED
TCP 192.168.1.135:64021 61.135.131.66:http ESTABLISHED

图 6-1-2 使用 netstat 命令显示的网络状态

（3）注册端口

注册端口比较特殊，它也是某个应用服务的固定端口，但是它所代表的不是已经形成标准的应用层协议，而是某个软件厂商开发的应用程序。某些软件厂商通过使用注册端口，使它的特定软件享有固定的端口号，而不用向系统申请动态分配的端口号。一般，这些特定的软件要使用注册端口，其厂商必须向端口的管理机构注册。大多数注册端口的端口号大于 1024。

当然，也有些协议的端口既属于 TCP 协议也属于 UDP 协议。例如，DNS 的端口号 53 一般要求传输层提供 UDP 服务，但也有例外可要求用作 TCP 服务。

3. 套接字

当网络中的两台主机进行通信的时候，为了表明数据是由源端的哪一种应用发出的，以及数据所要访问的是目的端的哪一种服务，TCP/IP 会在传输层封装数据段时，把发出数据的应用程序的端口作为源端口，把接收数据的应用程序的端口作为目的端口，添加到数据段的头中，从而使主机能够同时维持多个会话的连接，使不同的应用程序的数据不至于混淆。

一台主机上的多个应用程序可同时与其他多台主机上的多个对等进程进行通信，所以需要对不同的虚电路进行标识。对 TCP 虚电路连接采用发送端和接收端的套接字（Socket）组合来识别，形如（Socket1、Socket2）。所谓套接字实际上是一个通信端点，每个套接字都有一个套接字序号，包括主机的 IP 地址与端口号，形如（主机 IP 地址，端口号）。

图 6-1-3 展现了端口与套接字的作用。例中，主机 X 与主机 Y 分别建立连接 A、B；各自分配端口 1、2。同时，主机 X 与主机 Z 分别建立连接 C、D；各自分配端口 3、4。

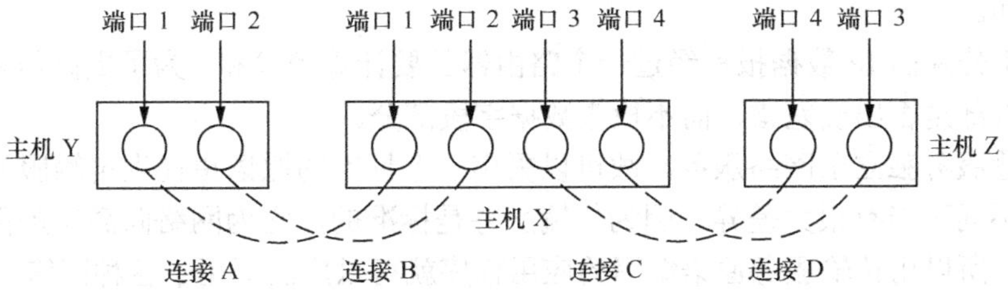

图 6-1-3　端口与套接字的作用

当主机 X（IP 地址为 172.16.0.1）某个进程 1（端口号 2000）向主机 Y（IP 地址 172.16.1.1）上的某个进程 1（端口号 3000）进行通信。那么该数据的源套接字 Socket1 为 172.16.0.1:2000；目的套接字 Socket2 为 172.16.1.1:3000。网络层只要读取 IP 数据报首部中的 IP 地址（源 IP 地址为 172.16.0.1，目的 IP 地址为 172.16.1.1），所以就能完成源主机到目的主机的数据传送。由于端口号是在 TCP 报文段首部，通过分析端口号 2000 就可知道是哪个进程发送的数据，同样到了主机 Y，分析端口号为 3000，可知道该交给哪个进程处理。

应该指出，尽管采用了上述的端口分配模式，但在实际使用中，经常会采用端口重定向技术。所谓端口重定向是指将一个著名端口重定向到另一个端口，例如默认的 HTTP 端口是 80，不少人将它重定向到另一个端口，如 8080。

端口在传输层的作用有点类似 IP 地址在网络层作用或 MAC 地址在数据链路层的作用，只不过 IP 地址和 MAC 地址标识的是主机，而端口标识的是网络应用进程。由于同一时刻一台主机上会有大量的网络应用进程在运行，所以需要有大量的端口号来标识不同的进程。正是由于 TCP 使用通信端口来识别连接，才使得一台计算机上的某个 IP 地址可以被多个连接所共享，从而程序员可以设计出能同时为多个连接提供服务的程序，而不需要为每个连接设置各自的本地端口号。

4. 复用和分用

传输层的一个很重要的功能就是复用和分用，如图 6-1-4 所示。应用层不同进程交下来的报文到达传输层后，再往下就复用网络层提供的网络服务,如图 6-1-4（a）所示。当这些报文由网络层选路和控制经过主机与通信子网各中间节点之间若干链路的转送到达目的主机后，目的主机的传输层就使用分用功能，将报文分别交付给相应的应用进程。同样，一个传输连接中的报文段可分多个 IP 数据报并列传送，如图 6-1-4（b）所示。

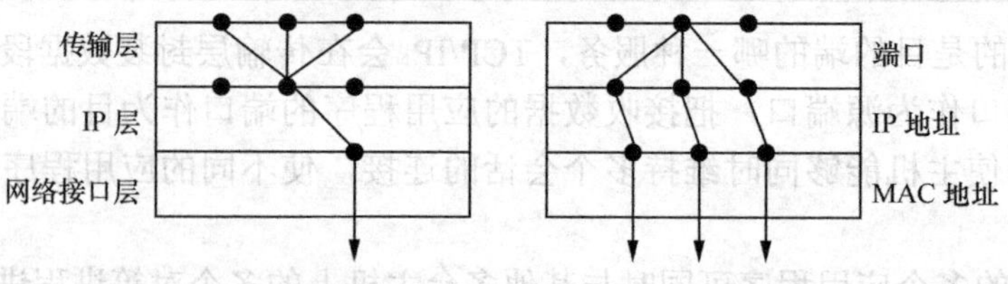

（a）复用　　　　　　（b）分用

图 6-1-4　传输层的复用和分用

5. 差错校验和检测

传输层对整个报文进行差错校验和检测，采用算术校验和算法。传输层只在发送端进行一次校验，在接收端进行一次检测，TCP 和 UDP 对中间经过的路由器而言是透明的，不会重复计算校验和。

因特网中传递的 IP 数据报每经过一个路由器都要计算校验和，为了提高传输效率，IP 数据报只检验首部是否出现差错，而不检查数据字段部分。

由于传输服务独立于网络服务，故可以采用一个标准的原语集提供传输服务。而网络服务则因网络不同可能有很大差异。因为传输服务是标准的，它为网络向高层提供了一个统一的服务界面，所以用传输服务原语编写的应用程序就可以广泛适用于各种网络。

6.1.2　用户数据报协议

用户数据报协议（UDP）只是在 IP 的数据报服务之上增加了端口复用/分用和差错控制的功能。UDP 协议具有如下特点：UDP 是无连接的，在传输数据前不需要与对方建立连接；UDP 提供不可靠的服务，数据可能不按发送顺序到达接收方，也可能会重复或者丢失数据；UDP 同时支持点到点和多点之间的通信；UDP 是面向报文的。发送方的 UDP 对应用程序交下来的报文，在封装成 UDP 用户数据报之后就向下交付给网络层处理，接收方的 UDP，对网络层交上来的 UDP 用户数据报，去除首部之后就递交给应用程序。

1. UDP 首部格式

用户数据报 UDP 由数据字段和首部字段组成，由 4 个字段组成，每个字段都是 2 个字节，如图 6-1-5 所示。

2 字节	2 字节	2 字节	2 字节	
源端口	目的端口	长度	校验和	数据

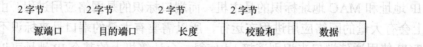

图 6-1-5　用户数据报 UDP 首部

各字段意义如下。

① 源端口字段：标识源端口号。

② 目的端口字段：标识目的端口号。

③ 长度字段：UDP 数据报的长度，包括了首部的 8 个字节在内。

④ 检验和字段：防止在传输中出错，其计算过程如下一节所述。

2. UDP 校验

在计算检验和时，在 UDP 数据报之前要增加 12 个字节的伪首部，如图 6-1-6 所示。所谓“伪首部”是因为这种首部只在计算 UDP 校验和的时候使用，既不向下层传送，也不向上层递交。

源 IP 地址		
目的 IP 地址		
0	协议	长度

图 6-1-6　计算校验和使用的伪首部

下面以例 6-1 介绍校验和的计算过程。这种计算校验和的方法，完整地校验了通信双方的 5 元组信息（包括源 IP 地址、源端口、目的 IP 地址、目的端口、通信协议），其特点是简单，处理快速，便于高速传输数据。

【例 6-1】网络需传输的 UDP 数据报数据如下，以 16 进制数表示。其中第一行数据是 IP 数据报首部的内容，第二行数据是 UDP 数据，请计算其 UDP 校验和。

45 00 00 20 f9 12 00 00 80 11 bf 9f c0 a8 00 64 c0 a8 00 66

13 61 13 89 00 0c ?? ?? 50 43 41 55

解：

① UDP 首部的校验和字段设置为 0，如果 UDP 数据字段长度为奇数的话，则填充一个“0”字节。

② 将 UDP 首部和数据部分按照 16 位为单位划分。

1361　1389　000c　0000　5043　4155

③ 伪首部部分参与校验和计算，源 IP 地址 c0a8　0064，目的 IP 地址 c0a8　0066，IP 首部协议字段为 17（16 进制数为 11），UDP 长度字段为 12（16 进制数为 0C），按照 16 位为单位划分为

c0a8　0064　c0a8　0066　0011　000C

④ 进行反码求和运算。其规则是从低位到高位逐位进行计算。0+0＝0，0+1＝1，1+1＝0，但要产生一个进位。如果最高位产生进位，将进位值加到末尾。

1361＋1389＋000c＋0000＋5043＋4155

c0a8＋0064＋c0a8＋0066＋0011＋000C＝3AC7（未加进位 23AC5）

⑤ 最后对累加的结果取反码，即得到 UDP 校验和。

以上步骤的计算结果 3A C7 取反码为 C5 38，就是 UDP 校验和字段的值。

3. UDP 实例

UDP 不保证可靠交付，但在传输数据之前不需要建立连接，UDP 比 TCP 的开销要小很多。只要应用程序接受这样的服务质量就可以使用 UDP。在很多的实时应用（如 IP 电话、实时视频会议等）以及广播或者多播的情况下，则必须使用 UDP 协议。使用 UDP 协议的常见协议见表 6-1-2。

表 6-1-2　使用 UDP 协议的协议

协议名称	协议	默认端口	使用 UDP 协议原因说明
域名系统	DNS	53	为了减少协议的开销
动态主机配置协议	DHCP	67	需要进行报文广播
简单文件传输协议	TFTP	69	实现简单，文件需同时向许多机器下载
网络管理	SNMP	161	网络上传输 SNMP 报文的开销小
路由选择协议	RIP	520	实现简单，路由协议开销小
实时传输协议 实时传输控制协议	RTP RTCP	5004 5005	因特网的实时应用

6.1.3 传输控制协议

TCP 是 Internet 的 TCP/IP 家族中的最重要协议之一，因特网中各种网络特性参差不齐，必须有一个功能很强的传输协议，满足因特网可靠传输的要求。TCP 协议具有如下特点：TCP 是面向连接的，在通信之前必须双方必须建立 TCP 连接；TCP 提供可靠的服务，TCP 协议可以保证传输的数据按发送顺序到达，且不出差错、不丢失、不重复；TCP 只能进行点到点的通信；TCP 是面向字节流的。发送方的 TCP 将应用程序交下来的数据视为无结构的字节流，并且分割成 TCP 报文段进行传输，在接收端向应用程序递交的也是字节流。

1. TCP 首部格式

应用层的报文传送到传输层，加上 TCP 的首部，就构成 TCP 的数据传送单位，称为报文段（Segment）。在发送时，TCP 的报文段作为 IP 数据报的数据。加上首部后，成为 IP 数据报。在接收时，IP 数据报将其首部去除后上交给传输层，得到 TCP 报文段。再去掉其首部，得到应用层所需的报文。

TCP 报文段首部的前 20 个字节是固定的，后面有 4N 字节是根据需要而增加的选项，如图 6-1-7 所示。

图 6-1-7 TCP 报文段的首部

① 源端口和目的端口：端口是传输层与应用层的服务接口。5 元组信息（包括源 IP 地址，源端口，目的 IP 地址，目的端口，TCP 协议号）可以惟一标识一个 TCP 连接。

② 序号：TCP 是面向字节流的，TCP 传送的报文可看成为连续的字节流。TCP 报文段中每一个字节都有一个编号，该字段指明本报文段所发送的数据的第一个字节的序号。

③ 确认号：期望收到的下一个报文段首部的序号字段的值，确认具有累积效果。若确认号为 M，则表明序号 M-1 为止的所有数据都已经正确收到。

④ 数据偏移：指出 TCP 报文段的首部长度，以 4 字节为单位。

⑤ 标志位：用于区分不同类型的 TCP 报文，相应标志位置位时有效，其含义如表 6-1-3。

表 6-1-3 TCP 首部标志位的含义

标志位	含义
URG	表明此报文段中包含紧急数据
ACK	表明确认号字段有效

续表

标志位	含义
PSH	表明应尽快将此报文段交付给接收应用程序
RST	表明 TCP 连接出现严重差错，需释放连接，然后再重新建立连接
SYN	在连接建立是用来同步序号
FIN	用来释放一个连接

⑥ 窗口：该字段在传输过程中经常动态变化，表明现在允许对方发送的数据量，以字节为单位。

⑦ 检验和：检验和字段检查的范围包括首部和数据两部分，与 UDP 校验和计算方法相同，但是伪首部中的协议字段值是 6。

⑧ 紧急指针：只有在 URG = 1 时才有效，指明本报文段中紧急数据的字节数。

⑨ 选项：长度为 0～40 字节可变，注意必须填充为 4 字节的整数倍。最常用的选项字段是最大段长度（MSS）。

2．TCP 连接管理

（1）连接建立

TCP 是面向连接的协议。传输连接的建立和释放是每一次面向连接的通信中必不可少的过程。传输连接的管理就是使传输连接的建立和释放都能正常地进行，如图 6-1-8 所示。

① 主机 A 的 TCP 向主机 B 的 TCP 发出连接请求报文段，其首部中的同步比特 SYN 应置为 1，同时选择一个初始序号 x。

② 主机 B 的 TCP 收到连接请求报文段后，则发回确认，ACK 应置为 1，确认序号应为 x+1。因为连接是双向的，所以 B 也发出和 A 的连接请求，在报文段中同时应将 SYN 置为 1，为自己选择一个初始序号 y。

③ 主机 A 的 TCP 收到此报文段后，还要向 B 给出确认，其确认序号为 y+l。

上述 TCP 连接建立的三个过程，称为三次握手（Three-Way Handshake）。注意：TCP 报文段首部的 SYN 和 FIN 置位的时候，需要消耗一个序列号，而 ACK 置位时，不需要消耗序列号。在连接建立后，双方可以进行双向的数据传输了。

【例 6-2】仅仅使用二次握手而不使用三次握手时，会出现什么情况？

【解】考虑计算机 A 和 B 之间的通信，如图 6-1-9 所示。

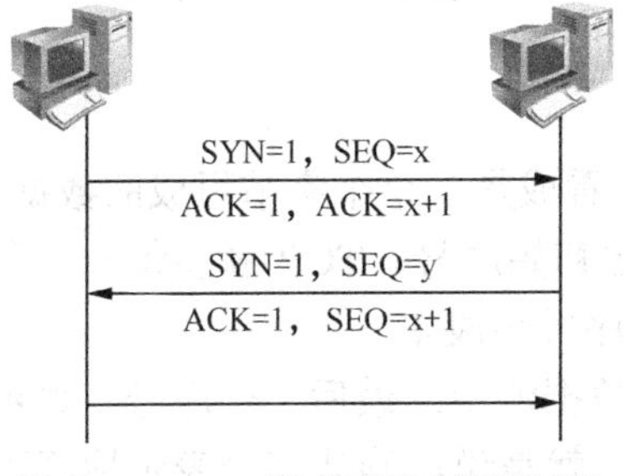

图 6-1-8　TCP 三次握手建立连接过程

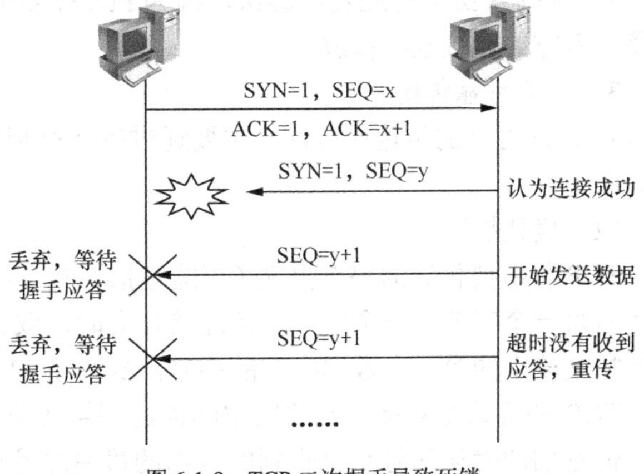

图 6-1-9　TCP 二次握手导致死锁

假定 A 给 B 发送一个连接请求分组，B 收到了这个分组，并发送了确认应答分组。按照两次握手的协定，B 认为连接已经成功地建立了，可以开始发送数据分组。

然而另一方面，若 B 的应答分组在网中被丢失，A 没有收到 B 的应答分组，将不知道 B 是否已准备好，不知道 B 建议什么样的序号用于 B 到 A 的传输，也不知道 B 是否同意 A 的初始序列号，A 甚至怀疑 B 是否收到自己的连接请求分组。因此，A 认为连接还未建立成功，将丢弃 B 发来的任何数据分组，只等待接收连接确认应答分组。

而 B 在发出的数据分组超时后，重复发送同样的分组。这样就形成了死锁。

（2）连接释放

在数据传输结束后，通信的双方都可以发出释放连接的请求，如图 6-1-10 所示。

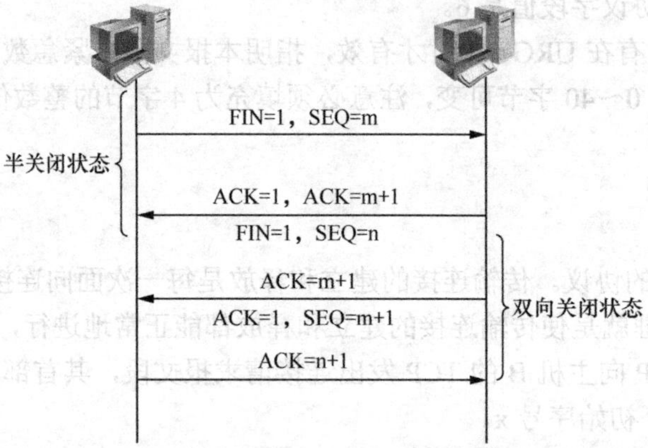

图 6-1-10　TCP 四次握手释放连接过程

① 主机 A 的 TCP 通知对方要释放从 A 到 B 这个方向的连接，将发往主机 B 的 TCP 报文段首部的终止位 FIN 置 1，序号为 m。

② 主机 B 的 TCP 收到释放连接的通知后，即发出确认，其序号为 m+1。这样从 A 到 B 的连接就释放了，连接处于半关闭（Half-Close）状态。此时如果 B 还发送数据，A 仍接收。

③ 主机 B 向主机 A 的数据发送结束后，TCP 释放 B 到 A 的连接。主机 B 发出的连接释放报文段除必须将终止位 FIN 置 1，并使其序号为 n，因为 ACK 不需要消耗序号，所以此时的 ACK 仍然是 m+l。

④ 主机 A 必须对此发出确认，因为 FIN 需要消耗一个序号，所以给出的 ACK 为 n+1。最终，双方的连接全部释放。

3. TCP 可靠传输

TCP 是可靠的传输层协议，主要通过确认机制和超时重传机制来实现可靠传输，下面分别介绍。

（1）确认机制

TCP 将所要传送的整个报文（可能包括许多个报文段）看成是一个个字节组成的数据流，然后对每一个字节编一个序号。在连接建立时，双方要商定初始序号。TCP 就将每一次所传送的报文段中的第一个数据字节的序号，放在 TCP 首部的序号字段中。

TCP 的确认是对接收到的数据的最高序号（即收到的数据流中的最后一个序号）表示确认。但返回的确认序号是已收到的数据的最高序号加 1。也就是说，确认序号表示期望下次收到的第一个数据字节的序号。确认具有“累积确认”效果。

由于 TCP 能提供全双工通信，因此通信中的每一方都不必专门发送确认报文段，而可以在传送数据时顺便把确认信息捎带传送，这样做可以提高传输效率。

【例 6-3】用 TCP 传送 112 字节的数据。设窗口为 100 字节，而 TCP 报文段每次也是传送 100 字节的数据。再设发送端和接收端的起始序号分别选为 100 和 200，试画出连接建立阶段到连接释放的图。

解：连接建立阶段到连接释放，如图 6-1-11 所示。

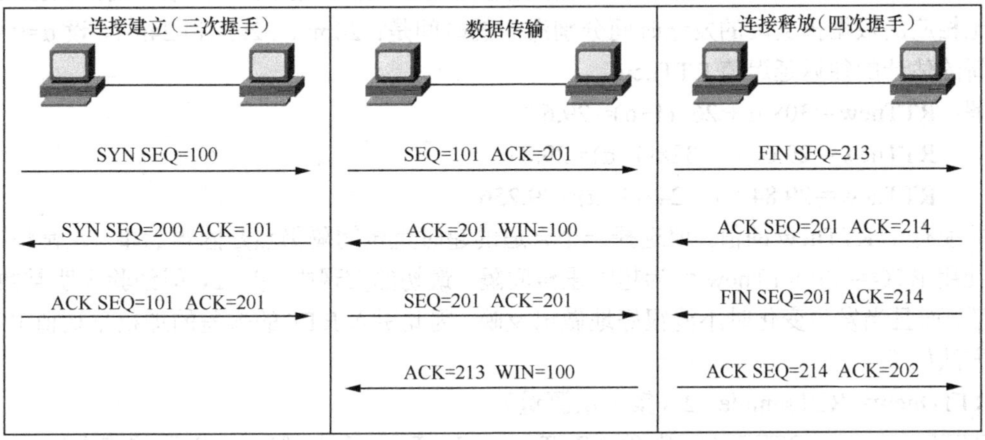

图 6-1-11　TCP 连接建立阶段到连接释放示意图

① 连接建立时 SYN 和连接释放时 FIN 置位，都需要消耗掉一个序列号（下一次传输时序号字段加 1），而 ACK 置位不需要消耗序列号。

② TCP 数据是按照字节编号的。由于每次只传送 100 字节的数据，所以对于 112 字节的数据，需要拆分成 2 个 TCP 报文段进行传输。第一个 TCP 报文段的序号字段值是 101，传输的字节流是 101～200；第二个 TCP 报文段的序号字段值是 201，传输的字节流是 201～212，一共 12 个字节。

③ ACK 具有“累积确认”效果。在数据传输过程中，如果第一个 ACK（ACK=201 WIN=100）丢失，但是收到第二个 ACK（ACK=213 WIN=100），仍然表示序号 212 前的所有字节流都已经正确收到，不需要重传 TCP 报文段。

若收到的报文段无差错，只是未按序号，那么应如何处理？TCP 对此未作明确规定，而是让 TCP 的实现者自行确定。或者将不按序的报文段丢弃，或者先将其暂存于接收缓冲区内，待所缺序号的报文段收齐后再一起上交应用层。

（2）超时重传机制

超时重传机制最关键的因素是重传定时器的定时设置，但是确定合适的往返延迟 RTT 是相当困难的事情。因为 TCP 的下层是一个互连网环境。发送的报文段可能只经过一个高速率的局域网，但也可能是经过多个低速率的广域网，并且数据报所选择的路由还可能会发生变化。

TCP 采用了一种自适应算法。算法思想描述如下：记录每一个报文段发出的时间，以及收到相应的确认报文段的时间，这两个时间之差就是报文段的往返延迟。将各个报文段的往返延迟样本加权平均，就得出报文段的平均往返延迟 RTT。每测量到一个新的往返延迟样本，就按下式重新计算一次平均往返延迟：

$$\begin{cases} RTTnew = RTTsample（第一次测量） \\ RTTnew = \alpha \times RTTold + (1-\alpha) \times RTTsample（第二次以后的测量） \end{cases}$$

在上式中 $0 \leqslant \alpha < 1$。若 α 很接近于 1，表示新算出的往返延迟 T 和原来的值相比变化不大，而新的往返延迟样本的影响不大。若选择 α 接近于零，则表示加权计算的往返延迟 T 受新的往返延迟样本的影响较大。典型的 α 值为 7/8。

【例 6-4】已知 TCP 的往返延迟的当前值是 30 ms。现在收到了三个接连的确认报文段，它们比相应的数据报文段的发送时间分别滞后的时间是：26ms、32ms 和 24ms。设 α=0.9。试计算新的估计的往返延迟值 RTTnew。

解：$RTTnew = 30 \times \alpha + 26 \times (1-\alpha) = 29.6$

$RTTnew = 29.6 \times \alpha + 32 \times (1-\alpha) = 29.84$

$RTTnew = 29.84 \times \alpha + 24 \times (1-\alpha) = 29.256$

即使有了 RTTnew 的值，要选择一个合适的超时重传间隔仍然是困难的事。正常情况下，TCP 使用 $RTO = \beta \times RTTnew$ 作为超时重传间隔，最初的实现中，β＝2，但经验表明常数值不够灵活，而且当发生变化时不能很好地做出反映。因此引入 RTT 的偏差的加权平均值 RTTD，计算方法如下。

$$\begin{cases} RTTDnew = RTTsample / 2（第一次测量） \\ RTTDnew = \beta \times RTTDold + (1-\beta) \times | RTTnew - RTTsample |（第二次以后的测量） \end{cases}$$

在上式中 $0 \leqslant \beta < 1$。典型的 β 值为 3/4。

最后，超时重传时间 RTO 采用以下公式计算出来：

$RTO = RTTnew + 4 \times RTTDnew$

上面所说的往返时间的测量，实现起来相当复杂。发送出一个报文段，重发时间到了，还没有收到确认，于是重发此报文段，后来收到了确认报文段。现在的问题是：如何判定此确认报文段是对原来的报文段的确认，还是对重发的报文段的确认？由于重发的报文段和原来的报文段完全一样，因此源站在收到确认后，就无法做出正确的判断。

根据以上所述，Karn 提出了一个算法：在计算平均往返延迟时，只要报文段重发了，就不采用其往返延迟样本。这样得出的平均往返延迟和重发时间当然就较准确。

（3）定时器

为了保证数据传输正常进行，TCP 实现中应用到以下三种定时器。

① 重传定时器：发送方发送数据后，将发送的数据放到缓存中，同时设定重传定时器，如果重传时间 RTO 之内没有收到来自接收方的确认报文段，则将缓存数据重发。

② 持续定时器：接收方由于缓存满，就会给发送方发送一个窗口为 0 的报文段。当接收方缓存有了空闲，会发送窗口更新报文段给发送方。这种情况下窗口更新报文段丢失了。此时，接收方有了缓存空间，等待发送方发送数据；而发送方没有收到窗口更新报文段，不能发送数据，也处于等待状态，从而双方进入了死锁情况。持续定时器就是为了避免这种情况发生而设定的。当持续定时器超时，发送方给接收方发送一个探寻消息，接收方响应将发送窗口更新报文段给发送方。

③ 保活定时器：当一个连接双方空闲了比较长的时间后，该定时器计时超时，从而发送

一个报文段查看通信的另一方是否依然存在。如果对方无应答，则此连接终止。

4. TCP 流量控制

TCP 采用大小可变滑动窗口的方式进行流量控制。窗口大小的单位是字节。在 TCP 报文段首部的窗口字段写入的数值就是当前设定的接收窗口数值。

发送窗口在连接建立时由双方商定。在通信的过程中，接收端可根据自己的资源情况，随时动态地调整自己的接收窗口，然后告诉发送方，使发送方的发送窗口和自己的接收窗口一致。这种由接收端控制发送端的做法，在计算机网络中经常使用。

【例 6-5】TCP 采用大小可变滑动窗口的方式进行流量控制。根据图 6-1-12 的通信情况，设主机 A 向主机 B 发送数据。双方商定的窗口值是 300。再设每一个报文段为 100 字节长，序号的初始值为 1（图 6-1-12 中第一个箭头上的 SEQ = 1）。请问接收方对发送方进行了几次流量控制？

【解】主机 B 对主机 A 进行了三次流量控制。

① 第一次将窗口增大为 400 字节。

② 第二次又减小 200 字节。

③ 第三次减至零，即不允许对方再发送数据了。这种暂停状态将持续到主机 B 重新发出一个新的窗口值为止。但在这个时候，发送方仍然可以发送 URG＝1 的紧急数据。

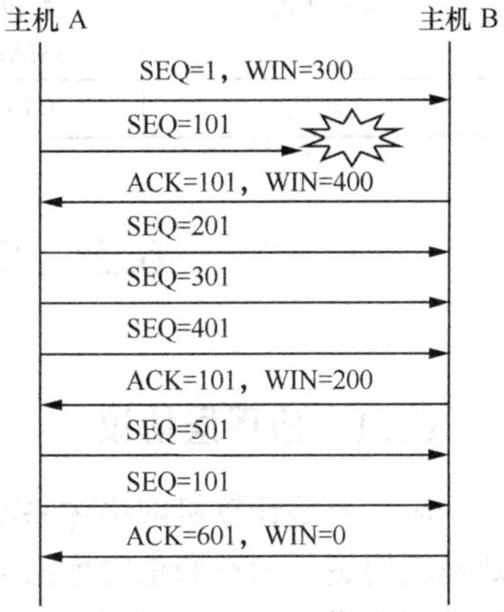

图 6-1-12 TCP 流量控制例题图

5. TCP 拥塞控制

拥塞控制的基本功能是避免网络发生拥塞，或者缓解已经发生的拥塞。TCP/IP 拥塞控制机制主要集中在传输层实现。

拥塞的产生主要源于两个问题：一个是接收方接收能力，通过接收窗口 rwnd（receive window）可以实现端到端的流量控制，接收端将通知窗口的值放在 TCP 报文的首部中，传送给发送端；另一个是网络内部的拥塞情况，通过拥塞窗口 cwnd（congestion window）来衡量。发送窗口的取值依据两者中的较小的值 min［rwnd，cwnd］。rwnd 在流量控制中已阐述，在下文中将只关注 cwnd。

为了更好地进行拥塞控制，Internet 标准推荐使用以下四种技术，即慢启动、拥塞避免、快速重传和快速恢复。这些算法有机地组合在一起。其中门限值 ssthresh 是为了防止发送数据过大引起网络拥塞，是在几种拥塞控制算法之间切换的阈值。

① 慢启动：指在 TCP 刚建立连接或者当网络发生拥塞超时的时候，将拥塞窗口 cwnd 设置成一个报文段大小，并且当 cwnd≤ssthresh 时，指数方式增大 cwnd（即每经过一个传输轮次，cwnd 加倍）。

② 拥塞避免：当 cwnd≥ssthresh 时，为避免网络发生拥塞，进入拥塞避免算法，这时候以线性方式增大 cwnd（即每经过一个传输轮次，cwnd 只增大一个报文段）。

③ 快速重传：快速重传算法是指发送方如果连续收到 3 个重复确认的 ACK，则立即重传该报文段，而不必等待重传定时器超时后重传。

④ 快速恢复：快速恢复算法是指当采用快速重传算法的时候，直接执行拥塞避免算法。这样可以提高传输效率。

6. TCP 实例

TCP 面向连接，且具有可靠传输、流量控制、拥塞控制等机制保障其可靠传输，应用层协议如果强调数据传输的可靠性，那么选择 TCP 较好。使用 TCP 协议的常见协议如表 6-1-4。

表 6-1-4　　使用 TCP 协议的协议

协议名称	协议	默认端口	使用 TCP 协议原因说明
文件传输	FTP	20 21	要求保证数据传输的可靠性
远程终端接入	TELNET	23	要求保证字符正确传输
邮件传输	SMTP POP3 IMAP4	25 110 143	要求保证邮件从发送方正确到达接收方
万维网	HTTP	80	要求可靠的交换超媒体信息

6.2　应用层协议与网络应用模式

6.2.1　应用层协议

应用层是计算机网络体系结构的最高层，直接为用户的应用进程提供服务。应用层协议则是应用进程间在通信时所必须遵循的规定。在因特网中，通过各种应用层协议为不同的应用进程提供服务。针对不同类型的应用进程，则需要选用各种应用层协议来提供相对应的应用服务，同时要对传输层提出相应的服务要求（参见图 6-1-1）。只有域名系统中所用的 DNS 是个特例，具有双重性，可要求 TCP 或 UDP，目前的 DNS 要求使用 UDP。

6.2.2　网络应用模式

网络应用模式的发展与计算机网络发展进程密切相关，大体有 3 个阶段：以大型机为中心的应用模式，以服务器为中心的应用模式和客户机/服务器应用模式。随着网络应用的发展需要，在 C/S 模式下，演进成基于 Web 的客户机/服务器应用模式、P2P 模式以及云计算。

1. 以大型机为中心的应用模式

大型机为中心（Mainframe-Centric）的应用模式，也称为分时共享（Time-Sharing）模式，也就是面向终端的多用户计算机系统（主—从结构）。这一模式的主要特点如下。

① 通过链路把简单终端（无独立处理能力）连接到主机或通信处理机。

② 用户界面是由系统专门提供的。

③ 所有终端用户的信息都被传入主机处理。

④ 主机将处理的结果返回到终端，显示在用户屏幕的特定位置。

⑤ 系统采用严格的集中式控制和广泛的系统管理、性能管理机制。

2. 以服务器为中心的应用模式

在 20 世纪 80 年初，PC 上市后，揭开了计算机神秘的面纱，使计算机通信与网络走上了高速发展之路。但早期的 PC 如 CPU 为 8088，内存 64KB～1MB，硬盘才 20MB。在应用中处理数据力不从心，于是局域网应运而生。LAN 是以服务器为中心（Server-Centric）的应用模式，也称为资源共享（Resource-Sharing）模式，向单个用户站点（Workstation）提供灵活的服务，但管理控制和系统维护工具的功能较弱。这一模式的主要特点如下。

① 主要用于共享驻留在服务器上的应用、数据等。

② 每个用户工作站点上的应用提供自己的界面，并对界面给予全面的控制。

③ 所有的用户查询或命令处理都在工作站方完成。

3. 客户机/服务器应用模式

在客户机/服务器（Client-Server，C/S）应用模式中，分成前端（Front-End）（即客户机部分）和后端（Back-End）（即服务器部分），如图 6-2-1 所示。客户机/服务器应用模式最大的技术特点是能充分利用客户机和服务器双方的智能、资源和计算能力，共同执行一个给定的任务，即负载由客户机和服务器共同承担。

从整体上看，客户机/服务器应用模式有以下特点。

① 桌面上的智能。客户机负责处理用户界面，把用户的查询或命令变换成一个可被服务器理解的预定义语言，再将服务器返回的数据提交给用户。

② 最优化地共享服务器资源（如 CPU、数据存储域）。

③ 优化网络利用率。由于客户机只把请求的内容传给服务器，经服务器运行后把结果返回客户机，可以不必传输整个数据文件的内容。

在低层操作系统和通信系统之上提供一个抽象的层次，允许应用程序有较好的可维护性和可移植性。

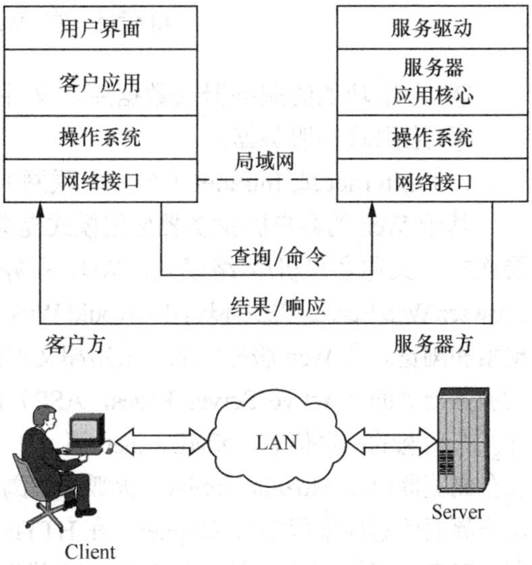

图 6-2-1　客户机/服务器模式

如何区分资源共享模式和 C/S 模式两者之间的差别？现通过工资管理的例子来加以阐明。当职工的工资记录存放在网上服务器的数据库里，在资源共享模式的环境中，客户机上的应用进程请求文件服务器通过网络发送想要的数据库表，在客户端收到从服务器传来的数据表，经检查并按需修改某些表项后，再送回到服务器。而在 C/S 模式下，数据库接收到请求后，自行修改数据库。由此可见，C/S 模式的客户机只通过网络发送请求完成该操作的信息，服务器并不发送任何文件的内容。

中间件（Middleware）是支持客户机/服务器模式进行对话、实施分布式应用的各种软件的总称。其目的是为了解决应用与网络的过分依赖的关系，透明地连接客户机和服务器。

4. 基于 Web 的客户机/服务器应用模式

在当前广泛应用的因特网中，采用了基于 Web 的客户机/服务器应用模式，图 6-2-2 所示为它的基本结构。

（1）客户机（浏览器，Browser）。

（2）服务器（Server）。

① Web Server（HTML 网页、Java Applet）。

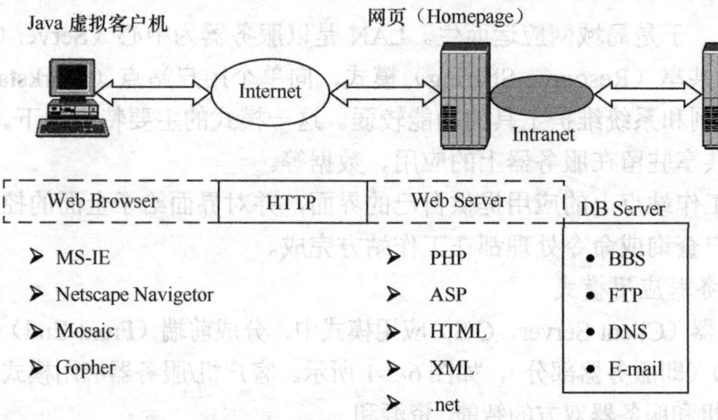

图 6-2-2　基于 Web 的客户机/服务器应用模式

② 专用功能的服务器（数据库、文件、电子邮件、打印、目录服务等）。

③ 应用软件服务器。

（3）Internet 或 Intranet（企业内联网）网络平台。

基于 Web 的客户机/服务器应用模式提供“多层次连接”。即 Browser/Web Server/DB Server 三层连接，又称客户机/网络模式。Web 服务所涉及的一些技术，如今已经广泛地得到了应用。Browser/Web Server 实现环球网（Would Wide Web，WWW）网页（Homepage）信息的组织、发布、检索和浏览。在 Web 服务器端，采用超文本标记语言（HyperText Makeup Language，HTML）、活动服务器页面（Active Server Pages，ASP）以及选用跨平台的嵌入式脚本语言 PHP 来组织、编写并发布动态的网页信息、XML、.net 等。在 Web 客户端，选用微软因特网探险者（MS-IE）、360 安全浏览器以及 Mozilla Firefox（火狐）等浏览器，以及现在已很少使用的检索工具 Mosaic（图形用户界面信息检索程序）、Gopher，在 HTTP（或 SHTTP）的支持下，任意漫游网络服务站点，获取 HTML 页面。此外，还应具有 SNMP 代理功能、远程管理、编辑功能、GUI 文件管理界面、非 HTML 文件的导入/导出、安全性能（SHTTP 或 SSL）、API 及界面描述工具和网络服务的集成性。

5. P2P 模式与云计算

（1）P2P

P2P 是英文 Peer-to-Peer 的缩写，意思是“对等”，也称为对等网络技术。Intel 工作组给出了如下的定义：通过在系统之间直接交换来共享计算机资源和服务的一种应用模式。P2P 模式与 C/S 模式不同，没有服务器的概念，每一台连网的计算机成员都是对等的。也就是以非集中方式使用分布式资源来完成关键任务的一类系统和应用。这里的资源包括计算能力、数据（存储和内容）、网络带宽和场景（含计算机、人以及应用环境等）；而关键任务则指分布式计算、数据/内容共享、通信和协同、平台服务。在 P2P 结构中，每一个节点（peer）大都同时具有信息消费者、信息提供者和信息通讯等三方面的功能。简单的说，P2P 就是直接将人们联系起来，让人们通过互联网直接交互。

其实 P2P 并不是一个新概念，现在的电话通信网提供的服务就是典型的 P2P 模式。当前在因特网平台上，实现电子商务（eBusiness）、即时消息（IM）、IP 电话、交互式游戏、交互式流媒体等应用。例如自组网（Ad-hoc 系统）对 P2P 计算，允许用户可随进随出；对 P2P 内容共享，通过冗余服务提供高服务保证；对 P2P 协同，用户支持移动设备连网，可通过代理群接收消息，或发送中继来保持通信延迟和断开的透明。P2P 使得网络上的沟通变得更容易、更直接交互和共享，真正地消除中间商。P2P 另一个重要特点是改变互联网现在的以大网站为中心的状态、重返“非中心化”，并把权力交还给用户。

（2）云计算

云计算（Cloud Computing）是一种新兴的商业计算模型。云计算的基本原理是，通过使计算分布在大量的分布式计算机上，而非本地计算机或远程服务器中，企业数据中心的运行将类似互联网。它将计算任务分布在大量计算机构成的资源池上，使各种应用系统能够根据需要获取计算力、存储空间和各种软件服务。这种资源池称之为“云”。“云”是一些可以自我维护和管理的虚拟计算资源，通常为一些大型服务器集群，包括计算服务器、存储服务器、宽带资源等。云计算将所有的计算资源集中起来，并由软件实现自动管理，无需人为参与。这使得应用提供者无需为繁琐的细节而烦恼，能够更加专注于自己的业务，有利于创新和降低成本。

早在 20 世纪 60 年代麦卡锡（John McCarthy）就提出了把计算能力作为一种像水和电一样的公用事业提供给用户。云计算的第一个里程碑是 1999 年 Salesforce.com 提出的：通过一个网站向企业提供企业级的应用的概念；另一个重要进展是 2002 年亚马逊（Amazon）提供一组包括存储空间、计算能力甚至人力智能等资源服务的 Web Service；2005 年亚马逊又提出了弹性计算云（Elastic Computer Cloud），也称亚马逊 EC2 的 Web Service，有学者曾称为网格计算（Grid Computing），允许小企业和私人租用亚马逊的计算机来运行各自的应用。

云计算目前已经发展出了云安全和云存储两大领域。如国内的瑞星和趋势科技就已开始提供云安全的产品；而微软、谷歌等企业更多的是涉足云存储领域。

6.3　网络基本服务

6.3.1　域名系统

1．域名系统的概念

因特网有了 IP 地址，为什么还要有域名，域名是什么？众所周知，在电话网上所用的一连串的电话数字号码不好记，而具体的单位名称或姓名就容易记。同样，用点分十进制的方法表示一个 IP 地址确实也不好记，可是计算机操作系统中的文件目录系统相对比较易记。因此，设计用名字来代替点分十进制的数字，而这个名字属性又分成一层一层的域来表示。表 6-3-1 列出了因特网域名系统（Domain Name System，DNS）与电话网的号簿系统概念性对照。

表 6-3-1　　因特网域名系统与电话网的号簿系统概念性对照

层次	电话网	因特网
	电话号码簿	域名服务系统
	号簿分类	域
人们熟知记法	单位名称	域名（主机或服务器名）
软件便于操作	电话号码	IP 地址（逻辑地址）
硬件执行地址	交换机端口	网卡地址（物理地址）

因特网的域名系统 DNS 是一个分布式数据库联机系统，采用 C/S 应用模式。主机（Client）可以通过域名服务程序将域名解析到特定的 IP 地址。域名服务程序在专设的节点上运行，常将该节点称为域名服务器（DNS Server），如图 6-3-1 所示。

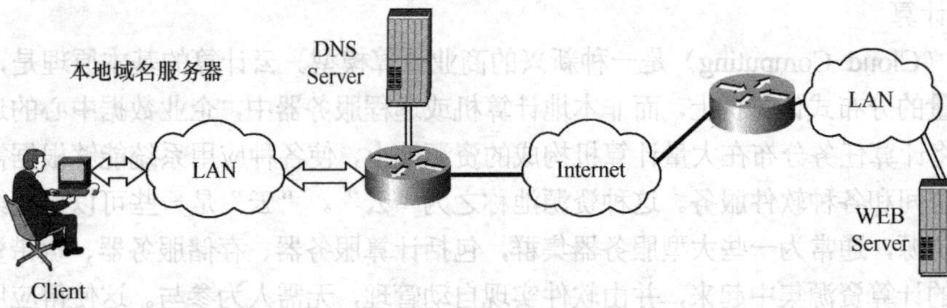

图 6-3-1　域名系统

若图 6-3-2 中客户机的某一个应用进程需要将 Web 服务器的名字解析成 IP 地址，通过 DNS 请求报文，封装成 UDP（在特定的应用中，也可封装成 TCP），发给本地域名服务器。本地域名服务器在查找域名后，从查得的 IP 地址放在 DNS 响应报文中回送。由此，应用进程可按所得 IP 地址进行通信。

域名服务器包含一张表，通过它来确立域内的主机名与相应的 IP 地址的关联关系。如果本地域名服务器没有任何条目与请求的名称相符，它会查询域内的其他域名服务器。其他域名服务器确定了 IP 地址后，会将信息发送回客户端。如果域名服务器无法确定 IP 地址，请求将超时，客户端便无法与 Web 服务器通信。

域名系统是指因特网专门设计一个字符型的主机名字系统。主机名字实际上是一种比 IP 地址更高级（抽象）的地址表示形式。域名系统主要包括划分名字空间，管理名字以及名字与 IP 地址对应。

2. 域名结构

如何命名，将涉及整个网络系统的工作效率。参照国际编址方案，因特网采用层次型命名的方法。域名结构使整个名字空间成为一个规则的倒树形结构，如图 6-3-2 所示。

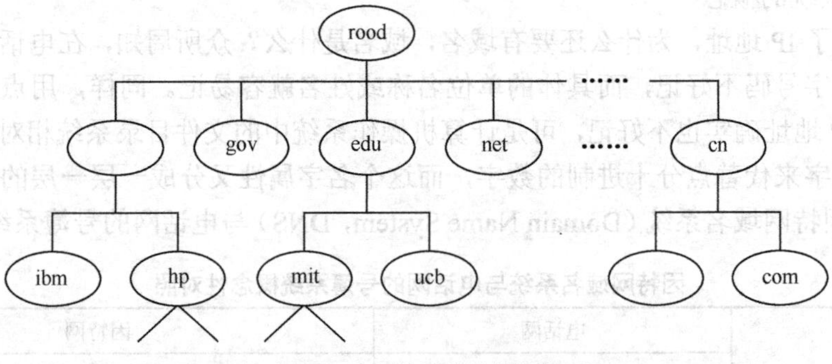

图 6-3-2　因特网的域名结构

DNS 的分布式数据库是以域名为索引的，每个域名实际上就是一棵很大的逆向树中路径，这棵逆向树称为域名空间（Domain Name space）。图 6-3-3 所示树的最大深度不得超过 127 层，树中每个节点都有一个可以长达 63 个字符的文本标号。其优点是将结构加入名字的命名中间。将名字分成若干部分，每个部分只管理自己的内容。而这个部分又可再分成若干部分，这样一层一层分开，每一个节点都有一个相应的名字（标识）。这样一来，一台主机的名字就是从树叶到树根路径上各个节点标识的一个序列，例如一个主机的域名可设为 www.szitu.cn 或 www.njupt.edu.cn。

域名系统是一个命名的系统，它按命名规则产生名字，管理名字与 IP 地址的对应方法。很明显，只需同一层不重名，主机名是不会重名的。实际上，因特网这样的互联网结构本身就是一种树型层次结构，所以域名的这种命名方式正好与其对应。

（1）域

按照域名的结构，域名系统包含了两个部分：一是名字的命名方法与管理方法，二是名字与 IP 地址对应的算法。什么是域？下面举例予以说明。

比如，www.njupt.edu.cn 是一个主机名。而域名的写法规则与 IP 地址的类似，同样用点号“.”将各级域分开，但域的层次顺序应自右向左，即右侧的域为高。

在上例中 www.njupt.edu.cn 含 4 个标号，即 www、njupt、edu、cn。有三级域：

第一级域　　cn
第二级域　　edu.cn
最低级域　　njupt.edu.cn

所谓“域”指的是这个域名中的每一个标号右面的标号和点。这个例子中也可以认为 edu.cn 是 cn 的子域，njupt.edu.cn 又是 edu.cn 的子域。

（2）域名

因特网并未规定域的层次数，它可以有二层，三层或多层。因此，在域名系统中，并不能从域名上明显看出是主机名还是一个域名。但在使用中，能分辨出来，因为每个域有其含义。

为了保证在全球的域名统一性，因特网规定第一级（或称顶级）域名如表 6-3-2（这里不区分大小写）。

表 6-3-2　　第一级（又称顶级）域名

第一级域名	名称	第一级域名	名称
net	网络组织	store	专供商品交易的部门
edu	教育部门	info	专供资讯服务部门
gov	政府部门	nom	专供个人网址
mil	军事部门（仅美国使用）	firm	专供公司或商店
com	商业部门	web	专供 WWW
org	非政府组织	arts	专供文化团体
int	国际组织	rec	专供娱乐或休闲者

采用二字符的国家代码定为国家或地区名称，如 cn（中国）、hk（香港）、jp（日本）等。由于因特网起源于美国，通常默认国家代码的第一级域均指美国。

上例 www.njupt.edu.cn 的第一级域表示这是中国，第二级域表示这是中国教育部门，第三级域表示是中国教育部门下属的学校，www 是该校园网中的一台服务器或主机，这种按组织来划分的域与地理位置无关，称为组织型域名。当然，还可以按地理位置划分域，称为地理型域名，比如 nj.js.cn（中国江苏南京）。

3. 域名解析服务

因特网引入域名，方便了用户使用，同时也增加了开销。域名如何与IP地址对应？通常在网络中心需设置域名服务器（或叫名字服务器，DNS）。域名服务器内含一个软件，它可在某一台指定的计算机上运行。提出请求域名解析服务的软件称为名字解析器，它实际上附加在许多网络应用软件中。

因特网上的域名系统是按照域名结构的级次来设定的，如图6-3-3所示。各级都有对应的域名服务器。

① 根域名服务器（Root Name Server）：全球根域名服务器共设十多个，大部分在北美。根域名服务器用于管辖第一级（顶级）域，如.cn、.jp等。它并不必对其下属的所有域名解析，但一定能连接到所有的二级域名的域名服务器。

② 权域名服务器（Authoritative Name Server）：每个授权域名服务器能对其管辖内的主机名解析为IP地址，每一台主机都必须在授权域名服务器处注册登记。

③ 本地域名服务器（Local Name Server）：也称默认域名服务器，每个企业网、校园网都会配置一个或多个本地域名服务器。

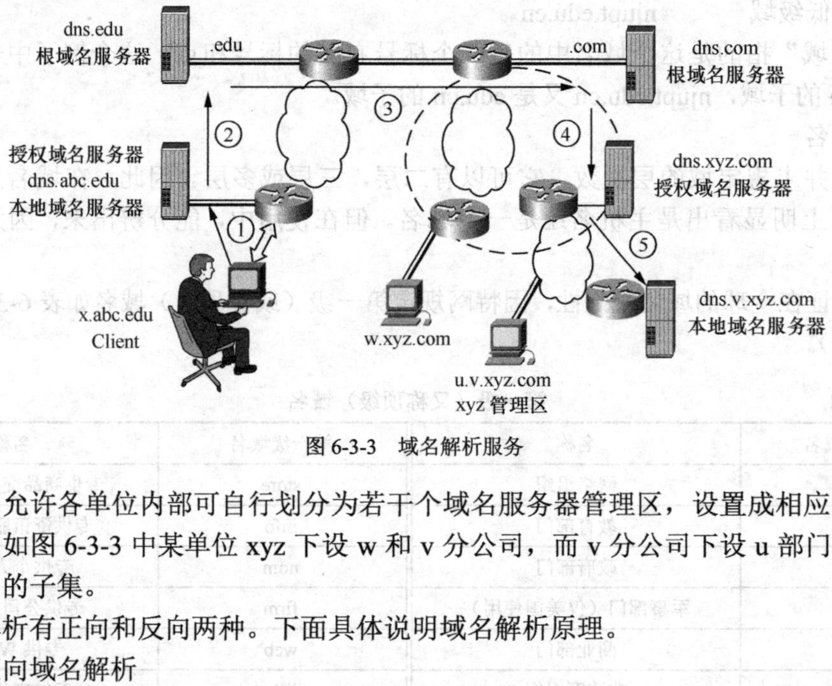

图6-3-3　域名解析服务

因特网允许各单位内部可自行划分为若干个域名服务器管理区，设置成相应的授权域名服务器。例如图6-3-3中某单位xyz下设w和v分公司，而v分公司下设u部门。可见管理区是“域”的子集。

域名解析有正向和反向两种。下面具体说明域名解析原理。

（1）正向域名解析

所谓正向域名解析就是从域名求得对应的IP地址。如上所述，在域的每一级都有一个域名服务器，即服务器是分布式存在的。因为每一级域管理着本级域的域名和地址，而域名系统又是树形层次结构的，总的来说，只要采用自顶向下的算法，从根开始向下，一定能找到所需名字的对应IP地址。

域名解析有两种方法：递归解析、重复解析。

① 递归解析

递归解析是从根开始解析，一次性完成。例如，图6-3-3中域名为x.abc.edu的主机要得到域名为u.v.xyz.com的主机的IP地址，递归的过程如下：首先，x.abc.edu的主机向本地域名服务器 dns.abc.edu 查询，若找不到，即向顶级域名服务器 dns.edu 查询，并依次按①→②→③→④→⑤查询，最后查得 u.v.xyz.com 的主机的 IP 地址返送给 x.abc.edu 的主机。这一例前后共使用 10 个 UDP 报文。

可见，递归的方法，不需要用户参与，都由服务器一次性完成。但是，根域名服务器负担将非常重，而且关系重大，一旦失效，全球的网络就将崩溃。所以全球的根域名服务器同时不停运行。

② 重复解析

因特网的域名服务器是分层分布式存在的，为什么不利用这个特点进行域名解析呢？所以，如今实际采用的大多是另一种方法，即重复解析法。又称反复解析法，它先向本地域名服务器查询，本域名字服务器先查看自己的管理范围内有否。若没有，则将请求转向比本域高一层的授权域名服务器（或最靠近的），如找不到，再向高一层的域名服务器查询，直到能找到请求域名的地址。这里，每个域名服务器除了本身所管理的域名与地址信息外，还应知道上一级（或最靠近的）域名服务器的地址。仅当下层各级域名服务器都找不到时，才向根域名服务器查询，这种方法的好处是明显地减轻了根域名服务器的负荷。

（2）反向域名解析

反向域名解析，即从 IP 地址找出相应的域名。一个 IP 地址可能对应若干个域名。因此，反向解析需要搜索整个服务器组（IP 地址与域名结构之间没有任何关系）。为此，专门构造一个特别域和一个特别的报文。这个特别域称作反向解析域，记为 in-addr.arpa，这个特别报文格式为

xxx.xxx.xxx.xxx.in-addr.arpa

其中 xxx.xxx.xxx.xxx.为倒过来写的 IP 地址，比如 IP 地址为 202.119.224.8，则反向解析域名写为 6.224.119.202。

这是因为域名是从小到大写的（从子域到根域），而 IP 地址是从大到小写的（从网络到主机）。

反向解析不太使用，一般适用于无盘主机。需要注意的是：in-addr.arpa 域实际定义了一个以地址做索引的域名空间。例如：如果 nc.njupt.edu.cn 的 IP 地址为 202.119.230.8，那么 in-addr.arpa 域为 6.230.119.202.iin-addr.arpa，它对应域名 nc.njupt.edu.cn。

在实际的应用中，每个服务器以及主机都有自己的缓存，存入自己常用的 IP 地址与域名的对应表。因此并不都要到外部去查询，这就大大节省了网上的时间，减少了流量。

6.3.2　远程登录

远程登录（Telnet）是因特网中的基本应用服务之一，上网用户在本地的 PC（或终端）上注册后，如果已在远程服务器开设了账户，就可进行登录，因特网对用户呈现透明，这种协议也称远程终端协议。Telnet 采用客户机/服务器模式，如图 6-3-4 所示。图中客户进程通过面向连接的 TCP 服务发到远程服务器（或主机），并显示从 TCP 连接上收到的数据。而服务器的操作系统内核中的伪终端驱动程序提供一个网络虚拟终端（Network Virtual Terminal，NVT），供操作系统和服务进程在 NVT 上建立注册，以及与用户进行交互操作。服务器上的应用程序可以不必考虑实际终端的类型。

NVT 的格式定义：所有的通信使用 8 位字节。在传送时，NVT 采用 7 位 ASCII 码传数据，

高位置 1 时作控制命令。NVT 只使用 ASCII 码的几个控制字符，而所有可打印的 95 个字母、数字和标点符号，NVT 的定义与 ASCII 码一致。

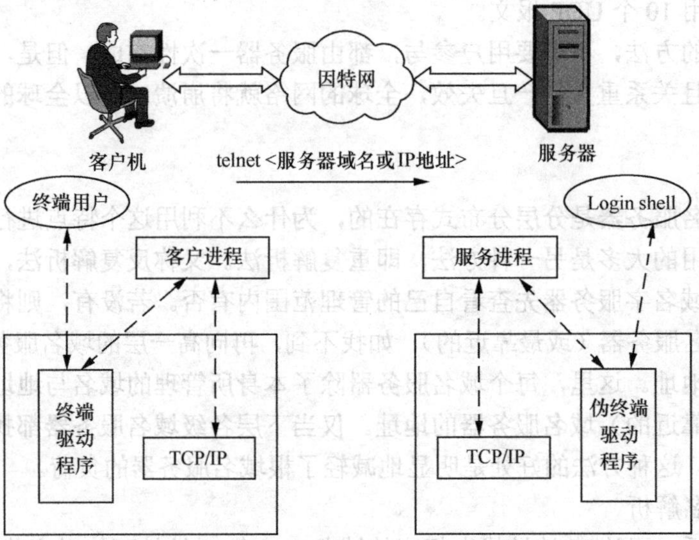

图 6-3-4　Telnet 协议工作流程

6.3.3　文件传输协议

因特网设计了两个有关文件传输的协议：文件传输协议（FTP）和简单文件传输协议（TFTP）。

1. 文件传输协议

因特网上各个网站基本都设置典型的 FTP 服务器，存放共享软件，免费软件等，以便用户自由下载。客户机通过因特网连接 FTP 服务器使用文件传输协议（File Transmission Protocol，FTP）。FTP 是 Internet 的文件传输标准（参见 RFC959），它允许在连网的不同主机和不同操作系统之间传输文件，并许可含有不同的文件的结构和字符集。

FTP 是面向连接的 C/S 服务模式，使用两条 TCP 连接来完成文件传输，一条连接专用于控制（端口号为 21），另一条为数据连接（端口号为 20）。一个 FTP 服务器进程可同时为多个客户进程提供服务。FTP 服务器进程分为如下两部分。

① 主进程：负责接受客户的请求。

② 从属进程：负责处理请求，并按需可有多个从属进程。

主进程与从属进程的处理是并发式工作方式。

FTP 的工作原理如图 6-3-5 所示。

平时，服务器主进程总在公众熟知端口（端口号为 21）倾听客户的连接请求。在用户要求传输文件前，客户端进程发出连接请求，服务器主进程随即启动一个称为控制进程（如图中的协议解释部分框图）的从属进程，在 FTP 客户与服务器端口号 21 之间建立一个控制连接，用来传送客户端的命令和服务器端的响应，该连接一直保持到 C/S 通信完成为止。当客户端发出数据传输命令时，服务器（端口号为 20）主动与客户建立一条数据连接，专门在该连接上传输数据。可见，FTP 使用了两个不同的端口号，确保并发。交互式的数据连接与控制连接的正常工作，使协议简单，易于实现。

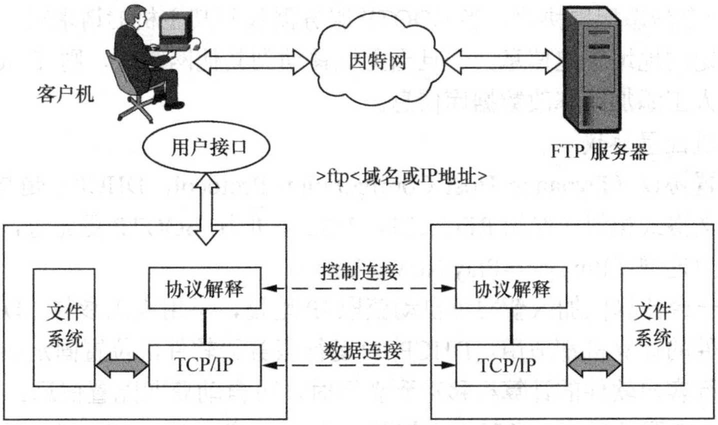

图 6-3-5　FTP 功能模块与连接

2. 简单文件传送协议

简单文件传送协议（Trivial File Transfer Protocol，TFTP）的版本 2 是因特网的正式标准（RFC1350），它也使用 C/S 服务模式，但与 FTP 不同，使用 UDP 无连接数据报，所以 TFTP 需要有应用层的差错纠正措施。

TFTP 工作原理：在 TFTP 客户进程通过熟知端口（端口号为 69）向服务器进程发出读（或写）请求协议数据单元 PDU，TFTP 服务器进程则选择一个新的端口与 TFTP 客户进程通信。TFTP 的主要特点如下。

① 每次传送的数据 PDU 中数据字段不超出 512 字节。若文件长度正好是 512 字节的整数倍，在文件传送完毕后，需另发一个无数据的数据 PDU；若文件长度不是 512 字节的整数倍，则最后传送的数据 PDU 的数据字段不足 512 字节，以此作为文件的结束标志。

② 数据 PDU 形成一个文件块，每块按序编号，从 1 开始计量。TFTP 的工作流程执行停等协议，采用确认重发机制：当发完一文件块后应等待对方的确认，确认时应指明所确认的块编号。若发完块后，在规定时间内收不到确认，则重发文件块。同样，若发送确认的一方，在规定时间内收不到下一个文件块，也应重发确认 PDU。

③ TFTP 只支持文件传输，对文件的读或写，支持 ASCII 码或二进制传送，但不支持交互方式。

④ TFTP 使用简单的首部，没有庞大的命令集，不能列目录，也不具备用户身份鉴别功能。

6.3.4　引导程序协议与动态主机配置协议

1. 引导程序协议

引导程序协议（BOOTstrap Protocol，BOOTP）目前还只是因特网的草案标准，其更新版本（RFC2132）在 1997 年发布。BOOTP 使用 UDP 为无盘工作站提供自动获取配置信息服务。

BOOTP 使用 C/S 服务模式。为了获取配置信息，协议软件广播一个 BOOTP 请求报文，使用全 1 广播地址作为目的地址，而全 0 作为源地址。收到请求报文的 BOOTP 服务器查找该计算机的各项配置信息（如 IP 地址、子网掩码、默认路由器的 IP 地址、域名服务器的 IP 地址）后，将其放入一个 BOOTP 响应报文，可以采用广播方式回送给提出请求的计算机，或使用收到广播帧上的硬件地址（网卡地址）进行单播。

BOOTP 是一个静态配置协议。当 BOOTP 服务器收到某主机的请求时，就在其数据库中查找该主机已确定的地址绑定信息。一旦当主机移动到其他网络时，则 BOOTP 不能提供服务，除非管理员人工添加或修改数据库信息。

2. 动态主机配置协议

动态主机配置协议（Dynamic Host Configuration Protocol，DHCP）是与 BOOTP 兼容的协议，所用的报文格式相似（参阅 RFC2131、2132），但比 BOOTP 更先进，提供动态配置机制，也称即插即用连网（Plug-and-Play Networking）。

DHCP 允许一台计算机加入新网可自动获取 IP 地址，不用人工参与。DHCP 对运行客户软件和服务器软件的计算机都适用。DHCP 对运行服务器软件而位置固定的计算机将设一个永久地址；对运行客户软件的计算机移动到新网时，可自动获取配置信息。

DHCP 使用 C/S 服务模式。当某主机需要 IP 地址，启动时向 DHCP 服务器发送广播报文（目的 IP 地址为全 1，源 IP 地址为全 0），命名为广播发现报文（DHCPDISCOVER），主机成为 DHCP 客户。在本地网络的所有主机均能收到该广播发现报文，唯有 DHCP 服务器对此报文予以响应。DHCP 服务器先在其数据库中查找该计算机配置信息，若找到，则采用提供报文（DHCPOFFER）将其回送到主机；若找不到，则从服务器的 IP 地址池中任选一个 IP 地址分配给主机。

如何避免在每个网络上都设置一台 DHCP 服务器，方法是设置一台 DHCP 中继代理（Relay Agent），该代理存有 DHCP 服务器的 IP 地址信息。当 DHCP 中继代理收到任何一台计算机发送广播发现报文后，则以单播形式向 DHCP 服务器转发，并等待回答。在受到 DHCP 服务器提供的报文后，DHCP 中继代理再转发给主机。

目前，计算机上安装 Windows XP 或 Win7 操作系统后，选择“开始”→“设置”→“控制面板”→“网络连接”命令，就可添加 TCP/IP。单击“属性”按钮，在 IP 地址一项提供两种可选方法如下。

① 指定 IP 地址：配置 IP 地址、子网掩码、默认路由器的 IP 地址、域名服务器的 IP 地址。

② 自动获取 IP 地址：即使用 DHCP 协议。目前无线校园网、家庭网络选用了 DHCP 协议。

6.3.5 电子邮件系统与 SMTP

电子邮件（E-Mail，也有称电子函件）是因特网上最成功的应用之一。电子邮件不仅使用方便，而且传递迅速，费用低廉。在因特网上，电子邮件系统不仅支持传送文字信息，而且还可通过附件传送声音、图片、视频文件，使用电子邮件提高了劳动生产效率，促进信息社会的发展。

随着网络技术的发展，1982 年制定了 ARPANet 上的电子邮件标准（RFC821），即简化邮件传送协议（Simple Mail Transfer Protocol，SMTP）和因特网文本报文格式（RFC822）。1984 年，ITU-T 制定了报文处理系统（Message Hand System，MHS），命名为 X.400 建议。过后 ISO 在 OSI-RM 中给出了面向报文的电文交换系统（Message Oriented Text Interchange System，MOTIF）的标准。1988 年，推出了 X.435 建议电子数据交换（Electronic Data Interchange，EDI）。

由于因特网的 SMTP 只能传送可打印的 7 位 ASCII 码邮件，1993 年又给出了通用因特网邮件扩展（Multipurpose Internet Mail Extensions，MIME），于 1996 年修改后成为因特网的草案标准（RFC2045～2049）。

1. 电子邮件系统的组成

电子邮件系统基本由三个组件构成，如图 6-3-6 所示。图中列出了用户代理（User Agent，UA），邮件服务器，以及电子邮件所用协议，如 SMTP、POP3、IMAP4 和 MIME。

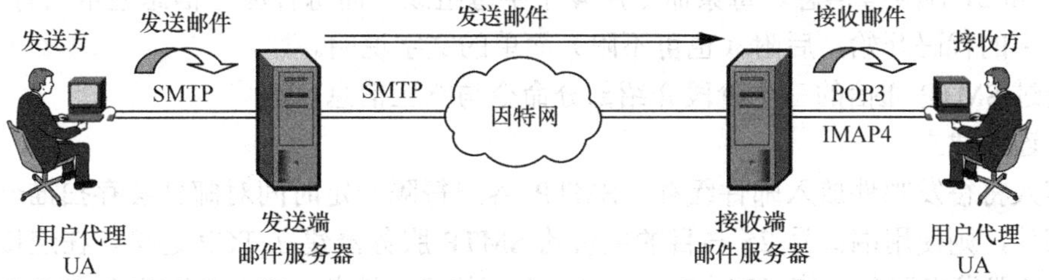

图 6-3-6　电子邮件系统的组成

（1）用户代理

用户代理是用户与电子邮件系统的接口。每台计算机必须安装相应的程序，在 Windows 平台上有微软公司的 Outlook Express，或 Foxmail（张小龙创作），以及 Eudora、Pipeline 等；在 UNIX 平台上有 mail、elm、pine 等。UA 使用户能通过友好的界面来发送和接收邮件，目前提供了更为直观的窗口界面，便于操作。

用户代理的基本功能如下。

① 撰写，为用户提供编辑信件的环境。

② 显示，能方便地在计算机屏幕上显示来信以及附件内容。

③ 处理，包括收、发邮件。允许收信人能按不同方式处理信件，如阅读后存盘、转发、打印、回复、删除等，以及自建目录分类保存，对垃圾（spam）邮件可拒绝阅读。

（2）邮件服务器

邮件服务器是电子邮件系统的关键组件，因特网上的各 ISP 都设邮件服务器，其功能就是收发邮件，并可按用户要求报告邮件传送状况（如已交付、被拒绝等）。

邮件服务器使用 C/S 服务模式。一个邮件服务器既可作客户，也可作服务器，图 6-3-6 中发送端邮件服务器在向接收端邮件服务器发送邮件时，发送端邮件服务器作为 SMTP 客户，而接收端邮件服务器是 SMTP 服务器。

（3）电子邮件所用的协议

目前，普遍使用的电子邮件协议：SMTP、POP3、IMAP4、MIME 等。

图 6-3-6 给出了下列电子邮件的发送和接收过程：

① 发信人调用 UA，编辑待发邮件。UA 采用 SMTP，按面向连接的 TCP 方式将邮件传送到发送端邮件服务器。

② 发送端邮件服务器先将邮件存入缓冲队列，等待转发。

③ 发送端邮件服务器的 SMTP 客户进程发现缓存的待发邮件，向接收端邮件服务器的 SMTP 服务器进程发起 TCP 连接请求。

④ 当 TCP 连接建立后，SMTP 客户进程可向接收方 SMTP 服务器进程连续发送，发完所存邮件，即释放所建立的 TCP 连接。

⑤ 接收方 SMTP 服务器进程将收到的邮件放入各收信人的用户邮箱，等待收件人读取。

⑥ 收件人可随时调用用户代理，使用 POP3 或 IMAP4 查看接收端邮件服务器的用户邮

箱，若有邮件则可阅读或取回

2．简化电子邮件协议

简化电子邮件协议（SMTP）规定了两个相互通信的 SMTP 进程应如何交换信息。共设 14 条命令和 21 种应答信息。每条命令用 4 个字母组成，而每种应答信息通常只有一行信息。由 3 位数字的代码开始，后附（也可不附）简单的文字说明。

现通过 SMTP 通信的三个阶段介绍部分命令与响应信息。

（1）连接建立

发信人将待发邮件放入邮件缓存，SMTP 客户每隔一定时间对邮件缓存扫描一次。如果有待发邮件，则使用端口号 25 与目的主机的 SMTP 服务器建立 TCP 连接。在连接建立后，SMTP 服务器发出服务就绪（220 Service Ready）信息。接着，SMTP 客户向 SMTP 邮件服务器发送 HELLO 命令，附上发方主机名。若 SMTP 邮件服务器有能力接收邮件，则回送“250 OK”，表示接收就绪。当 SMTP 邮件服务器不可用，则回送服务暂不可用“421 Service not available”。

特别指出，TCP 连接总是在发送端和接收端两个邮件服务器之间直接建立。SMTP 不使用中间的邮件服务器。

（2）邮件传送

邮件传送从 MAIL 命令开始，MAIL 命令后随发信人邮件地址，如 MAIL FROM：jsjxy@njupt.edu.cn。当 SMTP 服务器已准备好接收邮件，则回答“220 OK”，不然回送一个代码指明原因，例如 451（处理时出错）、452（存储空间不够）、500（命令无法识别）等。

接着发送一个或多个 RCPT 命令，取决于同一邮件发送一个或多个收信人，其作用为确认接收端系统能否接收邮件，格式为 RCPT TO：<收信人地址>。每发一个 RCPT 命令，应从 SMTP 服务器返回相应信息，如“250 OK”表示接收端邮箱有效，“550 No such user here”则说明无此邮箱。

下面发送 DATA 命令，表示要开始传送邮件的内容。SMTP 邮件服务器返回的信息为“354 Start mail input；end with <CRLF>.<CRLF>”。接着 SMTP 客户发送邮件的内容。发送完毕，按要求发送两个<CRLF>表示邮件结束，<CRLF>表示回车换行，注意在两个<CRLF>之间用一个点隔开。SMTP 服务器若收到邮件正确，则返回“250 OK”；否则，回送出错代码。

（3）连接释放

邮件内容发完后，SMTP 客户应发送 QUIT 命令，SMTP 服务器返回信息“221（服务关闭）”，表示 SMTP 同意释放 TCP 连接。

由于电子邮件系统的 UA 屏蔽了上述 SMTP 客户与 SMTP 服务器的交互过程，因此电子邮件用户是看不到这些过程的。

3．POP3 和 IMAP4

邮局协议第 3 版本（Post Office Protocol v3，POP3）和因特网报文存取协议第 4 版本（Internet Message Access Protocol v4，IMAP4）是两个常用的邮件读取协议，但两者有不同之处。

POP3 是邮局协议第 3 版（RFC 1939），成为因特网的正式标准。它使用 C/S 服务模式。在接收邮件的用户 PC 上必须运行 POP3 客户程序，而在用户所连接的 ISP 邮件服务器中则运行 POP3 服务器程序，同时还运行 SMTP 服务器程序。

POP3 服务器在鉴别用户输入的用户名和口令有效后才可读取邮箱中邮件。POP3 协议的特点就是只要用户从 POP3 服务器读取了邮件，POP3 服务器就将该邮件删除。因此，使用 POP3 协议读取的邮件应立即将邮件复制到自己的计算机中。

IMAP4（RFC 2060）是 1996 年的第 4 版，目前只是因特网的建议标准。在使用 IMAP4 时，IPS 邮件服务器的 IMAP4 服务器保存着收到的邮件，用户在 PC 上运行 IMAP4 的客户程序，与 IPS 邮件服务器的 IMAP4 服务器程序建立 TCP 连接。

IMAP4 是一个联机协议。用户在 PC 上可操控 IPS 邮件服务器的的邮箱。当用户用 PC 上的 IMAP4 的客户程序打开 IMAP4 服务器的邮箱时，用户可看到邮件的首部。当用户要打开指定的邮件，该邮件才传到 PC 上。在用户未发出删除命令前，IMAP4 服务器邮箱中的邮件一直保存着，可节省硬盘的存储空间。

4. MIME

RFC822 文档定义了邮件内容的主体结构和各种邮件头字段的详细细节，但是它没有定义邮件体的格式。RFC822 文档定义的邮件体部分通常都只能用于表述可打印的 ASCII 文本，而无法表达出图片、声音等二进制数据。另外，SMTP 服务器在接收邮件内容时，当接收到只有一个“.”字符的单独行时，就会认为邮件内容已经结束，如果一封邮件正文中正好有内容仅为一个“.”字符的单独行，SMTP 服务器就会丢弃掉该行后面的内容，从而导致信息丢失。

由于因特网的迅速发展，人们已不满足于电子邮件仅仅是用来交换文本信息，而希望使用电子邮件来交换更为丰富多彩的多媒体信息，例如在邮件中嵌入图片、声音、动画和附件。所以，Nathan Borenstein 向 IETF 提出的通用因特网邮件扩展（Multipurpose Internet Mail Extensions，MIME）在 1996 年成为因特网的草案标准，解决了这类问题。

图 6-3-7 给出了 MIME 与 SMTP 之间的关系。当使用 RFC822 邮件格式发送非 ASCII 码的二进制数据时，必须先采用某种编码方式将其“编码”成可打印的 ASCII 字符后，再作为 RFC822 邮件格式的内容。邮件读取程序在读到这种经过编码处理的邮件内容后，再按照相应的方式解析出原始的二进制数据。

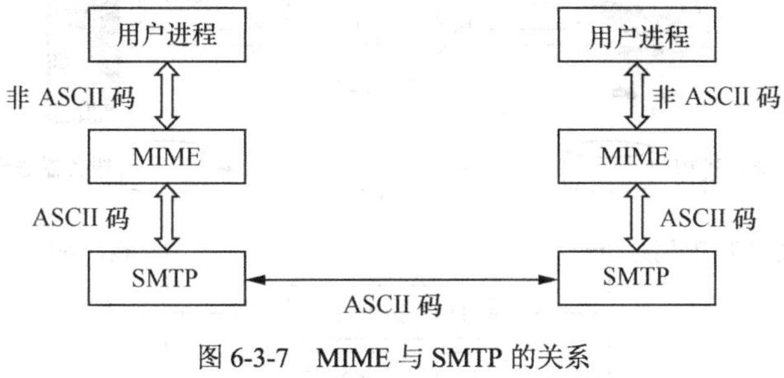

图 6-3-7 MIME 与 SMTP 的关系

可见，在图 6-3-7 中 ，MIME 需要解决以下两个技术问题。

① 邮件读取程序如何发现邮件中嵌入的原始二进制数据所采用的编码方式；

② 邮件读取程序如何找到所嵌入的图像或其他资源在整个邮件内容中的起止位置。

6.3.6 万维网与 HTTP

物理学家蒂姆·伯纳斯·李（Tim Berners Lee）于 1990 年在当时的 Nextstep 网络服务系统上开发出世界上第一个网络服务器和第一个客户端浏览器程序，后人称为万维网（Would Wide

Web，WWW），至今已成为因特网中最受瞩目的一种多媒体超文本（Hypertext）信息服务系统。它基于客户机/服务器模式，整个系统是由浏览器（Browser）、Web 服务器和超文本传输协议（Hyper Text Transfer Protocol，HTTP）三部分组成。

HTTP 是一个应用层协议，使用 TCP 连接为分布式超媒体（Hypermedia）信息系统提供可靠传送。在 Web 服务器上，以网页或主页（Home Page）的形式来发布多媒体信息，使网页设计师可用一个超链接从本页面的某处链接到因特网上的任何一个其他页面，并使用搜索引擎方便地查找信息。在客户端，选用各类浏览器，使用统一资源定位符（Uniform Resource Locator，URL）来标识 WWW 上的各种文档，使其在因特网中具有惟一的标识符。

现在已有许多工具软件，如 FrontPage、Office 97/2000/XP 中的 Word、PowerPoint 等均可方便地编写静态主页。利用微软推出的活动服务器页面（Active Server Pages，ASP），可以通过创建服务器端脚本来实现动态交互式 Web 页面和应用程序。ASP 脚本可与 HTML 语言、Java Applet（小程序）混合在一起书写。此外，还可用 PHP 来创建有效的动态 Web 页面，嵌入 Flash 动画。若在网页上采用 Macromedia 公司的 Flash5.0、Fireworks 和 Dreamweaver 组合工具，更能设计出梦幻实景般的网页动画。

1. 超文本传送协议

超文本传送协议（HTTP）作为应用层协议，其本身是无连接的，但使用了面向连接的 TCP 提供的服务，确保可靠地交换多媒体文件。HTTP 有多个版本，RFC1945 定义的 HTTP1.0 是无状态的，目前使用的 1999 年给出的 HTTP1.1（RFC2616）是因特网草案标准，SHTTP 是一个含安全规范的 HTTP 协议。HTTP 是面向事务的客户服务器协议。从 HTTP 的角度看，万维网的浏览器是一个 HTTP 的客户，万维网服务器也称 Web 服务器。

（1）万维网的工作原理

万维网的工作原理如图 6-3-8 所示。万维网上每个网站都设有 Web 服务器，它的服务器进程不断地监测 TCP 的端口 80，随时准备接收浏览器（客户进程）发出的连接建立请求。

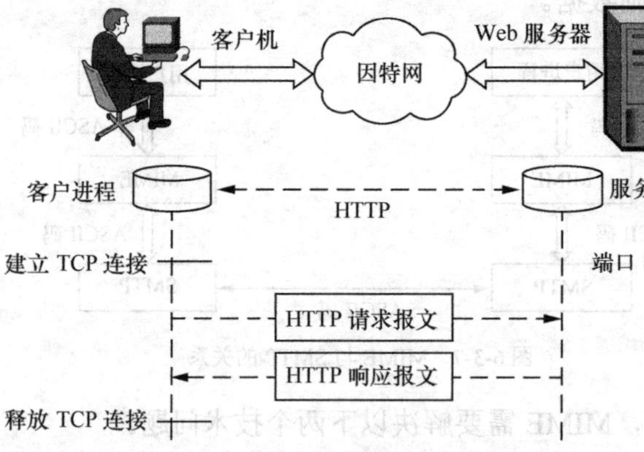

图 6-3-8 万维网的工作原理

用户通过浏览器页面的 URL 窗口输入网站域名或 IP 地址，也可用鼠标直接点击页面上的任一可选部分。一旦监测到连接建立请求并建立了 TCP 连接之后，浏览器向服务器发出 HTTP 请求报文，随后服务器返回 HTTP 响应报文，接着释放 TCP 连接。图 6-3-9 给出了网上拦截的 HTTP 的请求报文（第 4 行阴影）和响应报文（第 5 行）。

```
[172.16.9.3]     [218.2.103.166] TCP: D=80 S=2938 SYN SEQ=123615511 LEN=0 WIN:
[218.2.103.166]  [172.16.9.3]    TCP: D=2938 S=80 SYN ACK=123615512 SEQ=35498
[172.16.9.3]     [218.2.103.166] TCP: D=80 S=2938     ACK=3549805670 WIN=1656
[172.16.9.3]     [218.2.103.166] HTTP: C Port=2938 GET / HTTP/1.1
[218.2.103.166]  [172.16.9.3]    HTTP: R Port=2938 HTML Data
[218.2.103.166]  [172.16.9.3]    TCP: D=2938 S=80 FIN ACK=123615890 SEQ=35498
[172.16.9.3]     [218.2.103.166] TCP: D=80 S=2938     ACK=3549805882 WIN=1634
[172.16.9.3]     [218.2.103.166] TCP: D=80 S=2938 FIN ACK=3549805882 SEQ=1236
[218.2.103.166]  [172.16.9.3]    TCP: D=2938 S=80     ACK=123615891 WIN=65535
```

图 6-3-9　HTTP 请求/响应报文

HTTP 规定在客户端与服务器之间的每次交互包括一个 ASCII 码串组成的请求报文和一个“类 MIME”的响应报文，相关的报文格式与交互规则就是 HTTP 协议。

（2）HTTP 的报文格式

如前所述，HTTP 的报文分为两种，即 HTTP 请求报文、HTTP 响应报文，其报文格式如图 6-3-10 所示。每个报文含三部分：开始行、首部行、实体部分。由图可见，两种报文格式在开始行的定义上有所不同，HTTP 请求报文的开始行命名为请求行，而 HTTP 响应报文中称为状态行。在开始行定义的三字段间设一空格分开，以 CRLF（回车—换行）表示结束。首部行用来指示浏览器、服务器或报文内容的一些信息。允许有多行首部，每个首部行设首部字段名和它的值，同样以 CRLF 表示结束。另用一个空行 CRLF 将首部行与实体部分分开。实体部分在请求报文中通常不用，在响应报文中也可没有该字段。

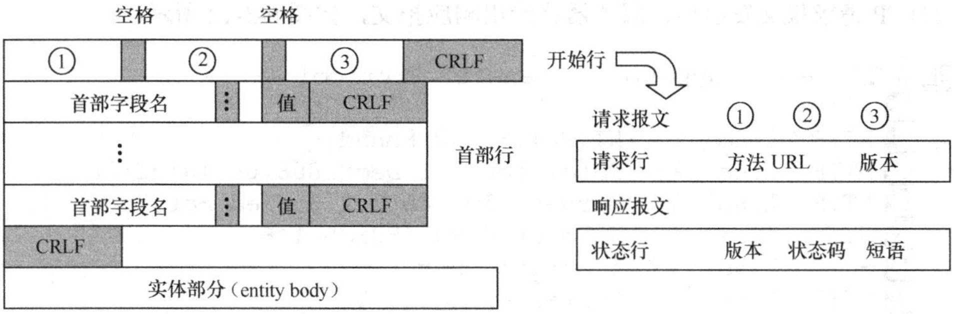

图 6-3-10　HTTP 报文格式

现将图 6-3-9 中第 4 行（阴影行）显示的 HTTP 请求报文的示例，经解码求得图 6-3-11 所示程序。

```
HTTP: ----- Hypertext Transfer Protocol -----
  HTTP:
  HTTP: Line  1:  GET / HTTP/1.1
  HTTP: Line  2:  Accept: image/gif, image/x-xbitmap, image/jpeg, image/pjpeg,
  HTTP:            application/x-shockwave-flash, application/vnd.ms-powerpoin
  HTTP:           t, application/vnd.ms-excel, application/msword, application
  HTTP:           /QVOD, */*
  HTTP: Line  3:  Accept-Language: zh-cn
  HTTP: Line  4:  Accept-Encoding: gzip, deflate
  HTTP: Line  5:  User-Agent: Mozilla/4.0 (compatible; MSIE 6.0; Windows NT 5.
  HTTP:           0)
  HTTP: Line  6:  Host: www.njupt.edu.cn
  HTTP: Line  7:  Connection: Keep-Alive
  HTTP: Line  8:
```

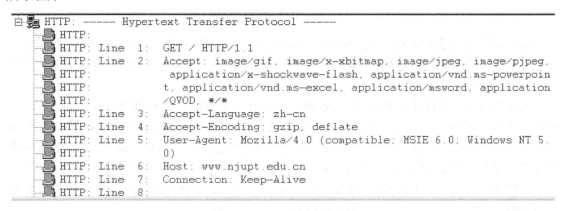

图 6-3-11　HTTP 请求报文示例

这段程序使用了 8 行：第 1 行为请求行，第 2～7 行为首部行，第 8 行为空行，表示首部行结束，实际上此例中没有实体部分。下面给予简单的解释。

① HTTP 请求行：“GET / HTTP/1.1”作为请求行，GET 是方法，表示请求若干选项信息。使用相对的 URL，省略主机的域名。版本为 HTTP/1.1。

② Accept：指浏览器或其他客户可以接受的 MIME 文件格式。服务器 Servlet 可以根据它判断并返回适当的文件格式。

③ Accept-Language：指出浏览器可以接受的语言种类。zh-cn 是中文，而 en 或 en-us 表示英文。

④ Accept-Encoding：指出浏览器可以接受的编码方式。编码方式不同于文件格式，它是为了压缩文件并加速文件传递速度。浏览器在接收到 Web 响应之后先解码，然后再检查文件格式。

⑤ User-Agent：客户浏览器名称为 Mozilla/4.0。

⑥ Host：对应网址 URL 中的 Web 名称和端口号。例中列出的域名地址是南京邮电大学的主页。

⑦ Connection：用来告诉服务器是否可以维持固定的 HTTP 连接。HTTP/1.1 使用 Keep-Alive 为默认值，这样，当浏览器需要多个文件时（比如一个 HTML 文件和相关的图形文件），不需要每次都建立连接。若使用 close 则表示发完报文后就释放 TCP 连接。

当 HTTP 请求报文发出后，服务器将给出响应报文，如图 6-3-12 所示。

```
HTTP: ----- Hypertext Transfer Protocol -----
    HTTP:
    HTTP: Line  1:  HTTP/1.1 302 Found
    HTTP: Line  2:  Date: Mon, 01 Dec 2008 00:18:22 GMT
    HTTP: Line  3:  Server: Apache/2.2.3 (Red Hat)
    HTTP: Line  4:  X-Powered-By: PHP/5.1.6
    HTTP: Line  5:  location: new/
    HTTP: Line  6:  Content-Length: 0
    HTTP: Line  7:  Connection: close
    HTTP: Line  8:  Content-Type: text/html; charset=GB2312
    HTTP: Line  9:
    HTTP:
```

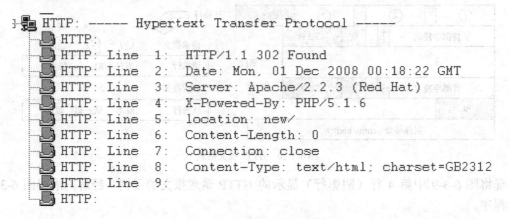

图 6-3-12　HTTP 响应报文示例

通常，第 1 行为状态行，列出版本、状态码和解释状态码的短语。状态码为三位数字，分为 5 大类 33 种。如 1xx 表示通知信息，2xx 表示成功，3xx 表示重定向，4xx 表示客户的差错，5xx 表示服务器的差错。

图 6-3-12 中 HTTP/1.1 302　Found 表示已发现，后续的行是首部行（Header Line），最后是内容（此例不存在），通常是一幅图像或一个网页。在首部行中，Date 表示服务器产生并发送响应报文的日期和时间；Server 表明该报文是由一个 Apache/2.2.3 Web 服务器产生的，类似于请求报文中的 User-Agent 字段；X-Powered-By 表明是使用 PHP（版本）的动态网页；Content -Length 表明被发送对象的字节数；Content-Type 表明实体中的对象是 HTML 文本。

2. 超文本标记语言

（1）HTML 的基本格式

元素（element）是 HTML 文档结构的基本组成部分。一个文档本身就是一个元素。每个 HTML 文档包含两个部分：首部（head）和主体（body）。图 6-3-13 所示为用微软 Frontpage 编写后的 HTML 基本文档。

① 首部以标签<head>、</head>作为始/末，包含文档的标题（title），这里标题相当于文件名。用户可使用标题来搜索页面和管理文档，并以标签<title>、</title>作为始/末。

② 文档的主体（body）是 HTML 文档的信息内容。以标签<body>、</body>作为始/末。主体部分可分为若干小元素，如段落（paragraph）、表格（table）、列表（list）等。

图 6-3-13 所示主体有两个段落，分别用标签<p>、</p>作为始/末，必须内嵌在主体内。由此可见，以个 HTML 文档具有 3 个特殊意义的字符。

< 表示一个标签的开始（lt，less than，小于）；

> 表示一个标签的开始（gt，greater than，大于）。

& 表示转义序列的开始，以分号“;”结束（amp，ampersand，转义符）。当文件中出现上述 3 个字符，则使用“&”加以转义为“<”、“>”、“&”

在主体中可设标题，称为题头（heading）。题头标签为<Hn>、</Hn>，其中 n 为题头的级别，分 6 级，1 级是最高级。

在段落标签名后，可附加属性，如 align=center 表示居中，align=right 表示右对齐，align=left 表示左对齐（默认属性）。

```
<html>

<head>
<title>NUPT</title>          } 首部
</head>

<body>

<p align="center">NUPT</p>
<p align="center">Computer College</p>   } 主体

</body>

</html>
```

图 6-3-13　HTML 文档基本格式

HTML 允许在网页上插入图像。标签<img>表示在当前位置嵌入一张内含图像。例如，<img border="0" src="file：///C：ER16-CS.jpg" width="132" height="248">的意思是插入 ER16-CS.jpg 图片，边框宽度为 0，图片的尺寸（宽×高）为 132×248 像素，以文件形式存放在 C 盘根目录。

（2）页面的超链接

超链接（Hyperlink）是指从一个网页指向一个目标的连接关系。这个目标可以是另一个网页，也可以是同一网页上的不同位置，还可以是一个图片，一个电子邮件地址，一个文件，甚至是一个应用程序。而在一个网页中用来超链接的对象，可以是一段文本或一张图片。万维网提供了分布式服务，没有超链接也就没有万维网。

在 HTML 文档中建立一个超链接的语法规定为

<a href=“url”>X</a>

其中，超链接的标签是<a>、</a>。字符 a 是 anchor（锚）的首字母，X 是超链接的起点，而“url”表示超链接的终点，即统一资源定位符，href 与锚 a 之间留一空格，href 是 hyper reference 的缩写，意思是“引用”。单击<a>、</a>当中的内容，即可打开一个链接文件。href 属性则表示这个链接文件的路径。例如链接到 admin.edu.cn/html 站点首页，就可以表示为

<a href="http：//www.admin.edu.cn/html">站长网 站长学院 admin.edu.cn/html 首页</a>。

此外，如果使用 target 属性，可以在一个新窗口里打开链接文件。

例如：<a href="http：//www.admin.edu.cn/html " target=_blank>站长网 站长学院 admin.edu.cn/html 首页</a>

如果使用 title 属性，可以让鼠标悬停在超链接上的时候，显示该超链接的文字注释。

例如：<a href="http：//www.admin.edu.cn/html" title = "站长网 站长学院 网页制作的中文站点">站长网 站长学院网站</a>

如果希望注释多行显示，可以使用
作为换行符。

例如：<a href="http：//www.admin.edu.cn /html" title = "站长网 站长学院
网页制作的中文站点">站长网 站长学院网站</a>

如果使用 name 属性，可以跳转到一个文件的指定部位。使用 name 属性，要设置一对。一是设定 name 的名称，二是设定一个 href 指向这个 name。

例如：<a href="#C1">参见第一章</a>

<a name="C1">第一章</a>

name 属性通常用于创建一个大文件的章节目录。每个章节都建立一个链接，放在文件的开始处，每个章节的开头都设置 Name 属性。当用户点击某个章节的链接时，这个章节的内容就显示在最上面。如果浏览器不能找到 Name 指定的部分，则显示文章开头，不报错。

在网站中，经常会看到“联系我们”的链接。一点击这个链接，就会触发邮件客户端，比如 Outlook Express，然后显示一个新建 mail 的窗口。用<a>可以实现这样的功能。例如，<a href = "mailto：info@sina.com">联系新浪</a>。

超链接在本质上属于一个网页的一部分，它是一种允许与其他网页或站点之间进行连接的元素。各个网页链接在一起后，才能真正构成一个网站。当浏览者单击已经链接的文字或图片后，链接目标将显示在浏览器上，并且根据目标的类型来打开或运行。

按照链接路径的不同,网页中超链接一般分为以下 3 种类型：内部链接,锚点链接和外部链接。如果按照使用对象的不同，网页中的链接又可以分为：文本超链接、图像超链接、E-mail 链接、锚点链接、多媒体文件链接、空链接等。

超链接是一种对象，它以特殊编码的文本或图形的形式来实现链接。如果单击该链接，则相当于指示浏览器移至同一网页内的某个位置，或打开一个新的网页，或打开某一个新的 WWW 网站中的网页。

网页上的超链接一般分为三种：第一种是绝对 URL 的超链接，URL 就是统一资源定位符，简单地讲，就是网络上的一个站点、网页的完整路径，如 http：//www.njupt.edu.cn；第二种是相对 URL 的超链接，如将自己网页上的某一段文字或某标题链接到同一网站的其他网页上面去；第三种称为同一网页的超链接，这就要用到书签的超链接。

在网页中，一般文字上的超链接都是蓝色（当然，用户也可以自己设置成其他颜色），文字下面有一条下划线。当移动鼠标指针到该超链接上时，鼠标指针就会变成 一只手的形状。这时候用鼠标左键单击，就可以直接跳到与这个超链接相连接的网页或 WWW 网站上去。如果用户已经浏览过某个超链接，这个超链接的文本颜色就会发生改变。只有图像的超链接访问后颜色不会发生变化。

6.4 实时通信技术及其应用

随着 IP 网技术的发展和应用的普及，计算机通信与网络正在以难以想象的深度和广度，渗透到社会的各个领域。基于 IP 网的网络电话（VoIP）和网络电视（IPTV）一类实时性通信技术，使得在同一 IP 网络上承载和实现数据、语音和电视等多重服务成为现实。IP 网技术的发展和演变，打破了传统语音电话业务和影像电视市场的固有格局。基于 IP 网的 VoIP 网络电话业务从成本和通话质量上已经可以与传统的电话服务媲美，同时网络电视 IPTV 由于其友好的交互界面和自由的用户选择及强大的功能，也大大超前于传统电视媒体。

本节将阐述网络电话、网络电视的系统组成以及部分重要协议。

6.4.1 网络电话系统的组成

所谓网络电话就是人们常说的 IP Phone，也常称为 IP 电话。它是以 IP 网作为传送平台的电话系统。网络电话是在 IP 网上以分组形式传送数字化语音（Voice over IP，VoIP），占用信道资源少，成本较低，价格便宜。同时网络电话将与图片、视频等结合在一起，可以开通传真、广播、电视等业务，市场前景极为广阔。

1. 网络电话的通信方式

目前，在 Internet 上实现语音通信的技术主要有以下 3 种方式：PC 到 PC 间的语音通信、PC 到电话端机间的语音通信、电话到电话端机间（Phone to Phone）的语音通信。

（1）PC 到 PC 间的语音通信

在 1995 年初，以色列的 VocalTec 公司推出了客户端 Internet 电话软件——“Internet Phone”，实现了因特网上 PC 到 PC 之间的语音通信，如图 6-4-1 所示。

图 6-4-1 PC 到 PC 间的语音通信方式

这种网络电话是一种因特网上典型的语音传送方式，不需要通过电话网，但要求通信双方的微机配置语音卡、音箱和话筒，配置相同的网络电话软件，如 Vox Phone、Web Phone、IP Phone、Netscape Cool talk、MS NetMeeting 等。显然，目前 PC 到 PC 的网络电话存在许多不足。

① 在 Internet 上，语音是以数据报的形式与数据流复用共享传输，因而语音质量会随网络的工作状态（忙闲程度）发生变化。

② 当一方 PC 呼叫时，通信的另一方的 PC 必须在网上，并预先运行网络电话软件。

③ 对于大多数用户，尤其是家庭中的网络用户，一般没有固定的 IP 地址，每次登录上网都是由 ISP 动态分配一个 IP 地址，这样会导致寻址发生困难。

因此，这类早期的网络电话无法提供公共电话服务，当时仍被网络爱好者在局域网环境上网时广泛应用。然后，出现了 Dialpad、Skype、MSN、QQ 等工具，经注册后，可灵活方便地拨打免费的网络电话。

（2）PC 和电话端机间的语音通信

PC 和电话端机（PC to Phone 或 Phone to PC）间的语音通信，即主叫使用计算机，而被叫使用普通电话，反之亦然（见图 6-4-2）。

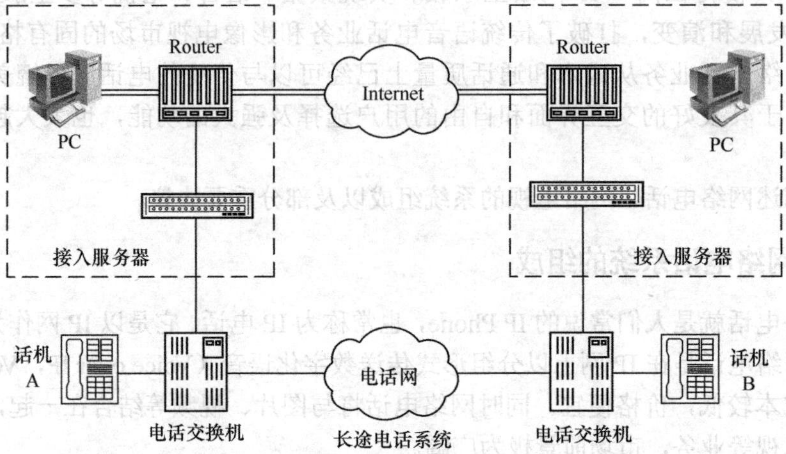

图 6-4-2　PC 到电话端机间、电话到电话端机间的语音通信方式

PC to Phone 的通话过程：主叫计算机登录到网络电话接入服务器，呼叫信号通过 IP 网到达远端交换机后，自动转接到被叫的电话上。早先比较流行的软件如 Net2Phone，使用前，需到网络电话代理商处购买帐号，预设密码。使用时，根据提示音输入账号、密码和对方的电话号码即可。还有一些 IXP 如 Skype 公司提供的基于 Java Applet 软件，在点击该网站（www.skype.com）上的 Skype 软件时自动下载，经注册后即可使用，其工作界面如图 6-4-3 所示。

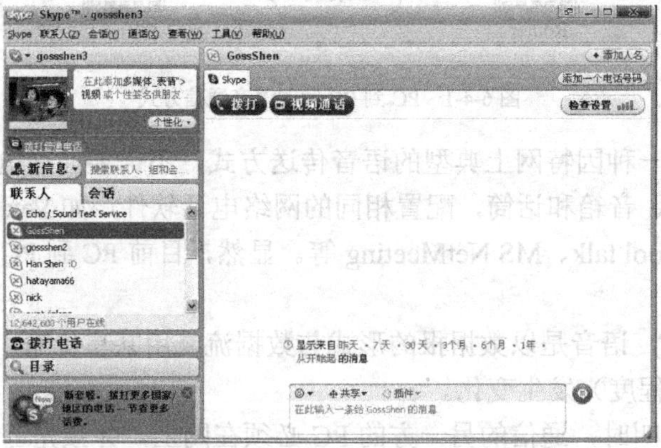

图 6-4-3　Skype 工作界面

如今，Skype 的用户已达到两千多万上网通话，除此之外，在网上提供许多类似的软件，

如 QQ、MSN，都可以免费进行 Voice chat 和 Video chat。

（3）电话到电话端机间的语音通信

在电话到电话端机（Phone to Phone）间的语音通信方式中（见图 6-4-2），主叫用户呼叫首先通过本地交换机传送到接入服务器（网关）然后信号在 IP 网上传输并选择到达被叫方距离最近的一个接入服务器，接入服务器再将它通过远端交换机传送到被叫电话机，其主要特征表现在用 IP 网代替了传统的 PSTN，进行长途传输和处理。传统语音需要 64kbit/s 的带宽，但网络电话通过语音压缩可做到只占用 8kbit/s 的带宽。从目前网络电话发展的趋势看，基于接入服务器的网络电话技术是一种便捷的方式，有利于提供公共服务。就如使用 300 电话一样，用户只需在电话机上拨统一的接入号码，就可连入服务器，在确认账号和密码之后，即可拨所需的被叫电话号码。

2. 网络电话系统的结构

当前，因特网的网络设备厂商如 CISCO、3Com、华为、中讯等公司分别在各自的网络接入设备中提供集成语音模块的数据产品，支持 IP 网承载语音（Voice over IP）的功能。这些接入设备在提供 IP 网接入服务的同时，还能够为普通电话用户提供拨打 IP 网电话的服务。Cisco 公司在 AS5300 和 Catalyst 3600/2600 型路由器中提供了语音接入模块，以利于企业用户将语音从电话网上转移到 IP 网或者内联网（Intranet）上，降低企业长途通话费。国内、外通信设备厂商都在原有程控电话交换中继模块基础上开发接入服务器。

利用接入服务器组成的网络电话系统一般含有 3 个基本组件（见图 6-4-4）。

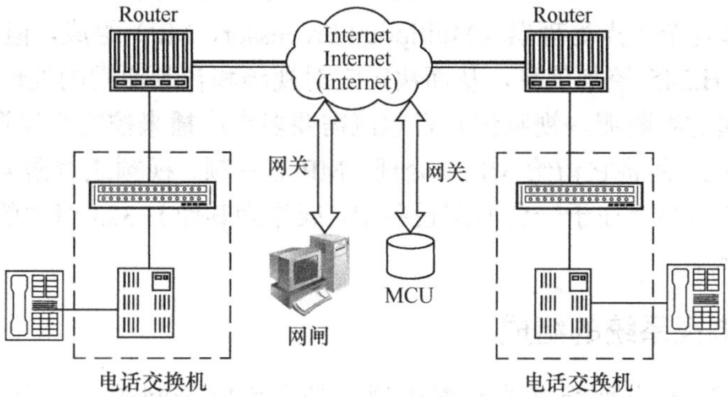

图 6-4-4　网络电话系统的组成

（1）网关

网关（Gateway）也就是接入服务器，是网络电话的核心和关键，是 IP 网和 PSTN 间的接入设备。网关中接入服务模块提供 IP 网接口和 PSTN 接口，在电话网侧输入端将用户语音进行编码和压缩，在输出端进行解压缩和语音还原，在通话过程中依据网络工作状态自适应地调整通信参数，实现语音流和 IP 数据报的格式转换，即打包和解包，如图 6-4-5 所示。

（2）网闸

网闸（Gatekeeper）即服务控制模块，负责用户注册和管理。其主要功能如下。

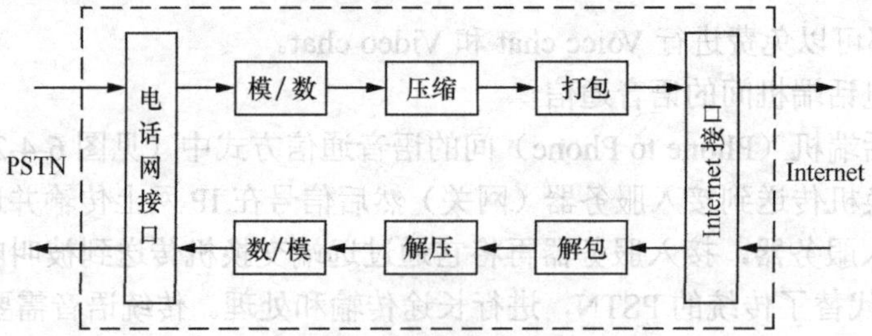

图 6-4-5　网关的接入服务模块

① 地址映射：电话网的 E.163（国家号 86+长途区号+市话号码）和 E.164（宽带）地址与相应的 IP 网关地址的映射。

② 呼叫认证和管理：对呼入用户进行用户身份认证（与网闸内注册表进行查核），以防非法用户接入。

③ 区域管理：根据整个网络电话系统的组网结构，完成路由选择，在多个网关接入服务之间选择一个到被叫最近的网关，建立通话链路，并尽可能使通话费用降低。

④ 计费模块：主要由外接计算机实现网络电话系统内部信息和用户资料的管理，并提供网络电话计费的功能。

（3）多点接入控制

多点接入控制（Multipoint Control Unit，MCU）用于支持 IP 网上的多点通信，可实现网络电话会议（Video Conference）、网络可视电话等多媒体功能。其主要功能是协调及控制多个终端间的视/音频流传输。在 H.323 系统中，一个 MCU 由一个多点控制器（Multipoint Controller，MC）和几个多点处理器（Multipoint Processor，MP）组成，但也可以不包含 MP。MC 处理终端间的 H.245 控制信息，从而决定它对视频和音频通常的处理能力。在必要的情况下，MC 还可以通过判断哪些视频流和音频流需要多点广播来控制会议资源。MC 并不直接处理任何媒体信息流，而将它留给 MP 来处理。MP 对音频、视频或数据信息进行混合、切换和处理。MC 和 MP 可能存在于一台专用设备中，或作为其他 H.323 组件的一部分。点到点的通信无需 MCU 介入。

6.4.2　网络电视系统的组成

网络电视（IPTV）也称交互式网络电视，是利用宽带网的基础设施，以计算机（或家用电视机）作为主要终端设备，集因特网、多媒体、通信等多种技术于一体，通过因特网的网络协议（IP）向家庭用户提供包括数字电视在内的多种交互式数字媒体服务的崭新技术。随着宽带的普及和 3G 移动的放号，网络视频业务将是 IP 宽带网大潮中的下一个亮点。

1. 网络电视系统的组成

图 6-4-6 所示为网络电视系统的拓扑结构图示例。从图中可见，在宽带 IP 网的架构基础上，网络电视系统是由流媒体服务器、数据库服务器和 Web 服务器构成应用服务平台，图中右侧根据系统设计要求，配置 N 路视频单机采集编码服务，实现 N 个频道的网上电视直/转播，包含网络视频直播、网络移动直播以及网络会议直播等子系统，以及网络直播系统软件、网络点播系统软件。此外，附加节目编辑工作站，管理员远程控制终端等。

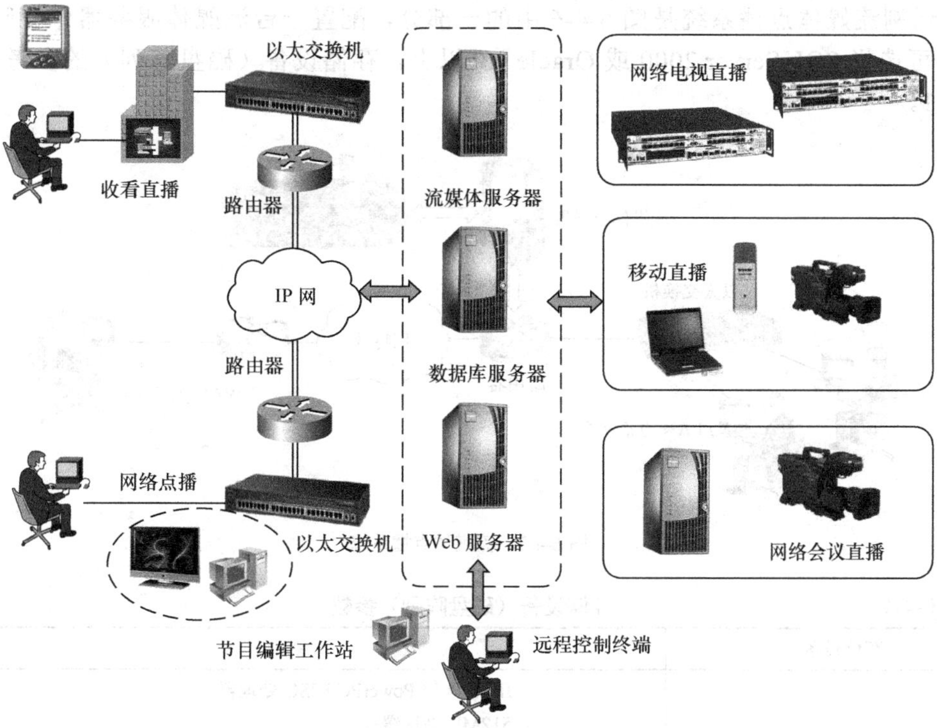

图 6-4-6　网络电视系统的拓扑结构示例

网络电视系统参照 H.323 的协议体系结构。服务器可选用 Windows 2003 Server 或 Linux 操作系统。若用户要求高清晰度直播，可用数字高清的 MPEG-2 标准来实现；如果用户实际的网络带宽有限，可采用当今业界最先进的 MPEG-4 编解码技术来实现。采用 MPEG-4 方式，视频码率在 350kbit/s 时可达到 VCD 的效果，700kbit/s 时可达到 DVD 的效果。既保证了图像的质量，又大大缩减了视频所占的带宽，使得直播平台更加稳定和高效。

从系统的稳定性考虑，视频点播与视频直播系统可分开单独实现。为满足系统的应用需求，作为视频点播与视频直播核心硬件的服务器，在配置时需要综合考虑，多方面合理搭配，以使系统整体的资源利用率达到最优，如服务器网卡 I/O 带宽所决定的服务器输出能力，服务器的总线和 CPU 的处理能力，磁盘设备的 I/O 性能，磁盘阵列与服务器之间的 I/O 性能以及内存容量。

2. 流媒体点播系统工作方式

视频点播（Video on Demand，VOD），也称交互式电视点播系统。流媒体点播系统采用了客户机/服务器模式，客户机基于 BIT/S 方式访问服务器，服务器端监听并实时响应用户的请求，如图 6-4-7 所示。什么是流媒体？流媒体简单来说就是应用流技术在网络上传输的多媒体文件，而流技术就是把连续的影像和声音信息经过压缩处理后放上网站服务器，让用户一边下载一边观看、收听，而不需要等整个压缩文件下载到自己计算机后才可以观看的网络传输技术。该技术先在客户端的计算机上创建一个缓冲区，在播放前预先下载一段资料作为缓冲，当网速小于播放所耗用资料的速度时，播放程序就会取用这一小段缓冲区内的资料，避免播放的中断，也使得播放品质得以维持。

所示例流媒体点播系统是图 6-4-6 中的一部分，配置一台流媒体服务器作视频点播，数据库可选择 SQL Server 2000 或 Oracle 2.0 以上，存储设备（磁盘陈列）的参考配置见表 6-4-1。

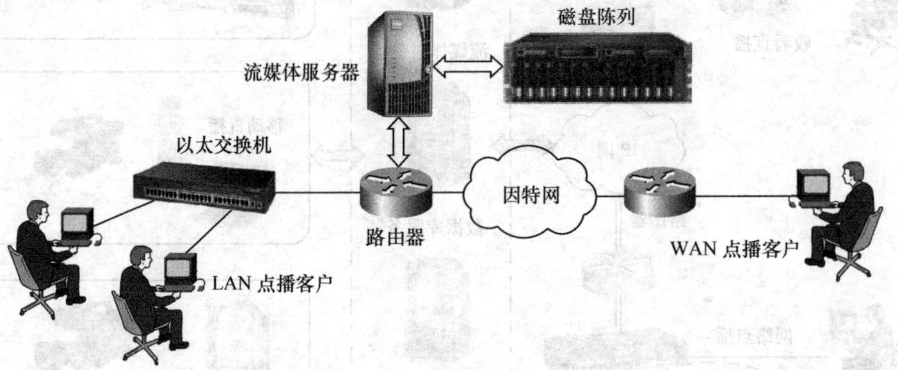

图 6-4-7　流媒体点播系统

表 6-4-1　存储设备（磁盘阵列）参数

存储设备	参数
磁盘阵列	IBM 64 位 PowerPC RISC 处理器 512MB 高速缓存 7 个热插拔磁盘插槽 2 个 Ultra160 主机通道 2 个 Ultra160 磁盘通道 ACCSTOR Management 图形化设备管理软件 3U 机架（可选塔式） 2 组 300W 容错电源（可选配）
硬　盘	146 GB SCSI（1 万转/分）

系统的基本工作方式如下。

① 通过浏览器登录用户账号、选择服务类型。

② 检索、访问各种传统多媒体资源以及浏览视频节目管理网页。浏览器通过 IP 网服务（Web 服务器、FTP 服务器等）获得信息，并将结果显示在客户窗口。

③ 当用户选择视频服务时，浏览器调用安装在 Web 服务器上的视频节目管理脚本。

④ 节目管理脚本调用 IIS 的数据库连接对象，将存储在节目数据库中的视频节目列表呈现给用户。

⑤ 用户选择播放视频节目，Web 服务器上的播放脚本将被调用。

⑥ 脚本通过节目服务器选择一台或多台视频服务器，并将结果返回给浏览器。

⑦ 浏览器激活视频播放器。

⑧ 视频播放器请求视频服务器传输数据，并在解码、播放影片的同时调节传输速率和响应用户 VCR 控制，这些控制操作由播放器与视频服务器经过协商共同完成。

⑨ 在节目播放完毕或者在节目播放期间，用户都可以通过与浏览器界面和播放器界面的交互，跳转到其他网页。

【单元 3】用网-1

案例 6-3-1　计算机通信服务

1. 项目名称

学会使用 Sniffer Pro4.75 解析数据流

2. 工作目标

图 6-5-1 所示为基于 IP 网的计算机通信服务框架。所列的计算机通信服务已在日常的工作与学习中得到了广泛的应用，成为信息社会不可缺少的重要组成部分。

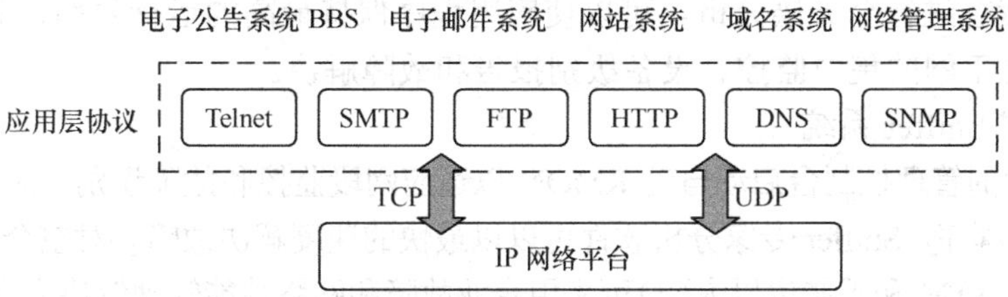

图 6-5-1　基于 IP 网的计算机通信服务

尽管人们天天在用网，可是在客户端与服务器之间通过 IP 网传递的数据流服务工作过程看不见，摸不着。通过学会使用 Sniffer Pro 4.75 软件包解析数据流，可加深感受网络层次结构，通信协议的重要性，层层相扣，一丝不苟，构架了席卷全球的计算机通信服务。

3. 工作任务

① 使用 SnifferPro 4.75 软件包在 IP 网上采集数据流，经过解码，可分层展示所传送的数据流。

② 解析浏览网站所得的解码信息：HTTP 如何要求传输层提供的面向连接的 TCP 服务。

③ 观察 IP 数据报的格式、IP 地址、TTL、版本号、数据字段长度等。

④ 观察以太网帧结构、MAC 地址、帧校验和（FCS）。

⑤ 解析从 FTP 服务器下载文本文件所得的解码信息。

4. 学习情景

Sniffer Pro 是美国 Network Associates 公司出品的一种网络分析软件，可用于网络故障与性能管理，在网络界应用非常广泛。

Sniffer Pro 网络分析软件使用了 400 多种协议解释和强大的专家分析功能，可对网络数据流进行分析，找出故障和响应缓慢的原因，甚至可以对多拓扑、多协议网络进行分析，所有这些功能都可以自动地实时实现。

什么是 Sniffer？以太网总线结构是将帧广播至网上，所有的计算机都会“看到”这个信息帧，但只有预定接收信息帧的那台计算机才会响应（依据帧中的 DA）。当一台计算机上运行着 Sniffer（嗅探器），并且网络处于监听所有信息 traffic 的状态，那么这台计算机就有能力浏览所有的在网络上通过的信息包。

（1）Sniffer 便携式分析软件包功能：实时网络分析

① 部门网可以采用 Sniffer Basic，以使用 Sniffer 的监控和解释分析功能。它低成本的实

时监控和解释功能，有利于小型企业、远程办公室和部门网排除常规故障。

② Sniffer Pro LAN 和 Sniffer Pro WAN 适用于有完整的专家分析和 Sniffer 先进的协议解释功能要求的网络。Sniffer Pro 对 LAN 和 WAN 网段上的网络传输的所有层进行监测，揭示性能问题，分析反常情况。

③ Sniffer Pro High-Speed 是用于优化 ATM 及千兆位以太网性能及其可靠性的工具，Sniffer 的 Smart Capture 功能提供了对 LAN 仿真数据流和 IP 交换环境的监测，支持 Gigabit 以全双工速度捕获，是解决千兆位协同性问题的唯一的分析器。其强大的处理功能可以提供对千兆位以太网的非对称监测。它在企业网络中，针对每个 ATM OC-3 和 OC-12 高速链路，提供单独的解决方案。

（2）Sniffer 分布式分析软件包

集成的专家分析和远程监控（RMON）软件包：分布式 Sniffer。解决方案对应用程序传输和网络设备状态进行全天候分析，可以使应用程序保持最高的运行效率，其中包括对部门网、校园网和主干网的集中监控、设备级别报告和故障解决。

（3）分布式 Sniffer 系统

从一个单独的管理控制台启动自动 RMON 以适应网段监控和故障识别。对有复杂的网络拓扑、协议和应用程序，Sniffer 专家分析软件可以以最快的速度解决故障。对整个网络中的主要网段（LAN、WAN、ATM 和千兆位以太网）可采用企业故障和网络性能管理解决方案，分布式 Sniffer 系统（Distributed Sniffer System，DSS/RMON）提供网络监控、协议解释和专家分析功能。基于标准的监控和专家分析的强有力的结合使之成为多拓扑结构和多协议网络优化的管理工具。

5. 操作步骤

（1）任务：使用 Sniffer Pro 4.75 软件包网络环境

① 图 6-5-2 所示为典型的部门网工作环境，检查网络拓扑结构，PC 连接网络设备以太交换机 Cisco Catalyst 2950-24T 的端口，也可分别经集线器（Hub）汇合后，接入交换机的一个端口。以太交换机不设置 VLAN。

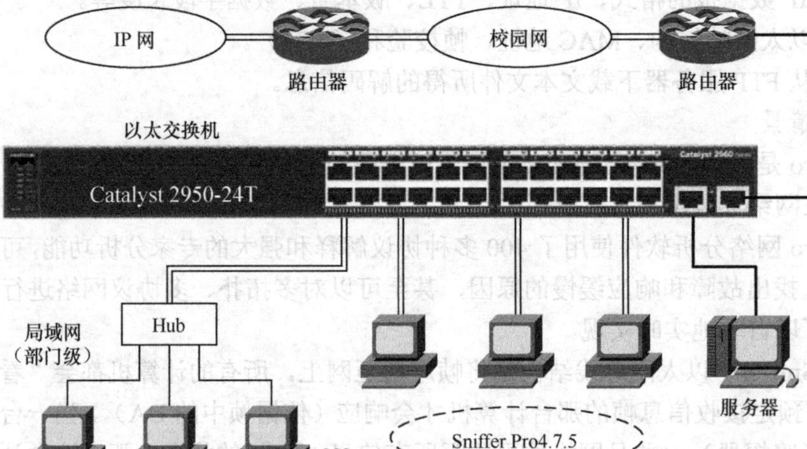

图 6-5-2　SnifferPro4.75 软件包网络环境

② 网络操作系统为 Windows ME/2000/XP，检查 Sniffer Pro 4.5 或 Sniffer Prov4.7.530 特

别版软件。启动 Sniffer：选择“开始”→“程序”→“Sniffer Pro”→“Sniffer”命令。

③ Sniffer 工作界面如图 6-5-3 所示。图中的图标放大后，其含义如图 6-5-4 所示。

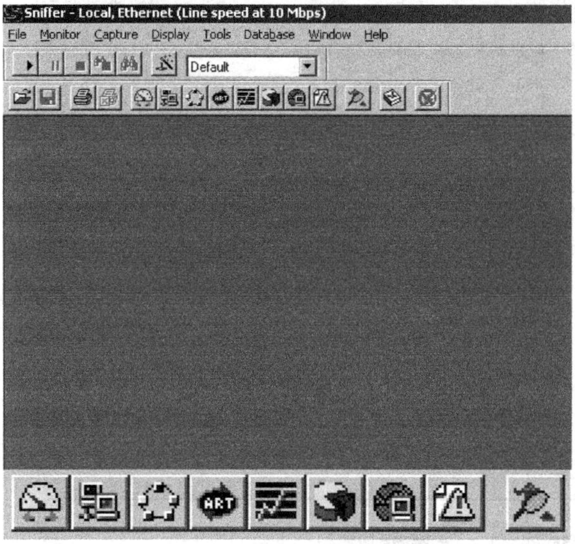

图 6-5-3　Sniffer 工作界面

① 流量表（Dashboard）
② 主机表（HostTable）
③ 业务量映射（Matrix）
④ 应用响应时间（Application Response Time）
⑤ 历史记录（History）
⑥ 协议分布（Protocol Distribution）
⑦ 完整统计（Global Statistics）

图 6-5-4　图标含义

④ Sniffer Pro 提供网络数据捕获（Capture）功能，使用方便。

- 单击“Capture”图标，弹出下拉式菜单，选择“start（F10）”命令即可。
- 可查看流量表中正在动态计数。
- 若要查看捕获结果，选择“Capture”→“stop and display（F9）”命令，弹出页面专家（Expert）分析窗口，如图 6-5-5 所示。图中 object 栏 Layer 给出了服务（Service）、应用（Application）、会话（Session）、站点（Station）、连接（Connection）、路由（Route）、子网（Subnet）等。例如，单击连接（Connection）可查看网站 1（Net Station1）、网站 2（Net Station2）、协议、帧数、字节数等数据。

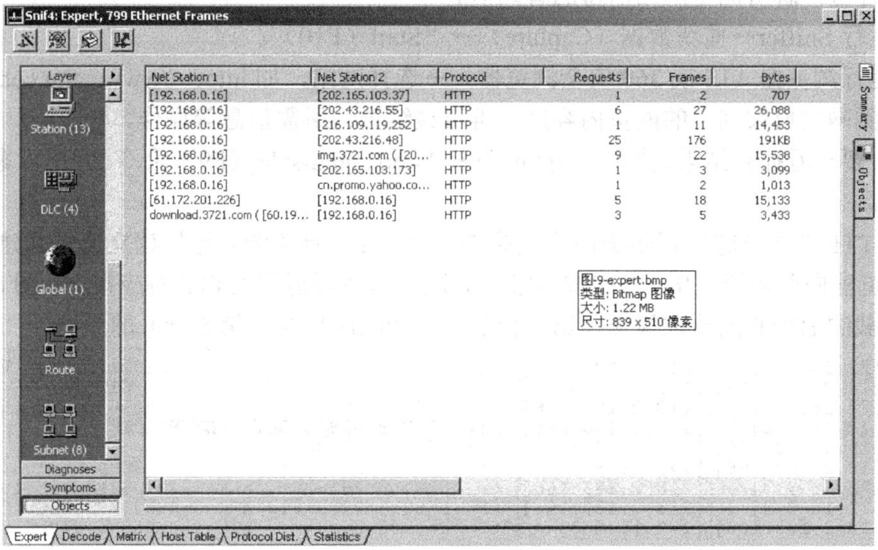

图 6-5-5　专家分析

- 单击“Decode”图标，弹出解码窗口，如图 6-5-6 所示。窗口分为 3 个部分。

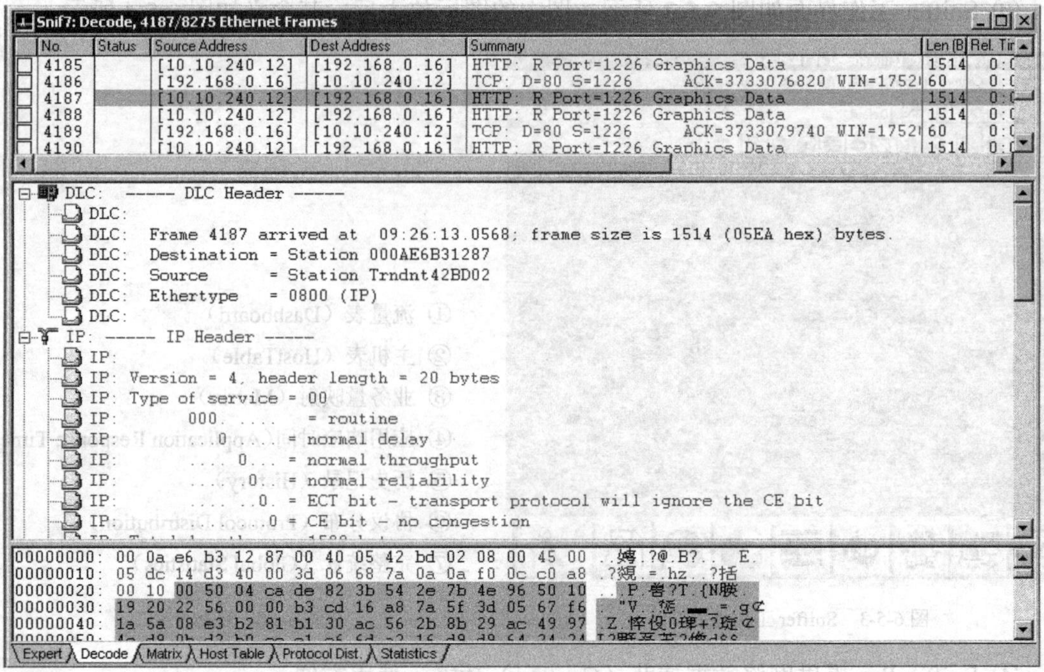

图 6-5-6 数据解码

第 1 个窗口(顶部)：每一行表示捕获的一个数据包。例如 4187 号记录，源 IP 地址 10.10.240.12，目的地 IP 地址为 192.168.0.16，HTTP 文档，1514 字节，捕获相对时间 0：00：06.916，绝对时间为 2004-12-28 09：26：13。

第 2 个窗口(中部)：列出该记录号按层次结构的解码：DLC(以太帧)→IP→TCP→HTTP。

第 3 个窗口（底部）：给出该记录号的 16 进制代码（左侧）、ASCII 码（右侧）。

（2）任务：解析浏览网站所得的解码信息

① 运行 Sniffer→捕获数据（Capture）→“Start（F10）”。

② 运行浏览器（IE 或 360 安全浏览器）→选择网站，如 http：//www.sohu.com。

在看到网站反馈回来的网页内容后，再可继续查询所需信息等操作。

③ 若要查看捕获结果，点击“Capture”→“stop and display（F9）”命令，弹出专家（Expert）分析窗口。

④ HTTP 要求传输层提供面向连接的 TCP 服务：一旦监测到连接建立请求并建立了 TCP 连接，浏览器向服务器发出 HTTP 请求报文，随后服务器返回 HTTP 响应报文。图 6-5-7 给出了网上拦截的 HTTP 的请求报文（第 4 行阴影）和响应报文（第 5 行）的示例。

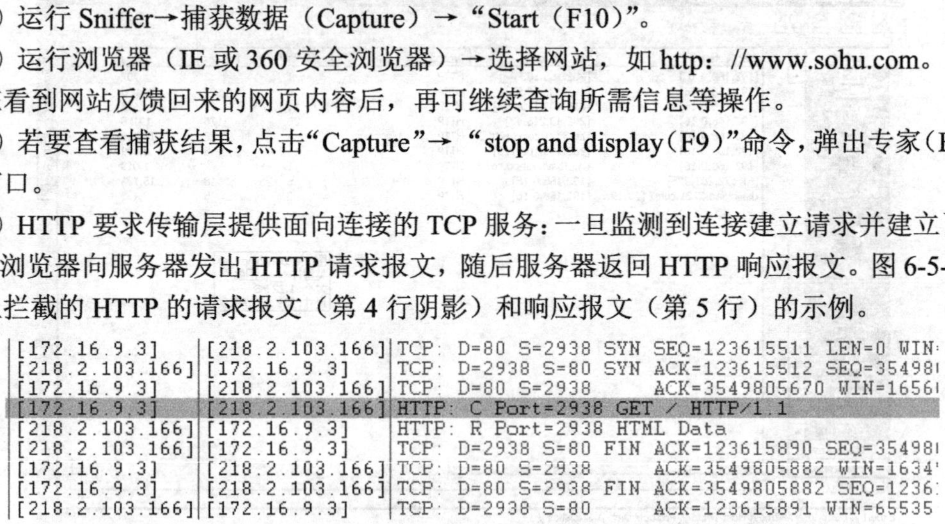

[172.16.9.3] [218.2.103.166] TCP: D=80 S=2938 SYN SEQ=123615511 LEN=0 WIN
[218.2.103.166] [172.16.9.3] TCP: D=2938 S=80 SYN ACK=123615512 SEQ=35498
[172.16.9.3] [218.2.103.166] TCP: D=80 S=2938 ACK=3549805670 WIN=1656
[172.16.9.3] [218.2.103.166] HTTP: C Port=2938 GET / HTTP/1.1
[218.2.103.166] [172.16.9.3] HTTP: R Port=2938 HTML Data
[218.2.103.166] [172.16.9.3] TCP: D=2938 S=80 FIN ACK=123615890 SEQ=35498
[172.16.9.3] [218.2.103.166] TCP: D=80 S=2938 ACK=3549805882 WIN=1634
[172.16.9.3] [218.2.103.166] TCP: D=80 S=2938 FIN ACK=3549805882 SEQ=1236
[218.2.103.166] [172.16.9.3] TCP: D=2938 S=80 ACK=123615891 WIN=65535

图 6-5-7 HTTP 请求/响应报文

⑤ 通过数据解码（Decode），可选择其中一行，例如图 6-6-7 的第 4 行阴影表示 HTTP 的请求报文，即可查看解码的第 2 个窗口。

HTTP/1.1　C 表示“命令”，源端口号为 2398，目的地端口号为 80。

观察 IP 数据报的格式，源 IP 地址 172.16.9.3，目的 IP 地址 218.2.103.166。以及 TTL、版本号、数据字段长度等。

观察以太网帧结构、MAC 地址、帧校验和（FCS）。

（3）任务：解析从 FTP 服务器下载文本文件所得的解码信息

如同上述操作步骤，在校园网上点击 FTP 服务器，查找预先准备的文本文件，下载到本机，然后停止捕获，打开解码窗口，记录 FTP 的连接过程，以及查看文本文件。

案例 6-3-2　实时通信系统（IP 电话）

1. 项目名称

学会在 IP 网上实现免费 Skype 至 Skype 免费通话、视频通话，使用 IP 电话机在网络实训室实现拨打电话

2. 工作目标

图 6-6-8 所示为基于 IP 网的 Skype 实时通信服务环境框架。所列的 Skype 至 Skype 免费通话、视频通信需使用 Skype 提供的免费软件，下载到计算机，通过安装、注册即可实现国内外计算机与计算机之间免费的语音通信、视频通信。若要实现计算机与座机（固定电话）、或手机用户通话，则需要付费。图 6-6-8 中还列出了使用 Cisco Catalyst 3550 三层交换机提供网络电话机连接接口，可实现拨号通话（目前仅支持实训室内语音通信）。

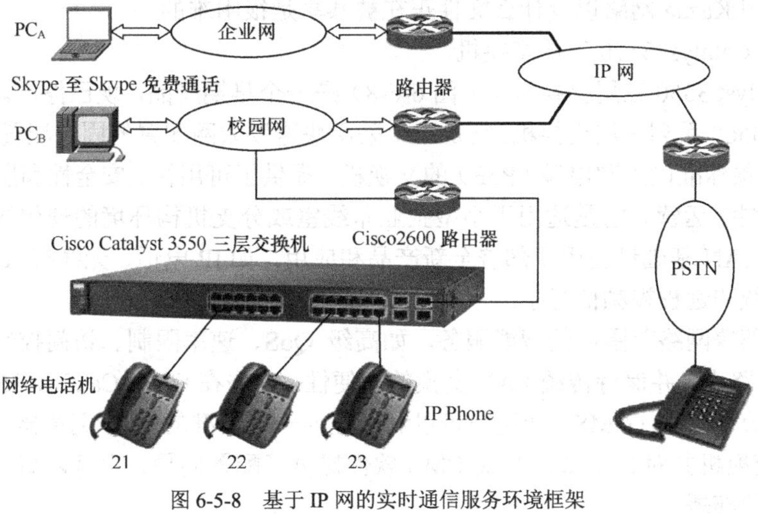

图 6-5-8　基于 IP 网的实时通信服务环境框架

3. 工作任务

学会安装、注册 Skype 提供的免费软件，操练拨打 Skype 至 Skype 语言通话、视频通信。学会使用网络电话机通过三层交换机实现语音通信。

4. 学习情景

（1）Skype

Skype 是一家全球性互联网电话公司。Skype 集团总部位于卢森堡，同时在伦敦和塔林均

设有办事处。Skype 公司推出的 Skype 产品是网络即时消息（Instant Messaging，IM）沟通工具。它能在全球范围内向客户提供免费的高质量通话服务，正在逐渐冲击电信业。但市场风云多变，微软在 2011 年 5 月 10 日正式宣布，已经与 Skype 达成协议，将以 85 亿美元现金收购 Skype。

Skype 产品具备 IM 所需的其他功能。

① 免费的 Skype-to-Skype 电话通信（指计算机之间的语音通信）。

② 会议电话（Conference Calling）。

③ 呼叫转移（Call Forwarding）。

④ 可视电话（Video Calling）。

⑤ 多人视频通话（Group Video Calling）。

同时，可支持传输文件（Sending Files）、语音邮件（Voicemail、发送短信（Sending SMS）、拨打座机和手机（Skype To Go Phones And Mobiles）。屏幕共享（Screen Sharing）。在线号码（Online number）等业务。

Skype 是简易、可靠且便利、有效的通信工具，是 Kazaa 开发人员的又一杰作，它使用全新的 P2P（对等）技术支持 Skype 用户相连接。Kazaa 的全称是 Kazaa Media Desktop，或 KMD。它是 Sharman Networks 所有的一种分散的 Internet 对等（P2P）文件共享程序。它和文件共享程序 Napster 不同，Napster 使用的是一种中央服务器来索引文件，Kazaa 用户直接从彼此的硬盘驱动器上共享文件。计算机用户可以在 Kazaa 设置时决定其电脑上的哪些文件可以被共享。在 Kazaa 网络上，如果一台计算机配置为只下载文件，而不把自己的文件和别人共享，那么这台计算机称做一个节点（node）；若这台计算机还能把自己的文件和别人共享，那么它就叫做一个超节点（Supernode）。因为超节点间的数据传输是加密的，所以如果某人想发现谁在使用 Kazaa 网络以及什么文件正在被共享是很困难的。

（2）Cisco Catalyst 3550 三层交换机

Cisco Catalyst 3550 三层交换机（见图 6-6-8）是一个早期产品，现已停产。取而代之的是 Cisco Catalyst 3560 系列三层交换机。它是一个采用快速以太网配置的固定配置、企业级、IEEE 802.3af 和思科预标准以太网电源（PoE）的交换机，提供了可用性、安全性和服务质量（QoS）功能，改进了网络运营。它是适用于小型企业布线室或分支机构环境的理想接入层交换机。这些环境将其 LAN 基础设施用于部署全新产品和应用，如 IP 电话、无线接入点、视频监视、建筑物管理系统和远程视频信息亭。

客户可以部署网络范围内的智能服务，如高级 QoS、速率限制、访问控制列表、组播管理和高性能 IP 路由，并保持传统 LAN 交换的简便性。内嵌在 Cisco Catalyst 3560 系列交换机中的思科集群管理套件（CMS）让用户可以利用任何一个标准的 Web 浏览器，同时配置多个 Catalyst 桌面交换机并对其排障。Cisco CMS 软件提供了配置向导，它可以简化融合网络和智能化网络服务的部署。

（3）Cisco IP Phone 网络电话机

Cisco IP Phone 的型号有许多，例如 7911G、7925G、7937G、7942G、7945G，以及 IP Video Phone 7985 PAL IP 电话的功能十分强大，配合 IP Phone 服务器端 Cisco CallManager，组合成一套统一通信系统，在实际工作中，极大地提高了办公效率。

现在市场的 IP 电话产品，基本上就是把普通电话机和语音网关二者结合起来。账号和密码是在软交换服务器通过电话机的 MAC 地址认证，通过网线，能够拨打所有电话。同时，内部电话是免费的。

一般 IP 电话机都具备以下功能。

① 语音清晰、QoS 语音保证。

② 语音编码支持：G.711、G723.1、G.729A。

③ 呼叫控制协议：支持 SIP 或 H323 协议。

④ 适应各种网络环境，真正穿透网络地址转换（NAT）功能。

⑤ 支持 PPP/PPPoE 协议，支持自动拨号、断线重拨功能。

⑥ 支持 DNS、DHCP 协议。

⑦ 支持静态、动态 IP 地址,支持 IP 地址智能学习功能。

⑧ 支持 Web 管理、Telnet、TFTP 加载。

⑨ 支持双音多频（Dual Tone Multi-Frequency，DTMF）收发号。

⑩ 支持主叫号码识别（Calling party Identification，CID）。

图 6-5-9 给出了 Cisco Unified IP Phone 7942G 的外形结构，它是一款功能全面的 IP 电话，配备专门为宽带音频而设计的扬声器和听筒，适用于有大量呼叫电话的业务人员。它有两个可编程背光线路/ 功能键和四个互动软键，能够引导用户执行所有呼叫特性和功能。该电话拥有一个大型的 4 位灰度图形 LCD，能显示日期、时间、呼叫方姓名、呼叫方号码、拨叫号码和在网状态信息。显示屏的清晰图形功能能支持价值更高、可视性更强的丰富 XML 应用，支持需要字体双字节 Unicode 编码的本地化。免提扬声器和听筒是专门为高保真的宽带音频设计的，是 Cisco Unified IP 电话 7942G 的标准配置。此外，该电话还配备了内置耳机连接和集成以太网交换机。

图 6-5-9　Cisco IP Phone 7942G 的外形结构

5. 操作步骤

（1）任务：学会安装、注册 Skype 提供的免费软件，拨打 Skype 至 Skype 免费通话、视频通话

① 参照图 6-5-10 检查上网 PC 的配置，应带有麦克风、扬声器（语音通信）、Web 摄像头（视频通信）以及链接网线。

② 使用 IE 或其他浏览器，输入网站地址 http：//www.skype.com，在首页点击“获取下载链接”，选择可在 Windows 上免费使用的版本：SkypeSetup5-5.exe 文件。

③ 单击 SkypeSetup5-5.exe 文件图标，开始自动安装，结束后桌面出现 Skype 快捷方式图标

。

④ 启动 Skype。双击 Skype 快捷方式图标，出现如图 6-5-10（a）所示界面。新用户需要注册：输入用户名、密码；接着显示如图 6-5-10（b）所示，添加页面联系人。

⑤ 可连续添加联系人（Contact）。添加了若干联系人后，进入图 6-5-10（c）所示的工作页面。

⑥ 单击添加联系人图标，弹出一对话窗口，显示两个绿色按钮：其中之一为“拨打”（指语音通信），另一个是视频通信。若单击“视频通信”按钮，出现图 6-5-10（d）所示的窗口，显示两个活动图像，上方是被联系人，下方是主叫用户。

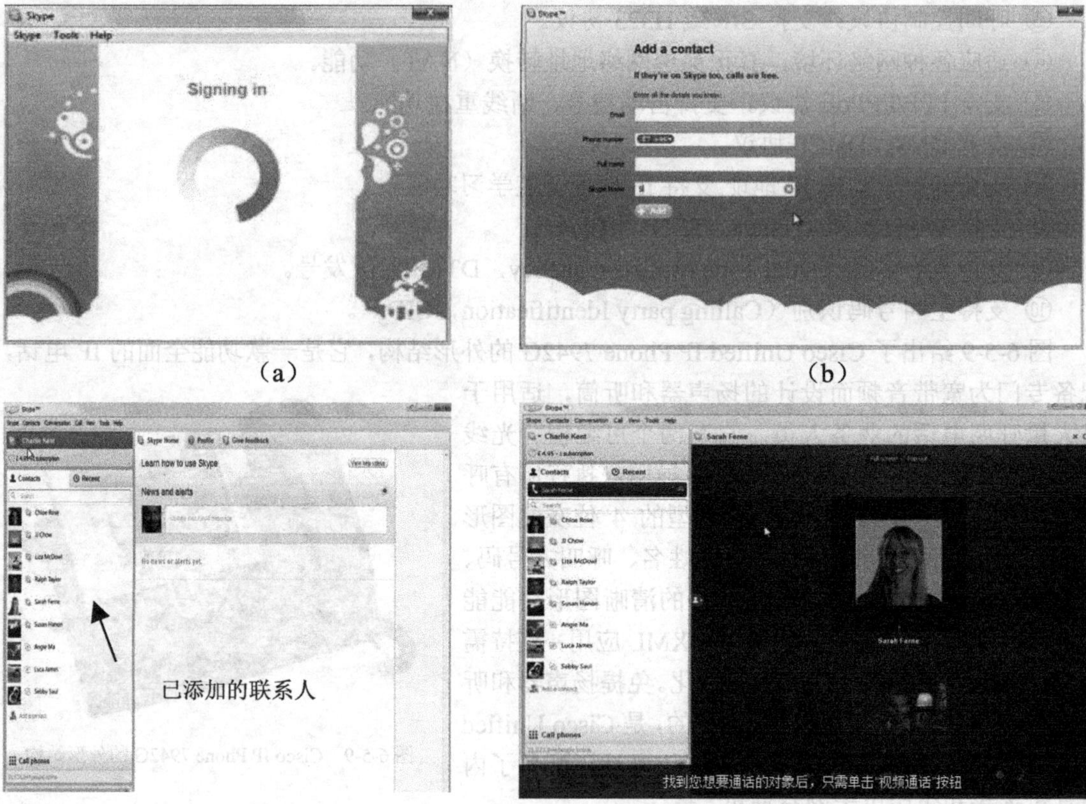

图 6-5-10 Skype-to-Skype 语音（视频）通信工作过程

⑦ 通信双方中的任何一方单击红色“结束”按钮，可结束视频通信（或语音通信）。

（2）任务：学会使用网络电话机通过三层交换机实现语音通信

按图 6-5-8 所示，设主叫用户号为 21，被交用户号为 22，网络电话呼叫过程同普通电话一样。

① 主叫用户（21）取机，拨被叫电话号码 22。

② 被叫 IP 电话机振铃声响，被叫用户取机。

③ Cisco Catalyst 3550 三层以太交换机与 2600 路由器协作，按存储—转发过程处理语音数据报，进行双向语音通信。

④ 双方任一方挂机，结束语音通信。

本 章 小 结

（1）本章主要通过“用网”时所涉及的传输层、应用层来阐述计算机通信服务与应用。传输层的作用是在通信子网提供的服务的基础上，为上层应用层提供端到端间有效可靠的服务。传输层有面向连接的 TCP 协议和无连接的 UDP 协议，

（2）UDP 只是在 IP 的数据报服务之上增加了端口复用分用和差错控制的功能。注意在计算检验和时要增加 12 个字节的伪首部。TCP 面向连接，且具有可靠传输、流量控制、拥塞控制等机制，保障其可靠传输。

（3）套接字能在因特网上全局唯一标识某个应用进程。

（4）应用层是计算机网络体系结构的最高层，直接为用户的应用进程提供服务。在因特网中，通过各种应用层协议为不同的应用进程提供服务。应用层协议则是应用进程间在通信时所必须遵循的规定。

（5）计算机网络的应用模式一般有三种：以大型机为中心的应用模式，以服务器为中心的应用模式，以及客户机/服务器应用模式。重点阐述基于 Web 的客户机/服务器应用模式，并提及 P2P 模式在因特网中的应用。

（6）网络基本服务，诸如 DNS、Telnet、FTP、TFTP、BOOTP、DHCP 等。

（7）电子邮件（E-mail，也有称电子函件）是因特网上最成功的应用之一，理解电子邮件系统的组成，熟悉 SMTP、POP3、IMAP 以及 MIME。

（8）万维网（WWW）是至今因特网中最受瞩目的一种多媒体超文本信息服务系统。重点领会万维网的工作原理和相应的超文本传输协议（HTTP）。

（9）网络实时通信是当前因特网上最具挑战的一种服务。掌握网络电话系统、网络电视系统的基本结构，H.323 的协议体系结构（包括 RTP、RTCP 等）以及相应的处理技术。

练习与思考

1．练习题

（1）试述 UDP 和 TCP 协议的主要特点及它们的适用场合。

（2）若一个应用进程使用运输层的用户数据报 UDP。但继续向下交给 IP 层后，又封装成 IP 数据报。既然都是数据报，是否可以跳过 UDP 而直接交给 IP 层？UDP 能否提供 IP 没有提供的功能？

（3）TCP 报文段首部的 16 进制为 04 85 00 50 2E 7C 84 03 FE 34 D7 47 50 11 FF 6C DE 69 00 00，请分析这个 TCP 报文段首部各字段的值。

（4）一个 UDP 用户数据报的数据字段为 3752 字节。要使用以太网来传送。计算应划分为几个数据报片？计算每一个数据报片的数据字段长度和片偏移字段的值（IP 数据报固定首部长度，MTU = 1500）。

（5）主机 A 向主机 B 发送一个很长的文件，其长度为 L 字节。假定 TCP 使用的 MSS 为

1460字节。在TCP的序号不重复使用的情况下，L的最大值是多少？

（6）计算机网络的应用模式有几种，各有什么特点？

（7）C/S应用模式的中间件是什么？它的功能有哪些？

（8）因特网的域名系统的主要功能是什么？域名系统中的根服务器和授权服务器有何区别？授权服务器与管辖区有何关系？

（9）解释DNS的域名结构，试说明它与当前电话网的号码结构有何异同之处。域名服务器中的高速缓存的作用是什么？

（10）叙述文件传输协议FTP的主要工作过程，主进程和从属进程各起什么作用。

（11）简单文件传输协议TFTP与FTP有哪些区别，各用在什么场合？

（12）参照书中示例，试用FTP的命令和响应访问校园网FTP服务器。

（13）远程登录Telnet服务方式是什么？为什么使用网络虚拟终端NVT？

（14）试述BOOTP和DHCP协议的关系。当一台计算机第一次运行引导程序时，其ROM中有没有该主机的IP址、子网掩码或某个域名服务器的IP地址？

（15）试述电子邮件系统的基本结构。用户代理UA有什么作用？

（16）试简述SMTP通信的发送与接收信件过程。

（17）在电子邮件中，为什么必须使用SMTP和POP这两个协议？POP与IMAP有何区别？

（18）MIME与SMTP的关系是怎样的？试述MIME的组合消息结构。

（19）假定一个超链接从一个万维网文档链接到另一个万维网文档时，由于万维网文档上出现了差错而使得超链接指向一个无效的计算机名字。这时浏览器将向用户报告什么？

（20）试用FrontPage创建一个标题（title）为“计算机”的万维网页面，请观察浏览器如何使用此标题，并查看其源代码。

（21）假定某文档中有这样几个字：下载RFC文档。要求在点击到这几个字的地方时就能够链接到下载RFC文档的网站页面 http：//www.ietf.org/rfc.html。试写出有关的HTML语句。

（22）试述网络电话系统的基本结构，以及网关与网闸的作用有什么不同之处。

（23）什么是H.323？它的协议体系结构中G.729、H.263的功能是什么？RTP、RTCP各有什么作用？

2．思考题

（1）请分析SYN Flood攻击对三次握手的漏洞利用的原理。

（2）试简述在TCP协议数据传输过程中，收发双方是如何保证报文段的可靠性的。

（3）为什么说TCP协议中针对某数据包的应答报文段丢失也不一定导致该数据报文段重传？

（4）若TCP中的序号采用64bit编码，而每一个字节有其自己的序号，试问：在75TBit/s的传输速率下（这是光纤信道理论上可达到的数据率），分组的寿命应为多大才不会使序号发生重复？

（5）使用TCP对实时语音数据的传输有没有什么问题？使用UDP在传输数据文件时会有什么问题？

（6）电子邮件的地址格式是怎样的？请解释各部分的含义。

（7）试将数据 11001100 10000001 00111000 进行base64编码，并得出最后传送的ASCII数据。

（8）试将数据 01001100 10011101 00111001 进行 quoted-printable 编码，并求出可传送的 ASCII 数据，并计算其编码开销。

（9）当使用鼠标点取一个万维网文档时，若该文档除了有文本外，还有一个本地 GIF 图像和两个远程 GIF 图像。试问：需要使用哪个应用程序，以及需要建立几次 UDP 连接和几次 TCP 连接？

（10）某页面的 URL 为 http：//www.xyz.net/file/file.html。此页面中有一个网络拓扑结构简图（map.gif）和一段简单的解释文字。要求能从这张简图或者从这段文字中的“网络拓扑”链接到解释该网络拓扑详细内容的主页 http：//www.topology.net/、index.html。试用 FrontPage 实现上述要求，并查看两种相应的 HTML 语句。

（11）试简述使用 SOCKET 编程接口进行服务器端多进程面向连接的网络应用程序设计的主要程序流程（包括连接建立、数据收发、连接拆除的过程）。

第 7 章　网络接入技术

本章主要从电信提供接入服务和用户提出接入需求两方面，叙述接入网基本概念、用户接入方式，包括基于铜缆接入、基于光缆的接入、HFC 接入、SDH 承载 IP、无线接入，以及传统的电话网拨号接入等方式。网络接入技术在网络工程、网络维护、检修与测试中具有实用性。

7.1　接入网基本概念

从整个通信网络的角度，可以将通信的全程、全网划分为公用网和用户驻地网（Customer Premises Network，CPN）两大部分。如前所述，公用网又可分为核心网（传输网、交换网）和接入网。随着信息技术的日益发展，用户对电信业务不断提出新的要求，电信业务开始由传统的电话、电报业务转向数据、音乐、图像、视频、多媒体等非语音业务。原有的用户线路如何利用，或采用什么新的接入方式来满足新业务的需求，已成为当今业界研讨的又一大热点。

为此，ITU-T 现已正式采用用户接入网（简称为接入网 AN，Access Network）的概念，并在 G.902 中对接入网的结构、功能、接入类型、管理进行了规范。

1. 接入网定义

按照 ITU G.902 定义，接入网由业务节点接口（Service Node Interface，SNI）和用户网络接口（User Network Interface，UNI）之间一系列传送实体提供所需传送能力的实施系统，可经由管理接口（Q_3）配置和管理。它们是本地局与用户设备间的信息传送实施系统，可以部分或全部替代传统的用户本地线路，含复用、交叉连续和传输等功能。原则上，接入网可实现的 SNI 和 UNI 的类型，数目没有限制，通常对用户信令是透明的，即不作任何处理。

2. 接入网的定界

由 ITU-T 对接入网的定义可知，接入网（Access Network，AN）所覆盖的范围是由 3 个接口来定界，如图 7-1-1 所示。

即用户侧经由 UNI 与用户（或用户驻地网）相连，网络侧经由 SNI 与业务节点（SN）相连，而管理侧通过 Q_3 接口与电信管理网（TMN）相连。SN 是提供业务的实体，以交换业务而言，提供接入呼叫和连接控制信令，以及接入连接和资源处理。按不同业务接入，SN 可以是本地交换机、IP 路由器或特定配置的点播电视（VOD）等。因此，现行接入网的定义具有一般性。同样，SNI 的概念也比 Q 系列的网络节点接口（NNI）概念有所扩展。在图中允许 AN 与多个 SN 相连，确保 AN 可灵活按需接入不同类型的 SN。

3. 接入网协议参考模型

接入网的协议参考模型是基于 ITU-T G.803 建议构成的分层模型，如图 7-1-2 所示。G.803 建议将网络分成电路层（Circuit Layer，CL）、传输通道层（Transport Path，TP）、传输媒体层（Transmission Media，TM）和接入承载处理功能层。

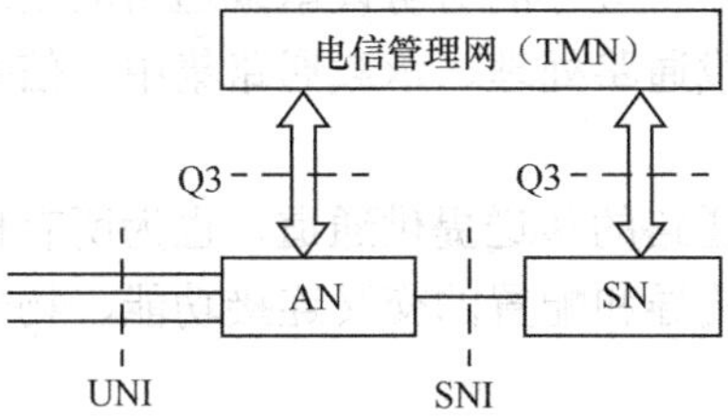

图 7-1-1　接入网的定界

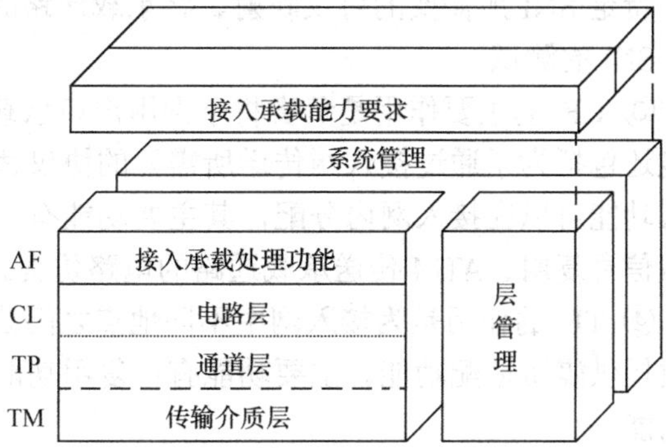

图 7-1-2　接入网通用协议参考模型

（1）电路层

电路层（CL）是面向公用交换业务的，不同的业务配置不同的电路层网络，例如电路模式、分组模式、帧中继模式、ATM 模式。

（2）传输通道层

传输通道（TP）层是为电路层网络节点（如交换机）提供透明的通道（如电路群），例如 64kbit/s 通道、帧中继通道、ATM 通道、PDH、SDH、模拟信道以及其他通道。

（3）传输介质层

传输介质（TM）层与传输介质有关，可细分为段层和物理介质层，完成点到点的传送。

（4）接入承载处理功能层

接入承载处理功能层（AF）中表示接入承载能力类型，包括用户承载、用户信令、控制、管理、层管理功能和系统管理功能等。

上述各层之间相互独立，相邻层间符合客户机/服务器模式。

4. 接入网的主要功能

接入网提供 5 种主要功能：用户口功能（UPF）、业务口功能（SPF）、核心功能（CF）、传送功能（TF）和接入网系统管理功能（AN-SMF）。接入网的功能结构如图 7-1-3 所示。

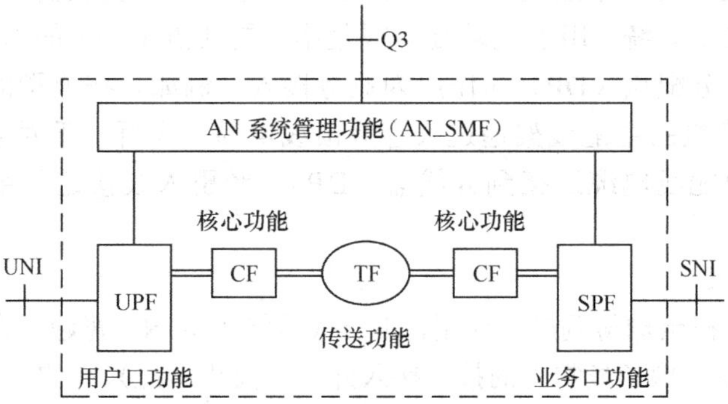

图 7-1-3　接入网功能结构

① UPF 的主要作用是将特定 UNI 要求与核心功能、管理功能相适配，主要功能有：终结 UNI 功能、A/D 转换、信令转换、UNI 的激活/去激活、处理 UNI 承载通路、测试 UNI。

② SPF 的主要作用是将特定 SNI 规定的要求与公用承载通路相适配，以便核心功能处理；也负责选择有关的信息，以便在接入网系统管理功能中进行处理。主要功能有：终接 SNI 功能、特定 SNI 所需要的协议映射、将承载通路的需要和即时的管理和操作需要映射进核心功能、SNI 的测试。

③ CF 的主要作用是负责将个别用户口承载通路的要求与公用传送承载通路相适配。其功能还包括为了通过接入网传送所需要的协议适配和复用所进行的对协议承载通路的处理。核心功能可以在接入网内分配，其主要功能有：接入承载通路处理、承载通路集中、信令和分组信息复用、ATM 传送承载通路的电路仿真。

④ TF 的作用是为接入网中不同地点之间公用承载通路的传送提供通道，也为所有传输媒质提供媒质适配功能。主要功能有：复用功能、具有疏导和配置的交叉连接功能、物理介质功能。

⑤ AN-SMF 的主要作用是协调接入网内 UPF、SPF、CF 和 TF 的指配、操作和维护，也负责经 UNI 协调用户终端和经 SNI 协调业务节点的操作功能。

5. 接入网的物理参考模型

接入网的物理参考模型如图 7-1-4 所示。图中业务节点 SN 中包含了本地交换设备（SE）和远端交换模块（RSU）。接入网（AN）通常指端局本地交换机（或 RSU）与用户之间的部分。在接入网内的 RSU 一般不含交换功能。

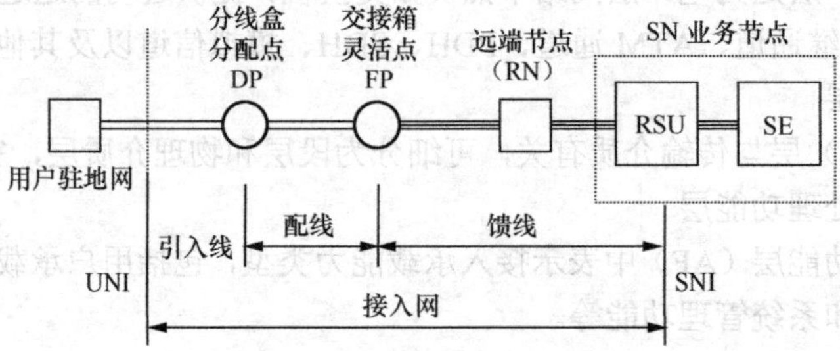

图 7-1-4　接入网的物理参考模型

由于接入网的各个部分常使用不同的技术来实现，实际的物理配置可能会有不同程度的简化。最简单的情况就是用户与端局直接用双绞线相连，称为用户环路或本地环路，形成用户线设施。由图 7-1-4 中远端节点可在端局与灵活点之间任意按需设置，一般 RN 为数字环路载波（DLC）系统，用于远端复用或集中。灵活点（FP）的作用为馈线分配接口，也称接入点（AP），分配点（DP）的作用为业务接入。例如，在典型的市内铜线用户线设施上，端局本地交换机的主配线架通过大容量馈线电缆（成百上千对双绞线成缆）连接到交接箱（FP），再由配线电缆连接到分线盒（DP），经引入线接通到用户终端（或用户驻地网）。

6. 网络接入技术

当前因特网已经在全球得到广泛应用，下一代网络（NGN）普遍认为是基于 IPv6 的宽带 IP 网。接入技术很多，除了最常见的拨号接入外，目前正广泛兴起的宽带接入相对于传统的窄带接入而言，显示了更强劲的生命力。宽带是一个相对于窄带而言的电信术语，为动态指标，用于度量用户享用的业务带宽，目前国际上还没有统一的定义，业界认同宽带是指用户接入传输速率达到 2 Mbit/s 及以上、可以提供 24 小时在线的网络基础设备和服务。

宽带接入技术主要包括以现有电话网铜线为基础的 xDSL 接入技术，以电缆电视为基础的混合光纤同轴（HFC）接入技术，以太网接入，光纤接入技术等多种有线接入技术，以及无线接入技术。表 7-1-1 列出了接入技术的部分典型特征。

表 7-1-1　　接入技术的部分典型特征

<table>
<tr><th colspan="2">接入技术</th><th>用户侧配置设备</th><th>传输介质</th><th>数据速率</th><th>窄带/宽带</th><th>有线/无线</th><th>特点</th></tr>
<tr><td colspan="2">电话拨号接入</td><td>普通 MODEM</td><td>电话双绞线</td><td>33～56 kbit/s</td><td>窄带</td><td rowspan="6">有线</td><td>简单，方便，速率有限，上网时不能通话，可能出现线路忙或中断</td></tr>
<tr><td colspan="2">专线接入（DDN、帧中继等）</td><td>与专线类型有关</td><td>专用线路</td><td>64 kbit/s～2Mbit/s</td><td>兼有</td><td>专用线路稳定可靠，速率可选，与租费有关</td></tr>
<tr><td colspan="2">ADSL（xDSL）</td><td>ADSL-MODEM</td><td>电话双绞线</td><td>上行 1Mbit/s
下行 8Mbit/s</td><td>宽带</td><td>安装方便，操作简单，无拨号，支持上网/通话两不误，速率高，传输距离有限（3～5km）</td></tr>
<tr><td colspan="2">以太网接入</td><td>以太交换机</td><td>5#，6#，7#UTP</td><td>10/100/1000Mbit/s</td><td>宽带</td><td>速率高，技术成熟，结构简单，稳定性好，成本合理，专敷线路</td></tr>
<tr><td colspan="2">HFC 接入</td><td>Cable-Modem
STB（机顶盒）</td><td>光纤+同轴电缆</td><td>上行 320k～10Mbit/s
下行 27～36Mbit/s</td><td>宽带</td><td>基于 CATV，速率高，较经济，服务于小区，速率受上网用户数影响</td></tr>
<tr><td colspan="2">FTTx 接入</td><td>ODU、交换机</td><td>光纤+线缆</td><td>10/100/1000Mbit/s</td><td>宽带</td><td>速率高，质量好，接入简单，易升级，成本高，无源光接点损耗大</td></tr>
<tr><td rowspan="3">无线接入</td><td>卫星接入</td><td>卫星天线+收发信机+Modem</td><td>卫星链路</td><td>按频道、卫星、技术而变</td><td>兼有</td><td rowspan="3">无线</td><td rowspan="2">方便灵活，建网周期短，投资少频道资源有限，易受干扰，传输质量不如光纤</td></tr>
<tr><td>LMDS</td><td>基站 BSE
室内、外单元
无线网卡</td><td>高频微波</td><td>上行 1.544
下行 51.84～155.52Mbit/s</td><td>宽带</td></tr>
<tr><td>移动接入</td><td>移动终端（手机）</td><td>无线波段</td><td>2G：19.2,144,384kbit/s
3G：2Mbit/s</td><td>兼有</td><td>3G 支持宽带接入，正在向 TD-LTE（3.9G），4G 发展</td></tr>
</table>

7.2　基于铜缆的接入技术

当前公用电话网的用户线所需线缆的原材料铜逐渐减少，其价格越来越昂贵，使得提供服务的成本增加。再加之线缆本身的带宽有限，限制了许多需要较大带宽的业务的接入：如可视电话、高速率的数据业务、可视图文、会议电视等。另外，铜缆的敷设速度慢、周期长等问题，使得交换机到用终端之间的“最后一公里”成为制约其发展的瓶颈问题。基于铜缆的接入网的技术方案相继而出，如高位率数字用户线（HDSL）、不对称数字用户线（ADSL）、单线对数字用户线（SDSL），甚高数据速率数字用户线（VDSL）等，人们统称为xDSL。本节主要阐述不对称数字用户线（ADSL）系统。

1. ADSL系统概述

ADSL是20世纪90年代提出的在一对用户线上实现单向宽带业务、交互式中速数据业务和普通电话业务的一种技术。不对称数字用户线（Asymmetrical Digital Subscriber Line，ADSL）系统由局端数据复用设备（DSL Access Multiplexer，DSL AM）、局端语音数据分离器（Splitter）、本地市话线路、用户端语音数据分离器和用户端数据设备（Remote Terminal Unit，RTU）组成，其系统配置如图7-2-1所示。RTU实际上是一种采用高技术的调制解调器。

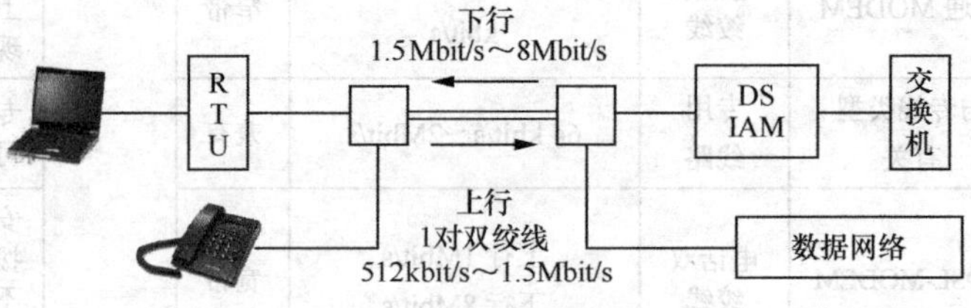

图7-2-1 ADSL系统配置

ADSL系统的不对称是指一对双绞线的双向传输速率不同。国际电信联盟ITU在1999年6月颁布了两个国际标准G.992.1与G.992.2。

（1）G.992.1标准

G.992.1为全速标准支持下行（端局→用户）方向传送8Mbit/s与上行（用户→端局）方向传送1.5Mbit/s高速数据，但却要求用户端安装POT语音分离器，将通过电话线的语音和数据分离并分别传送至电话交接机或数据网络。

（2）G.992.2标准

该标准是由英特尔、微软等PC厂商联合美国各大电话公司和网络服务商成立的通用ADSL工作组（The Universal ADSL Working Group，UAWG）研发的标准，旨在推出用户端无需安装POT语音分离器的通用ADSL标准，称为G.lite的ADSL标准。从技术角度而言，G.lite标准是全速ADSL标准的简化版本，具有成本低、安装简便等特点。它的下行数据速率为1.536Mbit/s，上行速率为512kbit/s。

2. ADSL的工作原理

ADSL技术利用一对铜双绞线（RJ-11接口的电话线）向用户提供两个方向上不对称的宽带信息业务。ADSL在面向线路接口的物理介质相关模块中均应具备线路编码、线路传输同步过程初始化、语音和数据通道的分离、线路传输信号的加/解扰码以及数字传输通道的嵌入操作控制等功能，而在面向数据接口的传输汇聚模块则应具备数字信道的复用及解复用、数字传输信号的前向纠错、线路传输帧格式的实现、面向高层（如ATM链路局或IP网络层）的协议处理和网元设备管理等功能。

G.992线路编码属于正交频分复用方式的DMT离散多音频调制技术。DMT首先对数字信号进行反快速福里哀变换（IFFT），相当于把信号调制到多个正交载波上，接收端对其进行FFT变换即可恢复原信号。ADSL传输系统定义了256个载波（参见图7-2-2），每个载波占用4.3125kHz的线路模拟频带，并且每个载波均使用QAM线路编码。DMT线路编码的每个载波通常称为一个 Tone，ADSL 上行传输通道可征用几十个 Tone，而下行传输通道则可征用两百多个 Tone。从理论上看，每个 Tone 的传输设计能力应该相当于（甚至大于）一个 V.34 语音 Modem 的数据传输能力（即 50 kbit/s）。此外，为了更好地抑制脉冲噪声，DMT 采用了前向纠错码和栅格码技术。

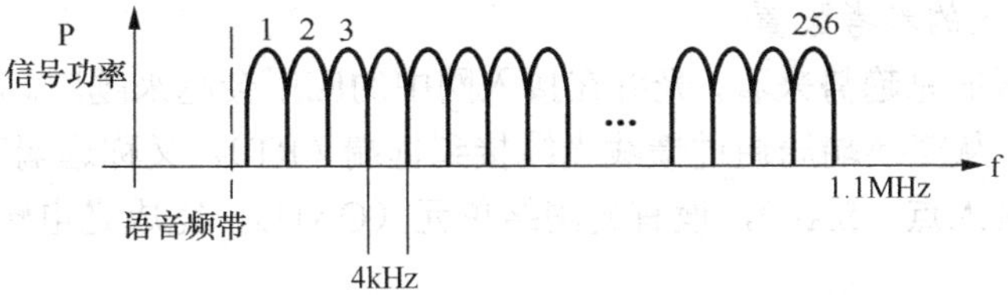

图 7-2-2 离散多音调制（DMT）技术

DMT 的每个很窄的子信道频带内的电缆特性可以近似认为是线性的，因此脉冲混叠可以减至最低程度。在每个子信道内传送的位率可以按该信道内信号和噪声的大小自适应地变化，故 DMT 技术可自动避免工作在干扰较大的频段。

DMT 可以实现速率的自适应调整，这就是 RADSL。DMT 可以从 64kbit/s 开始以每 32kbit/s 的间隔平滑递增。

在 ADSL 标准化过程中，DMT 调制方式获得了更广泛的支持。DMT 具有许多优点。

① DMT 对线路信号衰减的适应能力较强。由于 DMT 线路编码中每个载波的数据传输能力可以根据该载波所在频段的信噪比进行自动调节，因此比较容易适应宽频模拟传输信号在市话双绞线路上出现的非均衡衰减。DMT 技术带宽利用率更高，可以自适应地调整各个子信道的比特率，可以达到比单频调制高得多的信道速率。

② 可实现动态带宽分配，DMT 技术将总的传输带宽分成大量的子信道，这就有可能根据特定业务的带宽需求，灵活地选取子信道的数目，从而达到按需分配带宽的目的。由于线路编码调制效率的调整可以在各个载波内进行，DMT 的线路自适应调整的步长可以较小。

③ DMT 具有很强的抗脉冲噪声和窄带噪声干扰能力。根据傅立叶分析理论，频域中越窄的信号其时域延续时间越长。而 DMT 方式下各子信道的频带都非常窄，因而各子信道信号的时域中都是延续时间较长的符号，故可以抵御短时脉冲的干扰；如果线路中出现窄带噪声干扰，可以直接关闭被窄带噪声覆盖的几个信道，系统传送性能不会受到太大影响。

从性能上看，DMT 是比较理想的编码调制方式，信噪比高，传输距离远，或同样距离下传输速率较高。但 DMT 也存在一些问题，例如 DMT 对某个子信道的位率进行调整时，会在该子信道的频带上引起噪声，对相邻子信道产生干扰，而且实现起来比较复杂。

现在 ADSL 被广泛应用于 Internet 接入、远端 LAN 接入和视频点播（VOD）业务。

2002 年 7 月，ITU 公布了 ADSL 的 G.992.3 和 G.992.4 新标准，即所谓 ADSL2。2003 年 3 月，ITU 又制订了 G.992.5 标准，就是 ADSL2plus，也叫 ADSL2＋。ADSL2 通过改善调制解调的效率、减少帧开销、提高线码增益、改进初始化状态和优化信号处理算法等方法来提高数据传输速率。ADSL2 的最高速率可达 12Mbit/s，环路的长度可在 6.1km。除了自身速率的提高，ADSL2 标准中还支持 ATM Forum 的 Inverse Multiplexing for ATM（IMA）标准。通过采用 IMA 标准，ADSL2 芯片集可以在一条 ADSL 链路中捆绑两条或更多的铜线对。通过这种捆绑配置，ADSL2 可以灵活地获得极高的数据速率。

7.3 基于光缆的接入技术

1. 基于光缆接入的参考配置

从通信网络发展的总趋势来看，光纤在接入网中的应用会越来越广。图 7-3-1 给出了全光纤接入的基本连接，从交换端局通过馈线光缆接到远端（RT），又称远端节点（RN），再经过配线光缆接到业务接入点（SAP），设有光网络单元（ONU），完成光电转换和分用。

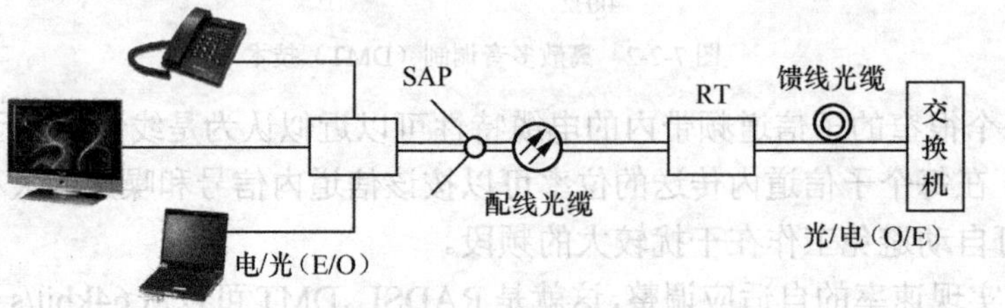

图 7-3-1　典型全光接入网

ITU-T 建议 G.982 提出了一个与业务和应用无关的光接入网功能参考配置以及相应的参考点，如图 7-3-2 所示。

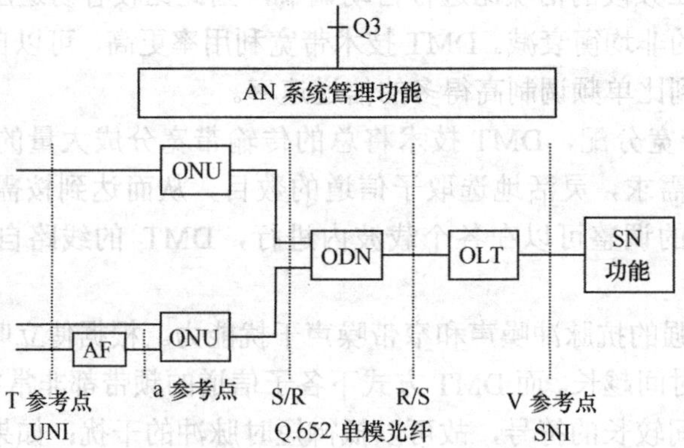

图 7-3-2　光接入网功能参考配置

由图 7-3-2 可见，从 SNI（V 参考点）到 UNI 单个用户接口（T 参考点）间的传输设施统称为接入链路。其中，终端适配器（TA）的一端接综合业务数字网（ISDN），称为 S 接口，接非 ISDN 的一端是 R 接口。利用这个基本概念来描述参考配置的功能规程。一般而言，接入链路的用户侧与网络侧业务流是非对称的。在光接入网（OAN）内，包含一个光线路终端（OLT），至少一个光配线网（ODN），至少一个光网络单元（ONU）及适配设施（AF），在 ONU 和 AF 之间定为 a 参考点。

（1）OLT

OLT 的功能是为 OAN 提供网络侧与本地交换机之间的接口，并经一个或多个 ODN 与用户侧的 ONU 进行通信，OLT 与 ONU 保持主从通信关系。即 OLT 可分离交换业务和非交换业务，管理来自 ONU 的信令和监控信息，为本身及 ONU 提供维护和指配功能。OLT 可以是独立的设备，也可集成在其他设备之内。

（2）ODN

ODN 的功能是为 OLT 与 ONU 间提供光传输，完成光信号功率的分配。ODN 是由无源光元件组成的光配线网，包括光缆、光连接器、光分路器等。网络拓扑通常为树/分支结构。若将无源光分路器用复用器替代，形成有源双星型结构，则称为有源光网（AON）。

（3）ONU

ONU 的功能是终接 ODN 接来的光纤，处理光信号，并为用户提供接口。ONU 需要完成光/电互换，并处理语音信号的模数转换、复用、信令和实现维护管理。

（4）AF

AF 为 ONU 和用户设备提供适配功能，可嵌在 ONU 内，也可单设。

光接入网（OAN）在北美，称为光纤环路系统（FITL），称 OLT 为局用数字终端（HDT）。

2. 光纤接入的应用类型

近几年，光通信发展迅速，接入网大量采用光缆作为传输介质；以光纤传输到有关的地理位置来划分，有光纤到路边（FTTC）、光纤到大楼（FTTB）、光纤到家（FTTH）等，如图 7-3-3 所示。

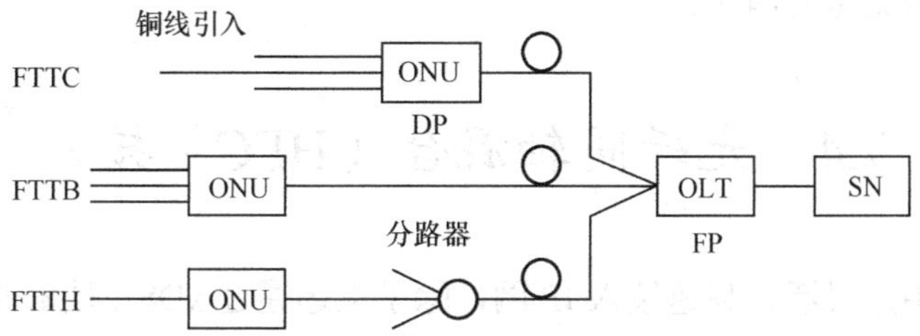

图 7-3-3　光接入网的应用类型

（1）光纤到路边

光纤到路边（FTTC）用光纤代替主干馈线铜缆和局部配线铜缆，将光网络单元（ONU）设置在路边，然后通过双绞铜线或电缆接入用户。FTTC 适用于居住密度较高的住宅区。

（2）光纤到大楼

光纤到大楼（FTTB）是用光纤将 ONU 接到大楼内，再用电缆延伸到各用户。FTTB 特适用于给一些智能化办公大楼提供高速数据、电子商务、视频会议等业务。将 FTTB 与目前已在许多办公大楼使用以 5 类线为基础的大楼综合布线系统结合起来，能够较好地提供多介质交互式宽带业务。FTTC/FTTB 成本比 FTTH 低，容易过渡到 FTTH，可提供高速率的对称带宽，省掉了大部分铜缆。但它们成本比一般铜缆高，传输模拟分配业务较为困难。

（3）光纤到家

光纤到家（FTTH）是一种全光网络结构，用户与 SN 节点间实现完全光缆传输，它是接入网的最终解决方案。FTTH 的带宽、传输质量和运行维护都十分理想。由于整个用户接入网完全透明，因而对传输制式、波长和传输技术没严格限制，适合于各种交互宽带业务。另外光纤直接到家，不受外界干扰，也无泄漏问题，室外设备可以做到无源，这样避雷击，供电成本较低。FTTH 缺点是目前成本太高，目前正在局部试验应用。

（4）FTTx+LAN 接入

FTTx+LAN 即光纤接入和以太网技术结合而成的高速以太网接入方式，可实现“千兆到大楼，百兆到层面，十兆到桌面”，为最终光纤到户提供了一种过渡。

FTTx+LAN 接入比较简单，在用户端通过一般的网络设备，如交换机、集线器等将同一幢楼内的用户连成一个局域网，用户室内计算机通过 RJ-45 接口经交换机与外界光纤干线相连即可。对这类以太交换机提出具有被管理功能的设计要求如下。

① 用户消息的隔离。

② 组播（Multicast）。

③ 支持基于端口用户的接入，或支持基于账号用户的接入。

④ 支持用户接入网络的认证。

⑤ 支持对用户的计费（按用户的流量、时长及包月制）。

⑥ 支持各个运行商的平等接入。

⑦ 限制用户最高接入速率。

⑧ 支持 IP 地址的动态分配（可选）。

⑨ 网络地址转换 NAT（可选）。

总体来看，FTTx+LAN 是一种比较廉价、高速、简便的数字宽带接入技术，特别适用于我国这种人口居住密集型的国家。

7.4 光纤同轴混合（HFC）接入

为了解决终端用户灵活、高速接入 IP 网，除了上述通过 xDSL 技术充分提高电话线路的传输速率外，另一方面可利用目前覆盖范围广、带宽高、具有潜力的有线电视网（CATV）。HFC 接入是有线电视网的延伸。它采用光纤从交换局到服务区，而在进入用户的“最后 1 公里”采用有线电视网同轴电缆。它可以提供电视广播（模拟及数字电视）、影视点播（VOD）、数据通信、电信服务（电话、传真等）、电子商贸、远程教学与医疗，以及丰富的增值服务（如电子邮件、电子图书馆）等，这也是当前三网融合的基本解决方案之一。

1. HFC 的概念

HFC 接入技术是以 CATV 为基础，采用模拟频分复用技术，综合应用模拟和数字传输技术、射频技术和计算机技术所产生的一种宽带接入网技术。以这种方式接入 IP 网可以实现 10Mbit/s～40Mbit/s 的带宽，用户可享受的平均速率是 200kbit/s～500kbit/s，最快可达 1500kbit/s，用它可以享受宽带多媒体业务，而且可以绑定独立 IP。

2. HFC 频谱

HFC 所使用的标称频带为 750MHz、860MHz 和 1000MH。目前用得最多的是 750、860MHz 系统。HFC 在一个 500 户左右的光纤节点覆盖区可以提供 60 路模拟广播电视、每户至少 2 路电话、速率至少高达 10Mbit/s 的数据业务；利用其 550～750MHz 频谱还可以提供至少 200 路 MPEG-2 的点播电视业务以及其他双向电信业务。高端的 750～1000MHz 仅用于双向通信业务，其中分出 2 个 50MHz 频带用来提供个人通信业务。HFC 支持双向信息的传输，因而其可用频带划分为上行频带和下行频带。所谓上行频带是指信息由用户终端传输到局端设备所需占用的频带；下行频带是指信息由局端设备传输到用户端设备所需占用的频带。

目前各国对 HFC 频段配置还未取得完全的统一，我国广电部门关于有线数字电视频道配置指导性意见中给出的分段频率如图 7-4-1 所示。

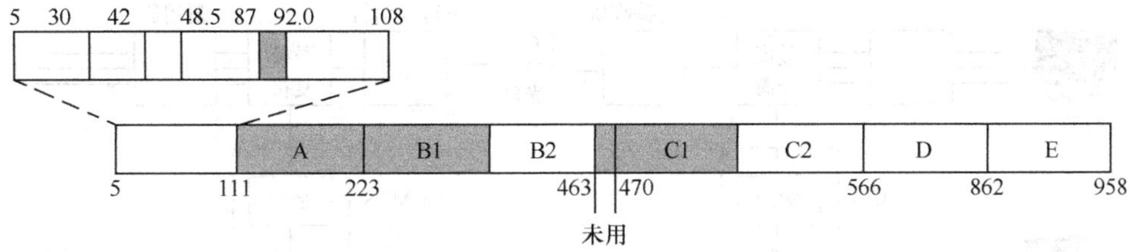

图 7-4-1　分段频率

数字电视业务的频道划分以一频道 8MHz 计，分为 A、B1、B2、C1、C2、D、E 段。各段频率的业务指配见表 7-4-1。

表 7-4-1　　HFC 的应用频段、频率范围和业务类型

序号	频段		频率范围（MHz）	业务类型
	国外波段	中国频段		
1	R		5.00～30.00	上行、电视及非广播业务
2	R1		30.00～42.00	电信业务
3	I		48.50～92.00	下行 模拟广播电视
4	FM		87.00～108.0	调频广播
5	A1	A	111.00～167.0	模拟广播电视
6	III		167.00～223.0	模拟广播电视
7	A2	B1/B2	223.00～295.0	模拟广播电视
8	B		295.00～463.0	模拟广播电视
9	IV	C1/C2	470.00～582.0	数字或 模拟广播电视
10	V	D	582.00～710.0	电信业务（1）VOD
11	VI		710.00～750.0	电信业务（2）电话、数据
12		E	750.00～862.00	未用
13			862.00–958.00	未用

各频段的数字化优先顺序：B2、D、C2 为最先数字化，次之为 B1、C1，最迟数字化为 A。其中心频率为国家标准 GB/T 17786-1999 附录 A 中所给出的频率范围的中间值。例如，频道 DS25 的频率范围为 606～614MHz，其中心频率为 610MHz。用于下行数据传输的频道分配可以小于 8MHz。

3. HFC 接入系统

HFC 接入系统由前端系统，HFC 接入网和用户终端系统三部分组成，如图 7-4-2 所示。HFC 网络中传输的信号沿用了有线电视网上传送的射频信号（Radio Frequency，FR），即一种高频交流变化电磁波信号，类似于电视信号。

（1）前端子系统

有线电视有一个重要的组成部分，称为前端。如常见的有线电视基站，它用于接收、处理和控制信号，包括模拟信号和数字信号，完成信号调制与混合，并将混合信号传输到光纤。

其中处理数字信号的主要设备之一就是电缆调制解调器端接系统（Cable Modem Termination System，CMTS），它包括分复接与接口转换、调制器和解调器。

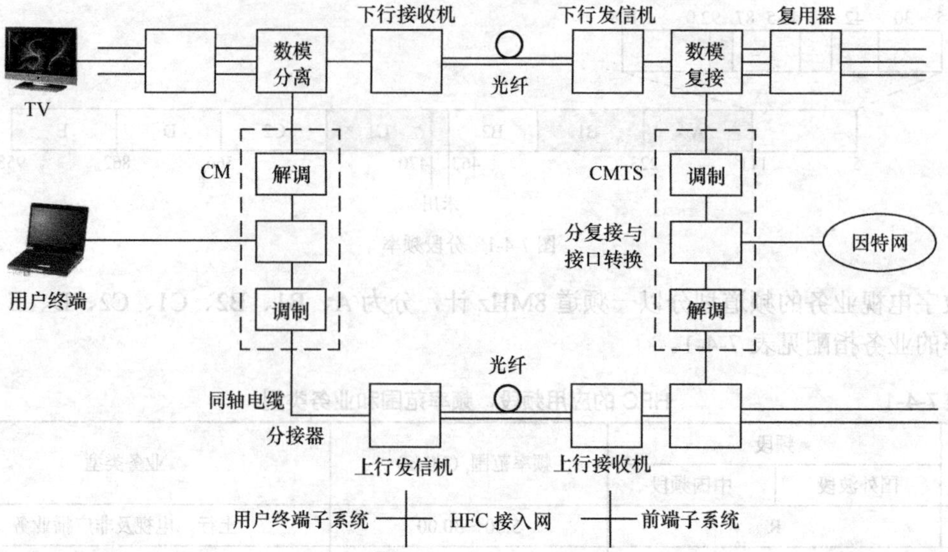

图 7-4-2　HFC 接入系统

（2）HFC 接入网

HFC 接入网是前端系统和用户终端之间的连接部分，其拓扑结构为星型—总线型，由馈线（光缆）、配线（同轴电缆）以及用户引入线组成。在服务区仍沿用有线电视（CATV）的树型—分支型同轴电缆网，如图 7-4-3 所示。

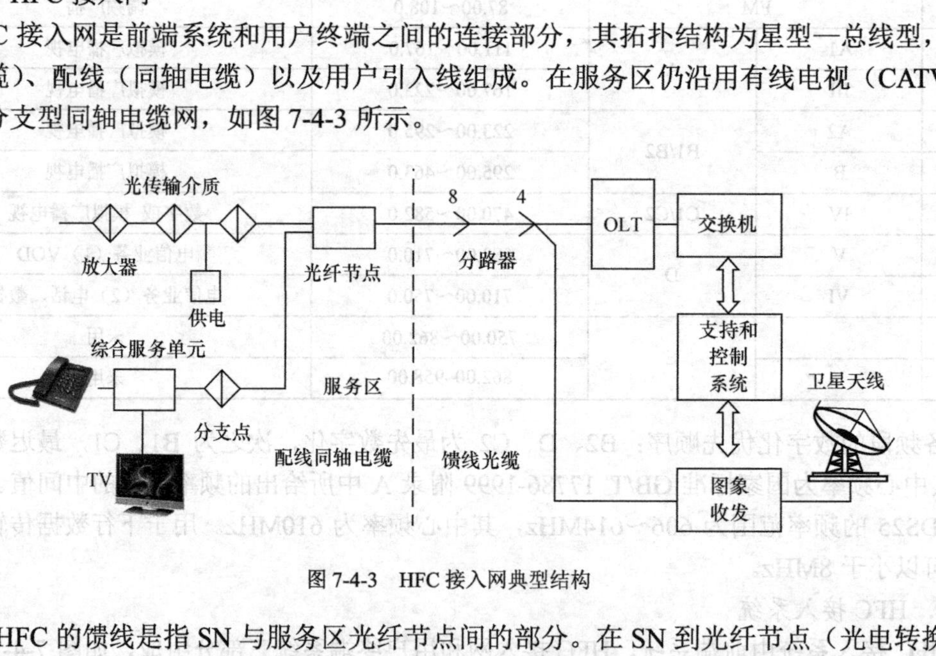

图 7-4-3　HFC 接入网典型结构

① HFC 的馈线是指 SN 与服务区光纤节点间的部分。在 SN 到光纤节点（光电转换）之间采用有源光纤接入，而光电转换节点到用户采用同轴电缆接入。这样使光纤集束接近用户，替代了原 CATV 的干线电缆和一系列的有源放大器。减少同轴电缆的级连放大器，提高系统可靠性。据资料表明，HFC 网的网络可用性达 99.97%。

② HEC 的配线是指服务区光纤节点到分支点间范围，相当于电话网中远端到分线盒。一个服务区的用户数为 500 户，但服务范围可延伸到 5～10km（此时仍需用干线放大器）。在

HFC 网中使用“服务区”这一概念，可便于灵活组网，也是提供双向通信业务的基础。与蜂窝移动通信原理类似，每个服务区采用同一套频谱安排而互不影响，使频谱再用成为可能。在一个服务区内可以接入有限的全部上行通道带宽，例如设一个电话占用带宽为 50kHz，500 户共需 25MHz 上行通道带宽。当服务区用户数降到 100 户以下时，就可能省去放大器而成为无源线路网，可进一步减少故障率和维护量。

③ 用户引入线是从分支点到用户间的线路，传输距离一般为几十米。分支点配置分支器，其功能是信号分路和方向耦合到每一用户。分支器有多种规格：4 路、16 路及 32 路分支器。引入线负责将分支器的信号引入到用户，使用复合双绞线的连体电缆（软电缆）作为物理介质，与配线网的同轴电缆不同。

（3）用户终端子系统

用户终端子系统指以电缆调制解调器（Cable Modem，CM）为代表的用户室内终端设备连接系统。Cable Modem 是一种将数据终端设备连接到 HFC 网的连接设备，使用户能和 CMTS 进行数据通信，访问 IP 网等信息资源。它主要用于有线电视网进行数据传输，解决了由于声音图像的传输而引起的阻塞，传输速率高。

CM 工作在物理层和数据链路层，其主要功能是将数字信号调制到模拟射频信号，以及将模拟射频信号中的数字信息解调出来供计算机处理。除此之外，CM 还提供标准的以太网接口，可增配部分地完成网桥、路由器、网卡和集线器的功能。CMTS 与 CM 之间的通信是点到多点、全双工的，这与普通 Modem 的点到点通信和以太网的共享总线通信方式不同。

4. HFC 接入系统工作过程

依据图 7-4-2 分别从上行和下行两条线路来看 HFC 系统中的信号传送过程。

（1）下行方向

在前端，所有服务或信息经由相应调制转换成模拟射频信号。这些模拟射频信号和其他模拟音频、视频信号经数模混合器由频分复用方式，合成一个宽带射频信号。加到前端的下行光发射机上，并调制成光信号，用光纤传输到光节点并经同轴电缆网络、数模分离器和 CM 将信号分离，解调并传输到用户。

（2）上行方向

用户的上行信号采用多址技术（如 TDMA、FDMA、CDMA 或它们的组合）通过 CM 复用到上行信道，由同轴电缆传送到光节点进行电光转换，然后经光纤传至前端，上行光接收机再将信号经分接器分离、CMTS 解调后传送到相应接收方。

5. 机顶盒

机顶盒（Set Top Box，STB）是一种扩展电视机功能的新型家用设备，由于常放于电视机顶上，所以称为机顶盒。目前的机顶盒多为网络机顶盒，其内部包含操作系统和 IP 网浏览软件，通过电话网或有线电视网连接互联网，使用电视机作为显示器，从而实现没有电脑的上网。

6. HFC 特点

HFC 有别于 CATV 的一个重要特征是其支持双向通信。从图 7-4-1 可见，其上行通道（即回传信道）带宽有限（可用 25MHz）。在这 25MHz 带宽内为数万乃至十几万用户提供回传，显然是不够的，此外在该频段对家用电器、寻呼、移动通信会产生干扰，在回传过程中形成漏斗噪声，严重影响通信质量。如何处理回传过程的干扰，则是双向通信需妥善解决的一个关键问题。目前已有多种解决方案可用，现以下列两种解决方案加以说明。

（1）方案 1 是小型光节点方案

用独立的光纤来传双向业务，小型光节点采用低成本激光器（约数百元）。由于它很接近用户，因而同轴网部分采用无源网。回传信道则安排在高频端，从而彻底避免了回传信道的干扰问题。

（2）方案 2 是采用同步码分多址（S-CDMA）技术

此时信号处理增益可达 21.5dB，干扰大大减少，系统可以工作在负信噪比条件下，较好地解决回传信道的噪声和干扰问题。

HFC 的发展趋势是与 DWDM 相结合，可以充分利用 DWDM 的降价趋势简化第二枢纽站，将路由器和服务器等移到前端，消除光—射频—光变换过程，从而简化了系统，进一步降低了成本。从长远看，HFC 网将走向全业务网（FSN），即以单个网络提供各种类型的模拟和数字业务。将来用户数可以从 500 户降到 25 户，实现光纤到路边。最终用户数可望降到 1 户，实现光纤到家，提供了一条通向宽带通信的新途径。

7.5 无 线 接 入

无线接入技术是指接入网的某一部分或全部使用无线传输介质，向用户提供固定和移动接入服务的技术。无线接入系统主要由用户无线终端（SRT）、无线基站（RBS）、无线接入交换控制器以及与固定网的接口网络等部分组成。其基站覆盖范围分为三类：大区制 5～50 km，小区制 0.5～5km，微区制 50～500m。无线接入网技术按照通信速率可以分为低速接入和高速接入。采用超短波、微波、毫米波及卫星通信等多种传输手段和点对点、一点多址、蜂窝、集群、无绳通信等多种组网技术体制，可以构成多种多样的应用系统。无线接入技术按照使用方式大体分为移动式接入和固定式接入两大类。

1. 移动式接入

移动式接入指用户端可在较大范围内移动的通信系统接入技术，包括集群和蜂窝两种。集群接入是专用调度指挥无线电通信系统，现已发展为多信道自动拨号系统，可与市话相连。集群系统各基站之间可用微电路，光缆或电缆连接，已形成统一调度指挥能力。蜂窝接入可分为以下几种。

① 采用 TDMA、CDMA 的数字蜂窝技术，频段为 450/800/900MHz，主要技术有 GSM、IS-54 的 TDMA（DAMPS）等。

② 微蜂窝技术，频段为 1.8/1.9GHz，主要技术基于 GSM 的 DSC1800/1900，基于 IS-95CDMA 等。采用低轨卫星通信系统也是个人通信的重要途径。

③ 通用分组无线业务（General Packet Radio Service，GPRS）。GPRS 可在 GSM 移动电话网上收、发非话增值业务，支持数据接入速率最高达 171.2kbit/s（占用全部 8 个时隙），GPRS 可完全支持浏览因特网的 Web 站点。

④ 随着移动通信技术的进步，运用 WCDMA、TD-SCDMA 和 CDMA2000 标准的第三代移动通信（3G）已在我国全面投入使用。例如，中国网通选用的 HSUPA 网络（WCDMA 的

高级版）理论峰值下载速率是 14.4Mbit/s，上传速率是 6.8Mbit/s。信号覆盖率高，现在的 WCDMA 基站最小的可以直接安装在墙上，跟壁灯大小差不多。由于覆盖好，网络质量好，WCDMA 能保证用户在主城区均能任意享用 3G 业务。当用户出差旅行，或者驾车驶出 3G 覆盖区也没关系，手机能平滑过渡到 GSM 网，跟现在的 G 网到 E 网效果一样。因为 WCDMA 本身就是 GSM 的升级版，不会出现掉线、网络切换问题。

⑤ 国际上主流的 4G 技术主要是 LTE-Advanced 和 802.16m 两种技术。LTE 是 Long Term Evolution 的英文缩写，意为“长期演进”，表示项目是 3G 的演进。TD-LTE-Advanced 技术方案属于 LTE-Advanced 技术，它是中国继 TD-SCDMA 之后，提出的具有自主知识产权的新一代移动通信技术（LTE-Advanced TDD 制式）。LTE 并非人们普遍误解的 4G 技术，而是 3G 与 4G 技术之间的一个过渡，称之为 3.9G 的全球标准。它改进并增强了 3G 的空中接入技术，采用 OFDM 和 MIMO 作为其无线网络演进的唯一标准，这种以正交频分复用(OFDM)/FDMA 为核心的技术可以被看作“准 4G”技术。在 20MHz 频谱带宽下能够提供下行 100Mbit/s 与上行 50Mbit/s 的峰值速率，改善了小区边缘用户的性能，提高小区容量和降低系统延迟，可以支持更多的宽带新业务。

2. 宽带固定无线接入

宽带固定无线接入技术主要有三类，即已经投入使用的多路多点分配业务（MMDS）和本地多点分配业务（LMDS），以及直播卫星系统（DBS）。本节仅介绍 LMDS、DBS。

（1）本地多点分配业务

本地多点分配业务（Local Multi-point Distribution Service，LMDS）也称为固定无线宽带无线接入技术，这是一种解决最后一公里问题的微波宽带接入技术。由于工作在较高的频段（24GHz～39GHz），因此可提供很高的带宽（达 1GHz 以上），又被喻为“无线光纤”技术。LMDS 采用一种类似蜂窝的服务区结构，将一个需要提供业务的地区划分为若干服务区，每个服务区内设置基站，基站设备经点到多点的无线链路与服务区内的用户端通信。每个服务区覆盖范围为几公里至十几公里，并可相互重叠。每一蜂窝的覆盖区又可以划分为多个扇区，可根据用户需要在该扇区提供特定业务。这种模块式结构使网络扩容很灵活方便。它可在较近的距离实现双向传输语音、数据图像、视频等宽带业务，并支持 ATM、TCP/IP、MPEG2 等标准。

（2）DBS 卫星接入技术

DBS 技术也称数字直播卫星接入技术，该技术利用位于地球同步轨道的通信卫星将高速广播数据送到用户的接收天线，所以它一般也称为高轨卫星通信。其特点是通信距离远，覆盖面积大且不受地理条件限制，频带宽，容量大，适用于多业务传输，可为全球用户提供大跨度、大范围、远距离的漫游和机动灵活的移动通信服务等。

由于数字卫星系统具有高可靠性，可使下载速率达到 400kbit/s，而实际的 DBS 广播速率最高可达到 12Mbit/s。目前，美国已经可以提供 DBS 服务，主要用于因特网接入，其中最大的 DBS 网络是休斯网络系统公司的 Direct PC。Direct PC 的数据传输也是不对称的，在接入因特网时，下载速率为 400kbit/s，上行速率为 33.6kbit/s，这一速率虽然比普通拨号 Modem 提高不少，但与 xDSL 及 Cable Modem 技术仍无法相比。

3. 无线局域网接入

无线局域网（Wireless LAN），简称 WLAN。它不受电缆束缚，可移动，能解决因有线网布线困难等带来的问题，并且组网灵活，扩容方便，与多种网络标准兼容，应用广泛。WLAN既可满足各类便携机的入网要求，也可实现计算机局域网远端接入、图文传真、电子邮件等多种功能。

4. 蓝牙技术

蓝牙的英文名称为Bluetooth，实际上它是一种实现多种设备之间无线连接的协议。通过这种协议能使包括蜂窝电话、掌上电脑、笔记本电脑、相关外设和家庭Hub等包括家庭RF的众多设备之间进行信息交换。蓝牙技术应用于手机与计算机的连接，可节省手机费用，也可实现数据共享、因特网接入、无线免提、同步资料、影像传递等。根据目前公布的1.0的技术规范，蓝牙技术的工作频段是全球统一的2.4GHz ISM频段。它采用以每秒钟1600兆的快速跳频扩频技术，传输速率为1Mbit/s，具有很强的抗干扰能力；其标准的有效传输距离为10m，通过添加放大器可将传输距离增加到100m。

7.6 SDH和WDM承载IP

7.6.1 SDH承载IP

SDH承载IP，即IP Over SDH，是以SDH网络承载IP网数据报的物理传输。它使用链路及点到点协议（PPP）对IP数据报进行封装，根据RFC1662规范把IP分组简单地插入到PPP帧中的信息段。然后再由SDH通道层的业务适配器把封装后的IP数据报映射到SDH的同步净荷中，然后经过SDH传输层和段层，加上相应的开销，把净荷装入一个SDH帧中，最后到达光网络，在光纤中传输。IP over SDH也称Packet over SDH（PoS），它保留了IP无连接的特征。

支持IP over SDH技术的协议、标准和草案如下。

（1）PPP协议

PPP协议（即IETF FRC1661：The Point-to-Point Protocol和RFC2153：PPP vendor Extension)是一个简单的OSI第二层网络协议，具体内容在第4章已介绍。其头标只有两个字节，没有地址信息，只是按点到点顺序，无连接方式。PPP协议可将IP数据报分成PPP帧（符合RFC1662：PPP in HDLC-Link Faming）以满足映射到SDH/Sonet帧结构（符合RFC1619：PP over SDH）上的要求。

（2）简化的数据链路协议（SDL）

在IP/PPP/HDLC/SDH中，使用的基于HDLC的帧定界协议，存在一些问题：用户使用HDLC帧时，网管需要对每一个输入、输出字节都进行监视。当用户数据字节的编码与标志字节相同时，网管需要进行填充 / 去填充操作。为此，Lucent提出了简化数据链路协议SDL。SDL用户对同步或异步传送的可变长的IP数据报进行高速定界，可适用于OC-48/STM-16以上速率的IP over SDH。SDL协议主要应用于点到点的IP传送，可以用于任何类型的数据报（如IPv4、IPv6等）。与HDLC相比，SDL更适合应用于高速链路，并且可能提供链路层的QoS。

由上分析可知，IP over SDH具有以下特点：对IP路由的支持能力强，具有很高的IP传输效率；符合Internet业务的特点，如有利于实施多播方式；能利用SDH技术本身的环路和网络自愈合（Self-healing Ring）能力达到链路纠错；同时又利用 OSPF 协议防止链路故障造成的网络停顿，提高网络的稳定性；省略了 ATM 层，简化了网络结构，降低了运行费用。

但 IP over SDH 仅对 IP 业务提供好的支持，不适于多业务平台；不能像 IP over ATM 技术那样提供较好的服务质量保障（QoS）；难以支持 IPX 等其他网络技术应用。

7.6.2　WDM 承载 IP

WDM 承载 IP，即 IP over WDM，也称光因特网。其基本原理是：在发送方，将不同波长的光信号组合（复用）送入一根光纤中传输，在接收端，又将组合光信号分开（解复用）并送入不同终端。IP over WDM 是一个真正的链路层数据网。在其中，高性能路由器通过光分插复用器（ADM）或 WDM 耦合器直接连至 WDM 光纤，由它控制波长接入、交换、选路和保护。IP over WDM 的帧结构有两种形式：SDH 帧格式和千兆位以太网帧格式。

支持 IP over WDM 技术的协议、标准、技术和草案主要有：在 DWDM（密集波分复用：一般峰值波长在 1～10nm 量级的 WDM 系统）。系统中，每一种波长的光信号称为一个传输通道（channel）。每个通道都可以是一路 155Mbit/s、622Mbit/s、2.5Gbit/s 甚至 10Gbit/s 的 ATM、SDH 或千兆位以太网信号等。DWDM 提供了接口的协议和速率的无关性，在一条光纤上，可以同时支持 ATM、SDH 和千兆位以太网，保护了已有投资，并提供了极大灵活性。

IP over WDM 具有以下特点：充分利用光纤的带宽资源，极大地提高了带宽和相对的传输速率；对传输码率、数据格式及调制方式透明，可以传送不同码率的 ATM、SDH/Sonet 和千兆位以太网格式的业务；不仅可以与现有通信网络兼容，还可以支持未来的宽带业务网及网络升级，并具有可推广性、高度生存性等特点。

它的缺点是还没有实现波长的标准化；WDM 系统的网络管理应与其传输的信号的网管分离。但在光域上加上开销和光信号的处理技术还不完善，从而导致 WDM 系统的网络管理还不成熟；目前，WDM 系统的网络拓扑结构只是基于点对点的方式，还没有形成“全光交换网络”。

在高性能、宽带的 IP 业务方面，IP over ATM 技术则充分利用已经存在的 ATM 网络和技术，发挥 ATM 网络的技术优势，适合于提供高性能的综合通信服务，因为它能够避免不必要的重复投资，提供 Voice、Video、Data 等多项业务，是传统电信服务商的较好选择。IP over SDH 技术由于去掉了 ATM 设备，投资少，见效快，而且线路利用率高。因而就目前而言，发展高性能 IP 业务，IP over SDH 是较好选择。而 IP over WDM 技术能够极大地拓展现有的网络带宽，最大限度地提高线路利用率，而且在外围网络千兆位以太网成为主流的情况下，这种技术能真正地实现无缝接入，预示 IP over WDM 将代表着宽带 IP 主干网的未来。

7.7　电话拨号接入

尽管技术发展迅速，但目前不少用户仍然使用传统的电话拨号接入方式，如图 7-7-1 所示。图中调制解调器（Modem）是用于电话网上数据传输的基本设备。

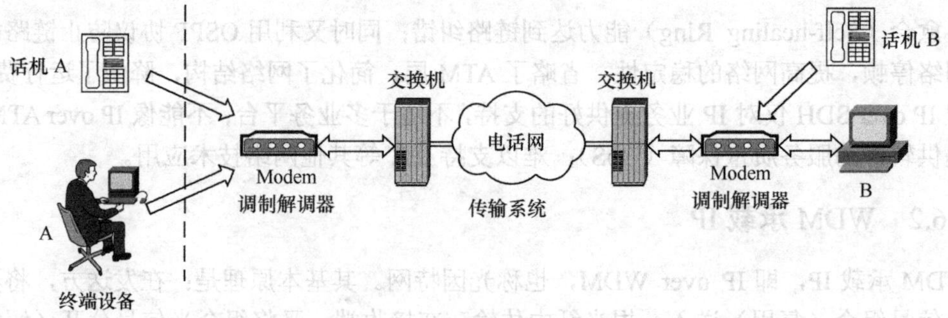

图 7-7-1　电话拨号接入方式

1. 调制解调器

近年来，调制解调器在自适应、数据压缩和网格编码调制（TCM）技术等方面取得了很大进展，在每个话路上的数据传输率已达到 33.6kbit/s，各类 Modem 的 V 系列部分建议号、调制方式、信道分割方式、传输方式、同步/异步通信方式、二/四线方式以及数据率见表 7-7-1。

表 7-7-1　调制解调器一览表

系列号	信道分割	全/半双工	异步/同步	调制方式	调制速率	数据速率(bit/s)	交换线	专用线
V.21	频分	全	同或异	FSK	300	300	✓	可选
V.22	频分	全	同或异	PSK	600	1200/600	✓	点—点二线
V.22bis	频分	全	同或异	QAM	600	2400/1200	✓	点—点二线
V.29	四线	全或半	同	QPSK	2400	9600		点—点四线
V.32	回波抵消	全	同	QAM	2400	9600/4800	✓	点—点二线
V.32	回波抵消	全	同	TCM	2400	9600	✓	点—点二线
V.34	回波抵消	全	同	TCM	2400	28800		点—点二线
V.34bis	回波抵消	全	同	TCM	2400	33600		点—点二线

2. 回波抵消法

如 V.32 建议，数据速率为 9600 bit/s,而调制速率仍为 2400bit/s。回波抵消法在二线线路上实现全双工通信的原理示意图，如图 7-7-2 所示。

图 7-7-2 中 S、R 分别表示发送、接收方向的信号，E 为本地调制解调器与线路之间失配而引起的回波（即近端回波与远端回波），它混入到接收信号 R 中。现设计一回波抵销器，连接方式见如图 7-7-2 所示。从其发送端产生一个与 E 回波的幅度相等，极性相反的等效信号 E'，经图中加法器（实质上是相减）输出，V 点的信号等于 R+E-E'=R；使接收端仅收到 R，同时又不影响在一条二线上向对方发送信号 S。

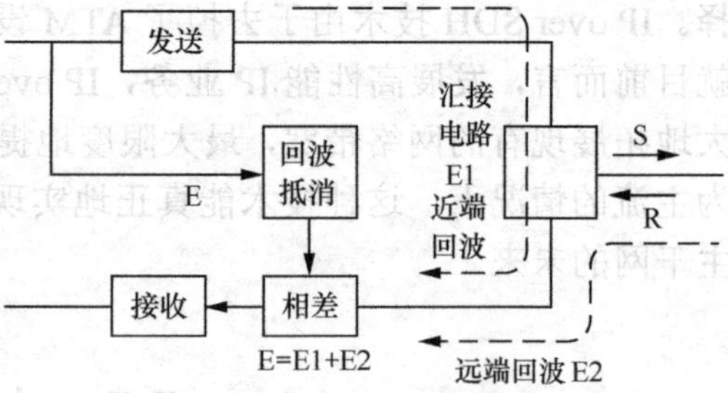

图 7-7-2　回波抵消法

3. 56 kbit/s（V.90）调制解调技术

1996 年底，56 kbit/s 调制解调技术一出现，就成为人们关注的焦点。下面将介绍其工作原理，如图 7-7-3 所示。各种调制解调器的技术标准都是由两个模拟用户与数字网络相连的交换式通信模型上运行的。调制解调器经用户环路到程控电话交换设备后，由模数转换（ADC）过程而引入的量化噪声，使得 Modem 的传输速率受到了限制，如图 7-7-3（a）所示。如果在服务器 Modem 发送端与 PSTN 之间以数字干线相连，这样就可免除下载时由模数转换（ADC）过程而引入的量化噪声，这就是 56 kbit/s 调制解调器的关键技术。从图 7-7-3（b）可看出，56 kbit/s 客户端调制解调器的任务就是从收到的数字信号（256 个量化级）鉴别并恢复 PCM 代码。显然，客户端调制解调器必须使其取样时钟与数字网络编（解）码器的 8 KHz 时钟保持同步。而从客户端 Modem 的上行速率仍然按照 V.34 建议。因此，可以说 56 kbit/s 调制解调技术是一种非对称的工作方式。

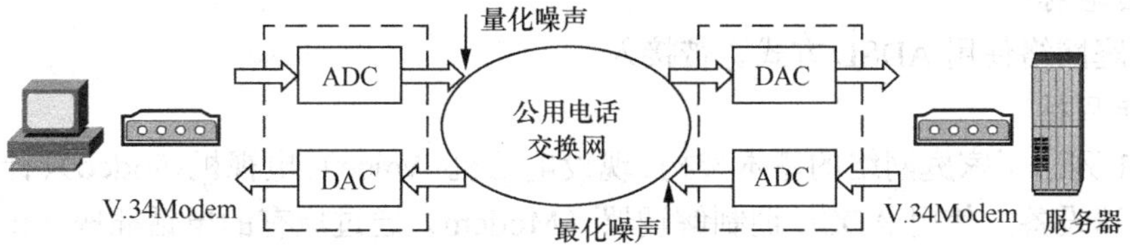

（a）

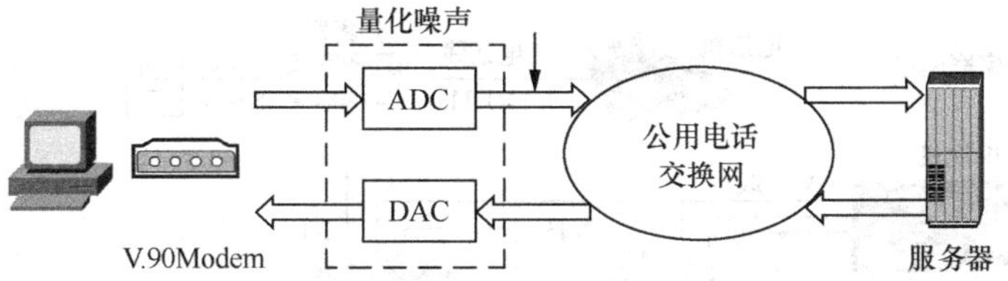

（b）

图 7-7-3　56kbit/s 调制解调技术

① 上行（发送数据）的速率为 28.8kbit/s 或 33.6kbit/s；

② 下载（接受数据）的速率可达 50kbit/s。

56kbit/s 调制解调技术在远程接入方面已占有优势地位，但 ITU-T　56kbit/s 的标准为 V.90。

4. 远程访问网络

远程访问网络分为两个部分：客户端和服务器端，如图 7-7-4 所示。

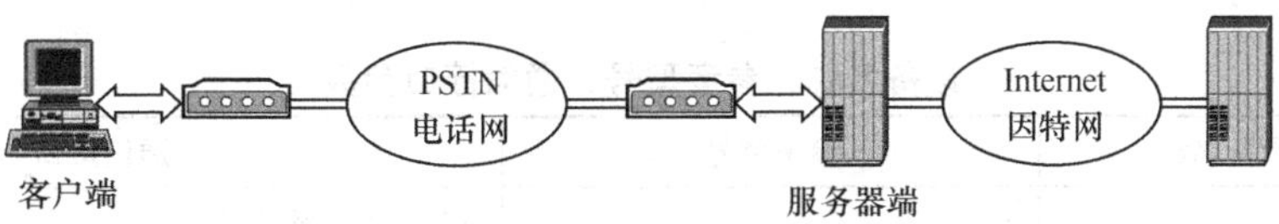

图 7-7-4　远程访问服务

建立远程访问网络有两种方案。

（1）软件型 Windows NT 的 RAS

Windows NT 的 RAS（Remote Access Server）可支持 256 个客户的远程访问，支持 3 种协议：SPX/IPX、TCP/IP、NetBEUI。NT RAS 不必是一台专用的服务器，可由 Windows NT 服务器或其他主域控制器启动 NT 的 RAS 服务，作适当的配置即可。

（2）硬件型远程访问服务器

早期选用 Cisco 2511 等，如 Cisco 2511 可有 16 个远程访问端口、两个 WAN 端口、一个

LAN 端口以及一个 Console 端口用于本地管理。近年来，也可选择 Cisco Catalyst 3560-E 支持 IP 电话、无线、视频等应用。

【单元 3】用网　（2）

案例 7-3-3　线缆接入网络方法

1. 项目名称

学会家庭网络使用 ADSL 方式宽带接入

2. 工作目标

图 7-8-1 列出了家庭网络的基本架构。现设电话机（Voice）、电视机（Video）、计算机（Data）三类网络终端设备，使用 ADSL 调制解调器（Modem）通过原有的电话插座（RJ-11），经线缆接到局端，其设备名称、参考型号、通信接口参数列见表 7-8-1。

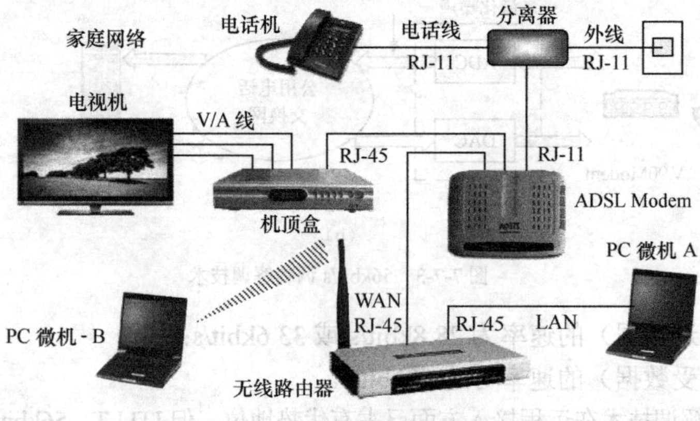

图 7-8-1　家庭网络的基本架构

本项目通过家庭网络基本架构的组建，综合训练按 ADSL 宽带接入的网络布线，配置、维护的基本技能。

表 7-8-1　　设备名称、参考型号、通信接口参数

序号	设备名称	参考型号	通信接口
1	ADSL Modem	中兴 ZXDSL 831CII	RJ-11（线路×1）， RJ-45（机顶盒×1，无线路由器×1）
2	分离器（Spliter）		RJ-11（线路×1，话机×1），RJ-45×1
3	无线路由器	TP-LINK　TL-WR541G+	RJ-45（WAN×1　LAN×4）
4	机顶盒	DVB-RLD-4800	RJ-45（机顶盒×1）视频×1，音频×2
5	PC 微机-A		无线网卡
6	PC 微机-B		以太网卡 RJ-45　LAN×1
7	电视机		视频×1，音频×2
8	电话机		RJ-11（话机×1）

3. 工作任务

① 组建家庭网络：策划网络结构与综合布线，选择网络接入设备（如示例中的 ADSL Modem、无线路由器、机顶盒等），以及网络终端设备（电话机、计算机、电视机等）；画出家庭网络的组织结构图，列出网络设备名称、型号、性能参数、通信接口与价格。

② 配置 ADSL Modem。

③ 配置无线路由器。

④ 检查网络连接，登录上网，测试网速。

4. 学习情景

（1）家庭网络

家庭网络（Home Network）是一个融合家庭控制网络和多媒体信息网络于一体的家庭信息化平台，它是在家庭范围内实现信息设备、通信设备、娱乐设备、家用电器、自动化设备、照明设备、保安（监控）装置及水电气热表设备、家庭求助报警等设备互连和管理，以及数据和多媒体信息共享的系统。

本案例仅涉及家庭网络中的一部分，重点是语音、视频和数据三为一体接入网络部分，在此基础上，可扩展更多的服务。

家庭网络系统构成了智能化家庭设备系统，也是融合网络的重要组成部分，能提高家庭生活、学习、工作、娱乐的品质，是数字化家庭的发展方向。

（2）ADSL 宽带接入方式

ADSL 宽带接入方式是基于电话线支持语音、视频和数据三位一体传送的一种接入方式，由传统的固网运营商（如中国电信、中国联通及以前的中国铁通等）采用的主要技术之一。ADSL 局端设备放在运营商机房中，用户驻地网不再需要部署有源设备。经过多年的网络改造和升级，设备基本已由原来的 ADSL 设备升级到 ADSL2+，支持提供 4Mbit/s、8Mbit/s 的宽带接入业务。目前，我国使用 xDSL 技术的宽带用户占全部宽带用户的 80% 。

当用户去电信公司办理宽带接入业务时，承诺使用日期超过一定的要求（例如 1 年），即可免费获取一套 ADSL Modem，另附分离器 1 只，电源变压器 1 只，RJ-11 线 、RJ-45 线各 1 根，以及用户使用手册 1 本。

① ADSL Modem。

在国内外市场上有多种可选的 ADSL Modem，技术趋于成熟，性能稳定。现案例中选择了中兴电讯公司的产品 ZXDSL 831CII 外置式 ADSL Modem，上市时间为 2007 年 04 月，其传输性能参数如下。

- 接口类型：RJ-11、RJ-45。
- 接口速率：10Mbit/s。
- ADSL 网络协议：ANSI T1.413 Issue 2、ITU-T G.992.1（G.DMT）、ITU-T G.992.2（G.Lite）。
- 最高上行速率：1024kbit/s。最高下行速率：8Mbit/s。

图 7-8-2（a）所示为中兴电讯公司 ZTE ZXDSL 831CII 外置式 ADSL Modem 的外形结构，尺寸：145mm×185mm×40mm，有 4 个 LAN 口。4 个端口负责不同电信业务，分别是路由功能的 Internet 端口，桥接（Bridged）功能的 Internet 端口，IPTV 数字电视端口，DHCP SERVER 服务端口，如图 7-8-2（b）所示。

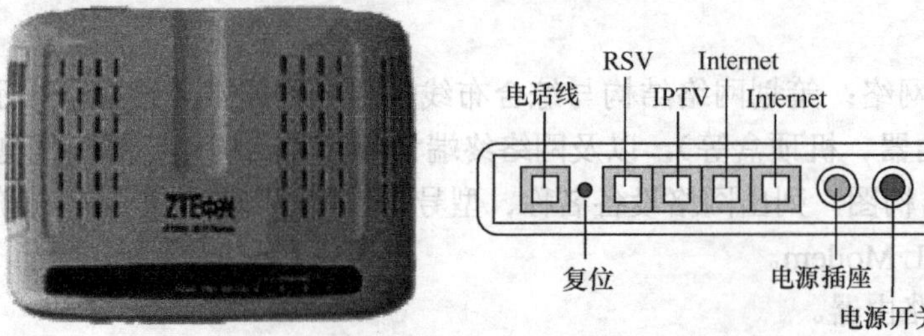

(a)　　　　　　　　(b)

图 7-8-2　ZXDSL 831CII ADSL Modem 外形与端口

功能特性：支持各种线路模式（线路自适应）；提供标准 10/100BaseT 以太网络接口支持桥接（Bridge）或路由（Router）模式；支持 ADSL2/ADSL2+；支持网络地址转换（NAT）功能，支持 802.1Q 功能；支持 DHCP Server 功能；支持上行流的 QoS 功能；支持通用即插即用（UPnP）功能，最多可以支持 80 条 PVC；支持 WEB/FTP 方式进行软件升级；支持 Web 页面设置，具有良好的兼容性和线路适应能力；支持本地或远程管理功能，可靠性高、操作简单、耗电量小；支持快速配置功能配置文件，可备份至本地计算机，也可将保存好的配置文件上传到 ZXDSL 831CⅡ。

② 分离器。

分离器（Spliter）用来连接电话机（RJ-11）、计算机（RJ-45）以及外线（RJ-11），如图 7-8-3 所示，可分隔语音信号、数据信号，并在一条外接用户线上传送，互不干扰。

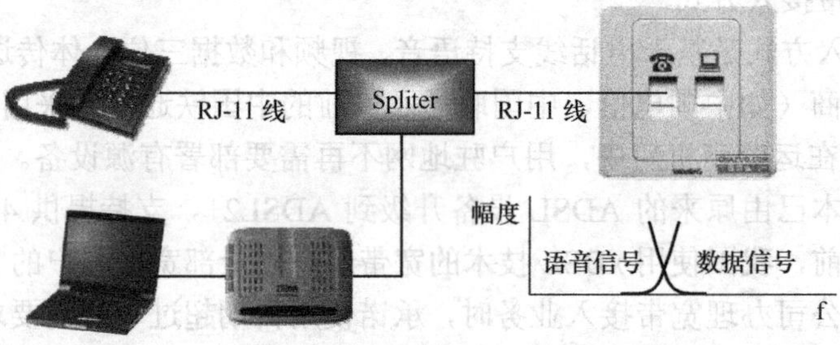

图 7-8-3　分离器（Spliter）连接图

5. 操作步骤

（1）任务：组建家庭网络

用户申请 ADSL 宽带接入后，电信公司会派技术人员上门服务，基本按照图 7-8-3 所示连接图安装、调试、开通上网。

本项目给出要求：

① ADSL 宽带接入上网，能同时支持拨打电话、观看 IPTV。

② 计算机上网用户可以允许多于 2 个，并可以选用有线、无线两种方式。

因此，不论是用户还是电信技术人员，都要按下列步骤做好准备工作。

参照图 7-8-1 策划组织网络结构，可选用 AutoCAD 或 MS Visio 画出组织结构图，或手绘草图。图 7-8-4 给出了两室一厅家庭网络的一种组织结构方案：

① 客厅含入室电话插座，安放电视机、电话机。

② 书房有一套台式计算机，能用有线、无线两种方式上网。

③ 卧室要求支持笔记本电脑无线上网。

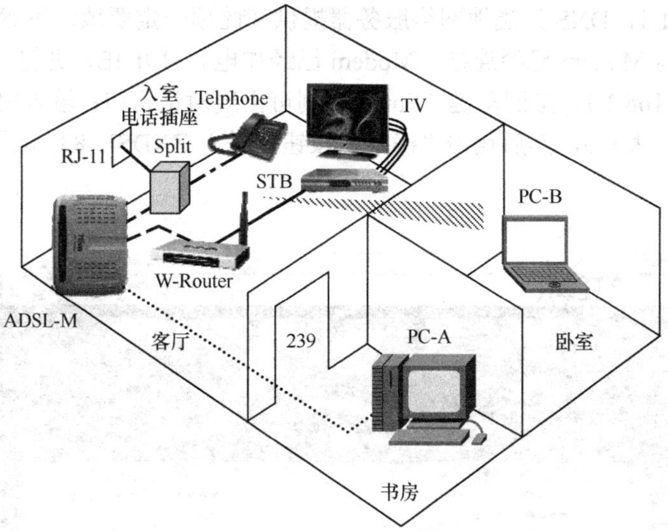

图 7-8-4　家庭网络组织结构图

此外，新建居室客厅到书房、卧室均敷设电话线、数据线 PVC 管道与墙壁插座，如图 7-9-5 所示。图中虚线表示居室墙壁，粗实线表示预埋墙内的 PVC 管道，管内已接上 5#UTP 双绞线，两端墙上安装了 RJ-45 网络插座。细实线则用来连接设备之间 RJ-45 数据线、RJ-11 电话线。数一数图中要用多少根 8 芯 RJ-45 双绞线缆。

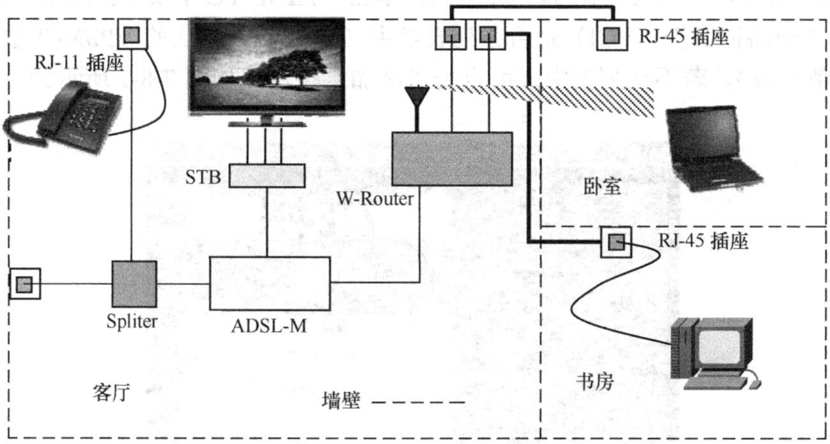

图 7-8-5　家庭网络居室平面布置示例

（2）任务：配置 ADSL Modem

电信公司技术人员为 ADSL 宽带接入用户安装、配置 ADSL Modem 以后，用户就可以将计算机接到 ADSL Modem 的 Internet 端口。开机启动，打开浏览器时会出现登录界面，输入给定的用户名、密码，即可连接 ADSL Modem。

参考中兴 ZXDSL831 使用手册，学会配置 ADSL Modem。

步骤 1：路由设置

ZXDSL 831 以太网端口（LAN）的默认配置的 IP 地址为 192.168.1.1，因此设定与 Modem 连接的电脑 IP 地址为 192.168.1.x（其中 x 为 2～254 的整数）；子网掩码为 255.255.255.0；网

关地址为 192.168.1.1，DNS 为当地网络服务器提供（此项一定要填，不然就不能上网了）。

① 设计算机与 Modem 已经连接，Modem 已经加电。打开 IE，并输入 ZXDSL 831 的以太网网口地址 192.168.1.1，按回车键（Enter），则可出现对话窗口：输入用户名、密码（默认设置均为 ZXDSL，大写），然后点击“确定”按钮，进入 ZXDSL 831 配置界面，如图 7-8-6 所示。

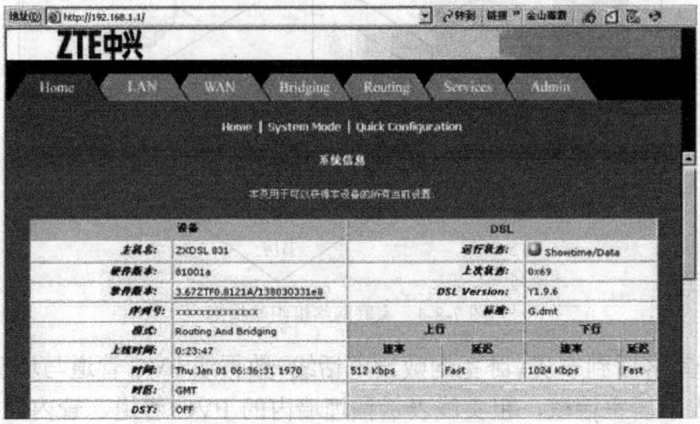

图 7-8-6 ZXDSL 831 配置界面

② 单击“WAN”，进入“WAN”页面后，单击“ATM VC”，确认所使用的虚通道标识符（VPI）、虚通路标识符（VCI）是否在列表当中（MODEM 默认的 VPI/VCI 值应与电信运营商提供的值一致）。若不在列表中，可点击“添加”按钮，如图 7-8-7 所示。

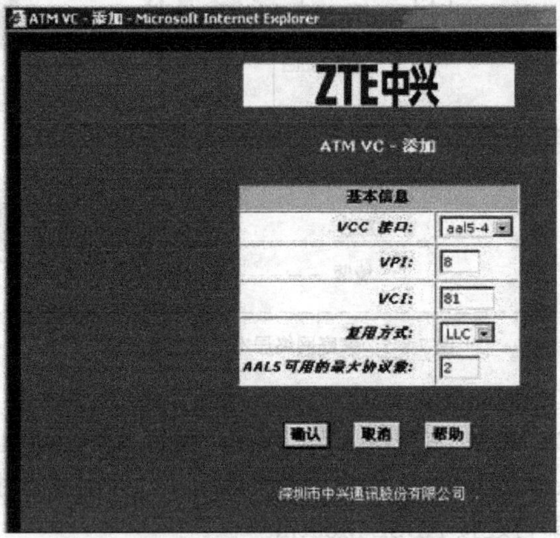

图 7-8-7 添加 VPI、VCI 与 aal5-3

将电信运营商提供的 VPI、VCI 填入对应的空格内，图中示例输入的 VPI 和 VCI 分别是 8 和 81，对应的虚通路连接（VCC）接口应改成 adl5-3。

③ 点击“WAN”或“Routing”页面中的“PPP”，然后点击下面的“添加”按钮进入 PPP 接口添加界面。选择“PPP 接口”，一般为 PPP-0，即为 PPP 拔号；选择“ATM VC”对应的接口是 aal5-3；选择“状态”为 StartOnData（有数据传输时在线，这对非包月用户很有用，Start 为永远在线，Stop 为关闭拔号）；选择“协议”为 PPPoE；选择“启用 DHCP”为 Disable。

选择“启用 DNS”为 Enable；选择“缺省路由”为 Enable；在“安全协议”选项中根据运营商所给定的认证方式选择 PAP 或者 CHAP，本例以 CHAP 为例（具体的安全协议选项请询问当地电信运营商技术支持部门）；最后输入拨号用的用户名和密码。

ZXDSL 831CII 已经配置完毕，“运行状态”若是“Link Up”状态，应能上网了。为了保证 ZXDSL 831CII 在重新启动后仍能保留以上配置，点击“Admin”，并点击“Commit & Reboot”，进入“保存与重新启动”界面，先单击“保存”按钮，再单击“重新启动”按钮即可。

步骤 2：端口映射

ADSL Modem 主要是共享一个共网的 IP 地址上网，所以此时就必须在 Modem 上打开 NAT 功能，然后 LAN 中的多台 PC，共享该 IP，进行外网访问，实际上进行的是对获得的公网 IP 进行端口复用，即 PAT。其配置过程如下：

① 点击“Services”、“NAT”、“NAT Rule Entry”。

② 点击“添加”按钮：

“Rule Flavor”选“RDR”；

“Rule ID”可任意定义，只要不重复就可以，必须为数字；

“接口名称”选择连上公网的接口，即 PPP-0（PPPoE 方式），EoA-0（固定 IP 方式 ），拔号方式应选 PPP-0。

“协议”填局域网内开放服务的类型，若开设 Web，应选 TCP。

“本地地址起始”填局域网内开放服务的设备的 IP 地址，如 192.168.1.2。

“本地地址结束”填局域网内开放服务的设备地址的 IP 地址，如 192.168.1.2。

“目标端口起始值”填局域网内开放服务的端口，如 80（HTTP）。

“目标端口终止值”填局域网内开放服务的端口 80（这两项一定要填相同）。

“本地端口”填 ADSL MODEM 的要开放的服务端口 80。

然后，点击“确定”按钮。

③ 如修改默认端口，单击“Admin”按钮，选择“Port Settings”，把 ADSL 默认的端口修改为 62026；点击“Admin”、“Commit & Reboot”，然后单击“保存”按钮，再点击“重新启动”按钮。

（3）任务：配置无线路由器

步骤 1：连接

图 7-8-8（a）列出了 TP-LINK TL-WR541G+无线路由器的外形结构，图 7-8-8（b）展示了 4 个 LAN 端口（黄色），1 个 WAN 端口（蓝色），另有一个复位孔。

按图 7-8-9 将 TL-WR541G+蓝色的 WAN 口与 ADSL Modem 的 Internet 端口用 RJ-45 直连网线相连接，选一台 PC-A 的以太网卡接口与 TL-WR541 任一黄色的 LAN 口用 RJ-45 直连网线连接，用来进行配置。

步骤 2：配置

检查连接正确后，开启电源。PC-A 设置自动获取 IP 地址，选择 ipconfig 命令，可显示所连接路由器的网关 IP 地址为 192.168.1.1，PC-A 的 IP 地址为 192.168.1.101，网络掩码为 255.255.255.0。

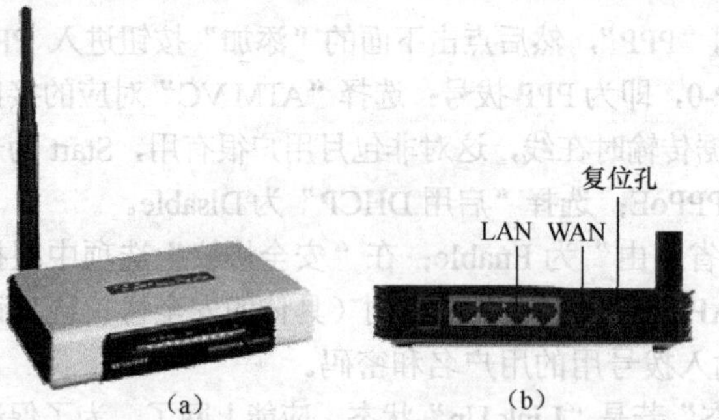

图 7-8-8 TL-WR541G+外形结构与端口

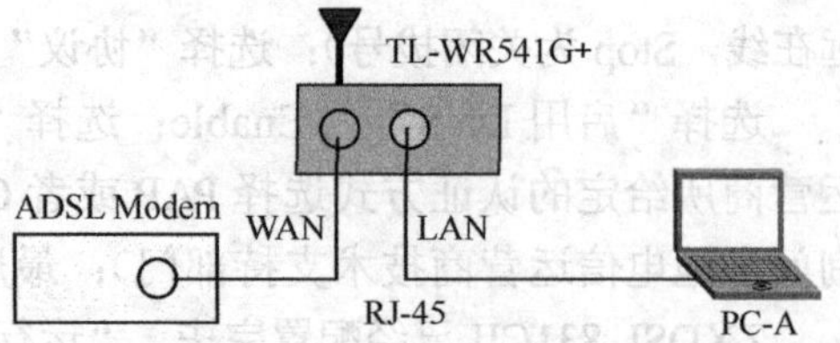

图 7-8-9 TL-WR541G+无线路由器连接图

在浏览器中输入 192.168.1.1，进入路由器配置界面，TP-LINK 的产品用户名与密码都是 admin，呈现的菜单如图 7-8-10 所示。

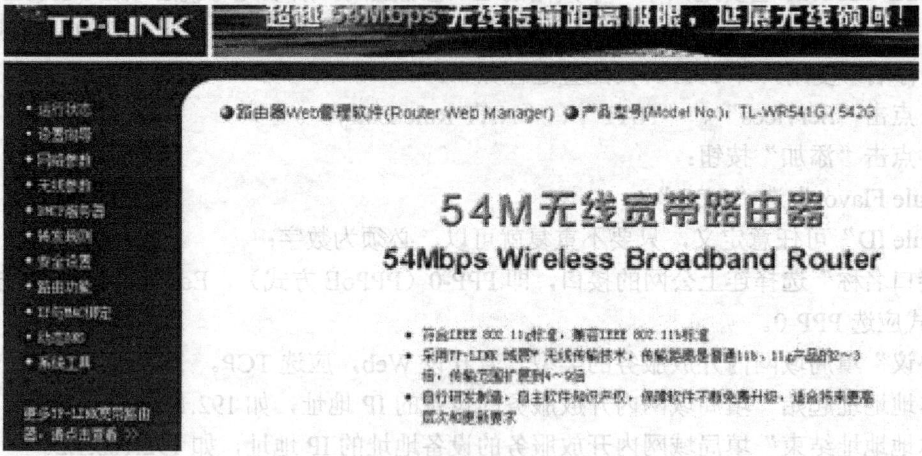

图 7-8-10 TP-LINK TL-WR541G+无线路由器菜单

① WAN 口设置：连接类型选动态 IP 方式，以 ADSL 为例，选择 PPPoE，在上网账号与口令中输入电信运营商所给的用户名与密码。

② LAN 口设置：设定路由器的配置 IP，默认为 192.168.1.1。若需要也可改成其他值，如 192.168.10.1，这样随后进入配置时也要作相应的更改。

③ 无线传输设置如下：

- 输入 SSID 服务集识别符（Service Set Identifier，SSID）用来区分不同的网络，最多可以有 32 个字符，由用户自己设定。
- 选择频道（Channel），可选频道 1～11，一般取为 6。
- 模式选择（两种模式：54Mbit/s，11Mbit/s）54Mbit/s。

④ 安全设置：选择加密是无线网环境通信所必需的。加密方式有多种，推荐使用 WPA-PSK，输入密码，一般设定至少 10 位密码。

（4）任务：配置 IPTV 机顶盒

步骤 1：准备工作

① 确保 ADSL Modem 宽带安装完毕，并能正常上网。

② 将领取得 IPTV 机顶盒设备一套，一根约 6 米长的 5 类双绞线，用于连接机顶盒及 ADSL MODEM（或路由器）设备：将机顶盒手持遥控器电池安装好，便于设置机顶盒用。

步骤 2：连接设备

① 用 5 类线将机顶盒的 WAN 口和 ADSL Modem 的 Internet 上网口连接起来。

② 用机顶盒内的视频/音频连接线，将机顶盒和电视机的视/音频口一一对应后连接。

步骤 3：调试机顶盒

① 当完成以上步骤后，依次打开 ADSL、机顶盒及电视机的电源，等电视屏幕上出现“…EPG 系统无响应！…”后，按遥控器“取消”键，进入机顶盒设置。

② 选中“高级设置”后，进入下一页 “请输入密码”页面，通过遥控器输入如“6321”，确认后，再进入下一步设置。

③ 选中“网络设置”后，进入下一步。此时，在“接入方式栏”选中“PPPoE”后，按“OK”键确认。紧接着在下面出现“用户名”栏，输入 IPTV 用户账号（如：szat12345678@vod，其中 vod 要小写），换下一行，输入密码，按工单要求输入密码，通常将密码初始化为 123456。完成后，按“确定”键进入下一页设置。

④ 选中“服务器设置”。

- 主页设置：通过软键盘输入“http：//221.231.144.4:8080/iptvepg”；
- 在“接收 cookie”前的空格内打钩；
- 在“更新服务器地址”栏内，输入“http：//221.231.144.27/b600”；选择“确定”键后进入下一步。

⑤选中“代理设置”后进入下一页，在 HTTP 栏内输入“proxynj.zte.com.cn”，同时将右边格子内的 “80”改成“87”后，不再输入其他内容，直接按“确定”键进入下一页。注意：“服务器设置”在现有的机顶盒中无需设置。

⑥ 选中“业务设置”，在业务帐号栏内输入宽带上网账号，如“szat12345678”，在业务密码栏内，填入宽带帐号密码，如有必要请初始化。按“确认” 键后，返回“高级设置”界面。

⑦ 按“重启”键。电视屏幕出现“中国电信网络电视”界面，等待系统自动升级完毕后，出现“…新华视讯，互联星空…”等彩屏时，配置成功。

本 章 小 结

（1）本章从电信提供接入服务和用户提出接入需求两方面介绍接入网的基本概念。G.902 给出接入网的结构、功能、接入类型、管理规范。

（2）从接入网协议参考模型，分析接入网的 5 个主要功能。

（3）基于铜缆接入的 ADSL 系统的不对称是指一对双绞线的双向传输速率不同，G.992 线路编码属于正交频分复用方式的 DMT 多载波线路调制技术。

（4）在光接入网（OAN）内，包含一个 OLT、至少一个 ODN、至少一个 ONU 及适配设施（AF），在 ONU 和 AF 之间定为 a 参考点。

（5）光纤接入的应用类型：光纤到路边（FTTC）、光纤到大楼（FTTB）、光纤到家（FTTH）。

（6）有线电视网中的光纤同轴混合（HFC）接入系统由前端系统、HFC 接入网和用户终端系统三部分组成。

（7）无线接入系统主要由用户无线终端（SRT）、无线基站（RBS）、无线接入交换控制器以及与固定网的接口网络等组成。

（8）无线接入技术按照使用方式大体分为移动式接入和固定式接入两大类。

（9）IP Over SDH，也称 Packet over SDH（PoS）：以 SDH 网络承载 IP 网数据报的物理传输。它使用链路及点到点协议（PPP）对 IP 数据报进行封装，根据 RFC1662 规范把 IP 分组简单地插入到 PPP 帧中的信息段。

（10）IP over WDM：在发送端，将不同波长的光信号组合（复用）送入一根光纤中传输，在接收端，又将组合光信号分开（解复用）并送入不同终端。其帧结构有两种形式：SDH 帧格式和千兆以太网帧格式。

（11）传统的电话拨号接入方式使用调制解调器（Modem）。V.90 调制解调技术可支持数据率达 56 kbit/s。

练习与思考

1．练习题

（1）试述 ITU-T 的接入网定义，接入网有哪些主要功能。

（2）接入网通常可分哪几段？各段的分界点是什么？

（3）试画出 10010011 的 2B1Q 码。

（4）试述 ADSL 采用的离散多载频（DMT）调制技术的工作原理。为什么采用 ADSL 方式上网时可以同时通话？

（5）简述光接入网的基本组成。

（6）试比较 FTTC、FTTB、FTTH 三者的异同。

（7）试述 HFC 的频谱安排。为了在 CATV 网上实现数据通信，需对 CATV 网做哪些改造？

（8）试设计家庭网络。要求选用电信宽带 ADSL 接入因特网，室内二室一厅可通过无线路由器组网，实现有线和无线方式多机共享上网。试画出 SOHO 网络结构图，并写出配置无线路由器的过程。

2．思考题

（1）什么是 V 接口？LAPB、LAPF、LAPD 与 LAPV 有什么区别？

（2）什么是用户驻地网（CPN），与接入网的关系是什么？

（3）试问 N-ISDN 的 BRI 接口如何支持“一线通”业务（即在一对双绞线上既可通话，又可传送数据）？

（4）什么是回波抵消技术？试分析如何在一对双绞线上支持全双工通信。

（5）试用网络搜索 MSTP 技术提供以太网接入 SDH 的体系结构。

第 8 章　网络管理基础

8.1　网络管理的基本概念

网络管理在现代网络技术发展中起着很大的作用，并已成为现代信息网络中一个很重要的关键技术。一个实际运行的网络，不论是公用网还是专用的企业网，通常由若干规模不同的子网组成，包含了诸多厂家的网络设备、通信设施等；同时，集成了多种网络操作系统，以及许多网络软件，提供各种服务。随着计算机和通信技术的紧密结合，计算机局域网的广泛使用，尤其是近年来 Internet 在全球范围内的不断推广应用，现代电信网的规模不断扩大，网络的类型、网络的异构性、多元化的服务种类，使网络管理越来越复杂。随着用户对网络的性能要求越来越高，倘若没有一个高效的网络管理系统对网络进行有效管理，则很难能为广大用户提供满意的服务。实践表明：管理好网络甚至要比建设一个网络更为重要，而且更加困难。

8.1.1　网络管理目标

网络管理是一种解决方案，目的是提高网络性能和有效利用率，最大限度地增加网络的可用性，改进服务质量和网络安全，简化多厂商提供的网络设备在网络环境下的互通、互连、互操作管理和控制网络运行成本。

网络管理技术早在电信网的建设中就已经提出。网络管理方法是随着电信网的发展而逐步发展的。电信网的管理经历了两个阶段：从传统的人工分散的管理方式过渡到计算机化集中的管理方式；从分离的多系统管理方式进展到电信管理网综合管理方式。而计算机网络的管理是伴随着计算机网络的产生而产生，又随着网络的发展而发展的。

计算机网络技术是通信网管理计算机化的基础。网络中的各种状态数据的采集、处理都可用计算机来实现。计算机根据对网络状态数据的分析，可以判断网络中各部分的负荷和运行质量，对出现的异常情况采取一定的预警措施，并予以纠正。当前，在计算机化集中管理方式中，全网设置一个或多个网络管理中心（NMC），其任务是负责收集各地交换局的状态数据，然后对采集到的网络数据汇总处理，加以分析与综合，找出各地区、各交换局之间的相关性，统一调度和使用网络资源。这种方式克服了人工分散管理方式下固有的弱点，实现了几乎实时的网络管理。它收集和统计的网络数据较为详细、准确，而且能够从全网的角度分析和处理问题，提高了网络的运行效率，减少了网络维护管理人员，提高了网络的管理水平和服务质量。

国际上 ITU-T 提出了电信管理网（TMN），其目标是寻求一种统一而简便的方法来管理复杂的电信网，使得各个功能管理系统之间能够互相交换网络管理信息，协调配合地对整个电信网进行一体化（综合）管理。

主动网络（Active Network）是另一个较新的概念。什么是主动网络？主动网络是一种新型的网络体系结构，它的主要特征是“主动性”。主动网络不像传统网络那样只是被动地传输字节，而且具有提供使用者输入定制程序到网络中的一种能力。网络节点解释这些程序后，对流经网络节点的数据进行所需的操作。主动网络潜在的优点是快速动态定制、配置新的服务，实验新的网络体系结构、新的协议，可以加速网络服务的革新步伐，提高网络的性能，使网络系统更具灵活性、可扩展性。

8.1.2 网络管理标准化

网络技术的发展对网络管理提出了许多新思维。国际标准化组织（ISO）、国际电信联盟（ITU）的工作重点将其标准化成果体现在网络管理系统中。

在 ISO 的开放系统互连（OSI）参考模型的基础上，由 AT&T、英国电信（BT）、IBM、HP、Sun Microsystems、Siemens、Novell 等 100 多家著名公司组成的 OSI/NMF（网络管理论坛），定义了 OSI 网络管理框架下的 5 个管理功能区域，并形成了网络管理协议：公共管理信息协议（Common Management Information Protocol，CMIP）和简化网络管理协议（Simple Network Management Protocol，SNMP）以及基于 TCP/IP 的公共管理（CMOT）协议。

国际电信联盟的电信标准化部门（ITU-T）制订了管理功能标准 X.700 系列建议，已经制订了电信管理网（TMN）M.3000 系列建议书。但电信管理网的建设是一个复杂、综合的系统工程，需要有一个过程。其目标首先是把各个被管理的、独立的网络系统通过标准化的接口连接起来，再逐步完善，增加新的功能，最终实现电信管理网。

8.2 网络管理系统的逻辑结构

一般而言，网络管理就是通过收集网络中各种资源的工作参数、状态信息，由网络管理者（Administrator）及时进行分析和处理；并将处理结果形成各种监控指令，发给网络资源，保证整个网络能正常运行、管理和维护（OA&M）。其目的很明确，就是维护网络的正常运行，使网络中的资源得到充分的利用。当网络出现故障时能及时报告和处理，并协调、保持网络处于高效运行中。

8.2.1 网络管理系统的逻辑模型

通常一个网络管理系统在逻辑上的被管对象（Managed Object）、管理进程（Manager）和管理协议（Management Protocol）这三部分组成。

1. 被管对象

它是抽象的网络资源。ISO 认为，被管对象是从 OSI 角度所看到的 OSI 环境下的资源，可以通过使用 OSI 网络管理协议来管理这些资源。ISO 的 CMIS/CMIP 采用 1 号抽象语法记法（ASN.1）来描述对象，被管对象在属性（Attributes）、行为（Behaviors）、通知（Notifications）

等方面进行了定义和封装。

2. 管理进程

它是负责对网络中的资源进行全面的管理和控制（通过对被管对象的操作）的软件。并根据网络中各个被管对象的参数和状态变化来决定对不同的被管对象进行不同的操作。

3. 管理协议

管理协议负责在管理系统与被管对象之间传送操作命令和负责解释管理操作命令。实际上，管理协议也就是保证管理进程中的数据与具体被管对象中的参数和状态的一致性。

典型的网络管理系统逻辑模型如图 8-2-1 所示。图中代理（Agent）是一种负责管理相关被管对象的应用进程，它可以视为管理进程的一部分。

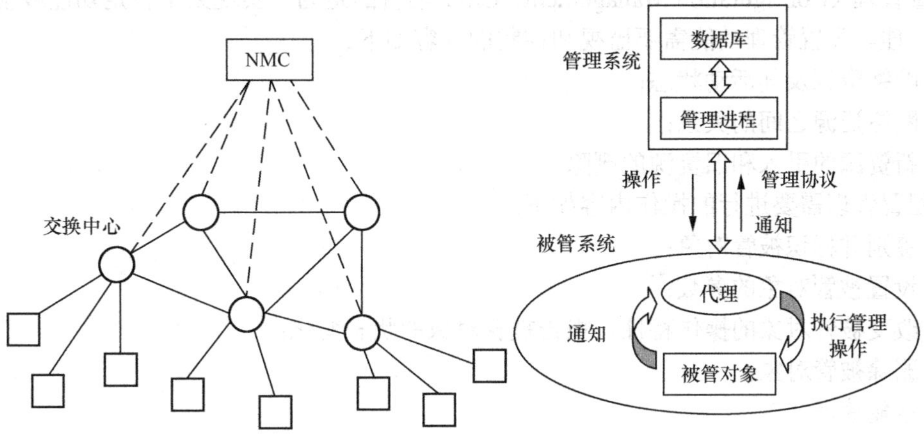

图 8-2-1　网络管理系统的逻辑模型

8.2.2　Internet 网络管理逻辑模型

因为基于 TCP/IP 的 Internet 的广泛使用，其网络管理模型受到了足够的重视，几乎成了事实上的国际标准。Internet 的网络管理模型如图 8-2-2 所示。在 Internet 的管理模型中，用“网络元素”（Network Element，NE）来表示网络资源，与 OSI 的被管对象的概念是一致的。每个网络元素都有一个负责执行管理任务的管理代理，整个网络有一至多个对网络实施集中式管理的管理进程（网络控制中心），此外引入了外部代理（Proxy Agent）的概念。它与管理代理的区别在于：管理代理仅是管理操作的执行机构，是网络元素的一部分；而外部代理则是在网络元素外附加的，专为那些不符合管理协议标准的网络元素而设，完成管理协议转换和管理信息过滤操作。往往当一个网络资源不能与网络管理进程直接交换管理信息时，就要用到外部代理。外部代理相当于一个“管理桥”，一边用管理协议与管理进程通信，另一边则与所管的网络资源通信。这种管理机构的好处是为管理进程提供了透明的管理环境，惟一需要增加的信息是当对网络资源进行管理时，要选

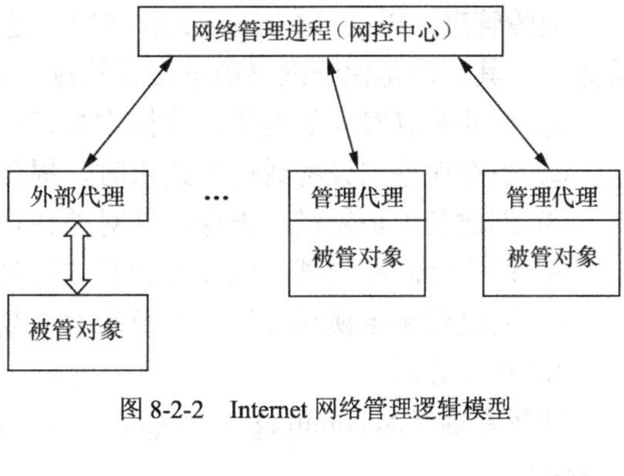

图 8-2-2　Internet 网络管理逻辑模型

择相应的外部代理，但一个外部代理能够管理多个网络资源。

8.3 网络管理的主要功能

ISO 在 ISO/IEC74984 文件中将开放系统的系统管理功能分成 5 个基本功能，其他一些管理功能如网络规划、网络管理者的管理等，均不在这 5 个功能之内。下面分别叙述这 5 个基本功能。

1. 配置管理

配置管理（Configuration Management，CM）的目的是为了实现某个特定功能或使网络性能达到最佳。配置管理功能需要监视和控制的内容如下。

① 网络资源及其活动状态；

② 网络资源之间的关系；

③ 新资源的引入和旧资源的删除。

而配置管理需要进行的操作内容如下：

① 鉴别并标识被管对象；

② 设置被管对象的参数；

③ 改变被管对象的操作特性，报告被管对象的状态变化；

④ 删除被管对象；

2. 性能管理

典型的网络性能管理（Performance Management，PM）分成性能监测和网络控制两部分。性能管理以网络性能为准则，收集、分析和调整被管对象的状态，其目的是保证网络提供可靠、连续的通信能力，并使用最少的网络资源和具有最小的时延。网络性能管理的功能如下：

① 从被管对象中收集与性能有关的数据。

② 被管对象的性能统计，与性能有关的历史数据的产生、记录和维护。

③ 分析当前统计数据以检测性能故障，产生性能告警，报告性能事件。

④ 将当前统计数据的分析结果与历史模型比较以预测性能的长期变化。

⑤ 形成改进性能评价准则和性能门限。

⑥ 以保证网络的性能为目的，对被管对象和被管对象组的控制。

3. 故障管理

故障管理（Fault Management，FM）是检测设备的故障，故障设备的诊断与恢复或故障排除等，其目的是保证网络能够提供连续、可靠的服务。

① 检测被管对象的差错，或接收被管对象的差错事件通报。

② 当存在空闲设备或迂回路由时，提供新的网络资源用于服务。

③ 创建和维护差错日志库，并对差错日志进行分析。

④ 进行诊断和测试，以追踪和确定故障位置、故障性质。

⑤ 通过资源更换或维护，以及其他恢复措施，使其重新开始服务。

4. 计费管理

计费管理（Accounting Management，AM）记录网络资源的使用，目的是控制和监测网络操作的费用和代价。它可以估算出用户使用网络资源可能需要的费用和代价，以及已经使用的资源。网络管理者还可以规定用户可使用的最大费用，从而控制用户过多占用和使用网络资源。计费管理功能如下。

① 统计网络的利用率等效益数据，以便网络管理人员提供不同时期和时间段的费率报告；

② 根据用户使用的特定业务，在若干用户之间公平、合理地分摊费用；

③ 允许采用信用记账方式收取费用，包括提供有关资源使用的账单审查；

④ 当多个资源同时用来提供一项服务时，能计算各个资源的费用。

5. 安全管理

网络安全性是用户最为关心的问题，网络中主要有以下几方面的安全问题。

① 网络数据的私有性：保护网络数据不被侵入者非法获取；

② 授权：防止侵入者在网络上发送错误信息；

③ 访问控制：控制对网络资源的访问。

相应的网络安全管理（Security Management，SM）应包括对授权机制、访问控制、加密和密钥的管理，另外还要维护和检查安全日志。

- 创建、删除，控制安全服务和机制；
- 与安全相关信息的分发；
- 与安全相关事件的通报。

上述 5 个不同的管理功能需要的服务有许多是重复的。例如，日志的建立、维护和控制，这是多个管理功能域都要用到的。为此，ISO 把各管理功能域中共同的内容抽取出来，专门定义了一些管理功能服务来支持应用于不同的管理功能域。这些管理功能服务称为系统管理功能（SMF）。网络管理功能、系统管理功能与其他管理协议和服务之间的关系如图 8-3-1 所示。图 8-3-1 方框内只列出了一部分典型的系统管理功能。

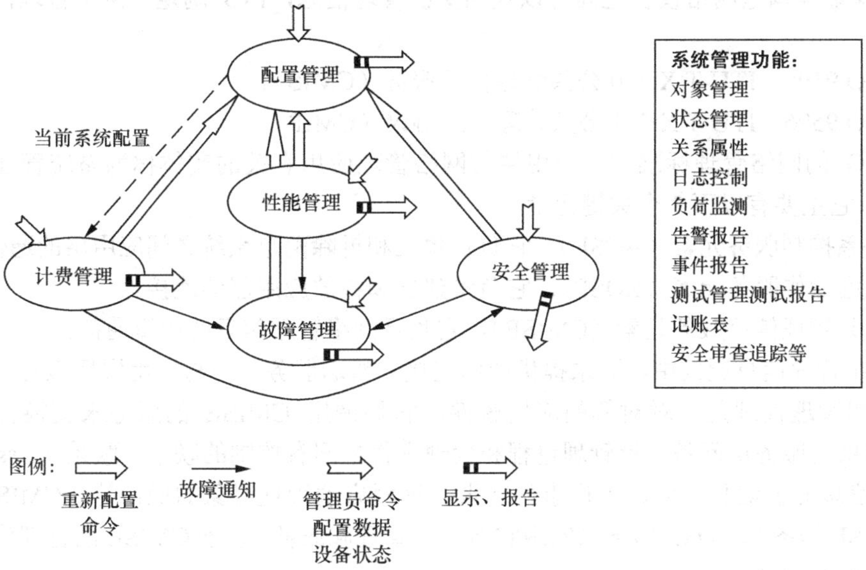

图 8-3-1　网络管理功能与系统管理功能的简单关系图

8.4 网络管理协议

网络管理协议主要有 CMIP、SNMP 和 CMOT 三种。网络管理体系的层次结构的比较如图 8-4-1 所示。

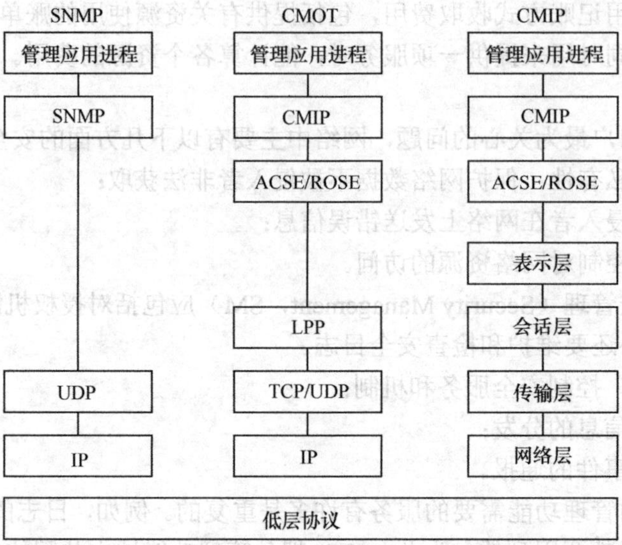

图 8-4-1 CMIP、SNMP 和 CMOT 三种网络管理体系层次结构的比较

8.4.1 公共管理信息协议

为了保证异构型网络设备之间可以互相交换管理信息，ISO 制定了两个管理信息通信的标准。

① ISO 9595 ITU-T X.710 公共管理信息服务（CMIS）。

② ISO 9596 ITU-T X.711 公共管理信息协议（CMIP）。

在 ISO 的网络管理标准中，应用层与网络管理应用有关的实体称为系统管理应用实体（SAME），它主要有以下 3 个关键元素。

① 联系控制服务元素（ACSE），它负责建立和拆除两个系统之间应用层的通信联系。

② 远程操作服务元素（ROSE），它负责建立和释放应用层的连接。

③ 公共管理信息服务元素（CMISE），它负责网络管理信息的逻辑通信。

在 OSI 管理信息通信中，要求提供面向连接的传送服务，并与应用层环境有一定关系。管理进程和管理代理是一对对等的应用软件，它们调用 CMISE 的服务来交换管理信息。CMISE 提供的服务访问是支持管理进程和代理进程之间有控制的联系。联系（Association）用于管理信息的查询和响应、处理事件通报、远程启动管理对象的操作等。CMISE 利用了 OSI 的 ACSE 服务和 ROSE 服务来实现它自己的管理和服务。基于 CMISE 的管理信息通信的层次结构如图 8-4-2 所示。

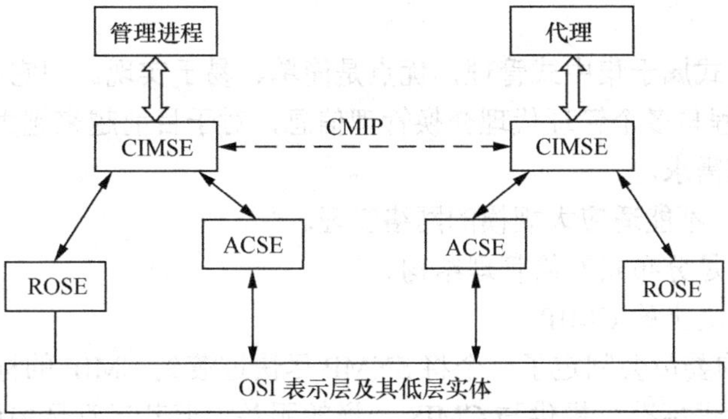

图 8-4-2　管理信息通信的层次结构

8.4.2　简单网络管理协议

1. 简单网络管理协议（SNMP）

1988 年 Internet 体系结构委员会（IAB，Internet Architecture Board）在简单网关监控协议（SGMP）基础上公布了 SNMPv1（RFC 1157）。1993 年，由于完成了 Internet 安全模型，又设计出功能更强、更有效的 SNMPv2，进而发展出 SNMPv3。至此 SNMP 已成了事实上的网络管理工业标准。SNMP 的功能结构如图 8-4-3 所示。

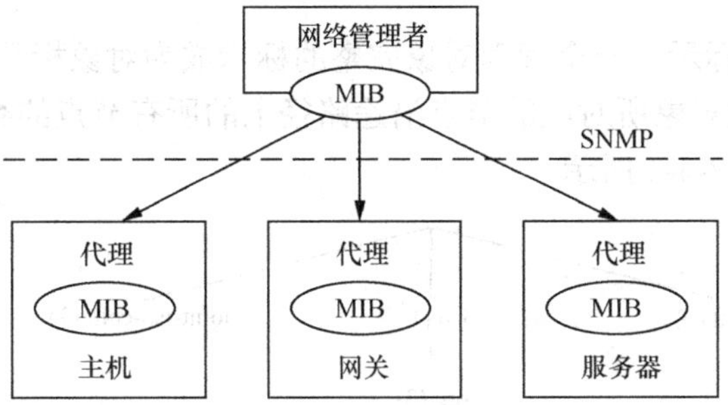

图 8-4-3　SNMP 的功能结构

SNMP 的 3 个基本元素是管理者（管理进程）、代理（Agent）、MIB（管理信息库）。管理进程（Manager）处于网络模型的核心，负责完成网络管理的各项功能。代理（Agent）是运行于网络管理设备上的管理程序。管理信息库（MIB）是由各种管理代理所维护的管理对象的全体组成的。代理是驻留在被管网络设备（主机、网关、终端服务器）的一套软件，有它自己的 MIB 视图。代理的功能是监视和修改 MIB 中变量的值，并与网络管理者进行通信，以响应其管理请求。

SNMP 基于 TCP/IP 的网络管理协议。它采用查询管理策略，在 SNMPvl 中定义 5 种 PDU。每一个代理包含一个 MIB，是被管对象的集合，构成一个树型结构的数据库。对象由若干变量定义，变量主要由变量名、变量的数据类型和变量的属性组成。在 SNMPvl 中定义了 114 种对象。SNMPvl 的不足是对安全性问题考虑甚少。因此在 SNMPv2 中加强了安全性措施，增加了 2 种 PDU，并将对象扩大到 185 种。它既支持 SNMPvl 的集中管理机制，又支持分布式管理的策略，允许网络中有多个管理者，可以实现管理分级化。采用 DES 技术来保证报文的接收者可以恢复和读取数据。SNMP 在客户机/服务器结构中得到了最广泛的使用。

上面这种管理方式属于集中式管理，优点是简单、易于实现。但它也有严重的不足。

- 一个管理进程与多个管理代理交换管理信息，对于目前越来越大的网络而言，不能满足网络管理的需求。
- 缺乏层次性，不能适应大规模的网络管理。

比较理想的方案是分布式网络管理结构。

2. 基于 TCP/IP 之上的 CMIP

Internet 体系结构委员会制定了一个将 SNMP 尽快过渡到 CMIP 的标准，就是 CMOT。它是基于 ISO 的网络管理标准，提供与 CMIS 一样的服务，但其运行环境则以 TCP/IP 为基础。它既可以利用面向连接的 TCP 传输服务，也可以在无连接的 UDP 支持下工作。

其中，轻量级表示协议（Lightweight Presentation Protocol，LPP）的功能是将 OSI 应用实体的原语映射成 TCP/UDP 的原语，将 TCP/UDP 提供的服务映射成传输层服务。LPP 提供的 5 个表示层服务是 P-CONNECT、P-RELEASE、P-U-ABORT、P-P-ABORT 和 P-DATA。

3. 管理信息结构（SMI）

SMI 为 TCP/IP 网络管理的设备提供定义管理对象的命名和所属类型的规则。管理信息的单位是被管理对象（Managed Object），存放于管理信息库（Management Information Base，MIB）中，构成树型结构。SMI 对一个管理对象的描述包括 3 个部分：名字、语法和编码。

（1）名字

名字是管理对象的标示。一个管理对象完整的标示成为对象标示（Object Identifier），是从 MIB 树的根开始到此对象所对应的节点沿途路径上的所有节点的数字标示，中间以“.”间隔。MIB 树的结构如图 8-4-4 所示。

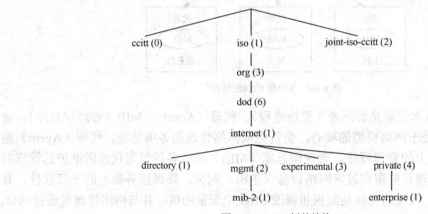

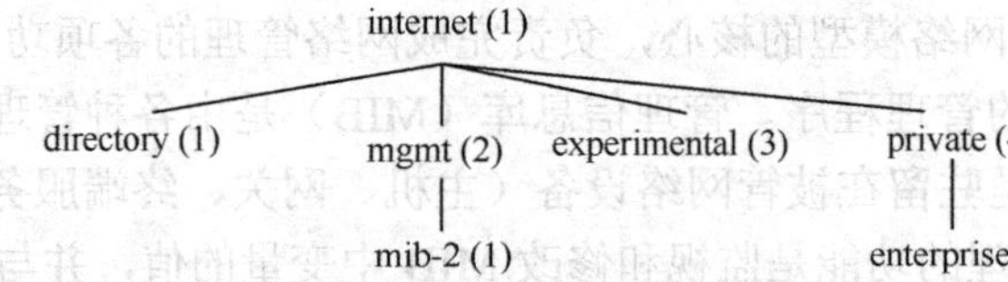

图 8-4-4 MIB 树的结构

（2）语法

SMI 有两种定义管理对象类型的方式，使用 ASN.1 提供的简单类型以及在简单类型的基础上构造列、表以及 SNMP 使用的特有的类型。

（3）编码

编码时，主要根据对象的不同类型采用 ASN.1 的基本编码规则 BER 进行编码。

全体被管对象的集合称为管理信息库（Management Information Base，MIB）。PFC 1213

中定义了网络管理中最经常使用的一些管理信息，称为 MIB 树。MIB II 子树结构如图 8-4-5 所示。

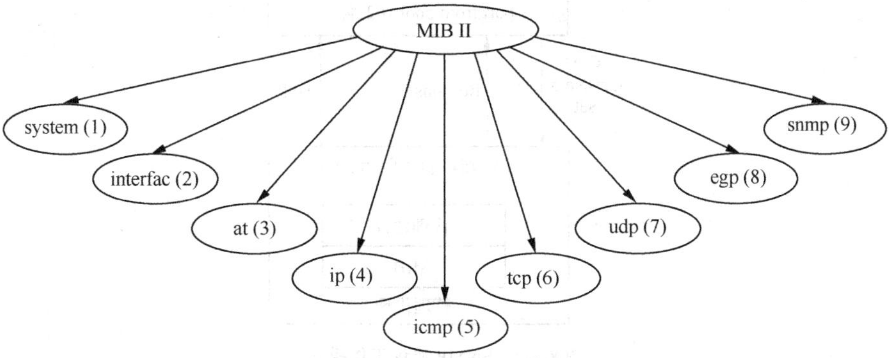

图 8-4-5 MIB II 子树结构

MIB 仅是一个逻辑上的数据库，实际网络中并不存在这样一个库。各管理代理维护的都是一个子集。MIB 通过其逻辑上的树型结构支持标准的和厂商自定义两种方式的管理对象，从而为网络管理系统提供了灵活的扩充性。

4. SNMP 协议数据格式与工作模式

（1）SNMP 协议数据格式

SNMP 数据报文包括 3 个部分：协议版本号、管理域（Community）和协议数据单元。所有数据都采用 ASN.1 语法进行编码传输。SNMP 数据报文格式如图 8-4-6 所示。协议版本号是一个整数，标示当前数据发送方使用的 SNMP 协议版本号。管理域用于规定管理的信任范围。

版本号 Version	管理域 Community	协议数据单元 PDU

图 8-4-6 SNMP 数据报文格式

SNMPv1 使用的协议数据单元（PDU）有 5 种，如表 8-4-1。

表 8-4-1 SNMP 协议数据单元

协议数据单元	功能
Get-Request	取对象值请求
Get-Response	请求响应
Get-NextRequsest	取下一个对象请求
Set-Requset	设置对象值请求
Trap	报警

（2）SNMP 协议数据单元及协议工作过程

在 TCP/IP 网络中，SNMP 使用 UDP 作为传输协议，其默认端口有：UDP 的 161 号端口用于数据的传送与接收；UDP 的 162 号端口用于报警信息的接收。它不依赖于具体的传输协议，而是能够适应其他类型的传输网络，如图 8-4-7 所示。

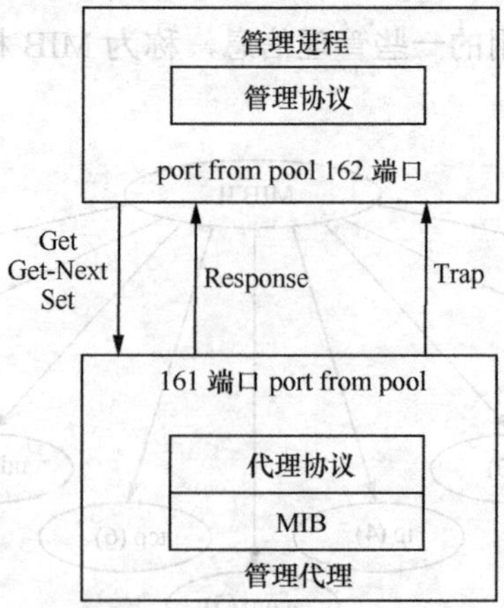

图 8-4-7　SNMP 协议工作模式

SNMP 是目前应用最广泛的 Internet 网络管理协议。SNMP 只要求传送层协议提供最基本的无连接服务。所以，对于传输具有突发性和简短性的管理信息来说，SNMP 是比较合适的。

SNMP 采用的是“请求—响应”的操作方式，SNMP 只用了 5 种不同格式的 PDU 就实现了管理进程和管理代理之间的交互，SNMPv2 提供了 7 种 PDU。

8.4.3　网络管理系统

在网络管理标准化的基础上,借助于网络管理系统,才能对网络进行有序的、充分的和完备的管理。下面介绍 3 种在企业界应用较多的网络管理系统的网络监管特性、管理特性、可用性，并小结了它们的优缺点，参见表 8-4-2。

表 8-4-2　　3 种网络管理系统的比较

性能比较 / 网管系统	网络监管特性	管理特性	可用性	小结
HP 公司 OpenView	自动拓扑发现。性能的轮询与状态的轮询截然分开；使用商业化的管理数据库。不能把服务的故障与设备的故障区分开	MIB 变量浏览器最完善，流量开销小	用户界面显得干净，相对灵活，功能引导上稍差；缺乏开发基于其他界面应用的 API	提供了基本层次上的功能需求。可被第三方开发厂商所广泛接受，但价格贵
IBM 公司 NetView	不具备在掌握整个网络结构情况下管理分散对象的能力；性能的轮询与状态的轮询截然分开，导致故障响应的延迟；使用商业化的管理数据库	最容易安装	用户界面显得干净，相对灵活，容易使用；缺乏开发基于其他界面应用的 API	提供了全面的网络管理功能；性能强大、价格便宜
SUN 公司 SunNet	提供分布式的网络管理；Proxy 管理代理可在多种平台上运行；集成控制核心可以在不同的管理进程之间共享网络状态信息	在异构网络能很好的收集和发布网络信息；易安装、易配置，但不如 IBM NetView	提供了一系列的 API 可提供第三方厂商开发应用	介于集中式的网络管理和分散的、非共享的对象管理之间的网络管理方式。尽管广泛使用，但不再具备未来的发展前景

Cisco 公司的 Cisco Works 2000 是基于 SNMP 的网络管理应用系统，能集成到 OpenView、NetView 等网络管理平台中。它采用了多层次的安全防护措施，对各种配置数据和统计数据进行备份，提供严格的操作控制和存取控制。

此外，提供了一组 VLAN 管理工具：VLAN View 和 Traffic View。这些工具都是基于 SNMP，完全支持 SNMP 的 get 和 set 操作，且可无缝地集成在上列的网络管理平台中。VLAN View 提供图形用户界面，通过拖放操作模式来创建 VLAN 的逻辑组和端口，操作简便。Traffic View 是一个基于远程监控（RMON）的流量监测与分析应用的软件，它可给出交换机端口和 LAN 网段的流量信息，还具有通用性的管理代理特征，为网络管理功能的集成提供保障。

8.5 网 络 安 全

8.5.1 网络安全层次模型

ISO/OSI-RM 中定义了七个层次。不同的层次之间的功能虽有一定的交叉，但基本上是不同的，如传输层负责端到端的通信，网络层负责寻径，数据链路层则负责点到点的通信。从网络安全的角度出发，对各层次的安全要求与措施也不完全相同，可构筑成网络安全的层次模型，如图 8-5-1 所示。

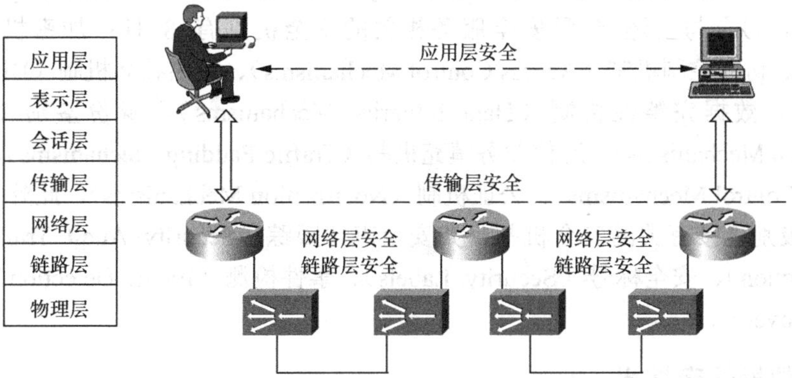

图 8-5-1 网络安全层次模型

1. 网络安全体系结构

网络安全体系结构的三维框架反映了信息系统安全的需求和可实现的共性，如图 8-5-2 所示。

由图可见，三维指的是开放系统互连参考模型、安全特性和系统单元。系统单元包括安全管理、信息处理单元、网络系统和物理（含行政）的环境。ISO 7498-2 制定了安全管理机制，含安全域的设置和管理、安全管理信息库、安全管理信息的通信、安全管理应用程序协议，以及安全机制与服务管理。信息处理单元由多个端系统和若干中继系统（诸如交换机、路由器等）组成。网络系统的安全为在开放系统通信环境下通信业务流的安全提供支持，包括安全通信协议、数据加密、安全管理应用进程、安全管理信息库、分布式管理系统等。物理环境与行政管理安全包括物理环境管理和人员管理、行政管理与环境安全服务配置和机制，以及系统管理人员职责等。

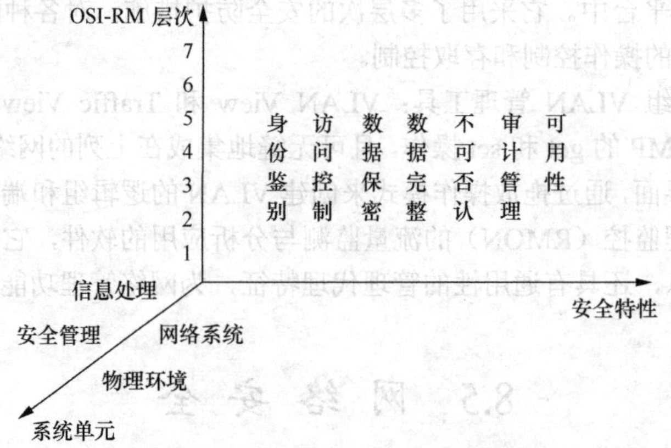

图 8-5-2　网络安全体系结构框架

安全特性基于 ISO 7498-2 的安全服务与安全机制。不同的安全策略、不同的安全等级的系统则有不同的安全特性要求。

2. 安全服务与安全机制

安全服务与安全机制指的基于 OSI 的安全体系结构、实现安全通信所必要的服务以及相应的机制。ISO 7498-2 描述了 5 种可选的安全服务：身份鉴别（Authentication）、访问控制（Access Control）、数据保密（Data Confidentiality）、数据完整性（Data Integrity）和不可否认（Non-Reputation）。与上述 5 种安全服务相关的安全机制有 8 种：加密机制（Encipher Mechanisms）、访问控制机制（Access Control Mechanisms）、数字签名机制（Digital Signature Mechanisms）、数据完整性机制（Data Integrity Mechanisms）、身份鉴别（认证）机制（Authentication Mechanisms）、通信业务填充机制（Traffic Padding Mechanisms）、路由控制机制（Routing Control Mechanisms）、公证机制（Notarization Mechanisms）。此外，还有与系统要求的安全级别直接有关的安全机制，如安全审计跟踪（Security Audit Trail）、可信功能（Trusted Function）、安全标号（Security Labels）、事件检测（Event Detection）和安全恢复（Security Recovery）。

8.5.2　数据保密技术

数据保密就是采取多种复杂的措施对数据加以保护，以防第三方窃取、或伪造、或篡改数据。数据保密模型如图 8-5-3 所示。

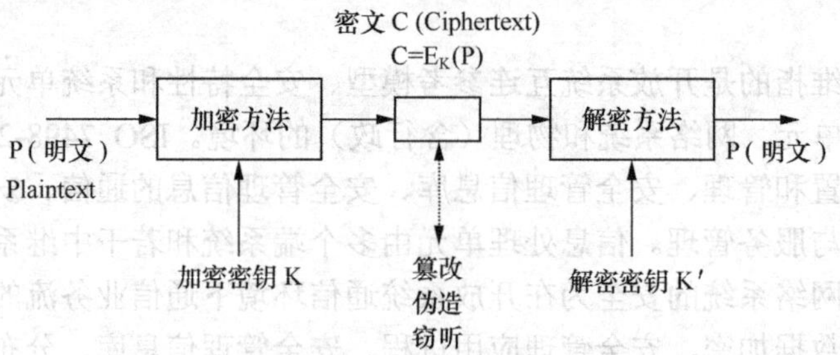

图 8-5-3　数据保密模型

数据保密模型的明文 P（Plaintext）是一段有意义的文字或数据，在发送方通过加密算法变换为密文 C（Ciphertext），它是以加密密钥 K 为参数的函数，记作 $C=E_K$（P）。在接收方用解密密钥 K'为基础的解密算法，将密文还原为明文，即 $P=D_{K'}[E_K$（P）]。

当第三方能从传输通道上窃取有用信息时，对原始信息未作更改，称之为被动攻击；若不仅截取消息并加以篡改或伪造，则称其为主动攻击。由此可见，整个数据保密涉及两大关键技术：加密算法的研究与设计、密码分析（或破译）。二者理论上是一对矛与盾的关系。设计密码和破译密码的技术统称为密码学。

密码设计方法有多种，按现代密码体制，可分为两类：对称密钥密码系统、非对称密钥密码系统。

1. 对称密钥密码技术

对称密钥密码（Symmetric Key Cryptography）系统是一种传统的密码体制，也就是加密和解密用的是相同的密钥，即 K=K'，确保用解密密钥 K'能将密码译成明文，$D_{K'}[E_K$（P）]=P。早期的传统的密码体制常采用替换法和易位法。在此基础上，美国在 1977 年将 IBM 研制的组合式的数据加密标准（Data Encryption Standard，DES）列为联邦信息标准，后又被 ISO 定为数据加密标准。

对称密钥密码技术从加密模式上又可分为序列密码和分组密码。

（1）序列密码

序列密码的基本原理：通过有限状态机产生高品位的伪随机序列，对信息流逐位进行加密，得出密文序列，可见其安全强度完全取决于所产生的伪随机序列的品质。序列密码一直是在外交和军事场合涉密所用的基本技术之一。

（2）分组密码

分组密码的基本原理：将明文以组（如 64 比特为一组）为单元，用同一密钥和算法对每一组进行加密，输出也是固定长度的密文。DES 密码算法的输入为 64 比特明文，密钥长度为 56 比特，密文长度为 64 比特，如图 8-5-4 所示。

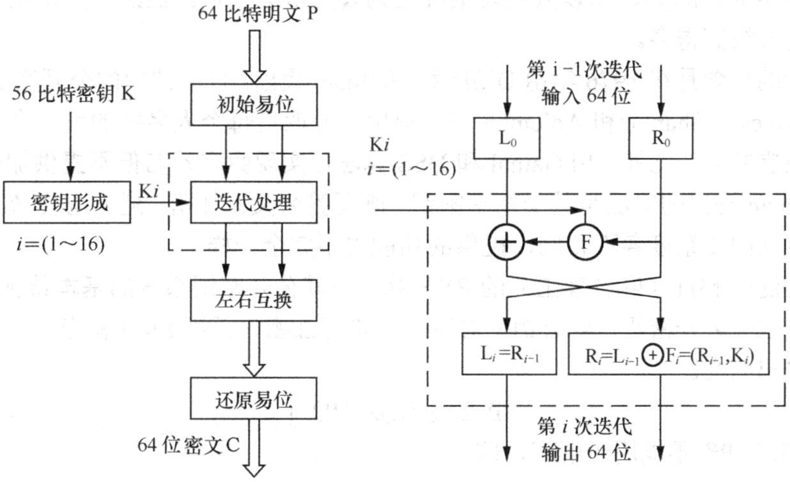

图 8-5-4　DES 加密算法框图

64 位明文 P 首先进行初始易位后得 P_0，其左半边 32 位和右半边 32 位分别记为 L_0 和 R_0。然后经过 16 次迭代。若用 P_i 表示第 i 次迭代的结果，同时令 L_i 和 R_i 分别为左半边 32 位和右

半边32位，则从图中可见，

$$L_i=R_{i-1} \tag{8.1}$$

$$R_i= L_{i-1}+ F(R_{i-1},K_i) \tag{8.2}$$

式中，i=1, 2, …16, K_i是48位的密钥是从原始的64位密钥K经过多次变换而成的。式（8.2）称为DES加密方程，在每次迭代中要进行函数F的变换、模2加运算以及左、右半边的互换。在最后一次迭代之后，左、右半边没有互换，是为了使算法既能加密又能解密。最后一次变换是逆变换，其输入为$R_{16}L_{16}$，输出为64位密文C。

DES加密中起核心作用的是函数F。它是一个复杂的变换，先将F（R_{i-1}，K_i）中的R_{i-1} 32位变换扩展为48位，记为E（R_{i-1}）；再与48位的K_i按模2相加，所得的48位结果顺序地分为8个6位组$B_1, B_2, \cdots, B_8$，即

$$E（R_{i-1}）\oplus K_i= B_1B_2\cdots B_8 \tag{8.3}$$

然后将6位长的组经过S变换，转换为4位的组，或写成$B_j \to S_j$（B_j），其中，j=1,2,…,8。再将8个4位长的S_j（B_j）按顺序排好，再进行一次易位，即得出32位的F（R_{i-1}，K_i）。

解密时的过程与加密时的过程相似，但16个密钥的顺序正好相反。

DES的保密性取决于对密钥的保密，而算法是公开的。DES可提供7.2×10^{16}个密钥。如用每秒百万次对DES加密装置来破译，则需运算2000年。DES可以用软件或硬件实现，AT&T首先用LSI芯片实现可DES的全部工作模式，即数据处理加密机DEP。在1995年，DES的原始形式被攻破，但修改后的形式仍然有效；Lai和Massey提出的IDEA（Intetnational Data Encryption Algorithm），目前尚无有效的攻击方法进行破译。此外，MIT采用DES技术开发的网络安全系统Kerberos在网络通信的身份认证上已成为工业上的事实标准。

2. 非对称密钥密码技术

非对称密钥密码（Asymmetric Key Cryptography）系统中具有两把密钥K、K'。每个通信方进行保密通信时，通常将加密密钥 K 公布（称为公钥，Public Key），而保留秘密密钥 K'（称为私钥，Privacy Key），所以人们习惯称之为公开密钥技术。显然公开密钥算法的复杂度比传统的加密方法高得多。

公开密钥的概念是在1976年由Diffie和Hellman提出。目前常用的公开密钥算法有RSA算法，即由Rivest、Shamir和Adleman三人提出，并取自每个人名字的第一个字母，常用于数据加密和数字签名。此外，El Gamal和DSS算法可实现数字签名但不提供加密，而最早由Diffie和Hellman提出的算法是基于共享密钥，既无签名又无加密，通常与传统密码算法共同使用。这些算法的复杂度各不相同，提供的功能也不完全一样。

使用最广泛的MIT（麻省理工）的RSA算法有其公开密钥系统的基本特征。

① 若用PK（公开密钥，即公钥）对明文P进行加密，再用SK（秘密密钥，即私钥）解密，即可恢复出明文。

$$P=D_{SK'}[E_{PK}（P）]$$

② 加密密钥PK不能用于解密，即

$$D_{PK'}[E_{PK}（P）]\neq P$$

③ 从已知的PK不能推导出SK，但有利于计算机生成SK和PK；

④ 加密运算和解密运算可以对调，即

$$E_{PK}[D_{SK}（P）]= P$$

根据这些特征，在公开密钥系统中，可将 PK 作成公钥文件发给用户。若用户 A 要向用户 B 发送明文 M，只需从公钥文件中查到用户 B 的公钥，设 PKB；利用加密算法 E 对 M 加密，得密文 $C= E_{PKB}$（M）；B 收到密文后，利用只有 B 用户所掌握的解密密钥 SKB 对密文 C 解密，可得明文 $M= D_{SKB}[E_{PKB}$（P）]。任何第三者即使截获 C，由于不知道 SKB，也无从解得明文。

RSA 系统的理论依据是著名的欧拉定理：若整数 a 和 n 互为素数，则 $a^{\varphi(n)}=1$（mod n），其中，φ（n）是比 n 小且与 n 互素的正整数个数。

RSA 公开密钥技术的构成要点如下：

① 取两个足够大的秘密的素数 p 和 q（一般至少是 100 位以上的十进制数）；

② 计算 $n=pq$，n 是可以公开的（事实上，从 n 分解因子求 p 和 q 是极其费时的）；

③ 求出 n 的欧拉函数 $z=\varphi$（n）＝（p-1）（q-1）；

④ 选取整数 e，满足[e，z]=1，即 e 与 φ（n）互素，e 可公开；

⑤ 计算 d，满足 de=1（mod z），d 应保密。

为了理解 RSA 算法的使用，举一个简单的例子。若取 $p = 3$, $q = 11$，则计算出 $n = 33$，$z = 20$。由于 7 与 20 没有公因子，因此可取 $d = 7$，解方程 $7e$=1（mod 20）可以得 e=3。当发送字母 S，如图 8-5-5 所示，其数字值设为 19，则密文 $C=M^e$（mod n）$=19^3$（mod 33）=28。在接收方，对密文进行解密，计算 $M=C^d$（mod n）$=28^7$（mod 33）=19，恢复出原文。其他字母 UZANNE 的加密与解密处理过程见图 8-5-5。

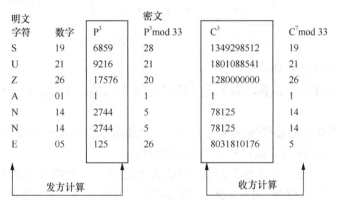

明文字符	数字	P^3	密文 P^3mod 33	C^3	C^7mod 33
S	19	6859	28	1349298512	19
U	21	9216	21	1801088541	21
Z	26	17576	20	1280000000	26
A	01	1	1	1	1
N	14	2744	5	78125	14
N	14	2744	5	78125	14
E	05	125	26	8031810176	5

发方计算　　收方计算

图 8-5-5　RSA 算法示例

在 RSA 的实际应用中，安全套接字层（Security Socket Layer，SSL）所选用的 p 和 q 的值为 128 位十进制数，则 n 大于 10^{256}。

RSA 算法的时间复杂度 O 为

$$O=\exp\{\mathrm{sqrt}[\ln(n)\ln\ln(n)]\}$$

若 n 为 200 位十进制数时，当选用超高速计算机（10^7 次/秒）处理，约需 3.8×10^8 年。

8.5.3　用户身份认证

身份认证（Authentication）是建立安全通信的前提条件。用户身份认证是指通信参与方在进行数据交换前的身份鉴定过程。鉴定通信参与方有无合法的身份常采用身份认证协议来实现。身份认证协议是一种特殊的通信协议，它定义了参与认证服务的通信方在身份认证的过程中需要交换的所有消息的格式、语义和产生的次序，常采用加密机制来保证消息的完整性、保密性。

口令（Password）是一种最基本的身份认证方法，但口令仅在本地显示时表示为不可见，在网络中是以明码（ASCII）传送的，容易遭受在线攻击或离线攻击。如今 Windows 系统可对口令在传输时提供加密的措施。

另一种身份认证技术是身份认证标记，如 IC 智能卡，即 PIN 保护记忆卡。PIN 记录了用户识别号，通过读卡设备将 PIN 读入，经鉴别有效后才能进行通信。

基于密码学原理的密码身份认证协议则可提供更多的安全服务，如共享密钥认证、公钥认证、零知识认证等。

1. 基于共享秘密密钥的用户认证协议

假设在 A 和 B 之间有一个共享的秘密密钥 K_{AB}，当 A 要求与 B 进行通信，双方可采用图 8-5-6 所示的过程进行用户认证。

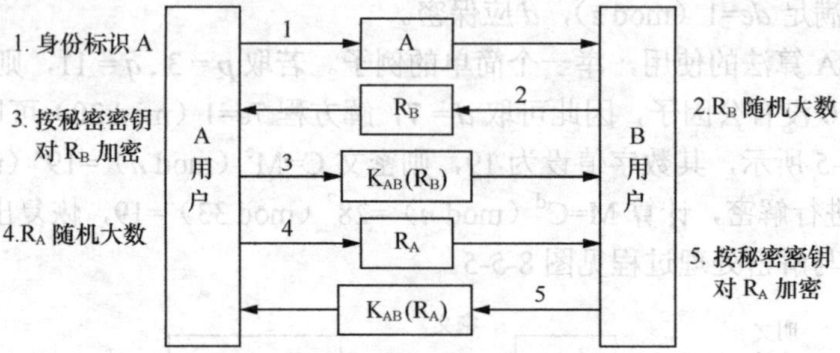

图 8-5-6　基于共享秘密密钥的用户认证

① A 向 B 发送自己的身份标识。

② B 收到 A 的身份标识后，为了证实确实是 A 发出的，于是选择一个随机的大数 R_B，用明文发给 A。

③ A 收到后用共享的秘密密钥 K_{AB} 对 R_B 进行加密，然后将密文发回给 B，B 收到密文后就能确信对方是 A，因为除此以外无人知道密钥 K_{AB}。

④ 可是 A 尚无法确定对方是否为 B，所以 A 也选择了一个随机大数 R_A，用明文发给 B。

⑤ B 收到后用 K_{AB} 对 R_A 进行加密，然后将密文发回给 A，A 收到密文后也确信对方就是 B。至此用户认证完毕。

如果这时 A 希望和 B 建立一个秘密的会话密钥，它可以选择一个密钥 K_s，然后用 K_{AB} 对其进行加密后发送给 B，此后双方即可使用 K_s 进行会话。所谓会话密钥（Session Key）是指在一次会话过程中使用的密钥，可由计算机随机生成。会话密钥在实际应用中往往在一定的时间内都有效，并不限制在一次会话过程中。

2. 基于公开密钥算法的用户认证协议

基于公开密钥算法进行用户认证的典型过程如图 8-5-7 所示。

① A 选择一个随机数 R_A，用 B 的公开密钥 E_B，对 A 的标识符和 R_A 进行加密，将密文发给 B。

② B 解开密文后不能确定密文是否真的来自 A，于是它选择一个随机数 R_B 和一个会话密钥 Ks，用 A 的公开密钥 E_A 对 R_A、R_s 和 K_s 进行加密，将密文发回给 A。

③ A 解开密文，看到其中的 R_A 正是自己刚才发给 B 的，于是知道该密文一定发自 B，

因为其他人不可能得到 R_A，并且这是一个最新的报文而不是一个复制品，于是 A 用 K_s 对 R_B 进行加密表示确认；B 解开密文，知道这一定是 A 发来的，因为其他人无法知道 K_s 和 R_B。

基于公开密钥算法的用户认证在目录系统中得到了应用，如轻量级目录访问协议（Light weight Directory Access Protocol，LDAP）及 ITU-T X.509 目录服务标准。

3. 基于密钥分发中心的用户认证协议

基于密钥分发中心（Key Distribution Center，KDC）用户认证的概念是 1978 年由 Needham 和 Schroeder 提出的，其必要条件是 KDC 具有权威性,在网络环境中为网民所信任，而且每个用户和 KDC 间有一个共享的秘密密钥，用户认证和会话密钥的管理都通过 KDC 来进行。

图 8-5-8 给出了一个最简单的利用 KDC 进行用户认证的协议。

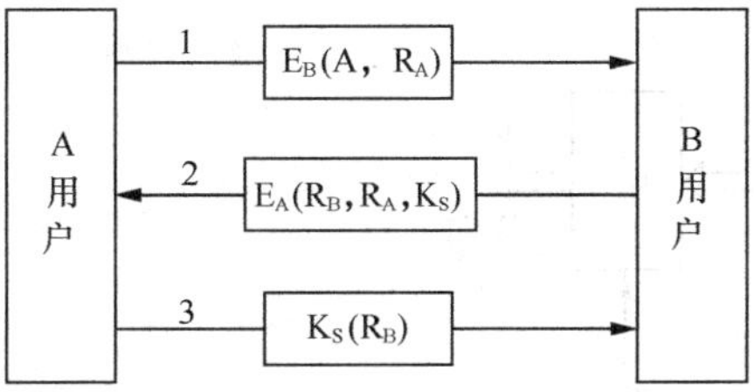

图 8-5-7　基于公开密钥算法的用户认证

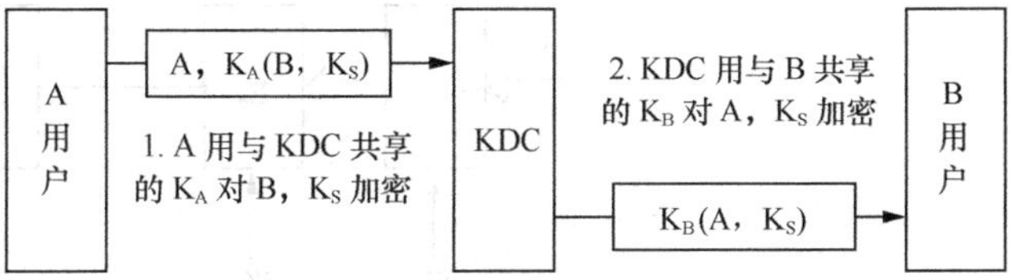

图 8-5-8　基于 KDC 的用户认证

① A 用户要求与 B 进行通信，A 可选择一个会话密钥 K_s，然后用与 KDC 共享的密钥 K_A 对 B 的标识和 K_s 进行加密，并将密文和 A 的标识一起发给 KDC；

② KDC 收到后，用与 A 共享的密钥 K_A，将密文解开，此时 KDC 可以确信这是 A 发来的，因为其他人无法用 K_A 来加密报文；

③ 然后 KDC 重新构造一个报文，放入 A 的标识和会话密钥 K_s，并用与 B 共享的密钥 K_B，加密报文，将密文发给 B；B 用密钥 K_B 将密文解开，此时 B 可以确信这是 KDC 发来的，而且获知了 A 希望用 K_s 与它进行会话。

上述简单的示例协议存在重复攻击问题。假定 B 为银行，若有个 C 为 A 提供了一定的服务后，要求 A 用银行转账的方式支付他的酬金，于是 A 和 B（银行）建立一个会话，指令 B 将一定数量的金额转至 C 的账上。这时 C 将 KDC 发给 B 的密文和随后 A 发给 B 的报文复制了下来，等会话结束后，C 将这些报文依次重发给 B，而 B 无法区分这是一个新的指令还是一个老指令的副本，因此又会将相同数量的金额转至 C 的账上，这称之为重复攻击。

解决这个问题的方法：可以在每个报文中放一个一次性的报文号，每个用户都记住所有已经用过的报文号，并将重复编号的报文丢弃。另外，还可以在报文上加一个时间戳，并规定一个有效期，当接收方收到一个过期的报文时就将它丢弃。

在实际应用中，基于对称密钥加密算法 KDC 的用户认证 Kerberos 版本 5 的协议已被 IETF 认定为 RFC 1510，目前主要的操作系统都支持 Kerberos 认证系统，成为事实上的工业标准。

8.5.4 数字签名与报文摘要

1. 数字签名

数字签名是通信双方在网上交换信息时采用公开密钥法来防止伪造和欺骗的一种身份签证。数字签名系统的基本功能如下。

① 收方通过文件中的签名能认证发方的身份。

② 发方不可否认发送过签名文件。

③ 收方不可能伪造文件的内容。

使用公开密钥算法的数字签名，其加密算法和解密算法除了要满足 D[E(P)]=P 外，还必须满足 E[D(P)]=P，这个假设是可能的，因为 RSA 算法就具有这样的特性。数字签名的过程如图 8-5-9 所示。

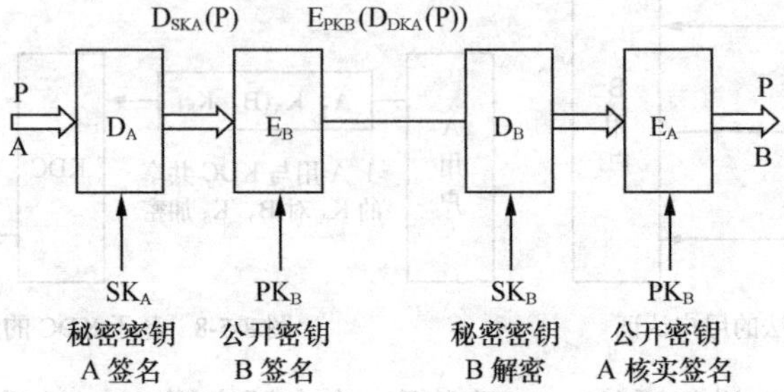

图 8-5-9 基于公开密钥的数字签名

当 A 要向 B 发送签名的报文 P 时，由于 A 知道自己的私钥 D_A 和 B 的公钥 E_B，它先用私钥 D_A 对明文 P 进行签字，即 $D_{SKA}(P)$，然后用 B 的公钥 E_B 对 $D_{SKA}(P)$加密，向 B 发送 $E_{PKB}[D_{SKA}(P)]$；

B 收到 A 发送的密文后，先用私钥 D_{SKB} 解开密文，将 $D_{SKA}(P)$复制一份，放在安全的场所，然后用 A 的公钥 E_{PKA} 将 $D_{SKA}(P)$解开，取出明文 P。

使用公开密钥算法的数字签名后可以做如下判断。

（1）A 不可否认

当 A 过后试图否认给 B 发过 P 时，B 可以出示 $D_{SKA}(P)$作为证据。因为 B 没有 A 的私钥 D_{SKA}，除非 A 确实发过 $D_{SKA}(P)$，否则 B 是不会有这样一份密文的。处理方法：通过第 3 方（公证机构），只要用 A 的公钥 E_{PKA} 解开 $D_{SKA}(P)$，就可以判断 A 是否发送过发送过签名文件，证实 B 说的是否真话。

（2）B 不可伪造

如 B 将 P 伪造为 P'，则 B 不可能在第三方的面前出示 $D_{SKA}(P')$，这证明了 B 伪造了 P。

这种数字签名在实际的使用中也存在一些问题，问题不是算法本身，而是与算法的使用环境有关。例如，首先只有 D_{SKA} 仍然是秘密的，B 才能证明 A 确实发过 $D_{SKA}(P)$。如果 A 试图否认这一点，他只需公开他的私钥，并声称他的私钥被盗了，这样任何人包括 B 都有可能发送 $D_{SKA}(P)$；其次是 A 改变了他的私钥，出于安全因素的考虑，这种做法显然是无可非议的，但这时如果发生纠纷的话，裁决人用新的 E_{PKA} 去解老的 $D_{SKA}(P)$，就会置 B 于非常不利的地位。因此，在实际的使用中，还需要有某种集中控制机制记录所有密钥的变化情况及变化日期。

2. 报文摘要

有人对以上的签名方法提出不同意见，认为数字签名机制将认证和保密两种截然不同的功能混在了一起。对于有些报文只需要签名而不需要保密的应用，若将报文全部进行加密，致使处理速度降低是不必要的。为此，有人提出一个新的方案：使用一个单向的哈希（Hash）函数，将任意长的明文转换成一个固定长度的位串，然后仅对该位串进行加密。这样的哈希函数通常称为报文摘要（Message Digests，MD），常用的算法有 MD5（1992）和 SHA（Source Hash Algorithm，1993）。

它必须满足以下 3 个条件：（1）给定 P，很容易计算出 MD(P)；（2）给出 MD(P)，很难计算出 P；（3）任何人不可能产生出具有相同报文摘要的两个不同的报文。

为满足条件 3，MD(P)至少必须达到 128 位，实际上有很多函数符合以上三个条件。在公开密钥密码系统中，使用报文摘要进行数字签名的过程如图 8-5-10 所示。A 首先对明文 P，计算出 MD(P)，然后用私钥 SK_A 对 MD(P)进行数字签名，连同明文 P 一起发送给 B；B 将密文 D_{SKA}[MD(P)]复制一份，放在安全的场所，然后用 A 的公钥 PK_A 解开密文取出 MD(P)。为防止途中有人更换报文 P，B 对户进行报文摘要，如结果同 MD(P)相同，则将 P 收下来。

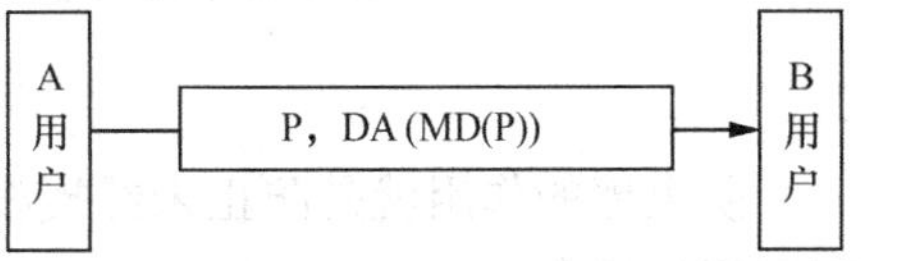

图 8-5-10　使用 MD 进行数字签名

当 A 试图否认发送过 P 时，B 可以出示 P 和 D_A[MD(P)]来证明自己确实收到过。

8.5.5　访问控制

1. 访问控制技术

访问控制是网络安全防范和保护的主要策略，它的主要任务是保证网络资源不被非法使用和访问。访问控制涉及到 3 个基本概念，即主体、客体和访问授权。

访问控制技术包括入网访问控制、网络权限控制、目录级控制以及属性控制等。访问控制技术就是为了限制访问主体对访问客体的访问权限——能访问系统的何种资源，以及如何使用这些资源，阻止未经允许的用户有意或无意地获取数据的技术。访问控制的手段包括用户识别代码、口令、登录控制、资源授权（如用户配置文件、资源配置文件和控制列表）、授权核查、日志和审计。

访问控制机制大都是基于安全策略和安全模型的，Lampson 提出的访问矩阵是表示安全策略的常用模型。访问矩阵的列为主体，行为客体，而矩阵的交叉点对应着主体可访问客体的权限。通常实际系统为节省存储空间采用访问控制表或权力表来实施操作。

① 访问控制表（Access Control List，ACL）是在对象服务器上存储着每个对象授权访问者及其权限的一张表，按行进行存储。由引用监控器根据 ACL 的内容来判断是否授权访问者相应的权限。

② 权力表包含了每个访问者可访问的对象和操作权限，按列来处理矩阵。由引用监控器验证访问表提供的权力表和访问者的身份，来确定是否授予访问者相应的操作权限。

目前多数计算机系统，分布式系统和网络设备（如路由器等）都采用 ACL 访问控制模型，成为安全保密和数据完整性安全策略的基础。

2. 防火墙技术

在因特网中，IP层实现的安全技术为IP过滤技术、IP加密传输信道技术。防火墙（Firewall）是建立在内外网络边界上的IP过滤封锁机制，如图8-5-11所示。内部网络（Intranet）被认为是安全的，而外部网络（Internet）被认为是不安全的和不可信任的。

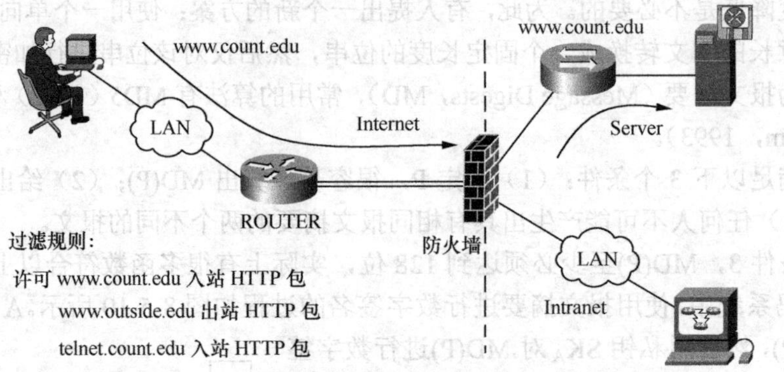

图 8-5-11 防火墙

防火墙的作用就是防止未经授权的通信量进出受保护的内部网络，通过边界控制强化内部网络的安全。

防火墙技术可分为三大类型：IP过滤、线路过滤、应用层代理。

目前的防火墙系统大多混合使用上述这些技术，可由软件或硬件来实现。防火墙系统通常由过滤路由器和代理服务器组成。IP过滤模块可对来往的IP数据报头的源地址、目的地址、协议号、TCP/UDP 端口号、分片数等基本信息进行过滤，允许或禁止某些 IP 地址的数据报访问。防火墙作为解决某些企业设定内/外网络边界安全起了一定的作用。但是，它并不能解决所有网络安全问题，更不能认为网络安全措施就是建立防火墙，它只能是网络安全政策和策略中的一个组成部分，只能解决网络安全的部分问题，如特洛伊木马病毒在端口上能接收命令。

配置代理服务器（Proxy Server）来限制内部用户进入 Internet，其本质是应用层网关，为特定的网络应用通信充当中继，整个过程对用户完全透明。代理服务器的优点是其用户级的身份认证、日志记录和账号管理。日本 NEC 提出的 SOCK5（RFC1928）作为通用应用的代理服务器，由一个运行在防火墙系统上的代理服务器软件包和一个链接到各种网络应用程序的库函数包组成，支持基于 TCP、UDP 的应用。现在网景（Netscape）和微软（Microsoft）的浏览器都支持 SOCK5。代理服务器的缺点：若要提供全面的安全保证，就需对每一项服务都建立对应的应用层网关，这就大大地限制了新业务的应用，并会产生瓶颈。

3. 虚拟专用网

何谓虚拟专用网（Virtual Privacy Network，VPN）？Douglas E.Comer 在《计算机网络与因特网》一书中指出“虚拟专用网综合了专用和公用网络的优点，允许有多个站点的企业拥有一个假想的完全专有的网络，而使用公用网络作为其站点之间交流的传输平台”。VPN 是将物理上分布在不同地点的网络通过公用骨干网，尤其是 Internet 连接而成的逻辑上的虚拟子网。简言之，它是一种建立在开放性网络平台上的专有性的网络。VPN 的定义允许一个给定的站点是一个或者多个 VPN 的一部分。在这种意义下，VPN 可以是交叠的。为了保障信息的安全，VPN 技术采用了鉴别、访问控制、保密性、完整性等措施，以防信息被泄露、篡改和复制。

基于 Internet 的 VPN 具有节省费用、灵活、易于扩展、易于管理，且能保护信息在 Internet 上传输的安全等优点。企业可以利用 VPN 技术和 Internet 构建安全的企业内部网（Intranet）和外部网（Extranet）。VPN 分为两种模式：直接模式和隧道模式。直接模式 VPN 使用 IP 和编址来建立对 VPN 上传输的数据的直接控制，对数据加密，采用基于用户身份的鉴别，而不是基于 IP 地址。隧道模式使用 IP 帧作为隧道发送分组。大多数 VPN 都运行在 IP 骨干网上。数据加密通常有三种方法：具有加密功能的防火墙、带有加密功能的路由器和单独的加密设备。

目前，在 7 层 OSI 参考模型层次结构的基础上，主要有下列几种隧道协议用于构建 VPN：点到点隧道协议（Point-to-Point Tunneling Protocol，PPTP）；第 2 层隧道协议（Layer 2 Tunnel Protocol，L2TP）；IP 安全协议（IP Security Protocol，IPSec）。

（1）点到点隧道协议

点到点隧道协议（PPTP）在第 2 层上可以支持封装 IP 及非 IP（如 IPX、AppleTalk 等）。PPTP 的工作原理：通常网络协议是将待发送的数据加上协议特定的控制信息组成的数据报（Data Packet）进行交换。对于用户来说呈现透明，用户关心的只是需要传送的数据，并不明白附加的控制信息。PPTP 的工作方式是在 TCP/IP 数据报中封装原始分组，例如包括控制信息在内的整个 IPX 分组都将成为 TCP/IP 数据报中的“数据”区，然后它通过因特网进行传输。另一端的软件分析收到的数据报，去除增加的 PPTP 控制信息，还原成 IPX 分组并发送给 IPX 协议进行常规处理。这一处理过程称为隧道（Tunneling）。

使用 PPTP 对原有的网络安全性并没有大的影响，因为原有 LAN 的广泛的例行安全检查照样进行。因为客户端系统除了拨号网络适配器外，通常不需要其他特殊软、硬件，可以提供平台独立性。另外，它还通过压缩、数据加密等手段保证了网络的安全性。

（2）第 2 层隧道协议

第 2 层隧道协议（L2TP）也称之为层 2 隧道协议。CISCO、3COM 等公司已可向 ISP 和电信部门提供 L2TP 产品，并取代 PPTP 和 CISCO 早期专有的 L2F（Layer 2 Forward），在 SOHO 和移动通信中得到了应用，如图 8-5-12 所示。客户端（SOHO 或移动用户）拨号到本地因特网服务运行商（ISP）的 L2TP 接入集中器的局端（Point of Presence，POP），通过 IP 网的 L2TP 隧道连到 L2TP 网络服务器，远程鉴别用户拨入服务（Remote Authentication Dial-In User Service，RADIUS）服务器是一个维护用户配置文件的数据库，用来鉴定用户，包括口令和访问优先权。代理 RADIUS 功能允许在 Internet 服务提供商（ISP）的接入点（POP）设备上接入客户的 RADIUS 服务器，获得必要的用户配置文件信息。

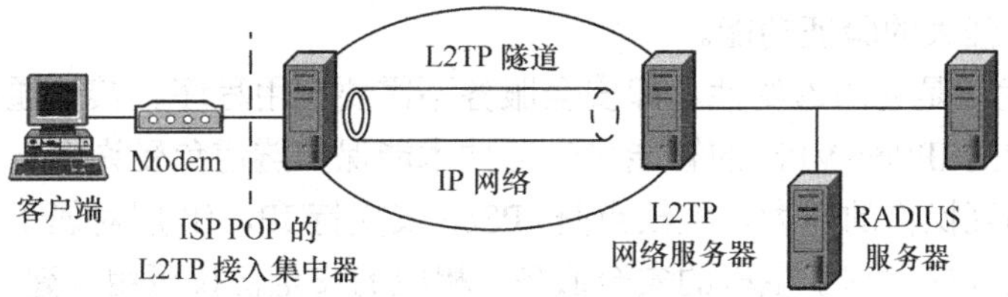

图 8-5-12　第 2 层隧道协议（L2TP）

（3）因特网协议安全性

Internet 工程任务组标准化的因特网协议安全性（Internet Protocol Security，IPSec）是简化的端到端安全协议，具有特定的安全机制。它是在第 3 层执行对称或非对称加密，Layer 3 VPN 在 IP 中封装了 IP（IP over IP），并提供鉴别和检错，可在 IPSec 网络服务器上建立 IPSec 隧道，如图 8-5-13 所示。

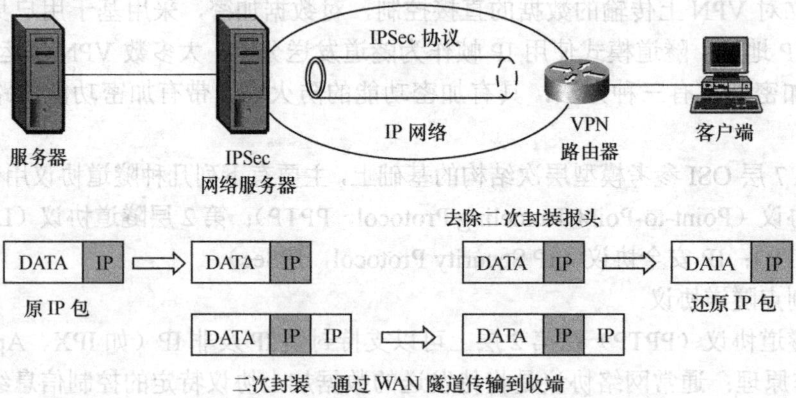

图 8-5-13 IPSec（第 3 层隧道协议）

IETF 的 IP 安全性工作组（IPSEC）除了制定 IP 安全协议（IP Security Protocol，IPSP）外，还有对应的 Internet 密钥管理协议（Internet Key Management Protocol，IKMP）的标准。IPSEC 技术能够在两个网络节点间建立透明的安全加密信道。

IPSEC 使用两种机制；

① 认证头部（Authentication Header，AH）提供认证和数据完整性；

② 安全内容封装（Encapsulation Security Payload，ESP）实现保密通信。

IPSec 是一种对 IP 数据包进行加密和鉴别的技术，为了进行加密和鉴别，还需要有密钥的管理和交换的功能。通信双方如果要用 IPSec 建立一条安全的传输通路，需要事先协商好要采用的安全策略，即使用的加密算法、密钥、密钥生存期等。当双方协商好使用的安全策略后，表示双方已建立了一个安全关联（Security Association，SA），已确定了 IPSec 要执行的处理。IPSec 协议分 3 个部分：封装安全负载（Encapsulation Security Payload，ESP）、鉴别报头（Authentication Header，AH）和 Internet 密钥交换（Internet key exchange，IKE）。ESP 协议主要用来处理对 IP 数据包的加密，并对鉴别提供某种程度的支持。AH 只涉及鉴别，不涉及加密。除对 IP 的有效负载进行鉴别外，还可对 IP 报头实施鉴别。IKE 协议主要是对密钥交换进行管理。IETF 的 IP 安全（IPSec）加密标准解决了安全性的保密问题。IPSec 的安全有效载荷封装（ESP）允许选择数据加密标准（DES）或三重 DES（3DES），这两种标准都提供了严格的保密性及强大的验证功能。

IP 安全性的优点是它的透明性，即安全服务不需要应用程序、其他通信层次和网络部件做任何改动。标准的 IPSec VPN 的智能包认证技术能保护隧道免受许多电子欺骗的攻击，还应具备各厂商产品互操作的能力。但缺点是 IPSec 仅支持 IP，IP 层对属于不同进程的包不作区别。IP 层非常适合提供基于主机的安全服务，相应的安全协议可用来建立安全的 IP 通道和虚拟专用网。

此外，层 4 VPN 局限于 E-mail 之类的单一应用，用工具封装了加密设备。诸如在每一种浏览器上应用通过安全插口层（Secure Sockets Layer）进行的 HTTP，即输入 http：//，然后使用层 4 VPN 加密 E-mail 或传输层安全承载简化的邮件传输以及使用半专用安全外壳（Secure Shell）协议来加密外壳。

8.5.6 高层安全

因为 IP 网的“尽力而为”理念，TCP/IP 非常简洁，没有加密、身份认证等安全特性，因此需要在 TCP 之上建立一个安全通信层次，以便向上层应用提供安全通信的机制。

1. 传输层安全

传输层网关在两个通信节点之间代为传递 TCP 连接并进行控制，这个层次一般称作传输层安全。常见的传输层安全技术有安全套接层（SSL）协议、SOCKS、安全 RPC 等。

在 Internet 应用编程中，通常使用广义的进程间通信（IPC）机制来同不同层次的安全协议打交道。目前流行的两个 IPC 编程界面分别是 BSD Sockets 和传输层界面（TLI），在 UNIX 系统 V 里可以找到。在 Internet 中，为了提供传输层安全，可在 IPC 界面加入安全支持，如 BSD Sockets 接口等来提供安全服务。具体方法是双向实体的认证，数据加密密钥的交换等。网景（Netscape）公司按这个思路，制定了基于 TCP/IP 可靠的传输服务基础上的安全套接层协议（SSL）。1995 年 12 月制定了 SSL 版本 3（SSLv3）。

SSL 结构分为两个层次：SSL 协商子层（上面）和 SSL 记录子层（下面），如图 8-5-14 所示。两个子层对应的的协议如下：

图 8-5-14　SSL 层次结构

（1）SSL 协商子层协议

通信双方通过 SSL 协商子层交换版本号、加密算法、身份认证并交换密钥。SSL 采用公钥方式进行身份认证，但大量数据传输仍使用对称密钥方式。SSLv3 提供了 Deffie-Hellman 密钥交换算法、基于 RSA 的密钥交换机制和在 Frotezza chip 上的密钥交换机制。

（2）SSL 记录子层协议

它把上层的应用程序提供的信息的分段、压缩、数据认证和加密，由传输层传送出去。SSLv3 提供对数据认证用的 MD5 和 SHA 以及数据加密用的 RC4 和 DES 等的支持，用来对数据进行认证和加密的密钥可以通过 SSL 的握手协议来协商。

综上所述，归纳 SSL 协商子层的工作流程如下。

① 当客户端与服务端进行通信之前，客户端发出客户请求消息。服务端收到请求后，发回一个服务请求消息。在交换请求消息后，就确定了双方采用的 SSL 协议的版本号、会话标志、加密算法集和压缩算法。

② 服务端在服务请求消息之后，还可以发出一个 X.509 格式的证书（Certificate），向客户端鉴别身份。随后服务端发出服务请求结束消息，表明握手阶段的结束，等待客户端回答。

③ 客户端此时也可以发回自己的 X.509 格式的证书，向服务端认证自己的身份。然后客户端随即产生一个对称密钥，用服务端公钥进行加密，客户端据此生成密钥交换信息，传输给服务端。

④ 如果采用了双向的身份认证，客户端还需要对密钥交换信息进行签名，并发送证书检验（Certificate Verify）报文。

⑤ 服务端获得密钥交换信息和证书检验信息后，就可以获得客户端生成的密钥。

至此，有关加密的约定和密钥都已建立，双方可使用刚刚协商的加密约定交换应用数据。SSL 记录层接收上层的数据，首先将它们分段，然后用协商子层约定的压缩方法进行压缩，压缩后的记录用约定的流加密或块加密方式进行加密，再由传输层发送出去。

传输层安全机制的主要优点是它提供基于进程对进程的（而不是主机对主机的）安全服务和加密传输信道，利用公钥体系进行身份认证，安全强度高，支持用户选择的加密算法。传输层安全机制的主要缺点就是对应用层不透明，应用程序必须修改以使用 SSL 应用接口。同时，SSL 同样存在公钥体系所有的不方便性。为了保持 Internet 上的通用性，目前一般的 SSL 协议实现只要求服务器方向客户端出示证书以证明自己的身份，而不要求用户方同样出示证书，在建立起 SSL 信道后再加密传输用户和口令，实现客户端的身份认证。

2. 应用层安全性

传输层安全协议允许为主机进程之间的数据通道增加安全属性，但它们都无法根据所传输内容不同的安全要求作出区别对待。如果确实想要区分一个个具体文件的不同的安全性要求，就必须在应用层采用安全机制。提供应用层的安全服务，实际上是最灵活的处理单个文件安全性的手段。例如，一个电子邮件系统可能需要对要发出的信件的个别段落实施数据签名。较低层的协议提供的安全功能一般不会知道任何要发出的信件的段落结构，从而不可能知道该对哪一部分进行签名。只有应用层是能够提供这种安全服务的唯一层次。

一般说来，在应用层提供安全服务有几种可能的方法。

（1）专用强化邮件（PEM）和 PGP

对每个应用（及应用协议）分别进行修改和扩展，加入新的安全功能。例如在 RFCl421 至 1424 中，IETF 规定了专用强化邮件（PEM）来为基于 SMTP 的电子邮件系统提供安全服务。PEM 依赖于一个既存的、完全可操作的 PKI（公钥基础）。PEM PKI 是按层次组织的，由下述 3 个层次构成：顶层为 Internet 安全政策登记机构（IPRA）；中层为安全政策证书颁发机构（PCA）；底层为证书颁发机构（CA）。

建立一个符合 PEM 规范的 PKI 涉及到很多非技术因素，因为它需要各方在一个共同点上达成信任。由于需要满足多方的要求，整个 PKI 建立过程进展缓慢，至今尚没有一个实际可操作的 PKI 出现。为此 MIT 开发了 PGP（Pretty Good Privacy）软件包，它能符合 PEM 的绝大多数规范，但不必要求 PKI 的存在，相反采用了分布式的信任模型，即由每个用户自己决定该信任哪些用户。因此，PGP 不是去推广一个全局的 PKI，而是让用户自己建立自己的信任网。

（2）S-HTTP

S-HTTP 是 Web 上使用的超文本传输协议（HTTP）的安全增强版本，由企业集成技术公司设计。S-HTTP 提供了文件级的安全机制，因此每个文件都可以被设成保密/签字状态。用作加密及签名的算法可以由参与通信的收发双方协商。S-HTTP 提供了对多种单向散列（Hash，哈希）函数的支持，如 MD2、MD5、SHA；对多种私钥体制的支持，如 DES、三元 DES、RC2、以及 RC4；对数字签名体制的支持，如 RSA、DSS。由于目前还没有 Web 安全性的公认标准，暂由 WWW Consortium、IETF 或其他有关的标准化组织来制定。S-HTTP 和 SSL 是从不同角度提供 Web 的安全性的。S-HTTP 对单个文件作“保密/签字”之区分，而 SSL 则把参与通信的相应过程之间的数据通道按“保密（Private）”和“已认证（Authenticated）”进行监管。

（3）安全电子交易（SET）协议

除了电子邮件系统外，另一个重要的应用是电子商务，尤其是信用卡交易。为使 Internet 上的信用卡交易安全，Master Card 公司（与 IBM、Netscape、GTE、Cybercash 等公司一起）制定了安全电子付费协议（SEPP），Visa 国际公司与微软等公司制定了安全交易技术（STT）协议。同时，MasterCard、Visa 国际和微软已经同意联手推出 Internet 上的安全信用卡交易服务，并发布了相应的安全电子交易（SET）协议，其中规定了信用卡持卡人用其信用卡通过 Internet 进行付费的方法。这套机制的后台有一个证书颁发的基础设施，提供对 X.509 证书的支持。SET 标准在 1997 年 5 月发布了第一版，它提供数据保密、数据完整性、对于持卡人和商户的身份认证，以及与其他安全系统的互操作性。

（4）中间件

因直接修改应用程序或其协议可能带来应用协议和系统的不兼容性，会给用户带来不便。因此，可通过中间件（Middleware）层次实现所有安全服务的功能，将底层安全服务进行抽象和屏蔽，即通过定义统一的安全服务接口向应用层提供身份认证、访问控制、数据加密等安全服务。中间件层次定位于传输层与应用层之间的独立层次，与传输层无关。虽然 SSL 也可以看成是一个独立的安全层次，但它与 TCP/IP 紧密捆绑在一起，因此不把它看作中间件层次。

认证系统设计领域内最主要的进展之一就是制定了标准化的安全 API，即通用安全服务 API（GSS-API）。GSS-API 可以支持各种不同的加密算法、认证协议以及其他安全服务，对于用户完全透明。目前各种安全服务都提供了 GSS-API 的接口。基于 WWW 代理服务的中间件方案，它能够对应用提供更高层的界面，甚至不需修改现有应用就能够享受中间件提供的安全服务。如 OMG（Object Management Group）提出了面向对象的 CORBA（Common Object Request Broker Architecture）技术是支持 C/S 方式分布计算的支撑环境。

目前，网络应用的模式正在从传统的客户机/服务器转向 BWD（Browser-Web-Database，浏览器/Web/数据库）方式，以浏览器为通用客户端软件。由于 BWD 模式采用浏览器作为通用的客户端，原先的客户端软件工作很大一部分变成了网页界面设计；各种数据库系统也提供了 Web 接口，可以在 CGI/Java/ASP 等网页创作工具中采用标准化的方式直接访问数据库，因此整个系统无论开发还是维护的工作量都大为减轻，特别是能够提供对内部网络应用和 Internet 统一的访问界面，使用十分方便。

尽管各种安全服务技术取得了不少进展，若将 Internet 推向要满足承载流媒体业务为主的全业务网，解决安全性问题、可管理性问题，任重而道远。

【单元 4】护网-1

案例 8-4-1　网络监视

1. 项目名称

使用 Windows Server 2003 服务器的网络管理功能检测网络流量

2. 工作目标

构建 Windows Server 2003 服务器

① 在 PC 上使用工具软件 VMware Workstation 软件创建的虚拟机。

② 在虚拟机上启用 Windows Server 2003 服务器。

本案例要求如下。

① 熟悉 Windows Server 2003 服务器的网络管理功能。

② 学会使用 Windows Server 2003 服务器提供的网络监视器来观察网络数据流。

3. 工作任务

（1）熟悉虚拟机的使用

基于 Windows Server 2003 服务器的网络管理环境如图 8-6-1 所示。

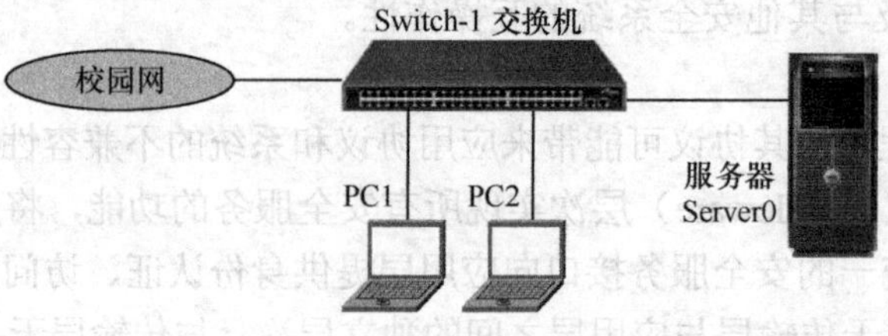

图 8-6-1　Windows Server 2003 服务器的网络管理

在 PC 上已生成了一个虚拟机，并在虚拟机上安装了 Windows Server 2003 操作系统，构成一个服务器（Server0）。

① 熟练使用 PC 上已生成的虚拟机。

② 启用虚拟上安装的 Windows Server 2003 操作系统。

③ 熟悉 Windows Server 2003 服务器的网络管理功能。

（2）使用 Windows Server 2003 服务器提供的网络监视器

Windows Server 2003 系统提供网络监视器，这是一个用于监控网络数据流量的可视化工具。

（3）学会使用 Windows Server 2003 系统的网络监视器来监测网络数据流；

（4）熟练分析网络状态，能对网上捕获的数据予以剖解。

4. 学习情景

（1）虚拟机

① 虚拟机（Virtual Machine）：通过软件模拟的具有完整硬件系统功能的、运行在一个完全隔离环境中的完整计算机系统。

通过虚拟机软件，可以在一台物理计算机上模拟出一台或多台虚拟的计算机，这些虚拟机完全就像真实的计算机那样进行工作。例如，在虚拟机上安装 Windows Server 2003 操作系统，构架成服务器，同样可在虚拟机安装 Linux 操作系统、应用程序和访问网络资源等。在虚拟机中进行软件调试与评测时，同样也会造成系统崩溃，但崩溃的只是虚拟机上的操作系统，而不是物理计算机上的操作系统；若使用虚拟机的 Undo（恢复）功能，即可以恢复到虚拟机安装软件之前的状态。

② 虚拟机软件 VMware Workstation：虚拟机软件有多种，如微软虚拟机、IBM 虚拟机、SUN 虚拟机、Intel 虚拟机、AMD 虚拟机、Java 虚拟机等。

目前流行的虚拟机软件有 VMware（VMWare ACE）、Virtual Box 和 Virtual PC。VMware 工作站（VMware Workstation）是 VMware 公司销售的商业软件产品之一。如今 VMware 公司是美国 EMC 公司的全资子公司。

VMware Workstation 是一款功能强大的桌面虚拟计算机软件，使用户可在单一的桌面上同时运行不同的操作系统，开发、测试、部署新的应用程序的最佳解决方案。VMware Workstation 可在一部实体计算机上模拟完整的网络环境，并可便于携带，具有更好的灵活性与先进的技术。

对于企业的 IT 开发人员和系统管理员而言，VMware 在虚拟网路实时快照（Snapshot）、像素共享文件夹、支持预启动执行环境（PXE）等方面的特点使它成为必不可少的工具。

③ Windows Server 2003 系统：Windows Server 2003 系统是微软公司针对大中型企业而设计的网络操作系统。Windows Server 2003 企业版是推荐运行应用程序的服务器，包括支持联网（DNS、FTP、Web 基本服务等），存储管理、文件系统管理和打印服务器。

Windows Server 2003 企业版同时有 32 位版本和 64 位版本，从而保证了最佳的灵活性和可伸缩性。目前，微软新版的 Windows Server 2008、Windows Server 2012 已上市。

（2）网络监视器工作原理

网络监视器所采集的信息来自网络通信本身，通常以 Ethernet 网以太帧为单元。以太帧格式的首部包含目的地 MAC 地址、源 MAC 地址以及类型字段（表示所载的发送信息类型）。

在同一以太网段上的所有计算机都能接收到发送给该网络的帧。每台计算机上网络适配器（即常称为网卡）通常按其物理地址（即网卡地址）来处理发给本机的帧、或广播帧（或组播帧），除此之外的其他帧则不作任何处理地丢弃。

若服务器安装网络监视器之后，则可以捕获（Capture）网段上流经的所有帧，并允许保存到文件中，以便用户查看多捕获的帧，并进行数据分析。

5．操作步骤：

（1）任务：安装网络监视器

可以通过 Windows Server 2003 系统提供的安装向导来安装网络监视器，步骤如下：

① 单击“开始”菜单，打开“控制面板”中的“添加或删除程序”，然后点击“添加或删除 Windows 组件”，启动 Windows 组件向导。

② 在“Windows 组件向导”中，单击“管理和监视工具”，然后单击“详细信息”。

③ 在“管理和监视工具”的子组件对话框，选择“网络监视工具”复选框，然后单击“确定”按钮，按照提示插入系统光盘。

【提示】

如果在虚拟机上安装 Windows Server 2003，应将系统文件（含 iso 扩展名）置于虚拟光驱中即可。

在安装网络监视器之后，通常需要检查网络监视器的驱动程序，确保能正常捕获网络中流过的数据。如果缺少网络监视器的驱动程序，应重新安装，步骤如下：

① 单击“开始”→控制面板菜单命令，在出现的窗口中双击“网络连接”图标。

② 在“网络连接”中，单击“本地连接”按钮，再右键点击“本地连接”图标，打开“属性”对话框。

③ 在“属性”对话框中，单击“安装”按钮。

④ 在“选择网络组件类型”对话框中，单击“安装”按钮，单击“添加”按钮。

⑤ 在“选择网络协议”对话框中，单击“网络监视器驱动程序”选项，然后单击“确定”按钮。

（2）任务：捕获条件设置

① 点击“开始”菜单，打开“程序”（或“控制面板”）中的“管理工具”，然后双击“网络监视器”图标，启动网络监视，如图 8-6-2 所示。

图 8-6-2　启动网络监视

② 若出现提示，则选择在默认情况下捕获本地网络的数据。网络监视器的工作界面如图 8-6-3 所示。

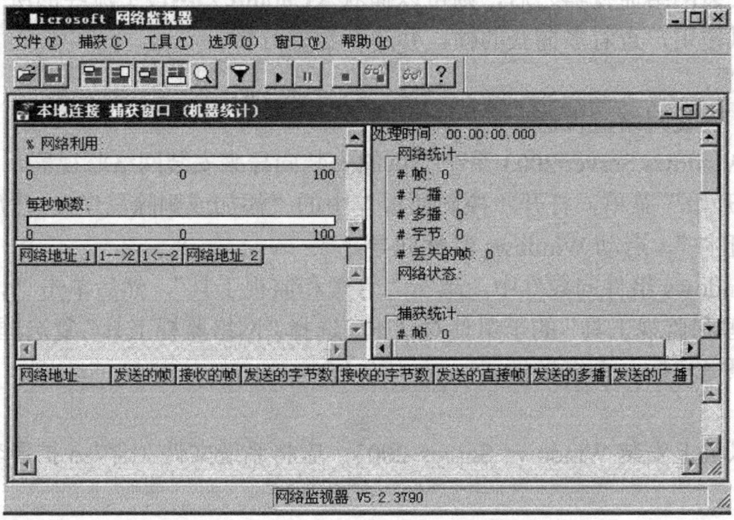

图 8-6-3　网络监视器的工作界面

在本地连接的捕获窗口显示统计数据：网络利用率、每秒帧数；处理时间单元给出网络统计，内帧数、广播数、多播数（Multicast）、字节数、丢失帧数等；在最下面的窗口内列出某网络地址的收、发帧数，收、发字节数，发送的直接帧等。

③ 由于网络监视会开销较多的系统资源，通常在服务器上对系统进行捕获有必要加以设置。如设置一个合理的捕获缓冲区，则可在“捕获”菜单上，点击“缓冲区设置”按钮，选择缓冲区和帧的大小。

④ 在“捕获”菜单上点击“开始”按钮，开始网上捕获数据，如图 8-6-4 所示。

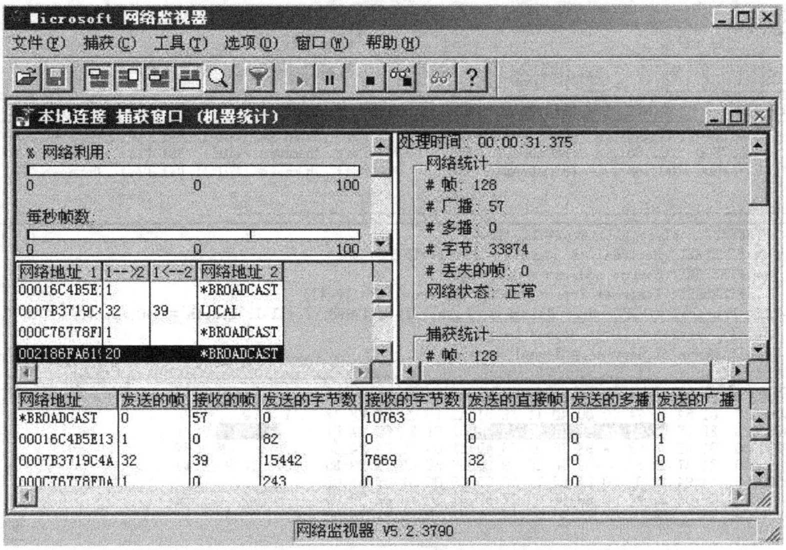

图 8-6-4　网上捕获的数据

⑤ 在捕获到一定信息流后，若要查看捕获内容，则在“捕获”菜单上点击“停止并查看”选项，可显示如图 8-6-5 所示的页面。在图中每一行表示一个以太帧，列出捕获时间、源 MAC 地址、目标 MAC 地址、协议以及描述。

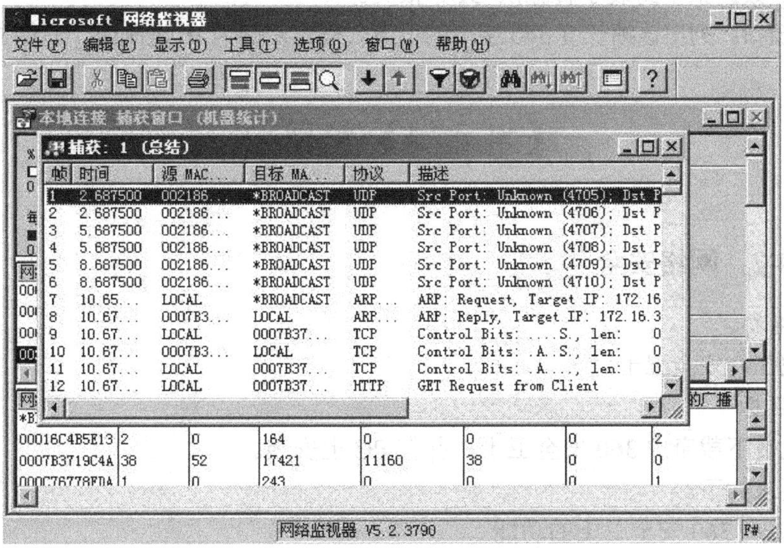

图 8-6-5　捕获的帧

⑥ 双击任一帧的数据流，会弹出如图 8-6-6 的页面（例示为第 1 帧的数据）。

（3）任务：分析捕获的网络数据

通过分析捕获到的数据，可初步了解当前网络的状态。图 8-6-7 中呈现三个窗口。

① 第 1 窗口：显示所有捕获的网络数据，以帧为单元，即图 8-6-7 中的每一行（指第一个窗口区内含阴影行）。列出帧的序号、源 MAC 地址、目标 MAC 地址、协议、在描述中可见源端口（Port）号、目标端口号等。

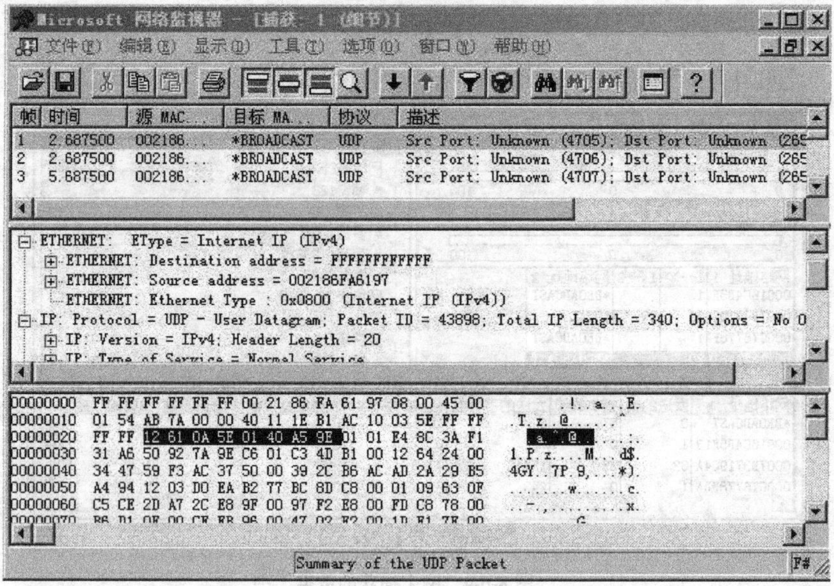

图 8-6-6 第 1 帧的数据

② 第 2 窗口：如图 8-6-7 中第 2 个窗口显示了该数据流的分层解析。以太帧承载了 IP 数据报，列出了该数据报的版本号（IPv4）、源 IP 地址、目标 IP 地址，总长度 340 字节。进一步可知，该 IP 数据报中封装了传输层 UDP 报文。

③ 第 3 窗口：列出该帧长度 340 字节的位流代码，左侧为 16 进制码，右侧显示 ASCII 码。

【单元 4】护网-2

案例 8-4-2 网络安全

1. 项目名称

使用奇虎 360 安全卫士

2. 工作目标

从网上免费下载奇虎 360 安全卫士，并在 PC 上安装。

本案例要求如下。

① 熟悉奇虎 360 安全卫士的功能。

② 学会奇虎 360 安全卫士在个人电脑上的使用技巧。

3. 工作任务

网络安全是涉及国家全局、社会保障、企业运行和个人生活的多方面的问题。网络安全本质上就是网络上硬件、软件和信息系统的安全。网络安全不是一个孤立的事件，安全是人、规章制度和网络技术的有机结合。网络安全建设是一个动态的、持续的过程。作为网络安全的基本训练，本案例选择了在单机系统或网络服务器上熟悉奇虎 360 安全卫士的功能以及使用技巧，为深入学习网络安全奠定基础。

4. 学习情景

（1）奇虎 360

奇虎 360 是中国领先的互联网安全软件与互联网服务公司之一，创立于 2005 年 9 月。奇虎 360 拥有 360 安全浏览器、360 保险箱、360 杀毒、360 软件管家、360 网页防火墙、360 手机卫士、360 极速浏览器等系列产品。

（2）360 安全卫士

360 安全卫士是当前受用户欢迎的一款软件，360 安全卫士（8.7 版本）拥有电脑体检、木马查杀、漏洞修复、系统修复、电脑清理、优化加速、电脑门诊、软件管家等多种功能。

① 电脑体检：电脑体检可以使用户快速全面的了解电脑状态，并可提醒应对电脑做必要的维护，如木马查杀，漏洞修复、系统修复等。

② 木马查杀：定期进行木马查杀可有效保护各种系统账户安全，并可选择系统区域位置快速扫描、全盘完整扫描、自定义区域扫描。

③ 漏洞修复与系统修复：360 安全卫士为用户提供的漏洞补丁都由微软官方获取，能及时修复漏洞，保证系统安全。

④ 电脑清理：电脑清理可清理恶评及系统插件。可卸载千余款插件，提升系统速度。用户可根据评分、好评率、恶评率来管理。

⑤ 软件管家：软件管家可让用户卸载电脑中不常用的软件，节省磁盘空间，提高系统运行速度。

360 安全卫士独创了“木马防火墙”功能，依靠抢先侦测和云端鉴别，可全面、智能地拦截各类木马，保护用户的帐号、隐私等重要信息。

（3）网络安全

① 360 网络防火墙：360 网络防火墙是一款保护用户上网安全的产品，在用户浏览网页、玩网络游戏、聊天时，它可以阻截各类网络风险。360 网络防火墙拥有云安全引擎，解决了传统网络防火墙频繁拦截、识别能力弱的问题，轻巧快速地保护上网安全。

主要功能：

- 智能云监控，拦截不安全的上网程序，保护隐私、账号安全；
- 上网信息保护，对不安全的共享资源、端口等网络漏洞进行封堵；
- 入侵检测，解决常见的网络攻击，让计算机不受黑客侵害；
- ARP 防火墙，解决局域网互相使用攻击工具限速的问题。

② 360 网站监测中心：2009 年 8 月，360 安全中心推出了 360 网站监测平台。360 安全中心在保护用户上网安全的同时，也能帮助站长们监控网站的安全，在网站出现挂马后能即时处理，对于相应网站的形象和众多网民的上网安全都是有好处的。

5. 操作步骤

（1）任务：安装 360 安全卫士

在奇虎 360 官方网站 http://www.360.cn 上选择 360 安全卫士（8.8 版本）免费下载（813KB），文件名为 inst.exe，双击文件图标后自行安装。目标路径为 C：\Program Files\360\360safe.exe。

（2）任务：360 安全卫士使用方法

点击“程序→360 安全中心→360 安全卫士→ 360安全卫士 ”菜单命令启用，或直接点击桌面上的快捷方式图标，显示 360 安全卫士界面，如图 8-6-7 所示。

图 8-6-7 360 安全卫士界面

① 点击“电脑体检”按钮，出现按钮“立即体检”，点击后会自动开始执行安全项目检查，结果如图 8-6-8 所示。案例出现危险项目（1）、优化项目（6），电脑体检得分 41。危险项目指出系统可能被病毒木马利用，在优化项目中，发现系统中有垃圾文件，或告示软件可以更新、升级，或多少天未全盘木马扫描等，可采用“一键修复”处理。但软件更新、升级需要手动修复，选择哪些软件要更新或升级。

图 8-6-8 执行电脑体检项目结果

② 点击“木马杀毒”图标，有“快速扫描”、“全盘扫描”和“自定义扫描”来检查电脑里是否存在木马程序。扫描结束后若出现疑似木马，可选择删除或加入信任区。

③ 点击“漏洞修复”图标，这里漏洞是特指 Windows 操作系统在逻辑设计上的缺陷或在编写程序时产生的错误。不法者或者电脑黑客利用系统漏洞，通过植入木马、病毒等方式来攻击或控制整台计算机。若在安装微软补丁后，发生蓝屏或无法启动系统等问题，漏洞修复能快速解决，使系统恢复正常。

④ 点击“系统修复”图标，当遇到浏览器主页、开始菜单、桌面图标、文件夹、系统设置等出现异常时，使用系统修复功能，可以找出问题出现的原因并予以修复。

其他功能如电脑清理、优化加速、电脑门诊、软件管家等可参考“功能大全”。

本章小结

（1）ISO 在 ISO/IEC 74984 文件中将开放系统的系统管理功能分成 5 个基本功能域，包括：故障管理、计费管理、配置管理、性能管理、安全管理。

（2）在 ISO 的开放系统互连（OSI）参考模型的基础上，根据网络管理框架下的 5 个管理功能区域，形成了 3 个网络管理协议：公共管理信息协议（Common Management Information Protocol，CMIP）、简化网络管理协议（Simple Network Management Protocol，SNMP）以及基于 TCP/IP 的公共管理（CMIP over TCP/IP）协议。

（3）网络安全的主要目标是通过采用各种技术措施以及管理措施，使网络系统在可靠性、可用性、完整性、保密性、不可抵赖性等方面得到充分的保障。

（4）网络安全机制主要有加密机制、访问控制机制、数字签名机制、数据完整性机制、身份鉴别机制、数据流填充机制、路由控制机制、公证机制等；网络安全服务主要有身份鉴别服务、访问控制服务、数据保密服务、数据完整性服务、不可否认性服务等。

（5）加密算法可分为对称密钥密码系统和非对称密钥密码系统，典型的算法如 DES 算法和 RSA 算法。

练习与思考

1．练习题

（1）在简单网络管理协议中，SNMP 原始版本与 SNMPv2 有什么不同？

（2）SNMP 采用的管理方式是什么？

（3）在 SNMP 的管理模型中，关于“MIB 是一个完整的、单一的数据库”的说法是否正确，为什么？

（4）在 TCP/IP 网中，命令 ping、netstate、traceroute 各有什么用处？

（5）在一个集中式的网络管理系统中，在逻辑上有哪些功能模块？

（6）下列故障哪些属于物理故障，哪些属于逻辑故障？

A．设备或线路损坏　　B．网络设备配置错误

C．系统的负载过高引起的故障　　D．线路受到严重电磁干扰

E．网络插头误接　　F．重要进程或端口关闭引起的故障

（7）在某网络中，若想在网管工作站上对一些关键性服务器如 DNS 服务器、E-mail 服务器等实施监控，以防止磁盘占满或系统死机，造成网络服务的中断，分析下列的操作哪个是不正确的，试解释。

A．为服务器设置严重故障报警的 Trap，以及时通知网管工作站

B．在每服务台上运行 SNMP 的守护进程，以响应网管工作站的查询请求

C．网络配置管理工具中设置相应监控参数的 MIB

D．收集这些服务器上的用户信息存放于网管工作站上

（8）指出下列不属于基于策略的网络管理的选项，并加以解释。

A．使用 VLAN 虚拟网自动管理功能，动态适应网络中用户的变化

B．依赖 LDAP、DEN 等目录服务建立基于用户的访问控制策略

C．利用四层交换技术的负载均衡功能，自动根据策略的优先级定义进行关键任务的优先传输

D．采用三层交换技术对路由实现线速转发，减少路由器的瓶颈阻碍

（9）在某 WAN 出现问题后，使用 loopback（环回）测试方法（见下图），若结果显示本地环回通过，而远端环回出错，可以判定：WAN 上的问题出在下列哪个选项？

A．本地路由器与 CSU/DSU 的连接上

B．本地 CSU/DSU 上

C．在本地 CSU/DSU 与远端 CSU/DSU 的中间线路上

D．远端路由器与远端 CSU/DSU 的连接上

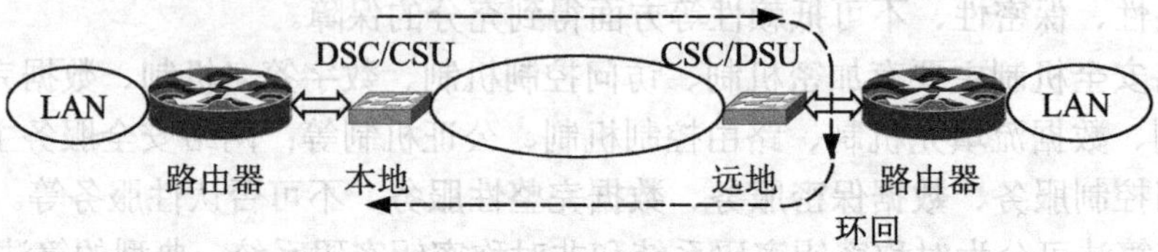

（10）在一个全部使用以太交换机组成的网络中，如果不对这些 LAN 以太交换机作任何配置，试问整个网络中计算机的 IP 地址有什么特征？

2．思考题

（1）画出管理信息通信的体系结构。

（2）在 SNMP 中，MIB 是什么，其结构如何？

（3）什么叫代理？代理与外部代理有何异同？

（4）如何描述被管对象？Internet 中是如何定义被管对象的？

（5）开放系统的系统管理功能分成哪 5 个基本功能？

（6）CMISE 主要提供哪些服务？

（7）CMIP 中的 PDU 主要由哪几个字段组成？

（8）分别说明 CMIP 和 SNMP 的优缺点。

（9）一台拨号上网的计算机在与拨号服务器连通后，但无法传送数据，试分析原因。

（10）一台拨号上网的计算机在与拨号服务器连通后，延迟 1 分种后却自动断接，试分析原因。

（11）物理上连通的同一网段的两台计算机无法 ping 通，其原因是什么。

（12）已知 RSA 公开密钥密码体制的公开密钥 e=7，n=55，明文 M=10。试求其密文 C。通过求解 p、q 和 d 可破译这种密码体制。若截获的密文 C=35，试求经破译得到的明文 M。

（13）简述防火墙的作用。

（14）使用代理服务器的优点是什么，如何改进其不足？

（15）构建 VPN 的隧道协议有哪些，各有什么优缺点。

（16）安全套接层（SSL）协议产生会话密钥的方法是什么？

参考文献

[1] 沈金龙，杨庚．计算机通信与网络．北京：人民邮电出版社，2011.

[2] 丁慧洁，付勤等．网络互联通信技术基础教程．北京：高等教育出版社，2009.

[13 梁广民，王隆杰．思科网络实验室 CCNA 实验实验指南．北京：电子工业出版社，2009.

[4] 周舸．计算机网络技术基础．北京：人民邮电出版社，2009.

[5] 张学金，王立征．计算机网络技术项目教程（教育部高职高专计算机教指委规划教材）．北京：中国人民大学出版社，2011.

[6] 梁庆龙．计算机网络技术基础教程．北京：北京工业大学出版社，2005.

[7] 赵艳玲．计算机网络技术案例教程．北京：北京大学出版社，2008.

[8] 沈金龙．计算机通信网．西安：西安电子科技大学出版社，2003.

[9] 谢希仁等．计算机网络．北京：电子工业出版社，2004

[10] William A Shay 高传善等译．数据通信与网络教程.北京：机械工业出版社，2000

[11] 沈金龙．现代电信交换与网络．北京：人民邮电出版社，2001.

[12] 邓亚平，沈金龙，南明星．计算机网络．北京：北京邮电大学出版社，1999.

[13] 冯博琴．计算机网络与通信．北京：经济科学出版社，2000.

[14] 王晓军，毛京丽．计算机通信网．北京：中国人民大学出版社，1999.

[15] 陈俊良等．计算机网络实用教程．北京：科学出版社，1999

[16] 周明天，汪文勇．TCP/IP 网络原理与技术．北京：清华大学出版社，1993

[17] 杨心强，邵力军．数据通信与计算机网络．北京：电子工业出版社，1998.

[18] 陈启美，李嘉．现代数据通信教程．南京：南京大学出版社，2000.

[19] Gil Held，沈金龙等译．构建无线局域网．北京：人民邮电出版社，2002.

[20] 沈金龙等．CCNA 2.0 试题详析大全．北京：中国民航出版社，2002.

[21] 张蒲生等．计算机网络技术．北京：科学出版社，2004.